上海
科创中心实录

2014—2020

上海市地方志办公室　编

张聪慧　等　著

上海人民出版社

一、重要会议

2019 年 10 月 23 日，2019 年上海市科普
工作联席会议（"上海科技"微信号　提供）

2020 年 4 月 9 日，上海市新冠肺炎疫
情防控科技攻关组工作会议（"上海科
技"微信号　提供）

2020 年 4 月 21 日，《上海市推进科技
创新中心建设条例》新闻发布会（"上
海科技"微信号　提供）

2020 年 12 月 29 日，2020 年度上海市
科学技术奖励委员会会议召开（"上海
科技"微信号　提供）

二、新型研发机构

2020 年 4 月 24 日，上海脑科学与类脑研究中心协调会
议在中科院上海分院召开（"上海科技"微信号　提供）

2019 年 8 月 28 日，上海应用数学中心集成电路产业合
作研讨会在复旦大学召开（"上海科技"微信号　提供）

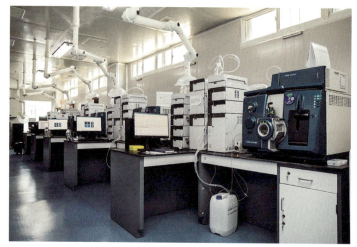

上海国际人类表型组研究院
（"上海科技"微信号　提供）

2016 年 11 月 28 日，李政
道研究所成立揭牌仪式（海
沙尔　摄）

上海期智研究院（《上海科技
年鉴》　提供）

三、重大科技基础设施

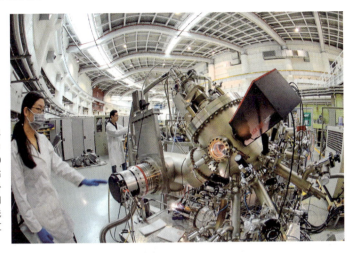

"上海光源"的能量位居世界第四,是世界上性能最好的中能光源之一,它具有建设60条以上光束线和上百个实验站的能力,可同时提供从远红外线、紫外线到硬X射线等不同波长的高亮度光束,每年供光机时超过5000小时(《文汇报》提供)

国家蛋白质科学中心是上海具有国际竞争力的蛋白质科研设施中心,同时拥有国际一流的蛋白质科学设施平台,以保障国内外科研用户的高效实验平台及高质量科研设施的需求,图为科研人员正在高通量克隆构建系统做实验(谢震霖 摄)

2020年12月28日,上海超强超短激光实验装置建成并通过验收("上海科技"微信号 提供)

四、科技创新人才

2019 年 12 月 2 日，上海市公安局会同上海市科委（市外专局）举行"外国人工作、居留单一窗口"启用仪式（"上海科技"微信号　提供）

2020 年 1 月 7 日，市科技工作党委书记刘岩，市科委副主任、市外专局副局长傅国庆一行专题调研市级来华工作许可窗口相关工作情况（"上海科技"微信号　提供）

2020 年 5 月 14 日，外国人来华工作许可业务座谈交流
会在上海市外国人来华工作服务中心举行（"上海科技"
微信号　提供）

2020 年 9 月 1 日，青浦区外国人来华工作、居留许可
单一窗口揭牌仪式举行（"上海科技"微信号　提供）

五、科创中心主要承载区

2017年5月，上海张江国创中心一期工程投入使用
（赵立荣　摄）

漕河泾新兴技术开发区商务楼群（徐汇区　提供）

上海临港软件园鸟瞰（张锁庆　摄）

嘉定科技城（"上海科技"微信号　提供）

六、大学科技园

2020 年 10 月 21 日，上海市大学科技园高质量发展推
进会召开（"上海科技"微信号　提供）

剑川路 600 号的上海交通大学科技园（薛志明　摄，
"上海科技"微信号　提供）

复旦大学科技园一角（薛志明　摄，"上海科技"微信号　提供）

同济大学科技园（"上海科技"微信号　提供）

上海大学科技园（"上海科技"微信号　提供）

七、研发与转化功能型平台

2020 年 9 月 15—19 日，第 22 届工博会在上海
举行，15 家上海市研发与转化功能型平台首次集
体亮相（"上海科技"微信号　提供）

北斗产业技术创新西虹桥基地，上海海积信息科技
股份有限公司的技术人员在微波暗室为天线设备做
测试（袁婧　摄）

上海市石墨烯功能型
平台展示的8英寸石
墨烯晶圆（"上海科
技"微信号　提供）

上海市智能制造研
发与转化功能型平
台（"上海科技"微
信号　提供）

2020年6月10日，
上海人工晶体研发与
转化功能型平台推进
会暨上海崇畏晶体材
料有限公司揭牌仪式
举行（"上海科技"微
信号　提供）

八、大众创业、万众创新

2015 年 5 月 26 日，华东理工大学举行创新创业
典型展示活动（张锁庆　摄）

2019 年 12 月 19 日，2020"创业在上海"国际
创新创业大赛启动会暨 2019 大赛颁奖活动在智慧
湾科创园举行（"上海科技"微信号　提供）

零号湾的国家双创示范基地（薛志明　摄，"上海
科技"微信号　提供）

2020 年 1 月 2 日，上海市民营企业科技创新
基地座谈会暨授牌仪式举行（"上海科技"微信
号　提供）

九、重大科技布局

2019 年 12 月 23—24 日，上海市"脑与类脑智能基础转化应用研究"市级科技重大专项 2019 年度工作汇报会在复旦大学召开（"上海科技"微信号　提供）

2020 年 6 月 6 日，上海市市级科技重大专项"全球神经联接图谱与克隆猴模型计划"中期自评估会议（"上海科技"微信号　提供）

2020 年 9 月 27 日下午，"全脑介观神经联接图谱"大科学计划启动前期工作座谈会在上海市召开（"上海科技"微信号　提供）

十、科技金融

2019 年 7 月 22 日上午 9 点半，
首批 25 只科创板股票开始在上
交所上市交易（袁婧　摄）

2019 年 9 月 20 日上午，金融支持科创
企业发展工作推进会暨"高企贷"授信
服务方案发布会在中国人民银行上海总
部举行（"上海科技"微信号　提供）

2020 年 1 月 14 日，上海市科委召开
2020 年科技金融工作会议（"上海科
技"微信号　提供）

2020 年 7 月 29 日，科创板企业培育中
心（上海）揭牌暨上海班（一期）开学
仪式在上交所新大楼举行（"上海科技"
微信号　提供）

十一、科学普及

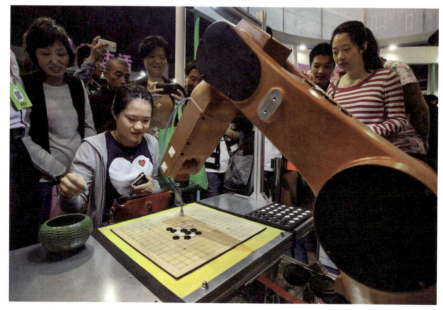

2014 年 5 月 19—25 日，主题为"科学
生活　创新圆梦"的上海科技周吸引大
批市民参与（王溶江　摄）

2015 年 3 月 21 日，主题为"创新·体
验·成长"的第 30 届上海市青少年科技
创新大赛在松江二中举行（王溶江　摄）

2016 年 10 月 22—29 日，第二届上海国际自然保护周举行，图为外国专家演讲现场（王溶江　摄）

2019 年 9 月 14 日，上海举办"全国科普日"系列活动，图为小观众们正在参观羲和激光大科学装置布局沙盘，近距离接触国之重器（袁婧　摄）

十二、国内协同创新

2018 年 11 月 28—30 日，首届长三角科技交易博览会在沪举行（嘉定区　提供）

2020 年 2 月 28 日下午，上海市科委支援湖北省前线防疫的捐赠项目对接视频会在中科院上海微系统与信息技术研究所举行（"上海科技"微信号　提供）

正在建设中的 G60 科创云廊（袁婧　摄，"上海科技"微信号　提供）

十三、国际协同创新

2016 年 9 月 23 日，以"双 轮 驱 动：
科技创新与体制机制创新"为主题的
2016 浦江创新论坛开幕（王溶江　摄）

2018 年 9 月 17—19 日，2018 世界人
工智能大会在上海市徐汇西岸举行，图
为会场全景（赵立荣　摄）

2018 年 10 月 29—31 日，首届世界顶尖
科学家论坛在上海临港举行（叶辰亮 摄）

2020 年 9 月 15 日，中俄科技合作圆桌会
议在沪召开（"上海科技"微信号 提供）

十四、科创成果

世界首例体细胞克隆猴"中中"(《上海科技年鉴》 提供)

2017 年 12 月 17 日,第二架 C919 大型客机在上海浦东国际机场完成首次飞行,拉开全面试验试飞的新征程(赵立荣 摄)

暗物质粒子探测卫星是中国第一颗由中国
科学院完全研制、生产的卫星，中国科学
院国家空间科学中心负责暗物质粒子探测
卫星工程大总体工作，卫星系统由上海微
小卫星工程中心负责抓总并承担卫星平台
的研制（谢震霖 摄）

以上海交通大学为第一完成单位的"海上
大型绞吸疏浚装备的设计研发与产业化"
项目获得2019年度国家科技进步特等奖
（"上海科技"微信号 提供）

序

《上海科创中心实录（2014—2020）》是 2018 年上海市社科规划（地方志研究专项）"上海科创中心建设历程研究"的最终成果。"上海科创中心建设历程研究"由上海市科学学研究所承担，全面反映 2014—2020 年上海科创中心建设的历程和成就。

2014 年 5 月 24 日，中共中央总书记习近平在上海调研时指出，希望上海加快向建设具有全球影响力的科技创新中心进军。2015 年 5 月 25 日，上海市委发布《关于加快建设具有全球影响力的科技创新中心的意见》（简称"22 条"），明确到 2020 年形成科技创新中心基本框架体系。

上海科创中心建设经历了谋划、落实、深化等阶段，形成了科技创新中心基本框架体系。形成"22 条"、《关于进一步深化科技体制机制改革增强科技创新中心策源能力的意见（科改"25 条"）》《上海市促进科技成果转化条例》《上海市推进科技创新中心建设条例》为主的政策法规体系，建立若干高水平新型研究机构，14 项重大科研设施落户上海，启动建设或培育研发与转化功能型平台 20 家，形成科创中心主要承载区各具特色、错位发展的格局，成为全球人才向往的理想之城，成为创新创业、高技术企业发展的沃土，为上海经济、社会的全面发展提供了重要支撑。

《上海科创中心实录（2014—2020）》以多维视角对上海科创中心发展的历程、特点和经验进行系统总结，反映上海科创中心建设的全貌，概括上海科创中心建设的历史轨迹和逻辑思路，凸显上海科创中心建设取得的成就和亮点；深入挖掘上海科创中心建设的重大专题与典型案例，多层次、多角度、多方位体现上海科创中心建设的各个方面，为人们全面了解上海科创中心建设发展的轨迹、历程、成就等提供参考和借鉴。

《上海科创中心实录（2014—2020）》的编撰，得到上海市地方志办公室的具体指导，得到市科委、市发展改革委、科创办及众多专家的指导和帮助，得到许多单位的支持和帮助，在此表示由衷感谢。

2021 年 1 月

凡　例

一、本实录定为《上海科创中心实录（2014—2020）》。

二、本实录致力于全方位、多角度、实事求是记述上海科创中心建设的发展历程、成就与现状，力求体现历史脉络、时代特征、中国特色、上海特点、科技特性、创新特质。

三、本实录记述上限为 2014 年 5 月 24 日，习近平总书记考察上海时指出，上海要加快建设具有全球影响力的科技创新中心；下限为 2020 年 12 月 31 日，上海形成科技创新中心基本框架体系。

四、本实录记述地域范围为上海市全境。由上海市辐射至外地及境外、国外事物，兼及记述。

五、本实录体裁采用述、记、图、照、表、录，诸体各随其宜，力求内容与形式统一。

六、本实录的政府机构简称用法按照《国务院机构简称》（2008 年）使用。上海市科学技术委员会、上海市发展与改革委员会等一律采用简称市科委、市发展改革委。

七、本实录资料来源于《上海年鉴》《上海科技年鉴》《上海科技进步报告》《上海科技创新中心指数报告》《上海科技创新中心建设报告》等书籍、"上海科技"（网站、微信）、"上观新闻"等媒体及相关的新闻报道。经考证核实后载入，一般不注明出处。

目 录

※

序 ……………………………………………………………………… 1

凡 例 ………………………………………………………………… 1

------ 第一篇 ------

概   况

第一章 概述 ………………………………………………………… 2

第二章 大事记 ……………………………………………………… 11

第三章 统计数据 …………………………………………………… 43

一、上海科技创新中心指数 ………………………………………… 43

二、上海主要科技创新指标 ………………………………………… 47

------ 第二篇 ------

专题纪事

第一章 中央决策与支持 …………………………………………… 52

第一节　中央决策 ……………………………………………… 52

第二节　部委支持 ……………………………………………… 55

一、科技部 ……………………………………………………… 55

二、公安部 ……………………………………………………… 57

三、国家税务总局 ……………………………………………… 57

四、国务院国资委 ……………………………………………… 57

五、工业和信息化部 …………………………………………… 58

第二章　顶层设计 ……………………………………………… 59

第一节　科创中心意见 ………………………………………… 59

第二节　科创中心方案 ………………………………………… 62

第三节　科创中心条例 ………………………………………… 63

第四节　上海科改"25 条" ……………………………………… 66

第五节　《上海科技创新"十三五"规划》 …………………… 67

第三章　组织架构 ……………………………………………… 69

第一节　科创中心领导小组 …………………………………… 70

第二节　科创中心办公室 ……………………………………… 74

第四章　张江综合性国家科学中心 …………………………… 80

第一节　张江实验室 …………………………………………… 83

第二节　新型研发机构 ………………………………………… 85

一、李政道研究所 ……………………………………………… 86

二、上海脑科学与类脑研究中心 ……………………………… 87

三、上海朱光亚战略科技研究院 ……………………………… 88

四、上海量子科学研究中心 …………………………………… 88

五、上海清华国际创新中心 …………………………………… 89

六、上海期智研究院 …………………………………………… 90

七、上海应用数学中心 ………………………………………… 90

第三节 重大科技基础设施 ……………………………… 91

第五章 科技创新人才 ……………………………………… 94

第一节 政策法规 …………………………………………… 96

一、科创"人才 20 条" …………………………………… 96

二、科创"人才 30 条" …………………………………… 96

三、《关于新时代上海实施人才引领发展战略的若干意见》 …… 97

四、国内人才引进 ………………………………………… 97

第二节 国际人才试验区 …………………………………… 98

第三节 海外人才引进 ……………………………………… 99

第四节 人才培养支撑体系 ………………………………… 101

第六章 科创中心主要承载区 …………………………… 103

第一节 浦东新区 ………………………………………… 104

一、张江科学城（张江高科技园区） …………………… 107

二、临港 …………………………………………………… 110

第二节 杨浦区 …………………………………………… 113

第三节 嘉定区 …………………………………………… 115

第四节 闵行区 …………………………………………… 116

第五节 徐汇区 …………………………………………… 117

第六节 松江区 …………………………………………… 118

第七节 大学科技园 ……………………………………… 119

第七章 研发与转化功能型平台 ………………………… 121

第一节 关键技术类研发平台 …………………………… 123

一、上海微技术工业研究院 ……………………………… 123

二、上海材料基因组工程研究院 ………………………… 124

三、石墨烯产业技术创新功能型平台 …………………… 126

四、类脑芯片与片上智能系统创新平台 ………………… 126

五、上海工业控制系统安全创新功能型平台 ············ 127

第二节　重大产品类研发平台 ···························· 127

一、上海北斗导航创新研究院 ·························· 127

二、智能型新能源汽车功能型平台 ···················· 128

第三节　产业链类研发平台 ···························· 129

一、生物医药产业技术创新功能型平台 ················ 129

二、集成电路产业创新服务功能型平台 ················ 129

三、上海临港智能制造研究院 ························ 129

四、上海人工晶体研发与转化功能型平台 ·············· 130

第四节　科技成果转化服务平台 ························ 130

一、上海产业技术研究院 ···························· 130

二、国家技术转移东部中心 ·························· 132

三、上海科技创新资源数据中心 ······················ 133

第八章　大众创业、万众创新 ······················ 134

第一节　众创空间 ···································· 135

第二节　创新创业大赛及活动周 ······················ 136

一、创新创业大赛 ···································· 136

二、"大众创业、万众创新"活动周 ·················· 138

第三节　双创基地 ···································· 140

第四节　科技企业创新扶持体系 ······················ 140

第九章　科创中心重大改革 ·························· 143

第一节　政府管理创新 ································ 143

第二节　财政科技资金管理改革 ······················ 147

第三节　科研院所改革 ································ 149

第十章　科技成果转移转化 ·························· 152

第一节　科技成果转移转化政策法规 ·················· 154

一、实施意见 ……………………………………………………… 154

二、转化条例 ……………………………………………………… 155

三、行动方案 ……………………………………………………… 155

四、《上海市高新技术成果转化项目认定办法》……………… 156

第二节　科技中介服务体系 …………………………………… 156

第十一章　重大科技布局 …………………………………… 159

第一节　重大专项 ……………………………………………… 159

一、市级科技重大专项 ………………………………………… 159

二、国家科技重大专项 ………………………………………… 161

三、大科学计划 ………………………………………………… 162

第二节　重大产业项目 ………………………………………… 163

第三节　重点产业领域 ………………………………………… 165

一、集成电路 …………………………………………………… 166

二、人工智能 …………………………………………………… 168

三、生物医药 …………………………………………………… 169

四、信息技术 …………………………………………………… 170

第十二章　科技金融 ………………………………………… 173

第一节　科技信贷服务体系 …………………………………… 174

第二节　科创基金 ……………………………………………… 176

第三节　银行科技服务 ………………………………………… 177

第四节　科技创新板与科创板 ………………………………… 178

一、科技创新板 ………………………………………………… 179

二、科创板 ……………………………………………………… 181

第十三章　科学普及 ………………………………………… 184

第一节　科普工作 ……………………………………………… 186

第二节　科普活动 ……………………………………………… 187

一、科技节与科技周 …………………………………………………… 187

二、全国科普日 ……………………………………………………… 190

三、上海国际自然保护周 ………………………………………… 191

四、其他科普活动 ………………………………………………… 192

第三节　科普场馆 ……………………………………………………… 195

第四节　科普宣传与传播 ………………………………………… 197

第五节　青少年科普 ……………………………………………… 200

第六节　科普产业 ………………………………………………… 202

第十四章　协同创新 ………………………………………………… 203

第一节　国内协同创新 …………………………………………… 203

一、长三角创新合作 ……………………………………………… 203

二、科技创新对口支援 …………………………………………… 206

第二节　国际协同创新 …………………………………………… 208

一、"一带一路"创新合作 ……………………………………… 210

二、外资研发机构 ………………………………………………… 212

三、国际创新论坛 ………………………………………………… 213

---第三篇---

媒体有关上海科创中心建设的报道

第一章　中央媒体 …………………………………………………… 220

第一节　《人民日报》 ……………………………………………… 220

第二节　新华社 …………………………………………………… 226

第二章　上海媒体 …………………………………………………… 228

第一节　《解放日报》 ……………………………………………… 228

第二节　《文汇报》 ………………………………………………… 235

第三节　上观新闻 …………………………………………… 243

第三章　媒体报道摘编 …………………………………… 254

上海科创　从深蹲助跑到起飞跳跃 ……………………… 254

"两个一公里"的创新答案——上海全力建设全球科创中心纪实 ……… 256

上海以前瞻眼光提升创新策源能力 ……………………… 262

面向未来，上海科创中心建设蓝图绘就 ………………… 264

---------- 第四篇 ----------

访谈录

上海市科委主任专访 | 上海加快建设具有全球影响力的科创中心 ………… 268

上海科创办负责人专访 | 上海要做长三角创新策源地 …………… 269

上海市科委主任专访 | 强化创新策源功能，培育"硬科技"企业 ………… 272

---------- 第五篇 ----------

政策法规

一、政策法规目录 ………………………………………… 276

二、重要法规文件选载 …………………………………… 280

关于加快建设具有全球影响力的科技创新中心的意见 ………… 280

上海系统推进全面创新改革试验加快建设具有全球影响力的科技创新

中心方案 ………………………………………………… 290

关于进一步深化科技体制机制改革增强科技创新中心策源能力的意见 … 305

上海市推进科技创新中心建设条例 ……………………… 315

编后记 …………………………………………………… 325

第一篇 概况

第一章　概述

2014年5月24日，中共中央总书记习近平在上海调研时指出，希望上海继续发挥自身优势，努力在推进科技创新、实施创新驱动发展方面走在全国前头、走到世界前列，加快向建设具有全球影响力的科技创新中心进军。按照习近平总书记的要求，上海市委、市政府和全市各相关部门积极行动，上海市委、市政府领导深入基层进行调研，召开座谈会听取有关单位和专家的建议和意见，动员相关部门和单位开展研究工作，提出相关方案，全面展开科技创新中心建设的谋划和建设。

5月以来，市委书记韩正、市长杨雄、市委副书记应勇围绕习近平总书记的要求，深入区县、园区、企业、高校、科研院所开展密集调研，并多次召开专家、院士、企业家等座谈会听取建议；市委常委、副市长屠光绍，市委常委、组织部部长徐泽洲，副市长周波，副市长时光辉等市领导带领各部门，围绕人才、知识产权、成果转化、科技金融、财税、国资国企改革等专题广泛听取意见、开展深化研究；市人大、市政协组织专题会议举行研究讨论，提出书面意见；市工商联、市政府参事室等单位也提出建议；各部门、各区县非常重视，主要领导牵头、组织专门力量，研究本领域和本地区如何推进科创中心建设；复旦大学、上海交通大学、同济大学等高校及科研院所、智库等，也围绕相关研究领域，提出具体建议。12月15—16日，中共上海市委举行"深入实施创新驱动发展战略学习讨论会"。认真学习领会中央经济工作会议精神和习近平总书记重要讲话精神，围绕加快向具有全球影响力的科技创新中心进军的主题开展热烈讨论。

上海经过前期调研，确定将"实施创新驱动发展战略、建设具有全球影响力的科技创新中心"作为2015年度市委"一号调研课题"，由市委研究室、市发展改革委、市科委总牵头，相关部门和单位参与，重点就体制机制改革、科技布局、人才发展、环境营造等开展前期研究，形成调研报告。由市发展改革委、市科委等部门制定形成《上海加快实施创新驱动发展战略、系统推进全面创新改革试验工作方案》。2014年11月26—27日，市长杨雄带队前往国家发展改革委、科技部等部门作汇报，争取率先开展全面改革创新试点。

2015年，上海认真贯彻落实习近平总书记提出的"加快向具有全球影响力的科技创新中心进军"要求，深入实施创新驱动发展战略，坚持以体制机制改革为关键，坚持牢牢把握科技进步大方向、产业变革大趋势，以创新人才发展为首要，以创新生态环境建设为基础，以重大创新任务布局为抓手，加大科技创新投入，努力当好改革开放排头兵、创新发展先行者，工作有序推进。市委、市政府领导就科创中心建设进行调研，市人大、市政协就科创中心建设进行座谈和考察。形成《关于加快建设具有全球影响力的科技创新中心的意见》《上海系统推进全面创新改革试验加快建设具有全球影响力的科技创新中心方案》和《上海张江综合性国家科学中心建设方案》及其若干配套政策。

深化上海光源一期、蛋白质科学设施、超级计算机中心、国家转化医学中心等大科学设施建设，上海张江综合性国家科学中心建设取得进展。围绕国家战略，推进高温超导、集成电路装备、微技术、高端医疗器械、北斗导航、机器人、大数据等方向的科技前瞻布局、技术攻关和成果产业化。发布《关于发展众创空间推进大众创新创业的指导意见》，加强创新创业服务，激励大众创新创业。围绕人才改革、众创空间、国企科技创新、科技金融、财政支持、成果转移转化、开放合作等重点领域改革，出台先行先试科技创新政策措施。

2月25日，市委书记韩正主持召开市委"大力实施创新驱动发展战略，建设具有全球影响力的科技创新中心"课题动员会，部署推进2015年一号课题"大力实施创新驱动发展战略，建设具有全球影响力的科技创新中心"专题研究，贯彻落实习近平总书记对上海发展的定位和工作要求，加快建设具有全球影响力科创中心建设。5月，市发展改革委会同有关部门形成《大力实施创新驱动发展战略，加快建设具有全球影响力的科技创新中心》调研课题总报告，市委组织部、市政府发展研究中心分别牵头会同有关单位形成分报告，市委研究室、市发展改革委、市科委会同有关单位起草《关于加快建设具有全球影响力的科技创新中心的意见》。5月25日，十届市委八次全会在上海展览中心举行。全会审议并通过中共上海市委《关于加快建设具有全球影响力的科技创新中心的意见》，明确到2020年形成科技创新中心基本框架体系、到2030年形成科技创新中心城市核心功能的战略目标，提出聚焦体制机制、创新创业人才、创新创业环境、前瞻布局4个关键环节的任务举措。

2月27日，由市发展改革委、市科委等部门制定形成《上海加快实施创新驱动发展战略、系统推进全面创新改革试验工作方案》，主要包括建立健全人才发展、创新投入、科技成果转移转化、收益分配、政府管理、开放合作六方面制度，争取先行先试一批突破性政策。6月，市发展改革委会同相关单位起草《上海系统推进全面创新改革试验加快建设具有全球影响力的科技创新中心方案》和《上海张江综合性国家科学中心建设方案》。6月13日，市政府发函向国家发展改革委和科技部报送上述两个方案。

2016年，上海贯彻落实党中央、国务院决策部署，在国家科技创新中心建设领导小组的统筹领导以及各有关部委的大力支持下，加快推进科技创新，实施创新驱动发展战略，健全工作推进机制，整合各方创新资源，推动科技创新中心建设在体制机制改革、重大项目布局、人才政策完善、创新环境营造等方面取得积极进展和明显成效，为形成科技创新中心基本框架奠定基础。成立上海市推进科技创新中心建设领导小组及办公室，国务院批复《上海系统推进全面创新改革试验加快建设具有全球影响力的科技创新中心方案》，成立张江综合性国家科学中心理事会，出台若干政策。

形成张江国家实验室方案，构建"1+6"的国家实验室框架体系；上海光源线站工程、超强超短激光装置、活细胞成像平台、软 X 射线自由电子激光用户装置等重大科技基础设施启动建设。市级财政科技投入联动管理机制初步建立，将全市 19 项财政科技专项优化整合为四大类，并研究设立市级科技重大专项。杨浦区成为创业创新区域示范基地，上海交通大学成为创业创新高校和科研院所示范基地；上海创投引导基金累计投资 60 家基金，参股基金总规模约 190 亿元；上海市中小微企业政策性融资担保基金正式挂牌成立。

2 月 1 日，国家发展改革委、科技部印发《关于同意建设上海张江综合性国家科学中心的复函》。3 月 30 日，国务院第 127 次常务会议审议通过《上海系统推进全面创新改革试验加快建设具有全球影响力的科技创新中心方案》。4 月 1 日。市委书记韩正召开市委常委会扩大会议，传达落实国务院常务会议精神，部署相关工作。4 月 12 日，国务院批复印发《上海系统推进全面创新改革试验加快建设具有全球影响力的科技创新中心方案》。

科技创新中心建设顶层设计不断完善。2 月 1 日，市委主要领导担任组长的推进科技创新中心建设领导小组成立。3 月 2 日，市委、市政府印发《关于成立上海市推进科技创新中心建设领导小组及其组成人员的通知》，市委书记韩正任领导小组组长，办公室设在市发展改革委。4 月 20 日，上海市推进科技创新中心建设领导小组举行第一次会议，明确领导小组建立"1+2+X"工作推进机制，审议通过 2016 年科创中心建设重点工作安排。市委书记、市推进科技创新中心建设领导小组组长韩正主持会议并强调，上海建设具有全球影响力的科技创新中心，已经进入全面深化、全面落实的关键阶段。市委副书记、市长、张江综合性国家科学中心推进组组长杨雄和市委副书记、创新人才发展推进组组长应勇出席会议并讲话。市领导沈晓明、尹弘、周波、时光辉、王志雄，复旦大学校长许宁生、上海交通大学校长张杰出席。

11 月 15 日，国务院发文决定成立国家科技创新中心建设领导小组。国家科技创新中心建设领导小组下设上海、北京推进科技创新中心建设办公室，分别承担领导小组日常工作。12 月 27 日，上海推进科技创新中心建设办公室召开第一次全体会议，贯彻落实国家科技创新中心建设领导小组第一次会议精神，研究讨论上海科创中心建设下一步工作安排。上海市委副书记、市长杨雄，国家发展改革委副主任林念修共同主持会议并讲话。科技部副部长李萌，国务院国资委副主任徐福顺，中国科学院副院长相里斌，中国工程院副院长田红旗，上海市委副书记、常务副市长应勇出席会议。上海市委常委、副市长周波汇报了上海科创中心建设主要进展及明年工作设想。国家相关部门代表提出了意见和建议。

2017年，上海全面加快建设具有全球影响力的科技创新中心，深化全面创新改革试验，增强科技原创能力，优化创新生态，持续提高创新供给能力和效率，科技创新中心基本框架体系初具形态。张江实验室揭牌，张江科学城建设规划正式获批，首批6个平台启动并加快建设，推进"3+X"科技信贷服务体系建设，出台关于科技成果转移转化等政策。

9月26日，以建设世界一流国家实验室为目标的张江实验室揭牌；配套张江实验室建设的转化医学设施、超强超短激光装置、软X射线自由电子激光装置、活细胞成像平台、上海光源线站工程5个基础设施建设进展顺利；硬X射线自由电子激光装置建设年底启动；硅光子、脑与类脑智能2个市级科技重大专项依托张江实验室加快推进。高水平创新单元、研究机构和研发平台集聚效应凸显：诺贝尔物理学奖得主弗兰克·维尔切克出任上海交通大学李政道研究所所长；中国科技大学量子信息科学国家实验室上海分部加快筹建，量子科学实验卫星以及"量子系统的相干控制"领域研究取得突破；国际人类表型组创新中心启动实施国际人类表型组计划（一期）；中美干细胞研究中心、医学功能与分子影像中心等加快组建。"张江科学城规划"发布，核心支撑作用初步显现，"五个一批"（一批大科学设施、一批创新转化平台、一批城市功能项目、一批设施生态项目、一批产业提升项目）73个重点项目启动建设。首批6个平台启动并加快建设，微技术工业研究院、生物医药产业、石墨烯、集成电路、智能制造以及类脑芯片等研发与转化功能型平台建设取得初步成效。

制定并发布《关于本市推进研发与转化功能型平台建设的实施意见》，编制完善《上海市研发与转化功能型平台管理办法（试行）》。发布实施《关于进一步促进科技成果转移转化的实施意见》《上海市促进科技成果转化条例》《上海市促进科技成果转移转化行动方案》，聚焦成果转移转化的关键制约瓶颈，从立法、政策以及工作行动计划等多层次加快探索和突破。推进"3+X"科技信贷服务体系建设，实现对初创期、成长早中期、成长中后期科技企业不同融资需求的全覆盖。累计为全市的630家企业提供科技贷款37.48亿元。

8月23日，上海市推进科技创新中心建设领导小组第三次会议暨张江科学城建设推进大会举行，会议在评估前阶段工作成效的基础上，进一步聚焦关键环节和重点领域，部署推进下一阶段工作。市委书记、市推进科技创新中心建设领导小组组长韩正主持会议并强调，建设具有全球影响力的科技创新中心，是习近平总书记对上海工作的指示要求，是一项国家战略。市委副书记、市长、张江综合性国家科学中心推进组组长应勇，市委副书记、创新人才发展推进组组长尹弘，市领导吴靖平、周波、翁祖亮、诸葛宇杰、翁铁慧、时光辉、彭沉雷，复旦大学校长许宁生，上海交通大学校长林忠钦，同济大学校长钟志华，中科院原副院长施尔畏出席会议并讲话。

2月10日、5月18日、8月28日、12月15日，上海推进科技创新中心建设办公室召开全体会议。上海市委副书记、市长应勇，国家发展改革委副主任林念修共同主持会议并讲话。教育部副部长杜占元，人力资源和社会保障部副部长汤涛，科技部副部长李萌，中国科学院副院长相里斌，中国工程院副院长田红旗、陈左宁、刘旭，国务院国资委副主任徐福顺，上海推进科技创新中心建设办公室常务副主任施尔畏，复旦大学校长许宁生出席会议。上海市委常委、常务副市长周波汇报了科创中心建设2017年重点工作安排。国家相关部门代表提出了意见和建议。

2018年，上海坚持科技创新和体制机制创新"双轮驱动"，坚持以提升创新策源能力为主线，强化科技原创能力、深化科技体制改革、优化创新创业生态，推进具有全球影响力的科技创新中心建设，为提升上海城市能级和核心竞争力提供支撑。张江实验室管理委员会召开第一次会议，第一轮16家功能型平台启动运行，全市众创空间超过500家，重组上海推进科技创新中心建设办公室，市委、市政府领导就加快建设科创中心进行调研。

围绕微纳电子、量子信息、脑科学与类脑、海洋、药物等领域布局，硬X射线、硅光子、人类表型组、脑与类脑研究等8个市级重大专项先后启动实施。"全脑介观神经连接图谱"等国际大科学计划前期准备加快推进，超强超短激光、软X射线自由电子激光、活细胞结构与成像、上海光源二期、硬X射线自由电子激光、转化医学设施等大科学设施建设进展顺利。李政道研究所设施建设、科学研究和人才队伍建设均取得进展。上海脑科学与类脑研究中心、张江药物实验室等平台相继成立。张江科学城建设"五个一批"首轮73个重点项目（大科学设施6个、创新转化平台20个、城市功能项目14个、设施生态项目21、产业提升项目12个）全部开工，其中完工27个。

围绕集成电路、生物医药、石墨烯、智能制造、工业互联网等重点产业方向，第一轮16家功能型平台启动运行，部分平台加快成为本市推进科技成果产业化的重要载体，探索了财政投入退坡机制、建设资金投入股权代持管理模式等新机制。科研管理改革工作深入推进，围绕项目评审、人才评价、机构评估改革等方面，建立科技报告、科技专家库、科技创新券、科技计划项目、科技信用记录和使用等制度体系，启动实施信息系统流程再造等相关工作。全市众创空间超过 500 家，90% 以上由社会力量兴办，总面积超过 320 万平方米，在孵和服务科技企业、团队超过 2.7 万家（个），入驻企业总收入达到 500 亿元。

2 月 13 日，由上海市人民政府和中国科学院联合成立的张江实验室管理委员会召开第一次会议，审议张江实验室章程、组织构架、人员选聘等议题，总结 2017 年工作并对 2018 年工作作出部署。中科院院长、张江实验室管委会主任白春礼，市委副书记、市长、张江实验室管委会主任应勇出席并讲话。

6 月 20 日，上海市推进科技创新中心建设领导小组举行第四次会议。市委书记、市推进科技创新中心建设领导小组组长李强主持会议并强调，建设具有全球影响力的科技创新中心，是以习近平同志为核心的党中央赋予上海的重大使命。市委副书记、市长、市推进科技创新中心建设领导小组副组长应勇，市委副书记、市推进科技创新中心建设领导小组副组长尹弘出席会议并讲话。市推进科技创新中心建设领导小组成员翁祖亮、诸葛宇杰、彭沉雷、许宁生、林忠钦、钟志华、施尔畏等出席会议并讲话。

4 月，上海市委、市政府批复同意：重组上海推进科技创新中心建设办公室，为上海市人民政府派出机构。4 月 24 日、8 月 14 日、12 月 17 日，上海推进科技创新中心建设办公室召开全体会议。上海市委副书记、市长应勇，国家发展改革委副主任林念修共同主持会议并讲话，上海市委常委、常务副市长周波通报了上海科创中心建设 2018 年重点工作，国家相关部委领导杜占元、陆明、汤涛、徐福顺、相里斌、何华武，上海张江综合性国家科学中心办公室常务副主任施尔畏出席会议并讲话。

2019 年，上海围绕科技创新中心建设，以增强科技创新策源功能为主线，实施科技创新与体制机制创新"双轮驱动"，坚持面向全球、面向未来，强化顶层设计，提升策源能力，优化营商环境，突破关键技术，激发产业动能，各项任务基本达到预期目标。推进《上海市推进科技创新中心建设条例（草案）》的起草工作，颁布《关于进一步深化科技体制机制改革增强科技创新中心策源能力的意见》，上海科创板正式开板，建成或培育各类研发与转化功能型平台近 20 家。

新开工海底观测网、高效低碳燃气轮机、中国科学院"十三五"科教基础设施在沪项目。新建成转化医学设施（闵行基地）、超强超短激光装置、软 X 射线等项目。持续推进硬 X 射线、光源二期、转化医学设施（瑞金基地）等项目建设。上海量子科学研究中心挂牌成立，上海脑科学与类脑研究中心开工建设。推动上海清华国际创新中心、姚期智交叉计算研究院等高水平平台落户上海。

上海创新中心特拉维夫办公室揭牌。朱光亚太赫兹研发与转化平台基本成型。眼视光眼科医学中心加速推进。李政道研究所、上海交通大学张江科学园、复旦张江国际创新中心等加快建设。脑图谱等大科学计划前期筹备工作进展顺利，人类表型组、硅光子、硬 X 射线预研等市级重大专项加快实施，组织布局量子信息技术、超限制造、糖类药物等新一批市级科技重大专项。

科技计划管理方式不断优化，"一网办理、多场景应用"的科技计划管理服务体系加快建设，开展经费使用"包干制"改革试点，进一步为科研人员"松绑"。科技奖励制度改革持续深化，奖励规模、额度和国际化程度进一步提升。促进科技成果转移转化的机制加快探索，新增一批高校试点开展科技成果权属改革，探索专业化技术转移机构"里程碑式"绩效管理评估机制。重点推进张江科学城、临港智能制造示范区、杨浦国家创新型城区和"双创"基地、闵行国家科技成果转移转化示范区、漕河泾创新服务示范区、嘉定新兴产业示范区、松江 G60 区域创新承载区等建设。建成或培育各类研发与转化功能型平台近 20 家，培育形成一批创新需求明、服务能力强、管理体制新、具有较强影响力和辐射力的功能型平台，基本形成多层次、多功能、开放性的功能型平台体系。研究制定《上海市科技创新创业载体管理办法》，支持众创空间专业化、品牌化、国际化发展。

召开科技创新中心建设立法专题座谈会，成立了由市人大常委会副主任徐泽洲和副市长吴清担任组长的科技创新中心建设条例起草工作领导小组，召开科技创新中心建设条例起草工作领导小组暨立法工作启动会议，召开《上海市推进科技创新中心建设条例（草案）》征求意见座谈会等。9 月 25 日，市十五届人大常委会第十四次会议进行分组审议，初次审议《上海市推进科技创新中心建设条例（草案）》。颁布《关于进一步深化科技体制机制改革增强科技创新中心策源能力的意见》。3 月 5 日，市委、市政府召开上海市深化科技体制机制改革推进大会，市委副书记尹弘、副市长吴清出席会议并讲话。

3 月 25 日，上海市推进科技创新中心建设领导小组举行第五次会议。会议指出，要深入贯彻落实习近平总书记重要指示要求，结合中央交给上海的三项新的重大任务，把科技创新摆到更加重要位置，以只争朝夕的紧迫感、舍我其谁的责任感、富于创造的使命感，努力把科创中心建设提高到新水平。3 月 27 日，上海推进科技创新中心建设办公室召开第九次全体会议，研究部署全年重点工作安排，推进集成电路产业发展。7 月 13 日，上海推进科技创新中心建设办公室召开第十次全体会议，总结上半年科创中心建设情况，部署下阶段重点工作，研究推进上海人工智能产业发展。12 月 6 日，上海推进科技创新中心建设办公室召开第十一次全体会议，总结全年科创中心建设情况，研究推进上海生物医药等产业发展。

1月23日，中央全面深化改革委员会第六次会议审议通过《在上海证券交易所设立科创板并试点注册制总体实施方案》《关于在上海证券交易所设立科创板并试点注册制的实施意见》。中国证监会发布《关于在上海证券交易所设立科创板并试点注册制的实施意见》，上交所公布《上海证券交易所科创板股票发行上市审核规则（征求意见稿）》等6项配套业务规则，向社会公开征求意见。7月22日，上交所科创板首批公司上市仪式在上海举办，标志着设立科创板并试点注册制这一重大改革任务正式落地。至2019年底，科创板上市公司70家，市价总值为8638亿元，占沪市规模的比重超过2%。13家上海企业在科创板上市，占年内上市总量的18.57%，居国内第一。

2020年，是"十三五"规划的收官之年，是建设具有全球影响力的科技创新中心形成基本框架体系的"交卷之年"，也是中长期及"十四五"科技规划的谋篇布局之年。上海坚持科技创新与体制机制创新"双轮驱动"，全力强化科技创新策源功能，聚力突破三大重点领域，有力支撑新冠肺炎疫情防控，形成战略科技力量、产业高质量发展的科技支撑、充满活力的创新生态、高水平的创新网络、法规政策及制度改革的主体架构。《上海市推进科技创新中心建设条例》正式施行，高水平研究机构加速布局，建成和在建的国家重大科技基础设施14个，建成功能型平台20余家，协同创新取得突破。

1月20日，上海市十五届人大三次会议表决通过了《上海市推进科技创新中心建设条例》，2020年5月1日起正式施行。作为本市科创中心建设的"基本法""保障法"和"促进法"，《条例》共九章五十九条，将"最宽松的创新环境、最普惠公平的扶持政策、最有力的保障措施"的理念体现在制度设计之中，加大了对各类创新主体的赋权激励，保护各类创新主体平等参与科技创新活动，最大限度激发创新活力与动力。与上海科创"22条"、科改"25条"以及其他配套政策，构建起门类齐全、工具多样的科技创新政策法规体系。

3月18日，上海市推进科技创新中心建设领导小组第六次会议举行。12月4日，上海市推进科技创新中心建设领导小组第七次会议举行。着力强化科技创新策源功能，深入推进全面创新改革试验，不断提供高水平科技供给，加快建设具有全球影响力的科技创新中心。7月29日，上海推进科技创新中心建设办公室举行第十二次全体会议，着力提升张江综合性国家科学中心的集中度和显示度，加快组建国家实验室，推进大科学设施建设，建设好张江科学城。要着力推进集成电路、人工智能、生物医药"上海方案"落实落地，并打造制度创新供给高地。要着力打造人才高峰，聚天下英才而用之。

上海相继推出外国人来华工作许可"不见面"审批制度1.0版、2.0版和3.0版，审批权下放至本市12个区和一个功能区。全国率先创建外国人工作和居留许可"单一窗口"，实现外国人工作相关证件"同一窗口、并联审批、同步拿证"。在长三角一体化示范区建立外国高端人才互认机制。累计核发《外国人工作许可证》26万余份，其中外国高端人才（A类）占比约18%，连续8年蝉联"外籍人才眼中最具吸引力的中国城市"。

全市建成和培育各类研发与转化功能型平台20余家，集聚各类人才2000余名，服务企业2292家，孵化企业219家，实现服务收入逾15亿元，撬动社会投资和培育产业规模超百亿元。自科创板开市至2020年底，上海有37家企业在科创板上市，排名全国第二。出台支持科技企业抗疫情稳发展16条举措，全市各类创新创业载体减免房租金额约4亿元，共发放保费补贴2239万元，帮助抗疫企业解决信贷资金1.12亿元；科创企业上市培育库累计入库企业1283家，其中8家企业登陆科创板；"创业在上海"国际创新创业大赛成功吸引近1.2万家企业申报，比上年增长62.7%，吸纳就业人数23.5万人；科技创新券使用额度增至50万元，服务范围扩大至创新创业孵化类。

长三角科技创新共同体加快建设，牵头形成长三角国家技术创新中心建设方案，获科技部批复并启动建设；《长三角G60科创走廊建设方案》发布实施，"一廊一核多城"的总体空间布局初步形成；长三角科技资源共享服务平台建设加快推进；创新券在长三角区域内通兑取得新进展。累计与20多个国家和地区签订政府间科技合作协议，建设"一带一路"国际联合实验室22个，5家国际科技组织在上海设立代表处。上海国际技术市场建立国际创新成果集中发布渠道，引入130项技术；在35个国家和地区累计建立46个国家技术转移渠道；中以（上海）创新园入驻国内外企业、机构30余家；上海波士顿园区同26个美国联邦实验室和高校技术转移中心、220个对接美国企业达成合作意向，汇集520余项创新成果。召开世界人工智能大会、浦江创新论坛、世界顶尖科学家论坛、全球技术转移大会等。

第二章　大事记

2014 年

5月19—25日　上海科技周举行。

5月24日　习近平总书记考察上海时指出，上海要加快建设具有全球影响力的科技创新中心。

5月26日　经市经济信息化委认定，上海临港产业区、上海漕河泾新兴技术开发区、上海浦东软件园、上海多媒体谷、上海国际旅游度假区、上海世博园、虹桥商务区、市北高新技术服务业园区等12家园区为上海首批智慧园区试点单位。

6月12日　国家发展改革委等12部委联合下发《关于同意深圳市等80个城市建设信息惠民国家试点城市的通知》，上海市获批信息惠民国家试点城市。

6月18日　上海国际贸易单一窗口运行启动仪式在市政府举行。

6月23—24日　市科技党委、市科委和解放日报社联合举办两场"上海建设全球科技创新中心专家研讨会"，畅谈如何打造具有全球影响力的科技创新中心。

6月26日　市政府与中国电信集团公司在沪签署共建智慧城市战略合作框架协议。

6月30日　全球首条胶囊内镜机器人大规模生产线及销售展示中心正式落户浦东金桥开发区。

7月13日　市长杨雄主持召开市政府常务会议，研究进一步促进上海生物医药产业发展工作。会议审议并原则通过了《关于促进上海生物医药产业发展的若干政策（2014版）》。

7月17日　上海联合产权交易所与中国中小企业发展促进中心在上海签署全面战略合作协议，双方共同成立中国中小企业发展促进中心上海总部。

7月17—21日　2014（第5届）上海国际青少年科技博览会分别在上海科技馆、上海开放大学、虹口区青少年活动中心等地举行。

7月23日　中科院党组夏季扩大会议决定以中科院上海药物研究所为主体建设药物创新研究院，探索建立创新链和产业链相互贯通、政产学研用协同创新、成果知识产权互利共享的新型科研机构。

7月31日　金山区首家电子商务产业园——上海杭州湾北岸电子商务产业园在

金山工业区开园。

8月4日　市政府召开常务会议，审议通过《上海市推进智慧城市建设行动计划（2014—2016）》。

8月15日　上海联影医疗科技有限公司举行"联影·用心改变"品牌暨全线产品发布会，推出11款自主创新高端医疗产品。

8月19日　市委书记韩正在市科委调研时强调，上海要按照中央和习近平总书记的要求，加快向具有全球影响力的科技创新中心进军。

9月10日　市政府举行新闻发布会，介绍上海推进智慧城市建设2014—2016年行动计划。

9月11日　浦东新区与中国科学技术大学签署战略合作协议。双方将共同支持"上海中科大量子工程卓越中心"园区建设，培育具有国际影响力的量子通信学术高地。

9月17日　杜邦上海创新中心在张江建立，这是杜邦公司在中国大陆地区设立的首家创新中心。

9月19日　第1架C 919大型客机在中国商飞上海浦东总装基地开始结构总装。

9月25日　中国法院知识产权司法保护国际交流（上海）基地成立，这是全国唯一一家知识产权司法保护国际交流基地。

同日　2014上海文化和科技融合发展论坛暨第8届上海数字媒体技术与产业发展论坛举行。

9月26日　中国（上海）自由贸易试验区管委会知识产权局正式成立，标志着自贸试验区在全国率先探索知识产权专利、商标、版权统一管理和执法体制。

10月20日　浦东新区在洋山保税港区设立高科技文化装备产业基地。国内高科技文化装备产业联盟成立。

同日　上海第一个"社区智慧屋"在杨浦区长白社区向居民开放。

10月21日　《2014亚太知识竞争力指数》在上海交通大学发布，上海排名第6。

10月25—26日　2014浦江创新论坛在上海举行，主题为"协同创新、共享机遇"。

11月3日　北斗（上海）位置信息综合服务平台建成并开通，成为国内首个面向卫星导航产业链企业的公共服务门户。

11月5日　市长杨雄主持召开座谈会，就加快实施创新驱动发展战略，建设具有全球影响力的科技创新中心与专家学者进行交流。

11月6日　市委书记韩正在参观第十六届中国工博会新科技成果展示时表示，

上海要按照中央要求，加快向具有全球影响力的科技创新中心进军。

11月7日　市委书记韩正在中国船舶重工集团公司第七〇四研究所和第七一一研究所调研时强调，上海加快向具有全球影响力的科技创新中心进军，离不开中央在沪科研机构的努力和贡献。市委常委、市委秘书长尹弘参加调研。

11月12日　市委书记韩正在上海交通大学调研时指出，要深刻理解中央要求上海加快向具有全球影响力科技创新中心进军的重要意义，始终把上海的发展放在世界发展变革、国家改革开放的大格局中谋划。

11月16日　集专利、商标、版权行政管理和综合执法职能于一身的全国首家单独设立的知识产权局在浦东新区正式成立。

11月19日　由上海江南造船（集团）有限公司研发设计、长兴重工有限责任公司承建的中国第一艘83000立方米超大型全冷式液化石油气运输船（VLGC），在上海中船长兴造船基地命名。

11月26日　上海北伽导航科技有限公司发布"航芯一号"，芯片将于2015年量产。

11月26—27日　市长杨雄带队前往国家发展改革委、科技部等部门作汇报，争取率先开展全面改革创新试点，研究部署综合性国家科学中心。

12月7日　由上海航天技术研究院抓总研制的长征四号乙运载火箭在太原卫星发射中心升空，执行中巴资源一号04星任务。这是中国长征运载火箭的第200次成功发射。

12月15—16日　中共上海市委举行"深入实施创新驱动发展战略学习讨论会"，围绕上海推进创新驱动发展战略面临的新形势，加快推进具有全球影响力的科技创新中心建设，坚持以深化改革激发创新创造活力等专题，放开讲思考、提建议。

12月23日　国内首个全自动化集装箱码头——洋山深水港区4期工程开工建设。

12月24日　上海市天使投资引导基金成立。

12月28日　上海知识产权法院成立。

2015 年

1月　上海市委、市政府将科技创新中心建设确定为年度市委一号课题，举全市之力开展深入调研和论证。

1月8日　全国首张针对中小科技企业发放的"科技信用卡"在浦东张江诞生，科技企业无需任何抵押，就能获得最高150万元的信用额度。

同日 市科技机关召开 2015 年工作讨论会，就建设科技创新中心进行讨论并提 2015 年科技创新工作新思路。

1月9日 2014 年度国家科学技术奖励大会在北京召开。上海共有 54 项牵头及合作完成的重大科技成果获国家科学技术奖。

2月3日 2015 年上海人力资源和社会保障工作会议召开。

2月5日 市科技系统党政负责干部会议在科学会堂举行，市委副书记应勇、副市长周波出席会议并讲话，市科技工作党委书记吴信宝作工作报告。

2月25日 市委书记韩正主持动员会，部署推进 2015 年一号课题专题研究会，贯彻落实习近平总书记对上海发展的定位和工作要求，加快建设具有全球影响力科创中心。

3月12日 上汽集团与阿里巴巴集团在杭州共同宣布，出资 10 亿元成立国内首个"互联网汽车基金"。

同日 上海市科委与市政协委员就"促进科技创新成果转化，推进上海科技创新中心建设"进行提案办理协商专项座谈会。

3月13日 上海污染场地修复工程技术研究中心成立。

3月18日 上海市科委召开"2015 年区县科技工作会议"。

3月21日 第 30 届上海青少年科技创新大赛举行。

3月28日 浦东机场第四跑道正式投用，这是中国首条智能跑道，也是目前国际上唯一在运行的智能跑道。

3月30日 中国首颗新一代北斗导航卫星在西昌卫星发射中心发射升空，标志着中国北斗卫星导航系统由区域运行向全球拓展的启动实施。新一代卫星北斗导航卫星由上海微小卫星工程中心研制，实现多个国内首创。

3月31日 上海市产业园区"区区合作、品牌联动"现场推进会在漕河泾开发区松江新兴产业园召开。

4月9日 市长杨雄在杨浦区调研时强调："建设具有全球影响力的科技创新中心是管长远的大战略。"

同日 市科委召开新闻发布会宣布，4 月 20 日，正式发放科技创新券；7 月 1 日，正式接受在线使用。

同日 市知识产权联席会议办公室发布《2014 年上海知识产权白皮书》。浦东新区人民法院自贸区知识产权法庭成立，最高人民法院知识产权审判庭自贸区知识产权司法保护调研联系点同时揭牌。

4月10日 复旦大学与虹口区政府签署战略合作协议，共建上海大柏树科技创新中心、共建中外合作创新型学院，合力服务上海科创中心建设。

4月24日 浦东新区发行全国首张"知识产权金融卡"，企业凭发明专利能获得最高 500 万元的金融授信额度。

4 月 25 日 物联慧谷——松江物联网核心产业基地在松江区奠基。

5 月 12 日 启迪控股股份有限公司、漕河泾开发区松江新兴产业园发展有限公司和松江中山工业园签订合作协议，联手在松江打造国内首个"互联网＋科技园"——启迪漕河泾科技园。

5 月 16—24 日 2015 年全国科技活动周暨上海科技节举行，主题是"万众创新——向具有全球影响力的科技创新中心进军"。

5 月 18 日 上海市科学技术奖励大会举行。

5 月 19 日 市科委围绕上海建设具有全球影响力的科技创新中心的主题召开工作进展情况通报。

5 月 21—22 日 2015 年中国物联网大会暨中国（上海）国际物联网博览会在上海召开。

5 月 22 日 国内规模最大的创新型成长企业投融资选拔大赛——黑马大赛上海全球路演中心落户漕河泾松江新兴产业园区。

5 月 25 日 中国共产党上海市第十届委员会第八次全体会议在展览中心举行。全会审议并通过中共上海市委《关于加快建设具有全球影响力的科技创新中心的意见》。

5 月 26 日 华东理工大学举行创新创业典型展示活动。

5 月 27 日 市科技工作党委召开科技系统干部大会，传达学习十届市委八次全会精神。

6 月 3 日 市科委副主任陈杰、市教委副主任袁雯出席了由市新闻办组织的"加快建设科创中心"专题集体采访系列活动，介绍两委参与加快建设科技创新中心相关工作并回答记者提问。

6 月 4 日 市经济信息化委联合市教委开展上海市"四新"服务券（产学研合作）试点。

6 月 5 日 市政府与中国社科院在上海签署合作协议，双方将合作共建上海研究院，通过建设高水平、国际化的中国特色新型智库，为贯彻"四个全面"战略布局做出新贡献。

6 月 9 日 上海硅知识产权交易中心、上海盛知华知识产权服务有限公司获财政部股权投资支持，各获 1000 万元股权投资。

6 月 15 日 公安部推出支持上海科技创新中心建设的系列出入境政策措施，7 月 1 日起实施。

同日 上海现代建筑设计集团国家级企业技术中心挂牌，这是全国建筑设计行业第一家国家级企业技术中心。

6月18日 副市长周波赴浦东软件园和上海莘泽创业投资管理有限公司开展调研，市科委副主任陈杰及市发展改革委、市经信委、市商务委和市人社局相关负责人参加了调研座谈会。

6月23日 科技部支持上海建设具有全球影响力的科技创新中心座谈会召开。科技部副部长李萌、上海市副市长周波出席会议并作重要讲话。

6月24日 市政府与中国核工业集团公司在上海签署战略合作框架协议。

7月1日 公安部支持上海科创中心建设的系列出入境政策措施正式实施，上海公安部门出台的细则同步落地。"张江国家自主创新示范区出入境管理局办证服务点"和"张江国家自主创新示范区核心园出入境办证服务点"正式挂牌。

7月5日 为更好地吸引人才、集聚人才、留住人才，为建设具有全球影响力的科技创新中心提供坚实的人才支撑和智力保障，市委、市政府发布《关于深化人才工作体制机制改革促进人才创新创业的实施意见》。

7月7日 上海首个创业街区在陆家嘴金融城新兴金融产业园揭牌，将为创业者提供一站式的创业服务。

7月13日 科技部与上海市政府在沪举行2015年部市工作会商会议，专题研究进一步深化部市合作，推动上海加快建设具有全球影响力的科技创新中心。全国政协副主席、科技部部长万钢，上海市委副书记、市长杨雄出席并讲话。上海市委副书记应勇主持会议，副市长周波作《上海加快建设具有全球影响力的科技创新中心总体方案》的报告。科技部副部长李萌作《科技部支持上海建设具有全球影响力科技创新中心的若干措施》的报告。

7月19日 上海市出入境检验检疫局发布《关于支持上海生物医药产业发展若干意见》，多类低风险生物医药材料进出口解禁。

7月20日 上海市知识产权专家咨询委员会成立。专家咨询委员会由18位国内知名专家组成，将为上海市知识产权联席会议提供决策咨询，发挥智库作用。

7月24日 上海自贸试验区"科创一号"项目启动暨果创孵化器入驻仪式在洋山国贸中心举行。

8月5日 浦东新区出台"促进人才创新创业14条"，以此为基础，浦东新区将创建最开放的国家级人才管理改革试验区。

同日 上海高级人民法院发布《关于服务保障上海加快建设具有全球影响力科技创新中心的意见》。

8月6日 张江高新区宝山园·二工大科技园正式开园，张江高校协同创新研究院宝山院同时成立。

8月8日 上海产学研联合研制的太阳能飞机"墨子号"成功实现两款小比例验证机型的无人试飞。全尺寸太阳能驱动的一号机将与深度验证同步研制，将于2016年春季首飞。

8月12日 市人社局、市外国专家局、市公安局联合印发《关于服务具有全球影响力的科技创新中心建设 实施更加开放的海外人才引进政策的实施办法（试行）》。

8月17日 市委、市政府发布《关于本市发展众创空间推进大众创新创业的指导意见》。

8月21日 上海发布《关于促进金融服务创新支持上海科技创新中心建设的实施意见》。

8月24日 上海华测导航技术股份有限公司自主研发的高精度军民两用北斗卫星导航核心板卡，在上海西虹桥中国北斗产业创新基地通过专家鉴定评审，标志着中国高精度卫星导航定位技术实现新的突破。

9月 中共中央办公厅、国务院办公厅印发《关于在部分区域系统推进全面创新改革试验的总体方案》，上海入选首批8个区域。

9月10日 市政府发布《关于促进上海国家级经济技术开发区转型升级创新发展的实施意见》。

同日 国家统计局上海调查总队、市科委联合发布2014年上海公民科学素质调查测试结果。结果显示，上海公民科学素质水平达标率为28.8%，比2012年提高2.2个百分点。

9月14日 市长杨雄主持召开市政府常务会议，研究部署进一步促进科技成果转移转化等事项。会议审议并原则通过《关于进一步促进科技成果转移转化的实施意见》。

9月17日 由上海科学技术开发交流中心发起成立的上海市技术转移协会正式成立。

9月26日—10月25日 上海海洋大学深渊科学技术研究中心研制的中国首台万米级无人潜水器"彩虹鱼"号和着陆器，在南海完成4000米级海试。

10月9日 工业和信息化部与市政府在上海签署《推进"四新"经济实践区建设、促进上海产业创新转型发展战略合作协议》。

同日 国家光伏产业应用研究中心落户临港，4家国家级光伏产业实验室将在临港投入运营。

10月13日 市经济信息化委发布《上海"四新"经济发展绿皮书》（2015年版）。

10月14日 市政府举行新闻发布会，宣布临港地区将打造国际智能制造中心。同时，《上海建设具有全球影响力科技创新中心临港行动方案》和《关于建设国际智能制造中心的若干配套政策》正式公布。

10 月 16 日 市人大召开"推进科技创新中心建设"专题代表建议督办座谈会。

10 月 19—23 日 首届"全国大众创业、万众创新活动周"举行。举办首届全国"大众创业、万众创新"活动周上海分会场活动，活动总数、参与人次、覆盖范围都位居全国前列。

10 月 27—28 日 由科技部和市政府共同主办的"2015 年浦江创新论坛"在上海东郊宾馆举行，论坛以"全球创新网络汇聚共同利益"为主题。

10 月 30 日 市人社局发布《关于服务具有全球影响力的科技创新中心建设，实施更加开放的国内人才引进政策的实施办法》。

11 月 2 日 中国自主研制的 C 919 大型客机在中国商飞公司总装下线。

11 月 6 日 市政府办公厅印发的《关于进一步促进科技成果转移转化的实施意见》施行。

11 月 17 日 市政协组织以"促进科研成果转化建设具有全球影响力的科技创新中心"为专题的年末考察活动。

11 月 26 日 中科院超导电子学卓越创新中心成立。超导卓越中心依托单位为中科院上海微系统与信息技术研究所，参与单位包括中国科学技术大学、上海科技大学和中科院上海硅酸盐研究所。

12 月 1 日 由市政府与世界知识产权组织共同主办的上海知识产权国际论坛在上海开幕。

12 月 7 日 中科院公布院士增选结果，上海 7 人当选；中国工程院公布院士增选结果，上海 6 人当选。

12 月 18 日 由上海交通大学与临港管委会联合发起的上海智能制造研究院成立。

12 月 28 日 上海股权托管交易中心"科技创新板"正式开盘。首批挂牌 27 家企业来自张江高科技园区。

12 月 31 日 市政府与中国核工业建设集团公司在上海签署战略合作框架协议。

2016 年

1 月 4 日 市总工会、市发展改革委、市经济信息化委、市科委、市人社局和市知识产权局六部门联合发布《关于推动一线职工岗位创新，促进"大众创业、万众创新"的若干意见》。

1 月 6—7 日 市科技机关召开 2016 年工作讨论会，围绕加快建设具有全球影响力的科技创新中心等展开讨论并提出了 2016 年科技创新工作新思路。

1月8日 2015年国家科学技术奖揭晓。在被授予国家科学技术奖的302个项目（人）中，上海共有42项牵头及合作完成的重大科技成果获国家科学技术奖，占全国获奖总数的14%。

1月20日 中国（上海）自由贸易试验区知识产权协会成立仪式暨上海自贸区知识产权综合服务平台启动仪式在张江举行。

1月21日 《国家税务总局关于支持上海科技创新中心建设的若干举措》发布。

1月22日 上海跨境电子商务公共服务有限公司正式成立。

1月26日 全球第一个携带人类自闭症基因的非人类灵长动物模型在上海建立。

2月1日 国家发展改革委、科技部批复同意上海以张江地区为核心承载区建设综合性国家科学中心，并于年内成立上海张江综合性国家科学中心理事会。

2月2日 上海首个国家级湿地公园——崇明西沙国家湿地公园揭牌。

2月5日 中国工程院、上海市人民政府合作委员会第十二次会议在沪举行。中国工程院主席团名誉主席徐匡迪、中国工程院院长周济、上海市市长杨雄、中国工程院副院长徐德龙出席并讲话。

2月23日 市委、市政府《关于加强知识产权运用和保护支撑科技创新中心建设的实施意见》发布。

2月27日 张江高新区管委会在美国波士顿建立的实体化园区"上海张江波士顿企业园"开园仪式在美国马萨诸塞州政府大厅举行。

2月29日 《科技部关于公布第2批众创空间的通知》发布，华创俱乐部、苏河汇、腾讯众创空间（上海）等20家上海市众创空间入选国家级众创空间，并纳入国家科技企业孵化器管理体系。至此，上海共有55家单位纳入国家级孵化器管理。

3月25日 经国务院批准，中国互联网金融协会在上海正式成立，首批单位会员有400余家。

3月28日 《上海众创空间发展实施细则》《上海市科技企业孵化器管理办法》《上海市科技创业苗圃管理办法》开始实施。

3月30日 国务院总理李克强主持召开国务院常务会议，部署推进上海加快建设科技创新中心，要求用3年时间在上海系统推进全面创新改革试验，建设综合性国家科学中心。

4月12日 中国第32次南极考察队乘坐"雪龙"号极地考察船返回上海。此次考察共完成45项科考项目和30项后勤保障与建设项目。固定翼飞机"雪鹰601"成功试飞，标志着中国进入南极考察航空时代。

4月15日 国务院印发《上海系统推进全面创新改革试验加快建设具有全球影

响力的科技创新中心方案》。

4月18日 上海市科学技术奖励大会在上海展览中心友谊会堂举行。

4月20日 上海市推进科技创新中心建设领导小组举行第一次会议，明确了上海科创中心建设2016年11个重点专项、70项重点工作。上海市委书记、市推进科技创新中心建设领导小组组长韩正主持会议。

4月28日 上海股权托管交易中心"科技创新板"第2批15家企业挂牌，其中科技型企业13家、创新型企业2家。

同日 上海市知识产权联席会议办公室和市政府外办联合召开2015年上海知识产权情况通报会。

5月10日 《关于推进供给侧结构性改革促进工业稳增长调结构促转型的实施意见》正式发布，标志着上海后工业时代发展拉开大幕。

5月11日 国务院常务会议通过《长江三角洲城市群发展规划》，要求发挥上海中心城市作用，推进南京、杭州、合肥、苏锡常、宁波等都市圈同城化发展。

同日 首届国际人类表型组大会在复旦大学举行。会上成立了国际人类表型组研究联盟。

5月12日 国务院办公厅印发《关于建设大众创业万众创新示范基地的实施意见》，系统部署双创示范基地建设工作，杨浦区成为区域示范基地，上海交通大学成为高校和科研院所示范基地。

5月13日 上海振华重工（集团）股份有限公司自主建造的世界最大12000吨单臂起重船在上海长兴岛基地交付，被命名为"振华30号"。

5月13—14日 由中国科学技术发展战略研究院、上海市科学学研究所、联合国教科文组织共同主办的浦江创新论坛——2016技术预见国际研讨会在上海召开。

5月14—21日 2016年上海科技活动周举办。

5月23日 市长杨雄主持召开市政府常务会议，审议并原则同意《上海市科技创新"十三五"规划》《上海市制造业转型升级"十三五"规划》《上海市推进智慧城市建设"十三五"规划》。

5月24日 国家技术转移区域中心工作推进现场会在上海湾谷科技园举行。会上，国家技术转移东部中心发起成立中国技术转移联盟。

同日 松江区召开G60上海松江科创走廊建设推进大会。松江区推出对接上海科创中心建设，建40公里科创示范走廊的规划。

同日 上海首个国家级知识产权服务示范区——上海漕河泾国家知识产权服务业集聚发展示范区揭牌，示范期为期3年。

5月31日 闵行区在紫竹高新区召开建设上海南部科技创新中心核心区"1+4"

政策发布会。

6月7日　由工业和信息化部批准的国内第一个"国家智能网联汽车（上海）试点示范区"封闭测试区在嘉定国际汽车城启动，标志着上海再一次为中国汽车工业转型探寻方向。

6月17日　临港产业区、金山工业区、上海化工区、金桥开发区、市北高新区首批5家绿色园区创建试点启动。

6月20日　美国汤森路透发布2015年度期刊引证报告。报告显示，由中科院上海生命科学研究院生物化学与细胞研究所、中国细胞生物学学会联合主办的《细胞研究》影响因子超过《自然》和《细胞》的两份子刊，居亚太地区生命科学类学术期刊第一。

6月21日　上海银行、上海华瑞银行和浦发硅谷银行完成投贷联动试点方案，将以"股权投资＋债权融资"联动服务科创企业，打破银企之间的资金融通困局。

6月25日　由上海航天技术研究院研制的长征七号运载火箭在海南省文昌市首次成功发射。

6月29—30日　2016中国（上海）国际物联网大会在上海国际会议中心召开。

6月30日　由上海科技成果转化促进会、上海市教育发展基金会和上海市促进科技成果转化基金会共同举办的2016年度"联盟计划"签约颁证、科促会专家聘任大会举行。

7月1日　上海市北高新（集团）有限公司与上海超算中心、上海大数据联盟签约，共同打造上海超算中心大数据产业孵化基地。

7月5日　上海市推进科技创新中心建设领导小组举行第二次会议，听取本市推进科创中心建设一年来进展情况的总结和评估汇报。市委书记、市推进科技创新中心建设领导小组组长韩正主持会议。

7月11日　全国碳市场能力建设（上海）中心在上海环境能源交易所正式挂牌。

7月20日　中国科学技术发展战略研究院在京发布《中国区域科技进步评价报告2015》。报告显示，上海综合科技进步水平指数在全国各省区市中排名第一。

7月30日　由生物芯片上海国家工程研究中心牵头、全国50余家三甲医院发起的中国生物样本库联盟在沪成立。

8月1日　《张江国家自主创新示范区企业股权和分红激励办法》正式施行。激励办法包括股权激励、股权出售和股票期权、分红激励、绩效奖励和增值权奖励等。

8月2日　第2届中德"工业4.0"发展论坛暨第2届中德高科技投资对接会在

上海产业技术研究院举行。

8月4日　首届长江经济带科技资源共享论坛在上海召开。会上讨论了《长江经济带科技资源共享论坛章程》，探索和尝试科技资源的跨区域互动合作。

8月16日　《上海市科技创新"十三五"规划》发布。

8月24日　上海浦东孙桥现代农业科技创新中心成立，将致力于打造成为具有全球影响力的农业科技创新中心。成立仪式上，中国农科院与浦东新区共同签订了《上海浦东孙桥现代农业科技创新中心战略合作框架协议》。

8月31日　市科技工作党委、市科委召开科学家月度座谈会，围绕"促进科技服务业发展，助力科创中心建设"这一主题，广泛听取意见建议。

9月1日　中德智能制造合作试点示范项目经验交流会在上海临港举行。首批中德智能制造合作试点示范项目在会上揭晓，上海两大项目入选。

9月3日　上海张江综合性国家科学中心超强超短激光实验装置研制取得重要进展，成功实现5拍瓦激光脉冲输出，达到国际领先水平。

9月5日　市政府印发《上海市技术基础发展和改革"十三五"规划》。

9月22日　经国务院国资委批准，宝钢集团与武钢集团正式实施联合重组，宣布组建中国宝武钢铁集团有限公司，共同打造钢铁领域世界级的技术创新、产业投资、资本运营平台。

9月23—26日　由科技部和上海市政府共同主办的2016浦江创新论坛在上海举行。论坛以"双轮驱动：科技创新与体制机制创新"为主题。

9月25日　上海市委、市政府发布《关于进一步深化人才发展体制机制改革加快推进具有全球影响力的科技创新中心建设的实施意见》。

9月27日　国家重大科技专项"长三角卫星导航应用示范工程"建设任务通过国家验收。验收会上，北斗导航产业的创新功能型平台——上海北斗导航创新研究院成立。

10月9日　市政府印发《上海市公民科学素质行动计划纲要实施方案（2016—2020年）》。

10月10日　市政府常务会议原则通过《上海市人民政府关于全面建设杨浦国家大众创业万众创新示范基地的实施意见》。

10月13日　《国家外国专家局、上海市人民政府共同推进张江国家自主创新示范区建设国际人才试验区合作备忘录》在沪签署。

同日　2016年全国大众创业万众创新活动周在张江信息园举行。

10月15—16日　大型创客文化展示交流活动——上海创客嘉年华在创智天地举行。

10月16日　《上海检察机关服务保障科技创新中心建设的意见》发布，要求上海检察机关为上海建设具有全球影响力的科技创新中心积极提供"一站式、全覆盖"检察服务保障措施。

10月22—29日 第二届上海国际自然保护周举行。

10月27日 市科委、嘉定区政府与上海微技术工业研究院签署战略合作协议。

10月31日 第18届中国国际工业博览会开幕式暨颁奖仪式在上海国际会议中心举行。

11月10日 市十四届人大常委会第三十三次会议召开，对《上海市促进科技成果转化条例（草案）》进行一审。

11月15日 国务院发文决定成立国家科技创新中心建设领导小组。

11月17日 国务院副总理、国家科技创新中心建设领导小组组长刘延东召开领导小组第一次会议。

11月18日 中关村区块链产业联盟与上海智力产业园正式合作，共同创建中关村区块链产业联盟上海协同创新中心。同时，上海智力产业园天空区块链孵化基地以及上海股权交易托管中心上海智力产业园孵化基地正式成立。这意味着中国首个应用区块链孵化基地正式落户上海宝山。

11月20日 2016年上海科普教育创新奖颁奖典礼举行。

11月21日 由中国科学技术大学牵头承建的国家量子通信骨干网"京沪干线"项目合肥至上海段正式开通。

11月23日 领导干部推进科技成果转化专题研讨班在市委党校举行。开班仪式上，副市长周波做开班动员和专题辅导报告。

11月28日 李政道研究所成立揭牌仪式。

12月8日 由市委组织部、市人社局共同组织的2016年上海领军人才选拔工作结束，106人入选2016年上海领军人才培养计划，其中科技领域入选88人，占83%。

同日 "2016上海最具投资潜力50佳创业企业"榜单发布。

12月9日 公安部支持上海科创中心建设出入境政策"新十条"正式实施。

12月11日 由上海航天技术研究院抓总研制的风云四号气象卫星科研试验卫星在西昌卫星发射中心发射成功。

12月14日 市经济信息化委信息化发展研究中心发布《2016上海市智慧城市发展水平评估报告》。《报告》显示，上海智慧城市发展水平指数为97.65，比上一年度提高10.1%。

12月16日 由浦东新区和宝山区共同打造的上海北郊未来产业园项目在宝山工业园区启动建设。

12月27日 上海推进科技创新中心建设办公室召开第一次全体会议，贯彻落实国家科技创新中心建设领导小组第一次会议精神，研究讨论上海科创中心建设下一步工作安排。上海市委副书记、市长杨雄，国家发展改革委副主任林念修共同主持会议并讲话。

12月29日 23家科技型实体企业在科技创新板挂牌。至此，上海科技创新板挂牌企业总数达102家。

12月30日 《崇明世界级生态岛发展"十三五"规划》正式公布。

12月31日 中共中央总书记、国家主席、中央军委主席习近平对上海自贸试验区建设作出重要指示，要求大胆试、大胆闯、自主改，力争取得更多可复制推广的制度创新成果，进一步彰显全面深化改革和扩大开放的试验田作用。

2017 年

1月4—5日 市科技机关召开2017年工作讨论会。

1月13日 上海知识产权交易中心成立。

2月10日 上海推进科技创新中心建设办公室召开第二次全体会议，研究部署2017年科创中心建设重点工作。上海市委副书记、市长应勇，国家发展改革委副主任林念修共同主持会议并讲话。

2月14日 上海市科技系统党政负责干部会议在科学会堂召开。市委常委、常务副市长周波出席会议并讲话。

2月22日 上海自贸试验区管委会张江管理局、张江高科技园区管委会确定"十三五"发展规划目标。

3月27日 市科技工作党委、市科委召开科学家月度座谈会。

3月28日 在沪外资研发中心座谈会在科学会堂思南楼举行。

4月20日 《上海市促进科技成果转化条例》发布，自2017年6月1日起施行。

4月28日 市政府批复成立上海张江综合性国家科学中心办公室、上海推进科技创新中心建设办公室。

5月5日 市政府新闻办举行市政府新闻发布会，市科委主任寿子琪介绍新出台的《上海市促进科技成果转化条例》主要内容。

同日 C919大型客机首架机在上海浦东机场顺利飞上蓝天。

5月18日 上海推进科技创新中心建设办公室召开第三次全体会议，贯彻落实习近平总书记重要指示精神，加快推进上海科创中心建设。上海市委副书记、市长应勇，国家发展改革委副主任林念修共同主持会议并讲话。

5月23日 以"创·新杨浦·新生态"为主题的2017杨浦国家创新型城区发

展战略高层咨询会，在中国工业设计研究院创新体验中心隆重举行。

5月29日 市政府办公厅印发《上海市促进科技成果转移转化行动方案（2017—2020）》。

5月 张江国创中心一期投入使用。

6月1日 《上海市促进科技成果转化条例》正式实施，《上海科技金融政策汇编指引》发布。

6月20日 市科委召开新闻通气会，就《上海市促进科技成果转移转化行动方案（2017—2020）》进行介绍和解读。

7月1日 《上海市人民代表大会常务委员会关于促进和保障崇明世界级生态岛建设的决定》施行。

7月29日 张江科学城建设规划获市政府正式批复，总面积约94平方公里，张江科学城的核心支撑作用初步显现，将实现从"园区"到"城区"的转型，与张江综合性国家科学中心形成"一体两翼"格局。

8月23日 上海市推进科技创新中心建设领导小组第三次会议暨张江科学城建设推进大会举行，会议在评估前阶段工作成效的基础上，进一步聚焦关键环节和重点领域，部署推进下一阶段工作。市委书记、市推进科技创新中心建设领导小组组长韩正主持会议。

8月28日 上海推进科技创新中心建设办公室召开第四次全体会议，研究讨论上海科创中心建设重大问题，部署推进下一阶段工作。上海市市长应勇、国家发展改革委副主任林念修共同主持会议并讲话。

9月15日 2017年全国大众创业万众创新活动周启动仪式在上海杨浦长阳创谷举行。中共中央政治局常委、国务院副总理张高丽出席并讲话。

9月23—25日 主题为"具有全球影响力的科技创新中心：格局与使命"的2017年浦江创新论坛在上海举行。

9月26日 位于张江科学城核心区域内的张江实验室揭牌成立。中共中央政治局委员、上海市委书记韩正，中国科学院院长、党组书记白春礼共同为张江实验室揭牌，白春礼和上海市委副书记、市长应勇分别致辞。

9月 创领心律管理医疗器械（上海）有限公司生产的 RegaTM 心系列植入式心脏起搏器正式获得国家食药监总局（CFDA）的批准，成为国内第一个具有国际先进品质的国产心脏起搏器。

同月 《上海市燃料电池汽车发展规划》《上海"互联网＋"智慧能源（能源互联网）科技支撑行动（2018—2020）》发布。

10月10日 市政府出台《关于进一步支持外资研发中心参与上海具有全球影响力的科技创新中心建设的若干意见》。

10月24日 上海超强超短激光实验装置实现10拍瓦激光放大输出，主要性能指标国际领先。

10月26日 市政府办公厅印发《关于本市推动新一代人工智能发展的实施意见》。

11月27日 世界首个体细胞克隆猴"中中"在上海诞生。

11月底 2017年院士增选结果出炉，上海新增中科院院士10人，工程院院士3人。

12月14日 市委书记李强在上海交通大学主持召开推进科技创新中心建设科学家座谈会并调研学校发展情况。

12月15日 上海推进科技创新中心建设办公室召开第五次全体会议，总结2017年上海科创中心建设情况，谋划明年重点工作。市委副书记、市长应勇，国家发展改革委副主任林念修共同主持会议并讲话。

12月16日 张江综合性国家科学中心——"硬X射线自由电子激光装置"启动建设。

12月17日 第二架C919大型客机完成首次飞行。

12月25日 张江科学城建设项目管理服务中心试运行。

2018 年

1月16日 《关于本市推进研发与转化功能型平台建设的实施意见》发布。

1月18日 市政府举行新闻发布会，市科委主任寿子琪介绍新出台的《关于本市推进研发与转化功能型平台建设的实施意见》主要内容。

2月13日 张江实验室管理委员会召开第一次会议。中科院院长、张江实验室管委会主任白春礼，市委副书记、市长、张江实验室管委会主任应勇出席并讲话。

2月14日 市委书记李强就加快科创中心建设赴浦东张江调研。

2月23—24日 上海市科技系统党政负责干部会议召开。市委副书记尹弘出席会议并讲话。

3月20日 第七次上海市推进杨浦国家创新型城区建设联席会议召开。市委常委、常务副市长周波出席会议并讲话。

3月22日 2018"创业在上海"国际创新创业大赛暨第七届中国创新创业大赛（上海赛区）、"创新创业，卓越未来"第三届浦东新区创新创业大赛开赛仪式在上海科技馆举行。

4月19日 长三角创新合作发展论坛举行，首届长三角国际创新挑战赛启动。

4月20日 《上海市研发与转化功能型平台管理办法（试行）》发布。

4月24日 上海推进科技创新中心建设办公室召开第六次全体会议，研究部署2018年上海科创中心建设重点工作。上海市委副书记、市长应勇，国家发展改革委副主任林念修共同主持会议并讲话。

4月26日 上海市首批市级科技重大专项之一——"硅光子市级重大专项"项目启动会在张江实验室举行。会议由中国科学院院士、张江实验室主任、硅光子专项项目总师王曦主持。市科委副主任干频出席会议并致辞。

4月27日 硬X射线自由电子激光装置（XFEL）在上海张江综合性国家科学中心开工建设。

4月 沪苏浙皖"三省一市"共同启动《长三角氢走廊建设发展规划》的研究编制。

同月 上海市委、市政府批复同意重组上海推进科技创新中心建设办公室（简称"上海科创办"），为上海市人民政府派出机构。

5月4日 市委、市政府召开上海推进科创中心建设办公室领导班子宣布会。市委副书记、市长应勇出席。会上，市委常委、组织部部长吴靖平宣读市委、市政府关于重新组建上海推进科技创新中心建设办公室的批复以及干部任免决定。

5月9日 由上海航天技术研究院抓总研制的中国首颗高分五号卫星在太原发射基地成功升空并进入预定轨道。

5月14日 上海脑科学与类脑研究中心揭牌仪式在张江实验室举行。上海市委书记李强、中国科学院院长白春礼共同为中心揭牌。

5月17日 市政协召开重点协商办理"推进上海科创中心建设，加快吸引全球科创人才"提案专题座谈会。

同日 《上海市建设闵行国家科技成果转移转化示范区行动方案（2018—2020年）》发布。

5月21日 以"万众创新——向具有全球影响力的科技创新中心进军"为主题的2018年上海科技节启动仪式在上海科技馆举行。市委书记李强，市委副书记、市长应勇等出席启动仪式。

5月25日 主题为"科创中心与科技人才"的第十七届"浦江学科交叉论坛"在上海科技馆举行。

5月28日 《上海市都市现代绿色农业发展三年行动计划（2018—2020年）》发布。

6月19日 发布《上海市大型科学仪器设施共享服务评估与奖励办法实施细则》。

6月20日　上海市推进科技创新中心建设领导小组第四次会议举行。市委书记、市推进科技创新中心建设领导小组组长李强主持会议。

6月28日　2018首届长三角区域能源互联网创新发展论坛召开。

6月29日　发布《上海市科研计划项目（课题）专项经费巡查管理办法》。

7月3日　国家集成电路创新中心、国家智能传感器创新中心在沪揭牌成立。

7月17日　中国科学院和上海市共建的张江药物实验室、G60脑智科创基地和传染病免疫诊疗技术协同创新平台三大研究平台揭牌成立。中国科学院院长、党组书记白春礼和上海市委副书记、市长应勇揭牌。

7月　由中国海洋大学、中国科学院上海药物研究所和上海绿谷制药联合研发的治疗阿尔茨海默病新药"甘露寡糖二酸（GV-971）"顺利完成临床3期试验。

8月14日　上海推进科技创新中心建设办公室召开第七次全体会议，研究部署科创中心建设下阶段重点工作。市委副书记、市长应勇，国家发展改革委副主任林念修共同主持会议并讲话。

8月14—15日　市委副书记、市长应勇用两个半天调研科研院所、共性技术研发与转化功能型平台和科创企业。

8月29日　李政道研究所实验楼建设在张江科学城正式启动，规划总用地面积约41亩，总建筑面积约56000平方米，将于2020年6月完成基本建设。

8月30日　领导干部学习贯彻习近平总书记关于科技创新的重要论述专题研讨班在市委党校开班。市委副书记尹弘作动员讲话。

8月　中科院分子植物科学卓越创新中心、植物生理生态研究所在国际上首次人工创建了单条染色体的真核细胞。

9月4—6日　2018上海崇明生态岛国际论坛（第七届）举办，主题为"生态优先绿色发展——高质量建设崇明世界级生态岛"。

9月10日　中国首艘专业极地科学考察破冰船"雪龙2"号出坞下水。

9月17—19日　2018世界人工智能大会举办。大会的主题为"人工智能赋能新时代"。

9月18日　2018世界智能网联汽车大会在上海开幕，并发布第二阶段智能网联汽车开放测试道路。

9月27日　上海首条燃料电池公交线路上线。

10月20日　复旦大学附属中山医院与上海联影医疗科技有限公司合作创新产品——国产首台一体化PET/MR获国家药品监督管理局认证，正式推向市场。

10月24日　港珠澳大桥建成通车，上海多家单位参与设计建造。

10月28—31日　首届世界顶尖科学家论坛在上海临港举行。

10月29日—11月1日　以"新时代创新发展与供给侧结构性改革"为主题的

2018 浦江创新论坛举办。

10月30日 科技部与上海市政府在沪举行 2018 年部市工作会商会议。上海市委书记李强、科技部部长王志刚出席会议并讲话。上海市委副书记、市长应勇主持会议。

10月30—31日 "首届绿色技术银行高峰论坛"在上海举行。

11月3日 《促进上海市生物医药产业高质量发展行动方案（2018—2020年）》发布。

同日 《上海市人民政府关于加快本市高新技术企业发展的若干意见》发布。

同日 上海光源二期工程首条光束线站出光，这标志着上海光源线站工程正式进入了调试出束阶段。

11月5日 国家主席习近平出席首届中国国际进口博览会暨虹桥国际经贸论坛开幕式，并发表主旨演讲，宣布将在上海证券交易所设立科创板并试点注册制，支持上海国际金融中心和科技创新中心建设。

同日 上海市政府与以色列科技部签订科技合作备忘录，双方将围绕多个领域开展科技创新合作。

11月22日 《关于加快本市高新技术企业发展若干意见》出台。

同日 《上海市科技创新券管理办法（试行）》发布。

11月28—30日 首届长三角科技交易博览会在沪举行。

12月17日 上海自主智能无人系统科学中心揭牌成立。

同日 上海推进科技创新中心建设办公室召开第八次全体会议，总结全年科创中心建设情况，研究明年总体工作安排。市委副书记、市长应勇，国家发展改革委副主任林念修共同主持会议并讲话。

12月18日 国产刻蚀机入选全球首条 5 纳米芯片产线。

12月19日 吴清副市长赴市科技两委调研科技创新工作。

12月29日 发布《上海市深化科技奖励制度改革的实施方案》。

2019 年

1月7日 市科技党委书记刘岩等调研来华工作许可窗口。

1月9日 市科委在科学会堂院士之家召开科技创新中心建设立法专题座谈会。

1月23日 上海市召开科技创新中心建设条例起草工作领导小组暨立法工作启动会议。

1月24日 上海科学家在国际上首次获得 5 只 BMAL1 基因缺失的克隆猴。

1月30日 中国证监会发布《关于在上海证券交易所设立科创板并试点注册制

的实施意见》，并起草完成《科创板首次公开发行股票注册管理办法（试行）》
和《科创板上市公司持续监管办法（试行）》。

2月14日 张江实验室管理委员会召开第二次会议，总结过去一年工作，谋
划部署全年工作。中国科学院院长、党组书记、张江实验室管委会主任白春礼，
上海市委副书记、市长、张江实验室管委会主任应勇出席并讲话。

3月1日 中国证监会正式发布《科创板首次公开发行股票注册管理办法（试
行）》和《科创板上市公司持续监管办法（试行）》。上海证券交易所正式发布
实施设立科创板并试点注册制相关业务规则和配套指引。

3月4日 《上海证券交易所科创板股票发行上市审核问答》正式发布。

3月20日 市政府新闻办召开市政府新闻发布会，副市长吴清介绍《关于进一
步深化科技体制机制改革增强科技创新中心策源能力的意见》。

3月22日 科创板首批受理企业出炉。

3月25日 上海市推进科技创新中心建设领导小组第五次会议举行。市委书
记、市推进科技创新中心建设领导小组组长李强主持会议并讲话，市委副书记、
市长、市推进科技创新中心建设领导小组组长应勇，市委副书记、市推进科技
创新中心建设领导小组副组长尹弘出席会议并讲话。

3月26日 德国弗劳恩霍夫应用研究促进协会与上海交通大学签署正式合约。

3月27日 上海推进科技创新中心建设办公室召开第九次全体会议，研究部署
全年重点工作安排，推进集成电路产业发展。上海市委副书记、市长应勇，国
家发展和改革委员会副主任林念修共同主持会议并讲话。

4月10日 世界首张黑洞照片发布，上海是全球六个发布地之一。

4月26日 2019年度上海研发公共服务平台指导协调小组会议召开。

5月6日 上海光源开放10年，吸引逾2万用户，产生一批有世界影响力的重
大成果。

5月10日 市科技工作党委、市科委等联合召开《关于进一步深化科技体制机
制改革，增强科技创新中心策源能力的意见》及相关配套实施细则宣讲培训会。

5月14日 上海市人民政府决定：任命吴清为上海推进科技创新中心建设办公
室主任，上海市张江高新技术产业开发区管理委员会主任。

5月15日 上海市科学技术奖励大会举行，隆重表彰为上海科技事业和现代化
建设作出突出贡献的科技工作者。

5月21日 第一期科创板上市培训活动暨科创企业上市培育库发布仪式在上海
证券交易所大厅举办。

5月23日 由长三角三省一市共同举办的"第一届长三角一体化创新成果展"
在安徽省芜湖国际会展中心开幕。

5月26日　2019年全国科技活动周暨上海科技节闭幕式在上海广播电视台东视剧场举行。

同日　中以（上海）创新园建设推进会暨首批合作机构签约仪式在普陀桃浦智创城举行。

5月27日　科创板上市委审议工作正式启动，上交所发布科创板上市委2019年第一次审议会议公告。

6月4日　上海市召开科技创新中心建设条例起草工作领导小组第二次会议。

6月10日　市委书记李强为科技系统党员干部上专题党课。

6月13日　在第十一届陆家嘴论坛开幕式上，中国证监会和上海市人民政府联合举办上海证券交易所科创板开板仪式。

6月14日　中国科学院与上海市人民政府在沪签署合作共建上海量子科学研究中心协议。中科院院长、党组书记白春礼，上海市委副书记、市长应勇共同为上海量子科学研究中心揭牌。

6月19日　"中央处理器创新技术产业生态发展论坛"在沪召开，上海兆芯集成电路有限公司在论坛上发布其新一代16nm 3.0GHz x86 CPU产品——开先KX-6000和开胜KH-30000系列处理器。

6月25日　市政府新闻举行发布会，解读《关于支持浦东新区改革开放再出发实现新时代高质量发展的若干意见》。

7月10日　《上海市推进科技创新中心建设条例（草案）》征求意见座谈会在市政协召开。

7月11日　中国首艘自主建造的极地科学考察破冰船"雪龙2"号交付。

7月15日　市长应勇主持召开市政府常务会议，研究发挥资本市场作用，促进上海科创企业高质量发展；审议本市低效产业用地专项处置工作方案等。

7月22日　首批25只科创板股票在上交所上市交易。

7月30日　上海推进科技创新中心建设办公室召开第十次全体会议，总结上半年科创中心建设情况，部署下阶段重点工作，研究推进上海人工智能产业发展。上海市委副书记、市长应勇，国家发展改革委副主任林念修共同主持会议并讲话。

8月26日　领导干部全面推进科技体制机制改革专题研讨班在市委党校开班。市委副书记尹弘出席开班式并作开班动员。

8月28日　上海应用数学中心集成电路产业合作研讨会在复旦大学召开。

8月29日　以"合作治理共创未来"为主题的2019世界人工智能大会治理主题论坛在世博中心举办。

9月4日　市人大常委会党组副书记、副主任徐泽洲、市人大常委会副主任蔡威一行调研张江人工智能岛、张江国际脑影像中心，并召开科创中心建设立法工作座谈会。

9月9—10日　首届"中以创新合作成果展示会 Innoweek"在特拉维夫会展中心举办。

9月14日　举办"全国科普日"系列活动。

9月20日　金融支持科创企业发展工作推进会在中国人民银行上海总部举行。

9月24日　在上海市十五届人大常委会第十四次会议上，《上海市推进科技创新中心建设条例（草案）》提交审议。

9月25日　由中国科学技术部与俄罗斯经济发展部联合主办的"第三届中俄创新对话"在上海开幕。

同日　市十五届人大常委会第十四次会议进行分组审议，初次审议《上海市推进科技创新中心建设条例（草案）》。

9月26日　2019"一带一路"科技创新联盟国际研讨会在沪开幕。

10月9日　"上海市外国人来华服务中心"挂牌宣布会在上海市研发公共服务平台管理中心（上海市科技人才发展中心）召开。

10月10日　浦东科创母基金启动。

10月17日　2019中欧长三角石墨烯创新高峰论坛在上海举行。

10月23日　上海市科普工作联席会议召开。

10月29日　第二届世界顶尖科学家论坛（2019）在上海召开，国家主席习近平向论坛致贺信。

11月　世界知识产权组织发布题为"创新版图：地区热点、全球网络"的2019年版《世界知识产权报告》，在创新热点十大城市中上海名列第六位。

11月1日　长三角生态绿色一体化发展示范区建设推进大会召开。

11月2日　治疗阿尔茨海默病新药"九期一"（甘露特纳，代号：GV-971）获批上市。

11月5日　第二届中国国际进口博览会开幕。

11月18日　何梁何利基金2019年度颁奖大会在京举行。上海再创佳绩，共有8人获奖，获奖比例占全国14.3%，其中刘真、樊春海、常兆华、王华平4人获"科学与技术创新奖"，杨辉、耿美玉、范先群、刘中民4人获"科学与技术进步奖"。

11月22日　2019年增选院士名单揭晓，上海新增5位中科院院士、8位工程院院士。

11月29日　上海市人工智能技术协会成立大会召开。

12月　国际顶尖学术期刊《自然》（*Nature*）选出2019年度十大杰出论文，由上海科学家主导的两项成果入围。

12月2日 上海市公安局会同上海市科委（市外专局）举行"外国人工作、居留单一窗口"启用仪式。

12月4日 市委、市政府印发《关于推动我市服务业高质量发展的若干意见》。

12月5日 第一届沪港科技创新论坛暨2019沪港青年科技创新论坛在临港举行。

同日 中以（上海）创新园开园暨第三届中以创新创业大赛总决赛启动仪式举行。

12月12日 "一带一路"医疗器械创新与应用联盟在沪成立。

同日 2019上海国际导航产业与科技发展论坛在中国北斗产业技术创新西虹桥基地举行。

同日 "临港新片区·中国科协海归创业联盟海外高端人才创业峰会"举行。

12月13日 "脑科学前沿应用示范基地"落户上海复旦大学国家科技园。

12月16日 上海市基础研究战略咨询委员会成立并召开第一次全体会议。

12月19日 2020"创业在上海"国际创新创业大赛启动会暨2019大赛颁奖活动在智慧湾科创园举行。

12月23—24日 上海市"脑与类脑智能基础转化应用研究"市级科技重大专项汇报会在复旦大学召开。

2020 年

1月2日 上海市民营企业科技创新基地座谈会暨授牌仪式举行。市委常委、副市长吴清出席并讲话。市政府副秘书长陈鸣波、市科委主任张全出席会议。

1月3日 市科委召开区域科技创新工作座谈会。市科技工作党委书记刘岩、市科委主任张全出席会议并讲话。

1月4日 市科委召开科技金融工作会议。

1月7日 市科技工作党委书记刘岩，市科委副主任、市外专局副局长傅国庆一行专题调研市级外国人来华工作许可窗口相关工作情况。

1月9日 上海市政府举行上海期智研究院、上海树图区块链研究院揭牌仪式。市委常委、副市长吴清，清华大学副校长、中国科学院院士薛其坤，图灵奖得主、清华大学交叉信息研究院院长、中国科学院院士姚期智出席仪式并为两家新型研发机构揭牌。活动由市政府副秘书长陈鸣波主持。

1月14日 上海市科委召开2020年科技金融工作会议。市科委副主任骆大进、市金融工作局副局长李军出席会议并讲话。

1月20日　市科技工作党委、市科委召开2019年度市科技机关及直属单位总结表彰会。市科技工作党委书记刘岩主持会议并讲话，市科委主任张全介绍了2019年科技创新工作的突出亮点，并部署了2020年重点任务。

同日　上海市第十五届人民代表大会第三次会议通过《上海市推进科技创新中心建设条例》，自2020年5月1日起施行。

1月21日　中科院上海巴斯德研究所研究员郝沛等在《中国科学：生命科学》英文版在线发表论文，阐述引起近期武汉地区新冠肺炎疫情暴发的新型冠状病毒的进化来源。

1月30日　市科委在流行病学研究、检测试剂研发和应急药物开发三个领域启动首批应急科技攻关项目。

1月31日　上海科技大学刘志杰研究团队在人源大麻素受体结构与功能的最新研究成果，在《细胞》（Cell）上在线发表。

2月4日　上海市科技工作党委书记刘岩一行赴万达信息股份有限公司调研新冠肺炎疫情应对情况。

2月6日　市委书记李强前往部分生物医药科技企业，实地调研防控新冠肺炎疫情科研攻关情况，深入听取专家和科研团队的意见与建议。

2月8日　大型青少年科学梦想节目《少年爱迪生》第六季在上海电视台新闻综合频道精彩亮相。

2月10日　市科委发布《关于全力支持科技企业抗疫情稳发展的通知》。

2月18日　市科委制定发布《关于强化科技应急响应机制　实现科技支撑疫情防控的通知》。

2月19日　市新冠肺炎疫情防控科技攻关工作组召开推进会。市科委主任、市科技攻关工作组组长张全主持会议并讲话，市卫健委党组书记、市科技攻关工作组组长黄红出席会议。

2月20日　上海科技大学徐菲课题组与合作组解析首个孤儿受体三维结构的科研成果，在Nature上在线发表。

2月21日　经欧洲开放科学云核准并在其官网公示，上海科技创新资源数据中心正式成为欧洲开放科学云首家非欧洲成员机构，同时也是亚洲第一家成员机构。

2月28日　上海市科委支援湖北省前线防疫的捐赠项目对接视频会在中科院上海微系统与信息技术研究所举行。

3月2日　科技部办公厅印发《关于支持首批国家应用数学中心建设的函》，支持各地组建国家应用数学中心。上海应用数学中心成为首批建设的国家应用数学中心之一。

3月6日 在上海市新冠肺炎疫情防控新闻发布会上，市科委总工程师陆敏通报了关于支持科技型企业复工复产的相关情况并回答记者提问。

3月11日 上海市委副书记廖国勋一行赴杨浦区调研本市大学科技园建设工作。

同日 "一带一路"科技创新联盟组织召开疫情防控应急措施国际云会议，来自俄罗斯、泰国等8个国家14家成员单位的近40位专家参会。

3月16日 市新冠肺炎疫情防控工作领导小组在市疾控中心举行第53场新闻发布会，市科委主任张全等介绍疫情防控工作有关情况。

3月18日 上海市推进科技创新中心建设领导小组举行第六次会议。市委书记、市推进科技创新中心建设领导小组组长李强主持会议并讲话，市委副书记、市推进科技创新中心建设领导小组副组长廖国勋出席会议并讲话。市领导陈寅、吴清、翁祖亮、诸葛宇杰出席会议。

3月25日 第九届中国创新创业大赛新冠肺炎疫情防控技术创新创业专业赛全国总决赛闭幕，上海科技企业分别夺得专业赛冠亚季军。

同日 市科委发起的"科技战疫"线上国际研讨会成功举办。

3月26日 上海市科技系统党政负责干部会议举行，市委副书记廖国勋，市委常委、副市长吴清出席并讲话。市委副秘书长燕爽、市政府副秘书长陈鸣波出席会议。

4月2日 2019年度上海市科学技术奖励委员会会议在市政府召开。市委常委、副市长、市科技奖励委员会主任委员吴清出席并讲话。会议由市政府副秘书长、市科技奖励委员会副主任委员陈鸣波主持。市科技奖励委员会委员出席会议。

4月6日 中国科学院分子细胞科学卓越创新中心陈玲玲研究组的最新研究发现，发表于国际知名学术期刊《细胞》(Cell)。

4月7日 联影医疗技术集团有限公司的车载智能CT "驶进"纽约"核心疫区"，这是全美第一台为新冠肺炎疫情专设的24小时全天候车载CT。

4月8日 国际权威期刊《细胞》发表中国科学院脑科学与智能技术卓越创新中心的科研成果，该技术能恢复永久性视力损伤的模型小鼠的视力。

同日 《美国化学会志》期刊在线发表了中国科学院脑科学与智能技术卓越创新中心（神经科学研究所）杜久林研究组与中科院上海硅酸盐研究所施剑林、步文博研究组的合作研究成果。

4月9日 上海科技大学饶子和/杨海涛团队与合作者在《自然》(Nature)期刊发表新冠病毒的重要研究成果，率先在国际上成功解析新型冠状病毒关键药物靶点。

同日 上海市新冠肺炎疫情防控科技攻关组召开工作会议，交流总结近期疫情防控科技攻关工作情况并部署下一步工作重点。

4月10日 上海芯超生物科技有限公司研制的新型冠状病毒（2019-nCoV）抗体检测试剂盒（胶体金法），获国家药监局应急医疗器械审批批准。

4月16日 市科委主任、市外专局局长张全一行赴"市外国人来华工作办事窗口"调研。

4月17日 流行病防范创新联盟（挪威）上海代表处取得境外非政府组织代表机构登记证书，标志这个新型国际组织正式落户中国。

4月18日 《上海市技术交易场所管理细则》出台。

4月21日 上海举行市政府新闻发布会，市委常委、副市长吴清介绍《上海市推进科技创新中心建设条例》制定的有关情况及下一步工作举措。

同日 国际植物生物学著名期刊《自然·植物》在线发表了中国科学院分子植物科学卓越创新中心、植物分子遗传国家重点实验室郭房庆研究组的最新突破性研究成果。

4月24日 上海脑科学与类脑研究中心协调会议在中科院上海分院召开。

同日 国际顶尖学术期刊《科学》杂志在线发表了以上海科技大学为第一完成单位的两项重要研究成果。

同日 中国科学院脑科学与智能技术卓越创新中心许晓鸿研究组完成的一项最新研究，在国际权威学术期刊《细胞报道》（*Cell Reports*）杂志在线发表。

4月27日 市政府常务会议审议通过《上海市推进新型基础设施建设行动方案（2020—2022年）》。

5月5日 长征五号B运载火箭成功发射新一代载人飞船试验船。上海航天技术研究院承担了长征五号B四个助推器以及安全系统、芯级配套电池等研制工作。

5月6日 《上海市科学技术奖励规定实施细则》出炉。

5月10日 上海君实生物公司与美国礼来制药公司签订协议，双方将针对新冠病毒，共同开发具有预防和治疗作用的抗体药物。

5月11日 *Nat Struct & Mol Biol* 在线发表了中国科学院分子植物科学卓越创新中心张鹏研究组和刘宏涛研究组的合作研究成果。

5月13日 复旦大学物理学系精密测量物理与量子光学团队实现了迄今含原子数最多的原子自旋压缩以及突破标准量子极限的高灵敏度原子磁力计。相关研究成果在《自然》主刊发表。

5月14日 外国人来华工作许可业务座谈交流会在上海市外国人来华工作服务中心举行。

5月19日　2019年度上海市科学技术奖励大会举行。市委书记李强出席并讲话，市委副书记、代市长龚正主持会议。市人大常委会主任蒋卓庆、市委副书记廖国勋，市领导于绍良、翁祖亮、诸葛宇杰、方惠萍出席会议。市委常委、副市长吴清宣读2019年度上海市科学技术奖表彰决定。

5月26日　国际顶级科技杂志《自然》在线发布了我国科研团队自主研发的新冠病毒中和抗体成果。上海君实生物医药科技股份有限公司参与这项研究。

6月1日　一项关于上海青少年科学素质测评的初步结果首次发布。

6月2日　市科技工作党委召开市科技系统党委中心组联组学习暨全国"两会"精神传达学习会。

6月5日　上海君实生物医药科技股份有限公司等单位开发的重组全人源抗新冠病毒单克隆抗体注射液获得国家药监局批准，进入Ⅰ期临床试验阶段。

6月6日　第二届长三角一体化发展高层论坛、长三角一体化（网上）创新成果展在浙江湖州举行。上海市委书记李强，上海市委副书记、代市长龚正；江苏省委书记娄勤俭，江苏省委副书记、省长吴政隆；浙江省委书记车俊，浙江省委副书记、省长袁家军；安徽省委书记李锦斌，安徽省委副书记、省长李国英，国家发展改革委有关负责同志出席。三省一市签署《共同创建长三角国家技术创新中心的框架协议》。

6月6—7日　上海市市级科技重大专项"全脑神经联接图谱与克隆猴模型计划"中期自评估会议在中科院脑科学与智能技术卓越创新中心举行。

6月7日　复旦大学附属华山医院完成了首例受试者给药，这是全球首个在健康人群中开展的新冠肺炎治疗性抗体临床试验。

6月10日　上海人工晶体研发与转化功能型平台推进会暨上海崇畏晶体材料有限公司揭牌仪式举行。

6月17日　中国科学院上海高等研究院国家蛋白质科学研究（上海）设施的蛋白质库向全球开放并提供服务，以实现蛋白质资源的快速共享，助力新型冠状病毒的防治研究。

6月18日　"上海科技创新合作·国际云会议"在沪举办。

6月23日　上海天文馆项目建筑工程通过竣工综合验收。

同日　北斗三号最后一颗全球组网星成功发射。

6月28日　市科委会同市发展改革委、市财政局研究修订《国家科技重大专项资金配套管理办法实施细则》。

6月30日　推进G60脑智科创基地建设合作签约暨二期开工仪式在松江举行。中科院党组书记、院长白春礼，上海市委副书记、代市长龚正向活动发来贺信。

7月1日　市科委、市科协在科学会堂举行战略合作签约活动。

7月3日 上海市、江苏省、浙江省举行新闻发布会，介绍《关于支持长三角生态绿色一体化发展示范区高质量发展的若干政策措施》有关情况。

7月8日 "智联世界 共同家园·AI在西岸"全球推介在西岸国际人工智能中心举行。

7月9日 国际顶级学术刊物《细胞》正式发表大规模临床肺腺癌蛋白质组草图绘制工作。该工作由中科院上海药物研究所谭敏佳研究员团队牵头的中国科学家团队所完成。

7月10日 2020世界人工智能大会治理论坛在上海举行。

7月13日 市委副书记、代市长龚正主持召开市政府常务会议，研究部署推进大学科技园高质量发展等工作。会议原则同意《关于加快推进本市大学科技园高质量发展的指导意见》。

同日 上海君实生物医药科技股份有限公司宣布，其与中国科学院微生物研究所共同开发的重组全人源抗新型冠状病毒单克隆抗体注射液在上海完成Ⅰ期临床试验所有受试者给药，显示出良好的耐受性和安全性。

7月15日 在上海科技馆二楼特展厅推出原创展览"命运与共，携手抗疫——科技与健康同行"，展期4个月。

7月20日 第七届上海市科普讲解大赛复赛在上海科普公园四大赛区同时展开，全市百余位选手悉数到场，一展风采。

7月22日 市委书记李强来到上海证券交易所调研，主持召开我市部分科创企业座谈会，深入听取上市企业代表关于科创板制度创新和服务科创企业发展的意见建议。中国证监会副主席方星海出席并讲话，上海市领导吴清、诸葛宇杰出席座谈会。

7月23日 我国首次自主火星探测任务探测器"天问一号"搭载长征五号遥四运载火箭在文昌航天发射场成功发射，中国科学院上海分院的多个院所承担了相关攻关工作。

7月24日 市科委与市卫健委等部门联合制定的《关于加强公共卫生应急管理科技攻关体系与能力建设的实施意见》正式公布。

7月27日 "天问一号"探测器在离地球约120万公里处，利用光学导航敏感器对地球、月球成像，获取清晰地月合影。光学导航敏感器由上海航天技术研究院控制所研制。

7月29日 上海推进科技创新中心建设办公室举行第十二次全体会议，上海市委副书记、市长龚正，国家发展改革委副主任林念修分别在上海、北京会场主持视频会议并讲话。

同日 市科技系统高层次科技人才专题研修班在市委党校开班。

同日 科创板企业培育中心（上海）揭牌暨上海班（一期）开学仪式在上交所新大楼举行。

7月31日 北斗三号全球卫星导航系统建成暨开通仪式在人民大会堂隆重举行。北斗三号的24颗中圆地球轨道卫星中，有10颗由位于张江的中科院微小卫星创新研究院抓总研制。

8月4日 市科委牵头起草的《上海市研发与转化功能型平台管理办法》（草案）向社会公开征求意见。

8月7日 上海应急科技攻关项目"上海移动式核酸检测方舱实验室"在浦东国际机场正式交付。

8月11日 上海市"科技创新行动计划"自然科学基金项目首次设立"原创探索"类。

8月18日 市政府办公厅印发《关于同意〈临港新片区创新型产业规划〉的通知》。

8月22日 中共中央总书记、国家主席、中央军委主席习近平20日在合肥主持召开扎实推进长三角一体化发展座谈会并发表重要讲话。中共中央政治局常委、国务院副总理、推动长三角一体化发展领导小组组长韩正出席座谈会并讲话。座谈会上，上海市委书记李强、江苏省委书记娄勤俭、浙江省委书记车俊、安徽省委书记李锦斌、推动长三角一体化发展领导小组副组长何立峰先后发言。丁薛祥、刘鹤、陈希、王勇以及中央和国家机关有关部门负责同志、有关省市负责同志参加座谈会。

8月23日 在线举办"第六届上海国际自然保护周"启动仪式。

8月23—29日 上海科技节共举办线上、线下活动1840余项。

8月24日 国际知名学术期刊《细胞》在线发表了中国科学院分子植物科学卓越创新中心上海植物逆境生物学研究中心Rosa Lozano-Duran研究组的研究论文。

8月25日 上海科技创新政策及投资营商环境交流会（在沪外商投资企业专场）在科学会堂举行。

8月26日 上海市领导干部进一步提升科技创新策源功能专题研讨班在市委党校开班。市委常委、副市长吴清出席开班式并作专题报告，市委组织部副部长、市社会工作党委书记孙甘霖主持开班式。

8月27日 "执牛耳者——2020上海科创先锋展"在上海中心大厦启动，9月1日—10月31日在上海科技馆等场馆进行展出，面向社会公众开放。

9月1日 上海推出新版《关于进一步支持和鼓励本市事业单位科研人员创新创业的实施意见》，9月20日起开始实行。

同日 青浦区外国人来华工作、居留许可单一窗口揭牌仪式举行。

9月2日 "第九届中国创新创业大赛（上海赛区）国赛选拔赛"从报名参赛的近1.2万家企业选出600余个项目入围国赛选拔赛。

9月4日 中国科学院脑科学与智能技术卓越创新中心徐敏研究组发现基底前脑区的谷氨酸能神经元对睡眠压力积累起到重要调控作用，成果发表于《科学》（science）。

9月8日 《上海市科技计划专项经费后补助管理办法》出台。

9月9日 "中国人脑图谱研究科创平台"在沪发布。

9月9—11日 "上海国际生物技术与医药研讨会"（BIO-FORUM）举办。

9月15日 "中俄科技合作圆桌会议"在沪举办。

同日 上海市研发与转化功能型平台首次集体亮相工博会"创新科技馆"。

9月21日 市科技工作党委、市科委召开2020年度市科技创新工作推进会。

9月23日 英国《自然》杂志增刊《2020自然指数——科研城市》最近发布，上海位列全球第五。

9月24日 以"科技赋能，携手抗疫"为主题的第十九届"浦江学科交叉论坛"在上海科技馆召开。

9月27日 "全脑介观神经联接图谱"大科学计划启动前期工作座谈会在上海市召开。

9月28日 浦江创新论坛·"创新体系与创新策源"科技创新智库国际研讨会在上海举办。

同日 上海期智研究院正式入驻西岸智塔。

10月16日 在2020中国国际石墨烯创新大会上，上海科研团队研发的超平铜镍合金单晶晶圆、8英寸石墨烯单晶晶圆、锗基石墨烯晶圆等新材料亮相。

10月21日 大学科技园高质量发展推进会召开。市委副书记于绍良在会上强调，大学科技园是科创中心建设的重要策源地和承载地，市委常委、副市长吴清主持会议。副市长陈群与创业代表一同为上海交通大学国家大学科技园创想600基地启用揭牌。

10月22日 以"科技合作与创新共治"为主题的2020年浦江创新论坛在上海开幕。国务院总理李克强和主宾国塞尔维亚总理布尔纳比奇分别发表视频致辞。上海市委书记李强，科技部部长王志刚，上海市委副书记、市长龚正，上海市政协主席董云虎，上海市委副书记于绍良出席论坛开幕式。

同日 科学技术部与上海市人民政府在沪举行2020年部市工作会商会议。上海市委书记李强、科技部部长王志刚出席会议并讲话。上海市委副书记、市长龚正主持会议。

10月26日 市科委印发《上海市科技创新创业载体管理办法（试行）》。

10月28日 2020浦江创新论坛之创业者论坛在上海举行。

10月29日 以"创新驱动，绿色发展——加快构建市场导向的绿色技术创新体系"为主题的2020绿色技术银行高峰论坛在沪举办。

10月30日 第三届世界顶尖科学家论坛在沪开幕。国家主席习近平向论坛作视频致辞。

同日 第五届中国创新挑战赛（长三角区域一体化发展专题赛）暨第三届长三角国际创新挑战赛现场赛在上海举办。

11月2日 上海市科技政务服务中心正式启用。

11月3日 上海交通大学谭家华、海军军医大学东方肝胆外科医院沈锋获"何梁何利基金科学与技术进步奖"。

同日 科技部会同国家发展改革委、工业和信息化部、中国人民银行、中国银保监会、中国证监会联合印发《长三角G60科创走廊建设方案》。

11月4日 国家重大科技基础设施X射线自由电子激光试验装置项目通过国家验收。

11月10日 上海交大科技园—吴泾镇人民政府合作签约仪式在金领谷科技产业园举行。

11月13日 市委常委、副市长吴清出席市科技两委领导干部会议，传达学习贯彻习近平总书记在浦东开发开放30周年庆祝大会上的重要讲话精神。

11月18日 英国皇家航空学会上海代表处揭牌仪式在上海市长宁区虹桥国际会议中心举行。

同日 第三届长三角科技成果交易博览会在上海嘉定开幕。

同日 市科委、市财政局、市税务局、市人社局联合发布《上海市高新技术成果转化项目认定办法》。

11月23日 市科委印发《上海市科技信用信息管理办法（试行）》，2021年1月1日起施行。

11月24日 我国成功发射探月工程嫦娥五号探测器，来自中科院上海技物所、中科院上海天文台、中科院上海硅酸盐所、中科院上海光机所、中科院上海有机化学所的科研人员贡献了"上海智慧"。

11月30日 上海市重大传染病和生物安全研究院、上海市传染病与生物安全应急响应重点实验室在复旦大学成立。

12月4日 上海市推进科技创新中心建设领导小组第七次会议举行。市委书记、市推进科技创新中心建设领导小组组长李强主持会议并讲话，市委副书记、市长、市推进科技创新中心建设领导小组组长龚正，市委副书记、市推进科技创新中心建设领导小组副组长于绍良出席会议并讲话。市领导陈寅、吴清、翁祖亮、诸葛宇杰出席会议。

12月6日 由市人才办、市科技工作党委、团市委、中科院上海分院、市青联指导，市青科协主办的2020"青科讲坛"暨上海青年科技峰会在世博中心召开。

12月8日 市科技工作党委、市科委召开2020年上海科技创新工作情况通报会，向本市各民主党派市委、人大代表、政协委员及相关组织、部门通报上海科技创新工作情况，听取他们对工作的意见和建议。

12月15日 欧洲血液和骨髓移植协会（EBMT）基金会（荷兰）上海代表处成立仪式在上海市徐汇区举行。

同日 新《上海市科技专家库管理办法》发布。

12月19日 首个转化医学国家重大科技基础设施（上海）在上海交通大学医学院附属瑞金医院正式落成投用。

12月24日 2020海聚英才创新创业峰会在上海国际会议中心召开。

12月27日 召开贯彻落实《长三角G60科创走廊建设方案》推进大会暨推进G60科创走廊建设专责小组扩大会议。

12月28日 上海超强超短激光实验装置建成并通过验收。

12月29日 科技部公布《长三角科技创新共同体建设发展规划》。

同日 2020年度上海市科学技术奖励委员会会议召开。市委常委、副市长、市科技奖励委员会主任委员吴清出席并讲话。

第三章 统计数据

一、上海科技创新中心指数

2015年3月18日下午，上海市科委召开"2015年区县科技工作会议"。市科委主任寿子琪出席会议并讲话。会议由市科委副主任陈杰主持。各区县科委主任、市科委各处室负责同志参加了会议。会议指出，具有全球影响力的科技创新中心基本内涵主要集中在"五个力"和"四个结合"，即创新资源的集聚力、创新成果的影响力、新兴产业的引领力、创新环境的吸引力，以及区域创新的辐射力；国际与国内创新资源整合的结合、创新链与产业链协同的结合、自主创新示范区与自贸试验区联动的结合、科技创新与城市转型发展统筹的结合。

2015年以来，上海市科学学研究所组织全市相关专家开展了上海科技创新中心指数的研究与编制工作。经过一年多的研究，形成了一套国际接轨、纵向可比、动态开放的指标体系，并以2010年为基期（基准值100），逐年测算了上海科技创新中心指数。从2016年起，上海市科学学研究所每年发布《上海科技创新中心指数报告》。

上海科技创新中心指数的研究主要突出以下四个方面特征。一是注重国际对标。指数研究借鉴了国际主要科技创新中心评价指标体系，以及国内相关指数研究等，30个二级指标中2/3的指标具有国际可比性。二是注重创新生态。指数从创新资源集聚力、科技成果影响力、新兴产业引导力、创新环境吸引力和区域创新辐射力五个方面，综合测度创新功能、产业功能和城市功能。三是注重数据科学性和可获取性。指数50%的指标来源于《国家"十三五"科技创新规划》《上海市国民经济与社会发展"十三五"规划》和《上海市"十三五"科技创新规划》，侧重以功能型与过程型指标分析"四梁八柱"重点任务的进展与成效。四是注重反映新情况新趋势。指数重视吸收全市各部门统计的表征科技创新发展新情况、新趋势、但还未列入统计年鉴的数据。例如海外人才引入等政策落实数据，"用户可下载速率"（表征移动互联网时代城市信息设施水平）等。

上海科技创新中心指数以全球科技创新中心"五个力"（创新资源集聚力、科技成果影响力、新兴产业引领力、创新辐射带动力、创新环境吸引力）的内涵和功能为依据，构建全面反映城市创新功能，综合解析测度科技创新中心形成与发展的指标体系，共计包括5项一级指标和35项二级指标，其中有10项核心指标（注：即标有☆的二级指标），其统计数据如下。

上海市科学学研究所编撰的《上海科技创新中心指数报告》

表 1 科创中心建设指标统计表

一级指标	二级指标	2014 年	2015 年	2016 年	2017 年	2018 年	2019 年
创新资源集聚力	全社会研发经费投入相当于 GDP 的比例（%）☆	3.58	3.65	3.51	3.66	3.77	4
	规模以上工业企业研发经费与主营业务收入之比（%）	1.27	1.39	1.43	1.42	1.42	1.53
	每万人 R&D 人员全时当量（人年）☆	69	72	76	76	78	81
	基础研究占全社会研发经费支出比例（%）☆	7.1	8.2	7.4	7.7	7.8	8.9
	创业投资及私募股权投资（VC/PE）总额（亿元）	390.55	1383.52	638.24	1873.28	1276.53	580.29
	国家级研发机构数量（家）	137	146	149	150	164	171
	科研机构高校使用来自企业的研发资金（亿元）	32.13	32.58	38.26	37.61	30.93	47.54
科技成果影响力	国际科技论文收录数（篇）	33687	34562	42902	47369	49142	54395
	国际科技论文被引数量（次）	1338214	1582577	1341821	1958373	2406100	2970512
	PCT 专利申请量（件）☆	1038	1060	1560	1760	2500	3200
	每万人口发明专利拥有量（件）☆	23.7	28	35.2	41.5	47.4	53.5
	国家级科技成果奖励占比（%）	16.5	16.6	18.3	20.7	16.5	16.9
	500 强大学数量及排名合成指数	4.47	4.48	4.05	5.47	6.41	5.52
	全球"高被引"科学家上海入围人次	18	21	24	25	67	71
新兴产业引领力	全员劳动生产率（万元／人）☆	17.6	18.81	20.67	22.03	23.78	27.73
	国家级科技企业孵化器在孵企业从业人员数（万人）	2.98	3.71	4.30	4.54	4.18	4.66

续表

一级指标	二级指标	2014年	2015年	2016年	2017年	2018年	2019年
新兴产业引领力	知识密集型服务业增加值占GDP比重（%）☆	30.72	31.71	34.13	35.2	35	35.4
	每万元GDP能耗（吨标准煤）	0.48	0.44	0.43	0.405	0.367	0.337
	全市高新技术企业总数（家）	5425	6071	6931	7642	9204	12848
	技术合同成交金额（亿元）	667.99	707.99	822.86	867.53	1303.2	1522.21
创新辐射带动力	外资研发中心数量（家）	381	396	411	426	441	461
	向国内外输出技术合同额（亿元）☆	350.03	377.56	567.77	521.39	813.78	1088.05
	向长三角（江浙皖）输出技术合同额占比（%）	5.79	6.75	5.67	5.48	13.26	13.46
	高新技术产品出口额（亿元）	5606	5361.1	5215.1	5715.01	5742.22	5647.2
	财富500强企业上海本地企业入围数和排名综合得分	8.47	8.52	9.52	8.56	7.6	7.65
创新环境吸引力	环境空气质量优良率（%）	77	70.7	75.4	75.3	81.1	84.7
	研发加计扣除与高企税收减免额（亿元）	191.85	264.5	259	323.85	470.99	548.32
	公民科学素质水平达标率（%）	17.72	18.71	19.97	21.22	21.88	24.30
	新设立企业数占比（%）☆	20.68	19.7	19.7	17.6	17.49	17.73
	在沪外国常住人口（万人）	17.2	17.8	17.6	21.5	17.2	19.3
	固定宽带下载速率（Mbit/s）	5.3	11.31	14.03	20.52	31.86	41.95
	上海独角兽企业数量（家）			26	36	38	36

备注：《2020上海科技创新中心指数报告》指标较去年的变化是根据统计局统计口径调整，删去一级指标"新兴产业引领力"中"知识密集型产业从业人员占上海市从业人员比重""战略性新兴产业制造业增加值占GDP比重"，新增"国家级科技企业孵化器在孵企业从业人员数"指标。"公民科学素质水平达标率"2019年数据由于国家调查结果未公布，所以是线性推测数据。

二、上海主要科技创新指标

2014 年，全年用于研究与试验发展（R&D）经费支出 831 亿元，相当于上海市生产总值的比例为 3.60%。全年受理专利申请 81664 件，比上年下降 5.5%，其中，受理发明专利申请 39133 件，下降 0.1%。全年专利授权量为 50488 件，增长 3.7%，其中，发明专利授权量为 11614 件，增长 9.1%。全市国家级创新型企业 15 家，国家级创新型试点企业 19 家，市级创新型企业 500 家。科技小巨人企业和小巨人培育企业共 1225 家，高新技术企业 5433 家，技术先进型服务企业 252 家。年内全市认定和复审高新技术企业 2552 家。年内认定高新技术成果转化项目 643 项，其中，电子信息、生物医药、新材料等重点领域项目占 86.5%。至年末，共认定高新技术成果转化项目 9897 项。全年经认定登记的各类技术交易合同 25238 件，比上年下降 4%；合同金额 667.99 亿元，增长 7.6%。

2015 年，全年用于研究与试验发展（R&D）经费支出 925 亿元，相当于上海市生产总值的比例为 3.7%。全年受理专利申请 100006 件，比上年增长 22.5%，其中，受理发明专利申请 46976 件，增长 20%。全年专利授权量为 60623 件，增长 20.1%，其中，发明专利授权量为 17601 件，增长 51.5%。至年末，全市有效发明专利达 69982 件。全市科技小巨人企业和小巨人培育企业共 1427 家，高新技术企业 6071 家，技术先进型服务企业 253 家。年内全市认定和复审高新技术企业 2089 家。年内认定高新技术成果转化项目 603 项，其中，电子信息、生物医药、新材料等重点领域项目占 83.4%。至年末，共认定高新技术成果转化项目 10500 项。全年经认定登记的各类技术交易合同 2.25 万件，比上年下降 10.8%；合同金额 707.99 亿元，增长 6.0%。

2016 年，全年用于研究与试验发展（R&D）经费支出 1030.00 亿元，相当于上海市生产总值的比例为 3.80%。全年受理专利申请 119937 件，比上年增长 19.9%，其中，受理发明专利申请 54339 件，增长 15.7%。全年专利授权量为 64230 件，增长 5.9%，其中，发明专利授权量为 20086 件，增长 14.1%。全年 PCT 国际专利受理量为 1560 件，比上年增长 47.2%。至年末，全市有效发明专利达 85049 件。全市科技小巨人企业和小巨人培育企业共 1638 家，高新技术企业 6938 家，技术先进型服务企业 272 家。年内全市新认定高新技术企业 2306 家。年内认定高新技术成果转化项目 469 项，其中，电子信息、生物医药、新材料等重点领域项目占 87.4%。至年末，共认定高新技术成果转化项目 10969 项。全年经认定登记的各类技术交易合同 2.12 万件，比上年下降 5.8%；合同金额 822.86 亿元，增长 16.2%。

2017 年，全年用于研究与试验发展（R&D）经费支出 1205.21 亿元，占全市生产总值的 3.93%。有科技小巨人企业和小巨人培育企业 1798 家。年内，全国高新技术企业认定管理机构新认定上海市高新技术企业 3247 家，全市累计 7642 家；市技术先进型服务企业认定办公室新认定技术先进型服务企业 21 家，全市累计 295 家；市高新技术成果转化项目认定办公室新认定高新技术成果转化项目 493 个；全年共落实高新技术企业减免所得税 141.62 亿元，高新技术企业减免税金额及户均减免税金额均在全国领先。全年共认定高新技术成果转化项目 493 项，其中，电子信息、生物医药、新材料等重点领域项目占 87.4%。至年末，共认定高新技术成果转化项目 11462 项。累计 172 家科技创新企业在上海股权托管交易中心"科技创新板"挂牌。全年受理专利申请 131746 件，其中，发明专利申请 54633 件。全年专利授权量为 70464 件，其中，发明专利授权量为 20681 件。全年 PCT 国际专利受理量为 2100 件，比上年增长 34.6%。至年末，全市有效发明专利达 100433 件，每万人口发明专利拥有量达 41.5 件，比上年增长 17.9%。全年经认定登记的各类技术交易合同 21559 件，比上年增长 1.7%；合同金额 867.53 亿元，增长 5.4%。

2018 年，全年用于研究与试验发展（R&D）经费支出 1359.2 亿元，相当于全市生产总值的 4.16%。全市科技小巨人和科技小巨人培育企业共 1798 家，技术先进型服务企业 305 家（含 2018 年向国家备案认定技术先进型服务企业 12 家）。年内共认定高新技术企业 3653 家，全市 2016—2018 年有效期内高新技术企业总数达到 9206 家，净增长 1564 家。全年共落实高新技术企业减免所得税额 160.97 亿元，享受企业数 3310 家。落实技术先进型企业减免所得税额 5.12 亿元，享受企业数 174 家。全年共认定高新技术成果转化项目 656 项，比上年增长 33.1%，认定数量创 5 年新高，其中，电子信息、生物医药、新材料等重点领域项目占 86.3%。至年末，共认定高新技术成果转化项目 12118 项。上海全年专利申请量 150233 件，比上年增长 14.0%，其中，发明专利申请 62755 件，增长 14.9%；实用新型专利申请 69564 件，增长 14.2%；外观设计专利申请 17914 件，增长 10.7%。全年专利授权量 92460 件，比上年增长 27.0%，其中，发明专利授权量 21331 件，增长 3.1%；实用新型专利授权量 55581 件，增长 39.2%；外观设计专利授权量 15548 件，增长 27.6%。全年 PCT 国际专利申请量 2500 件，比上年增长 19.1%。至年末，全市有效发明专利达 114966 件，比上年末增长 14.5%，有效发明专利五年以上维持率为 78.6%；每万人口发明专利拥有量达 47.5 件，比上年增长 14.5%。全年经认定登记的各类技术交易合同 21630 件，比上年增长 0.3%；合同金额 1303.20 亿元，增长 50.2%。

2019年，全年用于研究与试验发展（R&D）经费支出1524.6亿元，占GDP比重达4.00%。新增科技小巨人和科技小巨人培育企业177家，累计2155家，全市经国家认定的高新技术企业有61家，上海市新认定5950家，有效期内的高新技术企业累计12864家。全年共落实高新技术企业减免所得税额160.97亿元，享受企业数3310家。落实技术先进型企业减免所得税额5.12亿元，享受企业数174家。研发费用加计扣除减免税收303.75亿元。市高新技术成果转化项目认定办公室新认定高新技术成果转化项目822个。至年底，落户上海的外资研发中心累计461家，数量为全国最多。上海专利申请量17.36万件，比上年增长15.54%；专利授权量10.06万件，比上年增长8.79%。其中，发明专利申请量和授权量各为7.14万件和2.27万件，比上年分别增长13.77%和6.58%；PCT专利申请量3200件，比上年增长28%；PCT国际专利受理量2740件，比上年增长30.2%。至年底，全市有效发明专利拥有量累计12.98万件，比上年增长12.88%；每万人口发明专利拥有量53.54件，居全国第二位。全年技术合同成交额1522.21亿元，比上年增长16.8%。

2020年，社会R&D经费投入1600亿元，相当于全市GDP的4.1%左右。新增科技小巨人（含培育）企业191家，累计超2300家。新认定高新技术企业7396家，有效期内高企数超过1.7万家，同比增长32.3%。科创板上市企业37家，占全国总量的17.2%（全国215家）。研发费用加计扣除落实上年度减免税额382.09亿元，享受企业数21467家。高新技术企业落实上年度减免税额166.23亿元，享受企业数2918家；技术先进型企业落实上年度减免税额6.85亿元，享受企业数131家。全市专利申请量214601件，其中发明专利申请量82829件；全市专利授权量139780件，其中发明专利授权量24208件；每万人口发明专利拥有量为60.2件；PCT专利申请受理量3558件。经认定登记的技术合同数为26811项，成交额1815.3亿元；输出国内外技术合同数12586项，成交额1268.7亿元。

第二篇 专题纪事

第一章 中央决策与支持

第一节 中央决策

2014 年 5 月 24 日，中共中央总书记习近平在上海调研时指出，希望上海继续发挥自身优势，努力在推进科技创新、实施创新驱动发展方面走在全国前头、走到世界前列，加快向建设具有全球影响力的科技创新中心进军。8 月 18 日，习近平总书记主持召开中央财经领导小组第七次会议，专题研究实施创新驱动发展战略，阐述实施创新驱动发展战略的基本要求，强调要抓紧出台实施创新驱动发展的政策和部署，并选取一批地方开展全面创新改革试验。

2015 年 3 月 5 日，习近平总书记在参加十二届全国人大三次会议上海代表团审议时指出：创新是引领发展的第一动力。抓创新就是抓发展，谋创新就是谋未来。适应和引领我国经济发展新常态，关键是要依靠科技创新转换发展动力。必须破除体制机制障碍，面向经济社会发展主战场，围绕产业链部署创新链，消除科技创新中的"孤岛现象"，使创新成果更快转化为现实生产力。人才是创新的根基，创新驱动实质上是人才驱动，谁拥有一流的创新人才，谁就拥有了科技创新的优势和主导权。要择天下英才而用之，实施更加积极的创新人才引进政策，集聚一批站在行业科技前沿、具有国际视野和能力的领军人才。

2015 年 11 月 7 日，刘延东副总理在上海纪念人工全合成结晶牛胰岛素 50 周年暨加强原始创新座谈会上指出：上海按照党中央国务院的部署，统筹谋划，锐意改革，科技创新中心建设实现良好开局。建设具有全球影响力的科技创新中心是一项国家战略，要用好改革试验政策叠加优势，集聚全球创新人才，前瞻布局科技项目，加快建设创新高地和产业基地，成为改革开放排头兵和创新发展先行者。她要求各有关部门全力支持、协调配合，充分发挥上海建设科技创新中心的示范引领和辐射带动作用，打造功能完善的区域创新体系。

2016 年 3 月 5 日下午，习近平总书记在参加十二届全国人大四次会议上海代表团审议时，充分肯定一年来上海勇于改革攻坚、聚焦创新驱动取得的新成就，要求上海保持锐意创新的勇气、敢为人先的锐气、蓬勃向上的朝气，贯彻落实创新、协调、绿色、开放、共享的发展理念，着力加强全面深化改革开放各项措施系统集成，着力加快具有全球影响力的科技创新中心建设步伐，着力推进供给侧结构性改革，当好全国改革开放排头兵、创新发展先行者。

2016 年 3 月 30 日，国务院总理李克强主持召开国务院常务会议，部署推进上海加快建设科技创新中心，会议明确，采取新模式，用 3 年时间在上海系统推进全面创新改革试验，建设综合性国家科学中心，探索在鼓励创业创新的普惠税制、投贷联动等金融服务模式创新、股权托管交易市场、新型产业技术研发组织、简化外资创投管理等方面开展先行先试，实施一批攻克关键共性技术、解决"卡脖子"瓶颈的重大战略项目，持续释放改革红利。9 月 17 日，国务院总理李克强圈批同意成立上海张江综合性国家科学中心理事会，由国务院副总理刘延东担任理事长。

2016 年 11 月 15 日，国务院发文决定成立国家科技创新中心建设领导小组。11 月 17 日，国务院副总理、领导小组组长刘延东召开了领导小组第一次会议，上海张江综合性国家科学中心理事会第一次会议。会议研究了上海、北京科技创新中心建设工作，对下一步工作提出了要求。国家科技创新中心建设领导小组下设上海、北京推进科技创新中心建设办公室，分别承担领导小组日常工作。会议审议通过《科技创新中心建设领导小组工作规则》《上海张江综合性国家科学中心理事会章程》《上海推进科技创新中心建设办公室工作规则》。

2016 年 11 月 22 日，刘延东副总理在上海调研时指出：要深入学习贯彻党的十八届六中全会和习近平总书记系列重要讲话精神特别是科技创新思想，实施创新驱动发展战略，抓住机遇，统筹谋划，加快上海建设具有全球影响力的科技创新中心，为实现建设世界科技强国"三步走"目标提供重要战略支点。在上海建设科技创新中心，是党中央、国务院着眼于建设创新型国家而作出的重大部署，也是实施创新驱动发展战略的重要抓手，对于抢抓科技和产业变革机遇、集聚全球高端创新资源、推动我国科技创新跨越发展具有重要意义。上海市作为改革开放排头兵和创新发展先行者，部署周密、措施有力，科技创新中心建设各项工作稳步推进，取得了积极进展。科技创新中心建设是一项系统工程，要突出重点，点面结合，力争早日取得突破性进展。

2017 年 3 月 5 日下午，习近平总书记在参加十二届全国人大五次会议上海代表团审议时，充分肯定上海围绕创新驱动发展、优化经济结构、深化改革等方面取得的新成就。希望上海继续按照当好全国改革开放排头兵、创新发展先行者要求，在深化自由贸易试验区改革上有新作为，在推进科技创新中心建设上有新作为，在推进社会治理创新上有新作为，在全面从严治党上有新作为。要以全球视野、国际标准提升科学中心集中度和显示度，在基础科技领域作出大的创新、在关键核心技术领域取得大的突破。要突破制约产学研相结合的体制机制瓶颈，让机构、人才、装置、资金、项目都充分活跃起来，使科技成果更快推广应用、转移转化。要大兴识才爱才敬才用才之风，改革人才培养使用机制，让更多千里马竞相奔腾。

2018年3月5日，李克强总理在第十三届全国人民代表大会第一次会议上作政府工作报告时指出：实施创新驱动发展战略，优化创新生态，形成多主体协同、全方位推进的创新局面。扩大科研机构和高校科研自主权，改进科研项目和经费管理，深化科技成果权益管理改革。支持北京、上海建设科技创新中心，新设14个国家自主创新示范区，带动形成一批区域创新高地。以企业为主体加强技术创新体系建设，涌现一批具有国际竞争力的创新型企业和新型研发机构。

2018年11月6—7日，习近平总书记在上海考察时指出：科学技术从来没有像今天这样深刻影响着国家前途命运，从来没有像今天这样深刻影响着人民生活福祉。在实现中华民族伟大复兴的关键时刻，要增强科技创新的紧迫感和使命感，把科技创新摆到更加重要位置，踢好"临门一脚"，让科技创新在实施创新驱动发展战略、加快新旧动能转换中发挥重大作用。要认真落实党中央关于科技创新的战略部署和政策措施，加强基础研究和应用基础研究，提升原始创新能力，注重发挥企业主体作用，加强知识产权保护，尊重创新人才，释放创新活力，培育壮大新兴产业和创新型企业，加快科技成果转化，提升创新体系整体效能。要以全球视野、国际标准推进张江综合性国家科学中心建设，集聚建设国际先进水平的实验室、科研院所、研发机构、研究型大学，加快建立世界一流的重大科技基础设施集群。

2019年11月2—3日，习近平在上海考察指出：要深入推进党中央交付给上海的三项新的重大任务落实。上海自贸试验区临港新片区要进行更深层次、更宽领域、更大力度的全方位高水平开放，努力成为集聚海内外人才开展国际创新协同的重要基地、统筹发展在岸业务和离岸业务的重要枢纽、企业走出去发展壮大的重要跳板、更好利用两个市场两种资源的重要通道、参与国际经济治理的重要试验田，有针对性地进行体制机制创新，强化制度建设，提高经济质量。设立科创板并试点注册制要坚守定位，提高上市公司质量，支持和鼓励"硬科技"企业上市，强化信息披露，合理引导预期，加强监管。长三角三省一市要增强大局意识、全局观念，抓好《长江三角洲区域一体化发展规划纲要》贯彻落实，聚焦重点领域、重点区域、重大项目、重大平台，把一体化发展的文章做好。要强化科技创新策源功能，努力实现科学新发现、技术新发明、产业新方向、发展新理念从无到有的跨越，成为科学规律的第一发现者、技术发明的第一创造者、创新产业的第一开拓者、创新理念的第一实践者，形成一批基础研究和应用基础研究的原创性成果，突破一批卡脖子的关键核心技术。

2020年11月12日，习近平总书记在浦东开放开发30周年庆祝大会上指出：要全力做强创新引擎，打造自主创新新高地。要面向世界科技前沿、面向经济主战场、面向国家重大需求、面向人民生命健康，加强基础研究和应用基础研究，打好关键核心技术攻坚战，加速科技成果向现实生产力转化，提升产业链水平，为确保全国产业链供应链稳定多作新贡献。要在基础科技领域作出大的创新，在关键核心技术领域取得大的突破，更好发挥科技创新策源功能。要优化创新创业生态环境，疏通基础研究、应用研究和产业化双向链接的快车道。要聚焦关键领域发展创新型产业，加快在集成电路、生物医药、人工智能等领域打造世界级产业集群。要深化科技创新体制改革，发挥企业在技术创新中的主体作用，同长三角地区产业集群加强分工协作，突破一批核心部件、推出一批高端产品、形成一批中国标准。要积极参与、牵头组织国际大科学计划和大科学工程，开展全球科技协同创新。

第二节　部委支持

2016 年，国务院成立科技创新中心建设领导小组，作为国家层面指导北京、上海建设科技创新中心的议事协调机构，由国务院分管领导任组长。2018 年，科技创新中心建设工作由国家科技体制改革与创新体系建设领导小组统一领导。"上海推进科技创新中心领导小组办公室"（简称"上海推进办公室"）是领导小组下设的工作推进机构，主任由上海市市长、国家发展改革委负责同志担任，原则上每季度召开部市会议，协调推进有关工作。国家层面，有发展改革委、教育部、科技部（自然科学基金委员会）、工业和信息化部、财政部、人力资源社会保障部、国资委、中国科学院、中国工程院等推进办成员单位。

一、科技部

2015 年 6 月 23 日下午，科技部支持上海建设具有全球影响力的科技创新中心座谈会召开。科技部副部长李萌、上海市副市长周波出席会议并讲话，上海市科委主任寿子琪汇报了上海建设科技创新中心拟请科技部支持的有关工作。市科委副主任陈杰、总工程师傅国庆参加了会议。次日上午，李萌副部长还实地调研了上海微技术工业研究院，并听取研究院建设进展报告。7 月 13 日，科技部与上海市政府在沪举行 2015 年部市工作会商会议，专题研究进一步深化部市合作，推动上海加快建设具有全球影响力的科技创新中心。全国政协副主席、科技部部长万钢，上海市委副书记、市长杨雄出席并讲话。上海市委副书记应勇主持会议，副市长周波作《上海加快建设具有全球影响力的科技创新中心总体方案》的报告。科技部副部长李萌作《科技部支持上海建设具有全球影响力科技创新中心的若干措施》的报告。

2018 年 10 月 30 日，科技部与上海市政府在沪举行 2018 年部市工作会商会议，深入学习贯彻习近平总书记关于科技创新的重要论述，专题研究进一步深化部市科技合作，加快推进上海具有全球影响力的科技创新中心建设。上海市委书记李强、科技部部长王志刚出席会议并讲话。上海市委副书记、市长应勇主持会议。科技部副部长李萌，上海市委副书记尹弘，市委常委、常务副市长周波出席会议。会议总结了部市合作的成果经验，研究了新一轮部市会商重点议题及完善会商制度等事项。会后，部市双方还签署了《部市工作会商制度议定书（2018—2022 年）》《关于推进国家科技成果转化引导基金和上海科创中心股权投资基金运作的战略合作协议》。部市重点围绕"以张江综合性国家科学中心建设为核心、提升原始创新能力，以重大战略任务为驱动、塑造创新发展新优势，以体制机制创新为抓手、提升创新服务能力和水平，以区域合作创新为牵引、构建开放协同新格局"四个方面 19 项重点任务开展深入合作。

2020 年 10 月 22 日，科技部与上海市人民政府在沪举行 2020 年部市工作会商会议，深入学习贯彻习近平总书记关于科技创新重要论述和考察上海重要讲话精神，专题研究新一轮部市科技合作，以强化科技创新策源功能为主攻方向，加快推进上海具有全球影响力的科技创新中心建设。上海市委书记李强、科技部部长王志刚出席会议并讲话。李强代表上海市委、市政府对科技部长期以来给予上海科技工作特别是科创中心建设的指导支持表示感谢。他指出，上海要深入贯彻落实习近平总书记关于科技创新重要论述和考察上海重要讲话精神，抓住机遇、乘势而上，进一步深化部市合作，共同推动科技创新重大任务往实处落。上海要打造一批国家科技创新战略性平台，要启动一批大科学计划和大科学工程，要攻克一批关键核心技术，要推进一批科技领域重大制度创新，要集聚一批海外高层次人才。上海要进一步加强与科技部的主动对接、沟通协商，共同发挥好部市合作优势。王志刚在讲话中对近年来部市双方通力合作取得积极成效给予充分肯定，并感谢上海市长期以来对科技创新工作的指导、支持和重视。他指出，此次会商就是部市双方贯彻落实习近平总书记关于科技创新重要论述以及考察上海重要讲话精神的具体行动。上海要勇当我国科技和产业创新的开路先锋，强化科技创新策源功能，形成一批基础研究和应用基础研究的原创性成果，突破一批"卡脖子"的关键核心技术。科技部将与上海一道，加强科技体制机制顶层设计，深入推进科技创新平台建设，加快推进具有全球影响力的科创中心建设。上海市委副书记、市长龚正主持会议。龚正在会上通报 2018 年以来部市工作会商议题推进落实情况及 2020 年部市会商议题建议。科技部副部长李萌报告对推动本次会商事项的意见。上海市领导诸葛宇杰出席。

二、公安部

2015 年 7 月 1 日，上海市实施了公安部支持上海科技创新中心建设 12 项出入境新的政策措施。此次出台支持上海科创中心建设的出入境政策，共有四个方面：建立市场认定人才机制，为吸引和留住外籍高层次人才创造更具活力的环境。放宽准入门槛，为创业初期人员孵化发展构建更为开放的环境。促进国内人才流动，为内地居民和港澳台人员创业就业提供更为高效的环境。提高专业化服务水平，为海内外人才工作生活营造更加便利的环境。12 月 9 日，公安部与上海市政府签署共同推进上海具有全球影响力的科技创新中心建设合作备忘录，标志着"部市协作"机制的正式建立。

2016 年 12 月 9 日，公安部支持上海科创中心建设出入境政策 10 项新措施实施，"新十条"在吸引海外人才创新创业、方便外籍华人安居乐业、对外籍投资者申请永久居留给予倾斜、为外国学生就读和创新创业提供便利等方面发挥作用，促进上海吸引和集聚更多海外高层次人才、创新创业人才和海外投资者。

三、国家税务总局

2015 年 12 月 29 日，国家税务总局印发了《国家税务总局关于支持上海科技创新中心建设的若干举措》的通知，出台了 10 项大力支持上海科技创新中心建设、推进张江国家自主创新示范区和中国（上海）自由贸易试验区联动发展的举措。2016 年 1 月 21 日，市政府新闻办举行市政府新闻发布会，介绍《国家税务总局关于支持上海科技创新中心建设的若干举措》相关情况。上海国家税务局、地方税务局局长过剑飞介绍了国家支持上海科创中心建设 10 项创新举措主要内容和政策特点。

四、国务院国资委

2017 年 8 月 28 日，国务院国资委、上海市政府加快建设具有全球影响力科技创新中心推进会举行。中共中央政治局委员、上海市委书记韩正出席会议并讲话。国务院国资委主任肖亚庆在会上讲话，并同上海市委副书记、市长应勇签订《国务院国资委、上海市政府共同推进上海加快建设具有全球影响力的科技创新中心战略合作协议》。韩正代表上海市委、市政府，向国务院国资委和中央企业长期给予上海发展的关心支持表示衷心感谢。他说，加快建设具有全球影响力的科技创新中心，是以习近平同志为核心的党中央对上海的指示要求，是一项国家战略。中央企业是建设创新型国家的主力军，参与上海科创中心建设，使我们深受鼓舞，相信在国家部委和中央企业的大力支持下，我们一定能为服务和实施国家战略作出更大贡献。肖亚庆指出，把上海建设成为具有全球影响力的科技创新中心，是习近平总书记对上海的指示要求，是党中央、国务院建设创新型国家和世界科技强国作出的重大部署，是一项重大的国家战略，中央企业要认真贯彻落实。这次会议是深入学习贯彻习近平总书记关于加快建设上海科技创新中心重要指示精神的具体行动，是认真贯彻落实创新驱动发展战略、共同落实供给侧结构性改革、创建一批具有核心竞争力的创新型企业的具体举措。国家发改委副主任林念修出席会议，国务院国资委副主任徐福顺介绍双方战略合作情况及协议主要内容。上海市委常委、常务副市长周波，市委常委、市委秘书长诸葛宇杰出席会议。一批中央企业落户上海项目举行集中签约。中国核工业集团、中国电子科技集团、国家电力投资集团、中国宝武钢铁集团、中国进出口银行负责同志作交流发言。

五、工业和信息化部

2015年10月9日，工业和信息化部与上海市政府签署《推进"四新"经济实践区建设促进上海产业创新转型发展战略合作协议》，以促进上海加快发展以新技术、新产业、新业态、新模式为特征的"四新"经济，加快推进新型工业化进程，推动上海建设具有全球影响力的科技创新中心。工信部部长苗圩与上海市市长杨雄代表双方签约。根据协议，部市双方将围绕六个方面开展广泛深入的战略合作。一是建立协同区域创新体系，形成若干个拥有技术主导权的产业集群；二是建设"四新"经济产业基地新载体，推进实施工业强基专项行动；三是推进智能制造试点示范工程，创建一批新型工业化产业示范基地；四是推动"互联网＋"专项创新服务型制造，推进创意设计等新型、高端服务业创新发展，促进产业深度融合；五是推进产业重大创新工程和重大项目建设；六是推进上海市高端智库建设，促进科技创新与上海经济社会协调深度融合。通过深化部市合作，工信部与上海市将共同推进"四新"经济实践区建设、促进上海产业创新转型发展。力争到2020年，使上海在深入实施"两化"深度融合、增强产业创新动力、推进产业转型发展等方面实现新突破，把上海打造成为全国"四新"经济创新发展集聚地。

第二章　顶层设计

第一节　科创中心意见

2014年，编制全面创新改革试验方案。围绕建立有利于创新驱动发展的税制、法制、体制机制，提出针对性制度设计和改革举措，并以争取国家全面改革创新试验为契机，由市发展改革委、市科委等部门制定形成了《上海加快实施创新驱动发展战略、系统推进全面创新改革试验工作方案》。主要包括建立健全人才发展、创新投入、科技成果转移转化、收益分配、政府管理、开放合作六方面制度，争取先行先试一批突破性政策。5月，市政府发函与中财办联合开展"创新驱动发展战略研究"课题研究。市发展改革委作为地方牵头单位与中财办联合开展课题研究。8月21日，市委书记韩正调研市发展改革委，听取了上海科创中心建设思路的汇报。

5月以来，市委书记韩正、市长杨雄、市委副书记应勇围绕习近平总书记的要求，深入区县、园区、企业、高校、科研院所开展密集调研，并多次召开专家、院士、企业家等座谈会听取建议；市委常委、副市长屠光绍，市委常委、组织部部长徐泽洲，副市长周波，副市长时光辉等市领导带领各部门，围绕人才、知识产权、成果转化、科技金融、财税、国资国企改革等专题广泛听取意见、开展深化研究；市人大、市政协组织专题会议举行研究讨论，提出书面意见；市工商联、市政府参事室等单位也提出建议；各部门、各区县非常重视，主要领导牵头、组织专门力量，研究本领域和本地区如何推进科创中心建设；复旦大学、上海交通大学、同济大学等高校及科研院所、智库等，也围绕相关研究领域，提出具体建议。

2014年8月18日，习近平主持召开中央财经领导小组第七次会议，专题研究实施创新驱动发展战略，阐述实施创新驱动发展战略的基本要求，强调要抓紧出台实施创新驱动发展的政策和部署，并选取一批地方开展全面创新改革试验。上海经过前期调研，确定将"实施创新驱动发展战略、建设具有全球影响力的科技创新中心"作为2015年度市委唯一的重点调研课题，由市委研究室、市发展改革委、市科委总牵头，相关部门和单位参与。动员各界力量，加强总体谋划和顶层设计。围绕科技创新中心谋划与建设，全市近50个部门和单位、各区县、大学、科研院所、企业积极行动，结合各自领域和特点开展深入调研和思考，重点就体制机制改革、科技布局、人才发展、环境营造等开展前期研究，形成调研报告。同时，科技部、发展改革委等国家部委和单位主动了解上海的改革需求和政策需求，从国家层面给予全力指导和支持。

2014 年 8 月 19 日，市委书记韩正在市科委调研时强调，上海要按照中央和习近平总书记的要求，加快向具有全球影响力的科技创新中心进军，最根本的一条是进一步解放思想、更新观念。市场、社会、群众的创新能量和创造力巨大，要全面激发市场能量，积极调动社会资源，充分发挥群众的创新创造力。"不创新，上海就没有出路。创新驱动发展、经济转型升级，是上海重大而紧迫的任务。"在听取市科委关于《实施创新驱动发展战略，加快建设具有全球影响力的科技创新中心》的汇报后，韩正与市科委领导班子成员进行了深入的讨论。市委常委、市委秘书长尹弘参加调研。

2014 年 12 月 15—16 日，中共上海市委举行"深入实施创新驱动发展战略学习讨论会"。四个半天里，大家认真学习领会中央经济工作会议精神和习近平总书记重要讲话精神，围绕加快向具有全球影响力的科技创新中心进军的主题开展热烈的学习讨论，进一步统一思想、深化认识，特别就科技创新主战场、关键环节和方式方法，达成共识。市委书记韩正强调，我们是在我国经济发展进入新常态的大背景下建设科技创新中心，其意义十分深远。要把思想认识统一到中央的重大战略判断上来，只有深刻认识新常态，才能主动适应、积极引领。上海按照中央和习近平总书记的要求，推进创新驱动发展，加快向具有全球影响力的科技创新中心进军，必须明确主战场在哪里、着力点和关键是什么，基本方式方法有哪些，创新文化和创新环境从何而来。"创新不是管出来的，而是放出来的。企业和一切创新主体的感受、各类创新人才能否真正集聚，这是一座城市是否拥有好的创新文化和创新环境的根本评价标准。"市委副书记、市长杨雄在会上讲话。市领导殷一璀、吴志明、应勇、沈晓明、徐泽洲、侯凯、姜平、沙海林、尹弘出席，市领导屠光绍、徐麟、周波发言。会上，来自市委、市人大、市政府、市政协以及全市各部委办局、各区县、部分高校科研院所和企业的 34 名同志相继发言，大家去除思想框框，围绕上海推进创新驱动发展战略面临的新形势，加快推进具有全球影响力的科技创新中心建设，坚持以深化改革激发创新创造活力等专题，放开讲思考、提建议。为贯彻落实总书记的重要指示要求，上海市委、市政府全面启动调研部署工作，举全市之力，谋划与建设具有全球影响力的科技创新中心，共同聚焦，全力推进。

2015 年 2 月 25 日，市委书记韩正主持召开市委"大力实施创新驱动发展战略，建设具有全球影响力的科技创新中心"课题动员会，部署推进全年一号课题专题研究，贯彻落实习近平总书记对上海发展的定位和工作要求，加快建设具有全球影响力科创中心建设。由市委研究室、市发展改革委、市科委牵头，主要研究发展目标和纲领性文件、体制机制改革、创新人才发展、创新创业软环境建设、国家科学中心和重大科技创新前沿布局 5 个专题 54 项内容。

2015 年 2 月 26 日下午，为了切实完成好市委一号课题"大力实施创新驱动发展战略，建设具有全球影响力的科技创新中心"研究工作，市科委召开主任办公会议，传达了韩正书记、杨雄市长和应勇副书记的重要讲话精神，部署落实重点调研课题任务。作为市委课题的总牵头部门之一，半年来，市科委根据市委、市政府的统一部署，与市委研究室、市发展改革委等部门一起，积极开展体制机制改革研究，并为市委重点调研课题做好前期准备工作。

2015 年 4 月 15 日，韩正书记在上海市委常委学习会上指出，在上海建设具有全球影响力的科技创新中心，与"互联网＋"的时代大背景紧密相连，我们要积极拥抱"互联网＋"，主动适应和研究新情况，不断解决新问题。

2015 年 5 月，在前期调研、座谈和研究的基础上，市发展改革委会同有关部门形成《大力实施创新驱动发展战略，加快建设具有全球影响力的科技创新中心》调研课题总报告，市委组织部、市政府发展研究中心分别牵头会同有关单位形成分报告，明确要形成创新人才、科技成果转移转化、科技金融、知识产权、国企创新、财政支持、众创空间、财政科技投入统筹、外资研发中心等 9 个配套文件。在课题研究的基础上，市委研究室、市发展改革委、市科委会同有关单位起草《关于加快建设具有全球影响力的科技创新中心的意见》。

2015 年 5 月 25 日，十届市委八次全会在上海展览中心举行。全会深入贯彻落实党的十八大和十八届三中、四中全会精神，深入贯彻落实习近平总书记系列重要讲话及对上海工作重要指示精神，紧紧抓住推进科技创新的重要历史机遇，牢牢把握世界科技进步大方向、全球产业变革大趋势、集聚人才大举措，努力在推进科技创新、实施创新驱动发展战略方面走在全国前头、走到世界前列，加快向具有全球影响力的科技创新中心进军。全会审议并通过中共上海市委《关于加快建设具有全球影响力的科技创新中心的意见》，明确到 2020 年形成科技创新中心基本框架体系、到 2030 年形成科技创新中心城市核心功能的战略目标，提出聚焦体制机制、创新创业人才、创新创业环境、前瞻布局 4 个关键环节的任务举措。韩正书记在会上指出，中央要求上海在推进科技创新、实施创新驱动发展战略方面，走在全国前头、走到世界前列，加快向具有全球影响力的科技创新中心进军。我们上海的同志，特别是各级领导干部应当从全局和战略上认识上海加快向具有全球影响力的科技创新中心进军的意义。我们必须全面增强自主创新能力，努力打造代表国家参与全球经济科技合作与竞争的科技创新中心，在新一轮全球科技竞争中赢得战略主动。市委研究提出的《关于加快建设具有全球影响力的科技创新中心的意见》，是一个统筹推进全市创新驱动发展的总体性意见，重在明确大的目标方向，理清基本思路和重大举措，聚焦难点推动改革创新。

2016 年 2 月 23 日，市委、市政府《关于加强知识产权运用和保护支撑科技创新中心建设的实施意见》发布，围绕强化保护、促进运用、完善服务、推进改革四个方面提出 12 条措施。

2017 年 10 月 10 日，市政府出台《关于进一步支持外资研发中心参与上海具有全球影响力的科技创新中心建设的若干意见》。《意见》明确：支持外国投资者在沪设立具有独立法人资格的研发中心，支持外资研发中心升级为全球研发中心，支持外商投资设立各种形式的开放式创新平台，构建开放式创新生态系统，加强对外资研发中心建设国家级、市级企业技术中心政策辅导等。10 月 26 日，市政府办公厅印发《关于本市推动新一代人工智能发展的实施意见》。《实施意见》共有五个部分 21 条措施。《实施意见》提出，发挥上海数据资源丰富、应用领域广泛、产业门类齐全的优势，立足国际视野、加强系统布局，全面实施"智能上海（AI@SH）"行动，形成应用驱动、科技引领、产业协同、生态培育、人才集聚的新一代人工智能发展体系。到 2020 年，基本建成国家人工智能发展高地，成为全国领先的人工智能创新策源地、应用示范地、产业集聚地和人才高地，局部领域达到全球先进水平。到 2030 年，人工智能总体发展水平进入国际先进行列，初步建成具有全球影响力的人工智能发展高地，为迈向卓越的全球城市奠定坚实基础。

第二节　科创中心方案

2015 年 2 月 27 日，由市发展改革委、市科委等部门制定形成了《上海加快实施创新驱动发展战略、系统推进全面创新改革试验工作方案》。主要包括建立健全人才发展、创新投入、科技成果转移转化、收益分配、政府管理、开放合作六个方面制度，争取先行先试一批突破性政策。

2015 年 6 月，在前期研究基础上，市发展改革委会同相关单位起草《上海系统推进全面创新改革试验加快建设具有全球影响力的科技创新中心方案》和《上海张江综合性国家科学中心建设方案》，6 月 13 日，市政府发函向国家发展改革委和科技部报送上述两个方案。

2015 年 7 月 13 日，科技部与上海市政府在沪举行 2015 年部市工作会商会议，专题研究进一步深化部市合作，推动上海加快建设具有全球影响力的科技创新中心。全国政协副主席、科技部部长万钢，上海市委副书记、市长杨雄出席并讲话。上海市委副书记应勇主持会议，副市长周波作《上海加快建设具有全球影响力的科技创新中心总体方案》的报告。科技部副部长李萌作《科技部支持上海建设具有全球影响力科技创新中心的若干措施》的报告。

2016年2月1日，国家发展改革委、科技部印发《关于同意建设上海张江综合性国家科学中心的复函》。3月30日，国务院第127次常务会议审议通过《上海系统推进全面创新改革试验加快建设具有全球影响力的科技创新中心方案》。4月1日，市委书记韩正召开市委常委会扩大会议，传达落实国务院常务会议精神，部署相关工作。

2016年4月12日，国务院批复印发《上海系统推进全面创新改革试验加快建设具有全球影响力的科技创新中心方案》，提出到2020年，形成具有全球影响力的科技创新中心的基本框架体系；到2030年，着力形成具有全球影响力的科技创新中心的核心功能。部署建设上海张江综合性国家科学中心、建设关键共性技术研发和转化平台、实施引领产业发展的重大战略项目和基础工程、推进张江国家自主创新示范区建设四个方面重点任务。

第三节 科创中心条例

2019年1月9日，市科委在科学会堂院士之家召开科技创新中心建设立法专题座谈会。会议由市科委副主任骆大进主持，市人大教科文卫委副主任周景泰、市发展改革委副巡视员裘文进、市司法局副局长罗培新出席座谈会。座谈会上，骆大进副主任简要介绍了上海市科技创新中心建设立法工作的背景情况。上海发展战略所所长周振华，市委研究室副主任沈立新，市政府发展研究中心改革研究处处长钱智，复旦大学企业研究所所长张晖明，上海交通大学先进产业技术研究院院长刘燕刚，同济大学上海国际知识产权学院院长单晓光，市委、市政府双重法律顾问、华东政法大学教授沈福俊，上海社科院城市与人口发展研究所副所长屠启宇就围绕上海市科技创新中心建设立法框架结构、重点关注内容提出了相关建议。

2019年1月23日，上海市召开科技创新中心建设条例起草工作领导小组暨立法工作启动会议。市人大常委会副主任徐泽洲、副市长吴清出席会议并讲话，会议由市政府副秘书长陈鸣波主持。市人大常委会副主任徐泽洲在讲话中指出，科技创新中心建设条例的起草要站在"四个放在"的高度，增强做好科创中心建设立法工作的使命感和责任感。吴清副市长对条例前期起草工作和草案框架给予了肯定，他强调科技创新中心建设的立法工作要突出系统性，注重与已有法律法规的衔接。市科委主任张全介绍了条例起草前期工作、总体方案和下一步工作建议。市司法局副局长罗培新对条例的定位和起草安排提出了建议。与会部门结合本单位工作实际，对科技创新中心建设立法工作提出建设性意见和建议。为加强具有全球影响力的科技创新中心建设立法保障，上海市成立了由市人大常委会副主任徐泽洲和副市长吴清担任组长的科技创新中心建设条例起草工作领导小组，市政府副秘书长陈鸣波、市人大教科文卫委主任委员苏明、市科委主任张全担任工作领导小组副组长，市人大法制委、市人大教科文卫委、市人大常委会法工委、市科委、市司法局、市发展改革委、上海科创办、市经济信息化委、市商务委、市教委、市财政局、市人力资源社会保障局、市规划资源局、市市场监管局、市地方金融监管局、市国资委、市知识产权局领导担任工作领导小组成员。

2019年6月4日，上海市召开科技创新中心建设条例起草工作领导小组第二次会议。市人大常委会副主任徐泽洲、副市长吴清出席会议并讲话。会议由市政府副秘书长陈鸣波主持。徐泽洲副主任强调科创中心条例的立法工作已进入关键阶段，下一步，要进一步提高政治站位，增强责任感和紧迫感，把条例的起草作为落实中央、市委重大决策部署、推动上海实现高质量发展的重要举措。吴清副市长对条例起草工作的进展给予了充分的肯定，要求各单位、各部门再接再厉，加强协同，进一步扎实推进条例草案的修改完善工作。市科委主任张全介绍了条例起草工作、草案内容和下一步工作建议。与会部门结合本单位工作实际，对科创中心条例草案提出建设性意见和建议。市发展改革委、市司法局、上海科创办、市经济信息化委、市商务委、市教委、市财政局、市人力资源社会保障局、市规划资源局、市市场监管局、市地方金融监管局、市国资委、市知识产权局等工作领导小组成员单位出席会议。

2019年7月10日，《上海市推进科技创新中心建设条例（草案）》征求意见座谈会在市政协召开。市政协常委、教科文卫体委员会主任肖堃涛主持会议，市科委副主任骆大进和市政协教科文卫体委员会副主任王建平、专职副主任肖泽萍出席会议。会上，骆大进副主任介绍了《条例》制订背景、目前进展、基本框架和主要内容。张云峰、史吉平、闵洁、粟莹、胡江波等来自高校、科研院所、金融机构、科技企业的12名市政协委员对《条例》提出意见建议。委员们充分肯定了开展科技创新中心建设地方立法的重要意义，对《条例》的基本框架和主要内容给予积极评价，并就激活创新主体活力、加强人才队伍建设、发展科技金融等提出了建设性意见。肖堃涛主任指出，市政协高度重视科创中心建设，科创中心立法意义重大、要求高、任务重，市政协教科文卫体委员会和政协委员将继续关心和支持立法工作，认真建言献策，作出积极贡献。市科委、市司法局相关处室同志参加会议。

2019年9月4日下午，市人大常委会党组副书记、副主任徐泽洲、市人大常委会副主任蔡威一行调研张江人工智能岛、张江国际脑影像中心，并召开科创中心建设立法工作座谈会。市人大教科文卫委主任苏明、市人大农业农村委主任孙雷、市科委主任张全、上海科创办执行副主任彭崧参加调研。座谈会上，徐泽洲副主任充分肯定了《上海市推进科技创新中心建设条例（草案）》的起草工作。他指出，下一步要进一步做好草案的修改完善和审议工作。市科委主任张全汇报了《上海市推进科技创新中心建设条例（草案）》起草情况以及重点内容。与会人大代表就条例（草案）的相关内容进行了交流讨论，提出了意见和建议。部分市人大常委会委员、市人大代表，市人大教科文卫委、农业农村委、法制委有关领导，市科委、市司法局、上海科创办相关处室负责人参加调研活动。

2019 年 9 月 24 日，在上海市十五届人大常委会第十四次会议上，《上海市推进科技创新中心建设条例（草案）》（以下简称《条例》（草案））提交审议。上海市科委主任张全对《条例（草案）》作了说明解读。9 月 25 日，市十五届人大常委会第十四次会议进行分组审议，初次审议《上海市推进科技创新中心建设条例（草案）》。《上海市推进科技创新中心建设条例（草案）》共 10 章 68 条，分为总则、创新主体、创新人才、科学研究与技术创新、产业创新与社会发展、金融支持、知识产权保护、环境建设、聚焦张江和附则。《上海市推进科技创新中心建设条例（草案）》定位为本市科创中心建设的"基本法"、保障法和促进法，以提升创新策源能力为目标，对以科技创新为核心的全面创新作出系统性、体系化制度安排，努力形成最宽松的创新环境、最普惠公平的扶持政策、最有力的保障措施。明确了本市科创中心建设的目标，提出要把上海建设成"创新主体活跃、创新人才聚集、创新能力突出、创新生态优良、创新治理完善的科技创新中心""全面增强创新资源配置能力和创新策源能力，成为全球创新网络的重要枢纽，引领学术新思想、科学新发现、产业新方向，为我国建设世界科技强国提供重要支撑"。

2020 年 1 月 20 日，上海市十五届人大三次会议表决通过了《上海市推进科技创新中心建设条例》，2020 年 5 月 1 日起正式施行。作为本市科创中心建设的"基本法""保障法"和"促进法"，《条例》共九章五十九条，将"最宽松的创新环境、最普惠公平的扶持政策、最有力的保障措施"的理念体现在制度设计之中，加大了对各类创新主体的赋权激励，保护各类创新主体平等参与科技创新活动，最大限度激发创新活力与动力。4 月 21 日，市政府新闻办举行市政府新闻发布会，市委常委、副市长吴清介绍了《上海市推进科技创新中心建设条例》（以下简称《条例》）制定的有关情况及下一步工作举措。市科委主任张全介绍了《条例》的主要内容，上海科创办执行副主任彭崧、市发展改革委副主任裘文进、市司法局副局长罗培新、市地方金融监管局副局长李军出席发布会，共同回答记者提问。

第四节　上海科改"25条"

2019年3月，市委、市政府印发《关于进一步深化科技体制机制改革增强科技创新中心策源能力的意见》。《意见》提出促进各类主体创新发展、激发广大科技创新人才活力、推动科技成果转移转化、改革优化科研管理、融入全球创新网络、推进创新文化建设六大改革任务和25条举措，旨在全面落实中央关于科技体制改革的部署要求，推动上海市科技体制改革向纵深发展，加快向具有全球影响力的科技创新中心进军。

3月5日，市委、市政府召开上海市深化科技体制机制改革推进大会，市委副书记尹弘、副市长吴清出席会议并讲话。会议由市委副秘书长燕爽主持。按照中央关于深化科技体制改革的系列部署要求和十一届市委六次全会精神，本次会议旨在全面部署实施本市《关于进一步深化科技体制机制改革增强科技创新中心策源能力的意见》，为深化科技体制机制改革和做好2019年科技创新工作开好局、起好步。

3月20日，市政府新闻办召开市政府新闻发布会，副市长吴清出席并介绍了上海最新出台的《关于进一步深化科技体制机制改革增强科技创新中心策源能力的意见》。市科委副主任骆大进、市教委巡视员蒋红、市发展改革委副主任阮青、市财政局副局长金为民、市人力资源社会保障局副局长余成斌出席发布会，共同回答记者提问。自2018年7月中旬以来，市科委会同相关部门，深入开展调查研究，形成了《关于进一步深化科技体制机制改革增强科技创新中心策源能力的意见》（以下简称上海科改"25条"）。上海科改"25条"着眼于建设具有全球影响力的科技创新中心，围绕"增强创新策源能力"的政策主线，提出了促进各类主体创新发展、激发广大科技创新人才活力、推动科技成果转移转化、改革优化科研管理、融入全球创新网络、推进创新文化建设六个方面25项重要改革任务和举措。

2019年5月10日，市科技工作党委、市科委、市教委、市民政局、市财政局、市人力资源社会保障局、市政府外办联合召开《关于进一步深化科技体制机制改革增强科技创新中心策源能力的意见》及相关配套实施细则宣讲培训会。市政府副秘书长陈鸣波出席并做培训动员。市科技工作党委书记刘岩主持会议。市科委主任张全、市人力资源社会保障局副局长费予清、市财政局副局长金为民、市政府外办副主任周亚军、市民政局副局长梅哲、市教委副主任轩福贞出席会议并作解读。此次宣讲培训旨在全面解读本市《关于进一步深化科技体制机制改革增强科技创新中心策源能力的意见》及相关配套政策，为进一步落实科技体制机制改革工作，加快建设具有全球影响力的科技创新中心注入动力。市委、市政府相关部门负责同志，各区科委，有关高校、科研院所、医疗卫生机构、企业、新型研发机构负责同志等 500 余人出席会议。

2019 年 8 月 26 日上午，领导干部全面推进科技体制机制改革专题研讨班在市委党校开班。市委副书记尹弘出席开班式并作开班动员，强调要贯彻落实中央和市委部署要求，进一步增强责任担当精神，持续抓好科改"25 条"落地落实，推动科技体制机制改革向纵深发展。副市长吴清主持开班式。市委副秘书长燕爽、市委组织部副部长孙甘霖出席开班式。尹弘指出，2019 年是上海明确到 2020 年形成科创中心基本框架的关键冲刺之年，是深化科技体制机制改革之年，要不断深化认识，凝聚共识，拿出干劲，使出本领，持续推进上海科创中心建设，不断完善相关配套制度，进一步激发各类创新主体活力。吴清指出，要认真领会尹弘副书记对深入推进科技体制机制改革落地落实提出的要求，进一步提高工作站位，做到学以致用、责任上言、措施上路，进一步为上海科创中心建设作出应有贡献。市科技工作党委书记刘岩主持专题报告时指出，要学习领会尹弘副书记、吴清副市长的重要讲话，切实把改革的初心转化为加快建设具有全球影响力的科技创新中心的强大动力，确保今年工作目标圆满完成。市科委主任张全给研讨班作了"深化科技体制机制改革　着力提升科技创新中心的创新策源能力"专题报告。本次研讨班由市委组织部、市委党校、市科技工作党委、市科委联合举办。各区政府、相关委办局、部分高校分管领导，市科技两委领导班子成员，市科技系统各单位党政负责同志等近 300 人参加开班式。

第五节 《上海科技创新"十三五"规划》

2015 年，编制科技创新"十三五"规划，聚焦建设具有全球影响力的科技创新中心的重大需求，坚持问题导向、改革导向、任务导向，强化创新治理理念，尊重市场规律和创新规律，布局培育创新生态、夯实科技基础、打造发展新动能、应对民生新需求等战略任务，并按照"愿景构建—需求分析—任务部署"的逻辑思路，设置相应的主题和具体行动任务。探索科技制度改革，提升管理能力和治理水平。通过年度计划项目查重功能前置、明确形式审查要求、规范化重大项目管理等措施，优化年度科技计划管理流程。推进科研诚信体系建设，科研领域信用建设纳入上海市社会信用体系建设"十三五"规划。

2016年，市政府发布《上海科技创新"十三五"规划》，谋划布局营造创新生态、夯实科技基础、打造发展新动能、应对民生新需求四大领域16个主题58项科技创新任务，并提出重大改革保障举措；发布《上海市制造业转型升级"十三五"规划》，以创新驱动、提质增效为主线，坚持"高端化、智能化、绿色化和服务化"的发展思路，聚焦新一代信息技术、智能制造装备、生物医药与高端医疗器械、高端能源装备、节能环保等九大战略性新兴产业，布局重大任务。

第三章　组织架构

2016年，国务院成立科技创新中心建设领导小组，作为国家层面指导北京、上海建设科技创新中心的议事协调机构，由国务院分管领导任组长。2018年，科技创新中心建设工作由国家科技体制改革与创新体系建设领导小组统一领导。"上海推进科技创新中心领导小组办公室"（简称"上海推进办公室"）是领导小组下设的工作推进机构，主任由上海市市长、国家发展改革委负责同志担任，原则上每季度召开部市会议，协调推进有关工作。国家层面，有发展改革委、教育部、科技部（自然科学基金委员会）、工业和信息化部、财政部、人力资源社会保障部、国资委、中国科学院、中国工程院等推进办成员单位。日常工作由上海推进科技创新中心建设办公室（简称"上海科创办"）承担。

为推进上海张江综合性国家科学中心建设，上海张江国家科学中心理事会于2016年成立，国务院分管领导担任理事长，理事包括相关部委和上海主要领导。上海科创办为理事会的执行机构。

2018年4月，市委市政府对科创中心管理体制做出重大调整，整合管理资源，形成体制机制合力，下达《关于调整完善张江管理机构等事宜的批复》，明确科创中心建设管理体制及机构职能。具体如下：

将张江综合性国家科学中心办公室、张江高新区管委会、张江高科技园区管委会、自贸试验区张江管理局机构职能整合，重组上海推进科创中心建设办公室（简称"上海科创办"），为市政府派出机构。上海科创办同时挂上海张江综合性国家科学中心办公室、上海市张江高新技术产业开发区管理委员会、上海市张江科学城建设管理办公室、中国（上海）自由贸易试验区管理委员会张江管理局牌子。上海市张江高科技园区管委会更名为上海市张江科学城建设管理办公室。

上海科创办主要承担统筹上海科创中心建设全局性、整体性工作，协调推进规划政策、重大措施、重大项目、重大活动；加强对上海张江高新技术产业开发区建设国家自主创新示范区的战略研究和统筹引导，加强对各园区的统筹协调、综合服务和政策研究；推进张江科学城开发建设，加强张江科学城开发建设统筹协调；落实自贸区张江片区的自贸区改革试点任务，负责自贸区张江片区有关管理工作。

上海科创办领导包括：由分管副市长兼任主任，市政府相关副秘书长兼任常务副主任，设有执行副主任和专职副主任。市发展改革委、市经信委、市商务委、市科委、市教委、市财政局、市住建委、市规土局、市国资委、市金融办、浦东新区等单位负责同志和张江实验室主任为兼职副主任。

第一节 科创中心领导小组

2015年，建立"2＋X"工作推进机制，举全市之力推进科技创新中心建设的格局加快形成，建立由市委主要领导担任组长的市推进科技创新中心建设领导小组，下设张江综合性国家科学中心建设推进组和人才发展推进组，以及若干专项推进组。明确2016年推进科技创新中心建设11个重点专项、70项重点工作，全力落实好中央对上海的任务要求。

2016年2月1日，市委主要领导担任组长的推进科技创新中心建设领导小组成立，建立"1+2+X"工作推进机制（"1"指推进科技创新中心建设领导小组；"2"指张江综合性国家科学中心建设推进组、人才发展推进组；"X"指科创中心建设重大工程、项目和政策落实推进等若干专项工作组），统筹协调科技创新发展规划和布局。3月2日，市委、市政府印发《关于成立上海市推进科技创新中心建设领导小组及其组成人员的通知》，市委书记韩正任领导小组组长，办公室设在市发展改革委。

2016年4月20日，上海市推进科技创新中心建设领导小组举行第一次会议，明确领导小组建立"1+2+X"工作推进机制，审议通过2016年科创中心建设重点工作安排。上海市委书记、市推进科技创新中心建设领导小组组长韩正主持会议并强调，上海建设具有全球影响力的科技创新中心，进入全面深化、全面落实的关键阶段，必须按照党中央、国务院的要求部署，牢固树立大局意识，进一步解放思想，全力以赴创新突破、改革攻坚。上海市委副书记、市长、张江综合性国家科学中心推进组组长杨雄指出，上海科创中心建设已经进入全面落实阶段，这是一项事关全局长远的系统工程，任务艰巨繁重。上海市委副书记、创新人才发展推进组组长应勇出席会议并讲话。市领导沈晓明、尹弘、周波、时光辉、王志雄，复旦大学校长许宁生，上海交通大学校长张杰出席。市发展改革委、市科委、浦东新区负责同志汇报2016年本市科技创新中心建设重点工作。会议明确了上海科创中心建设2016年11个重点专项、70项重点工作。

2016年7月5日，上海市推进科技创新中心建设领导小组举行第二次会议，听取本市推进科创中心建设一年来进展情况的总结和评估汇报。市委书记、市推进科技创新中心建设领导小组组长韩正主持会议并强调，建设具有全球影响力的科技创新中心是国家战略，也是上海面向未来的根本举措和发展机遇。全市各级领导干部必须按照中央要求，坚持目标导向、问题导向，进一步坚定信心，不断解放思想、勇于创新，把科创中心建设各项工作持续推向前进。市委副书记、市长、张江综合性国家科学中心推进组组长杨雄指出，通过一年来的努力，上海科创中心建设成效显著，在思想观念转变、体制机制改革、政府职能转变、重点项目布局等方面都取得了实质性进展。市委副书记、创新人才发展推进组组长应勇出席会议并讲话。市领导沈晓明、尹弘、时光辉、王志雄，复旦大学校长许宁生，上海交通大学校长张杰，同济大学校长裴钢，中科院原副院长施尔畏出席。市发展改革委、市委组织部、市政府发展研究中心、市科委负责同志汇报上海市推进科创中心建设一年来总结和评估情况。

2017 年 8 月 23 日，上海市推进科技创新中心建设领导小组第三次会议暨张江科学城建设推进大会举行，会议在评估前阶段工作成效的基础上，进一步聚焦关键环节和重点领域，部署推进下一阶段工作。市委书记、市推进科技创新中心建设领导小组组长韩正主持会议并强调，建设具有全球影响力的科技创新中心，是习近平总书记对上海工作的指示要求，是一项国家战略。我们的各项工作都要紧紧围绕国家战略，始终盯住科创中心建设的主目标和核心任务，以全球视野提升科创中心的集中度和显示度，努力在推进科技创新、实施创新驱动发展战略方面，走在全国前头、走到世界前列。市委副书记、市长、张江综合性国家科学中心推进组组长应勇指出，按照习近平总书记关于上海加快向具有全球影响力的科技创新中心进军的指示要求，我们明确了目标、任务、步骤和工作重点。市委副书记、创新人才发展推进组组长尹弘，市领导吴靖平、周波、翁祖亮、诸葛宇杰、翁铁慧、时光辉、彭沉雷，复旦大学校长许宁生，上海交通大学校长林忠钦，同济大学校长钟志华，中科院原副院长施尔畏出席会议并讲话。上海市推进科技创新中心建设领导小组办公室、上海张江综合性国家科学中心办公室、市科委、市委组织部、上海科技大学、浦东新区先后汇报了上海市科创中心建设相关工作。

2018 年 6 月 20 日，上海市推进科技创新中心建设领导小组举行第四次会议。市委书记、市推进科技创新中心建设领导小组组长李强主持会议并强调，建设具有全球影响力的科技创新中心，是以习近平同志为核心的党中央赋予上海的重大使命，全市上下要更加自觉地用习近平新时代中国特色社会主义科技创新思想统领上海科创中心建设，聚力抓好关键核心技术自主创新，聚力推进张江综合性国家科学中心建设，聚力打造更优创新创业生态，努力为建设世界科技强国作出更大贡献。市委副书记、市长、市推进科技创新中心建设领导小组副组长应勇，市委副书记、市推进科技创新中心建设领导小组副组长尹弘出席会议并讲话。市推进科技创新中心建设领导小组成员翁祖亮、诸葛宇杰、彭沉雷、许宁生、林忠钦、钟志华、施尔畏等出席会议并讲话。上海市推进科技创新中心建设领导小组办公室、上海推进科技创新中心建设办公室、市科委、市委组织部、浦东新区、张江实验室先后汇报了科创中心建设相关工作。

2019年3月25日，上海市推进科技创新中心建设领导小组举行第五次会议。市委书记、市推进科技创新中心建设领导小组组长李强主持会议并强调，要深入学习贯彻习近平总书记考察上海重要讲话精神，切实把习近平总书记关于科创中心建设的重要指示要求贯穿各项工作始终，瞄准关键核心技术和重点产业突破，进一步优化制度供给、强化前瞻谋划，着力增强创新策源能力、提升创新浓度，推动科技创新中心建设不断取得新进展、迈上新台阶。市委副书记、市长、市推进科技创新中心建设领导小组组长应勇，市委副书记、市推进科技创新中心建设领导小组副组长尹弘出席会议并讲话。会议指出，要深入贯彻落实习近平总书记重要指示要求，结合中央交给上海的三项新的重大任务，把科技创新摆到更加重要位置，以只争朝夕的紧迫感、舍我其谁的责任感、富于创造的使命感，努力把科创中心建设提高到新水平。现在距离2020年形成具有全球影响力的科技创新中心的基本框架体系只有两年不到的时间，要咬定目标任务，倒排时间节点，全方位发力推进。要抓好《关于进一步深化科技体制机制改革增强科技创新中心策源能力的意见》等重要文件的落地落实。会议听取了上海科创中心建设进展情况汇报，研究了年度重点工作安排。市领导陈寅、翁祖亮、诸葛宇杰、吴清、王志雄，复旦大学校长许宁生、同济大学校长陈杰等出席会议。

2020年3月18日，上海市推进科技创新中心建设领导小组第六次会议举行。市委书记、市推进科技创新中心建设领导小组组长李强主持会议并强调，要深入贯彻落实习近平总书记重要讲话和指示批示精神，紧扣形成科创中心基本框架体系这个阶段性目标，咬住强化科技创新策源功能这个主攻方向，全力推进疫情防控科研攻关，聚力突破关键核心技术，大力赋能新兴产业发展，着力提升创新体系效能，为奋力夺取疫情防控和实现经济社会发展目标双胜利提供强大科技支撑。市委副书记、市推进科技创新中心建设领导小组副组长廖国勋出席会议并讲话。会议指出，要把疫情防控科研攻关作为重大任务，集中力量攻坚突破。发挥上海科研优势和产业优势，强化科研、临床协同创新，加快药物和疫苗研发，加强病原学和流行病学研究，提升超大城市疫情防控和应对能力。积极推动新技术新产品在疫情防控中的应用和推广。要坚定推进自主创新，拿出更多重大原创性成果，全面提升产业链韧性和现代化水平。要大力构建代表世界先进水平的重大科技基础设施群和创新平台，进一步提升张江综合性国家科学中心的集中度和显示度，加强科技创新国际合作。切实加强"从0到1"基础研究工作，推动基础研究和应用基础研究能力实现质的提升。要加强科技供给，加快打通科技和经济社会发展通道，让更多科技成果转化为现实生产力。把握数字化、网络化、智能化融合发展机遇，加速建设新型基础设施，加快发展新技术新业态，做大做强数字经济。加快推进集成电路、人工智能、生物医药等重点产业发展。充分发挥上海自贸试验区临港新片区、长三角生态绿色一体化发展示范区以及张江科学城、虹桥商务区等重点地区作用，培育核心产业集群，打造重要增长极。要优化完善创新体系，提升创新治理能力。以规划为引领，前瞻把握全球科技创新大趋势，高质量编制"十四五"规划和中长期规划，推动形成长三角区域协同创新格局。要营造良好生态，集聚整合各类创新要素，精准做好人才服务。各区各部门各单位要同心协力、加强联动，合力推进科创中心建设。会议听取科创中心建设进展情况汇报，研究年度重点工作安排，审议通过《关于进一步深化上海科技创新中心建设的若干意见》。市领导陈寅、吴清、翁祖亮、诸葛宇杰出席会议。

2020年12月4日，上海市推进科技创新中心建设领导小组第七次会议举行。市委书记、市推进科技创新中心建设领导小组组长李强主持会议并强调，要深入学习贯彻党的十九届五中全会精神，深入贯彻落实习近平总书记考察上海和在浦东开发开放30周年庆祝大会上重要讲话精神，勇当开路先锋，破除制度瓶颈，加强协同联动，着力强化科技创新策源功能，深入推进全面创新改革试验，不断提供高水平科技供给，加快建设具有全球影响力的科技创新中心。市委副书记、市长、市推进科技创新中心建设领导小组组长龚正，市委副书记、市推进科技创新中心建设领导小组副组长于绍良出席会议并讲话。会议指出，"十四五"时期，要全力做强创新引擎。紧紧依靠制度创新推动科技创新，以更大决心、更大力度深化科技体制机制改革，打造充分激发创新活力动力的发展环境，努力在基础科技领域作出大的创新，在关键核心技术领域取得大的突破，在科创中心建设上实现大的跨越。要努力在打破常规、创新突破上闯出新路，为加快科创中心建设提供强有力制度保障。以国家重大战略任务实施为牵引，加快构建长三角科技创新共同体，注重长三角科创资源整合利用，率先探索更紧密、更高效的跨区域协同创新机制。积极构建科技成果转化快车道，让更多新型研发机构来做成果转化，以更大力度强化收益分配激励，打造更紧密的科研联合体、成果转化共同体。加快形成以企业为主体的技术攻关体系，组建若干产业技术创新联盟。大力营造国际化人才环境，聚天下英才而用之。加快科技管理职能转变，充分调动各方面创新积极性。全市上下要强化"大科技"理念，形成推进科创中心建设的强大合力，注重系统集成，放大综合效应。要全面激活创新要素资源，让各类创新主体在上海各展所长，形成万马奔腾的创新局面。会议听取2020年以来科创中心建设情况汇报，研究2021年重点工作安排，审议了深入推进全面创新改革试验、进一步强化科技创新策源功能有关方案。市领导陈寅、吴清、翁祖亮、诸葛宇杰出席会议。

第二节　科创中心办公室

2016 年 11 月 15 日，国务院发文决定成立国家科技创新中心建设领导小组。2016 年 11 月 17 日，国务院副总理、领导小组组长刘延东召开了领导小组第一次会议，中国工程院陈左宁副院长出席了领导小组第一次会议。会议研究了上海、北京科技创新中心建设工作，对下一步工作提出了要求。国家科技创新中心建设领导小组下设上海、北京推进科技创新中心建设办公室，分别承担领导小组日常工作。

2016 年 12 月 27 日，上海推进科技创新中心建设办公室召开第一次全体会议，贯彻落实国家科技创新中心建设领导小组第一次会议精神，研究讨论上海科创中心建设下一步工作安排。上海市委副书记、市长杨雄，国家发展改革委副主任林念修共同主持会议并讲话。杨雄指出，加快建设具有全球影响力的科技创新中心，是党中央、国务院交给上海的重大战略任务，也是上海服务国家发展的重大历史使命。要在国家各相关部门指导支持下，深入实施创新驱动发展战略，进一步强化目标导向、强化重点突破、强化工作合力，大力推进科技创新、制度创新，加快科创中心建设步伐，为我国建设世界科技强国作出新的贡献。林念修指出，上海加快建设具有全球影响力的科技创新中心，是党中央、国务院作出的重大决策部署。在国家相关部门密切协作下，上海科创中心建设凝聚了共识，健全了机制，夯实了基础，取得了成效。科技部副部长李萌，国务院国资委副主任徐福顺，中国科学院副院长相里斌，中国工程院副院长田红旗，上海市委副书记、常务副市长应勇出席会议。上海市委常委、副市长周波汇报了上海科创中心建设主要进展及明年工作设想。国家相关部门代表提出了意见和建议。

2017 年 2 月 10 日，上海推进科技创新中心建设办公室召开第二次全体会议，研究部署 2017 年科创中心建设重点工作。上海市委副书记、市长应勇，国家发展改革委副主任林念修共同主持会议并讲话。应勇指出，上海科创中心建设已经进入全面落实、全面攻坚的新阶段，要坚持服务从国家发展大局，深入学习贯彻习近平总书记关于全面深化改革的重要指示精神，全面落实国家相关工作部署要求，深入实施创新驱动发展战略，着力提高自主创新能力，创新科技体制机制，加快构筑科创中心的"四梁八柱"，为我国建设世界科技强国作出应有贡献。林念修指出，上海科创中心建设是一项国家战略，要将习近平总书记关于全面深化改革的重要指示作为根本遵循和行动指南，全面落实国家相关工作部署要求。教育部副部长杜占元、人力资源和社会保障部副部长汤涛出席会议。上海市委常委、常务副市长周波汇报了科创中心建设 2017 年重点工作安排。国家相关部门代表提出了意见和建议。

2017 年 4 月 28 日，市政府决定成立上海张江综合性国家科学中心办公室、上海推进科技创新中心建设办公室，其组成人员如下：主任：应勇；常务副主任：周波、施尔畏；副主任：沈晓初、陈鸣波、寿子琪、苏明、杭迎伟、彭崧（专职）。今后，上海张江综合性国家科学中心办公室、上海推进科技创新中心建设办公室副主任的职务如有变动，由其所在单位接任领导自然替补。

2017 年 5 月 18 日，上海推进科技创新中心建设办公室召开第三次全体会议，贯彻落实习近平总书记重要指示精神，加快推进上海科创中心建设。上海市委副书记、市长应勇，国家发展改革委副主任林念修共同主持会议并讲话。应勇指出，2017 年是上海科创中心建设的关键一年，要聚焦基础、主体、载体三个方面，加快推进张江综合性国家科学中心建设；要找准突破口、"试金石"、结合点，着力构建科技体制机制优势。同舟共济，合力攻坚，加快实施好上海科创中心建设国家战略，以优异成绩迎接党的十九大胜利召开。林念修指出，加快推进上海科创中心建设，要持续深入学习、坚决贯彻落实习近平总书记对上海科创中心建设作出的系列重要指示精神，始终把准正确的工作方向，牢牢把握科技创新这个核心，牢牢把握深化改革这个保障，牢牢把握集聚人才这个关键，牢牢把握实现创新驱动这个目标。上海市委常委、常务副市长周波通报了上海科创中心建设进展情况。教育部副部长杜占元、中国科学院副院长相里斌、中国工程院副院长田红旗、张江综合性国家科学中心办公室常务副主任施尔畏出席会议。会议还听取了推进央企参与上海科创中心建设、张江科学城建设规划等情况汇报。推进办各成员单位代表提出了意见和建议。

2017 年 8 月 28 日，上海推进科技创新中心建设办公室召开第四次全体会议，研究讨论上海科创中心建设重大问题，部署推进下一阶段工作。上海市市长应勇，国家发展改革委副主任林念修共同主持会议并讲话，工程院副院长陈左宁、科技部副部长李萌、中科院副院长相里斌、上海市推进科创中心建设办公室常务副主任施尔畏以及推进办成员单位代表出席会议。会上，上海市常务副市长周波通报了上海科创中心建设主要进展情况；国务院国资委副主任徐福顺介绍了央企全面参与上海科创中心建设情况；教育部副部长杜占元介绍了教育部支持上海科创中心建设相关情况，并与上海市副市长翁铁慧签署了《教育部上海市人民政府共同推进上海全面创新改革试验 建设具有全球影响力科技创新中心框架协议》。应勇市长在讲话时指出，2017 年以来，上海科创中心建设各项重点工作推进有力、成效明显。下一阶段，要聚焦张江综合性国家科学中心建设，着力提升集中度和显示度。林念修指出，推进上海科创中心建设是一项长期的战略任务，要持之以恒、坚持不懈，坚决贯彻落实好党中央、国务院的决策部署。会后，国务院国资委、上海市政府就共同推进上海加快建设具有全球影响力的科技创新中心签署了战略合作协议。

2017年12月15日，上海推进科技创新中心建设办公室召开第五次全体会议，总结2017年上海科创中心建设情况，谋划2018年重点工作。市委副书记、市长应勇，国家发展改革委副主任林念修共同主持会议并讲话。应勇指出，上海加快向具有全球影响力的科技创新中心进军，必须深入贯彻落实党的十九大精神，以习近平新时代中国特色社会主义思想和基本方略为指引，立足更好地服务国家战略，加快重大项目、大科学设施等建设落地，加强科技创新软环境建设，提升协同创新、开放创新水平，推动科创中心建设取得更大突破。林念修指出，2017年上海科创中心建设取得重大进展，落地了一批重大项目，产出了一批重要成果，突破了一批制度瓶颈，健全了一批工作机制。会议播放了介绍上海张江综合性国家科学中心工作情况的短片。市委常委、常务副市长周波通报了2017年上海科创中心建设进展及2018年工作思路。教育部副部长杜占元、国务院国资委副主任徐福顺、中科院副院长相里斌、中国工程院副院长刘旭、上海推进科技创新中心建设办公室常务副主任施尔畏、复旦大学校长许宁生出席会议。推进办各成员单位代表围绕明年工作进行了讨论。

2018年4月，上海市委、市政府批复同意：将上海张江综合性国家科学中心办公室、上海市张江高新技术产业开发区管理委员会、上海市张江高科技园区管理委员会、中国（上海）自由贸易试验区管理委员会张江管理局机构职能整合，重组上海推进科技创新中心建设办公室（简称"上海科创办"），为上海市人民政府派出机构。主要职能包括：对接服务国家战略，统筹推进全市科技创新面上工作，推动建设张江高新区"一区22园"，开发建设张江科学城等。

2018年4月24日，上海推进科技创新中心建设办公室召开第六次全体会议，研究部署2018年上海科创中心建设重点工作。上海市委副书记、市长应勇，国家发展改革委副主任林念修共同主持会议并讲话。应勇指出，建设具有全球影响力的科技创新中心，是以习近平同志为核心的党中央对上海的定位和要求。上海市委常委、常务副市长周波通报了上海科创中心建设2018年重点工作，并代表上海市政府与国家电网公司负责人签署了共同推进科创中心建设战略合作协议。科技部副部长李萌、国务院国资委副主任徐福顺、中科院副院长相里斌、中国工程院副院长刘旭、推进办常务副主任施尔畏出席会议。推进办各成员单位代表围绕重点工作进行了讨论。

2018年5月4日，市委、市政府召开上海推进科创中心建设办公室领导班子宣布会。市委副书记、市长应勇指出，建设具有全球影响力的科技创新中心，是党中央、国务院赋予上海的重大历史使命。要以习近平新时代中国特色社会主义思想为指导,深入贯彻习近平总书记对上海科创中心建设的重要指示要求,深化制度创新和体制机制创新,切实发挥好上海推进科技创新中心建设办公室的统筹协调作用,推动科创中心建设不断有新作为、取得新突破,为我国建设创新型国家和世界科技强国作出新的更大的贡献。会上,市委常委、组织部部长吴靖平宣读市委、市政府关于重新组建上海推进科技创新中心建设办公室的批复以及干部任免决定。市委常委、常务副市长、上海推进科技创新中心建设办公室主任周波主持会议。

2018年8月14日,上海推进科技创新中心建设办公室召开第七次全体会议,研究部署科创中心建设下阶段重点工作。市委副书记、市长应勇,国家发展改革委副主任林念修共同主持会议并讲话。应勇指出,上海科创中心建设进入攻坚突破阶段,要深入贯彻落实习近平新时代中国特色社会主义思想和习近平总书记对科技创新工作的一系列重要指示要求,在国家相关部门支持指导下,按照市委、市政府部署,聚焦国家战略,强化主攻方向,加强开放合作,紧扣科创中心建设目标及年度任务,狠抓措施落实、项目落地,不断提升上海科创中心建设的集中度和显示度。在会上,市委常委、常务副市长周波通报了上海科创中心建设进展情况。上海市政府与国家电网公司共建的国家电网张江实验室等研究平台揭牌。国家相关部委领导杜占元、陆明、汤涛、徐福顺、相里斌、何华武,上海张江综合性国家科学中心办公室常务副主任施尔畏出席会议并讲话。与会代表围绕重点工作提出意见和建议。

2018年12月17日,上海推进科技创新中心建设办公室召开第八次全体会议,总结2018年科创中心建设情况,研究2019年总体工作安排。市委副书记、市长应勇,国家发展改革委副主任林念修共同主持会议并讲话。应勇指出,要深入贯彻习近平总书记在首届中国国际进口博览会上的主旨演讲和考察上海时的重要讲话精神,按照习近平总书记对上海科创中心建设的重要指示要求,加大力度、加快进度,不断增强创新策源能力,着力在关键核心技术攻坚、科技创新成果转化、区域协同创新等方面取得突破,更好服务全国改革发展大局。林念修指出,习近平总书记对上海科创中心建设的系列重要指示,是我们推进科创中心建设的根本遵循。要把习近平总书记的最新指示要求,具体化为可操作的政策措施、建设项目和改革任务,制定时间表、路线图,同时尽快把2019年的工作项目化、清单化,切实抓好落实。会上,市委常委、常务副市长周波通报2018年上海科创中心建设情况和2019年工作考虑。科技部党组成员陆明通报与上海市签订部市合作协议等情况。教育部副部长杜占元与副市长吴清共同为上海自主智能无人系统科学中心揭牌。中科院副院长相里斌、中国工程院副院长钟志华，在沪高校领导许宁生、方守恩、陈杰，上海张江综合性国家科学中心办公室常务副主任施尔畏出席会议。与会代表围绕重点工作进行了讨论。

2019年3月27日，上海推进科技创新中心建设办公室召开第九次全体会议，研究部署2019年重点工作安排，推进集成电路产业发展。上海市委副书记、市长应勇，国家发展和改革委员会副主任林念修共同主持会议并讲话。会上，上海市副市长吴清通报了上海科创中心建设进展和2019年重点工作安排，国家发展改革委通报了促进集成电路产业发展工作情况。科技部、中国科学院、中国工程院、在沪高校和上海市委、张江综合性国家科学中心等各方代表出席会议并发言。

2019年5月14日，上海市人民政府网站发布《上海市人民政府关于吴清等同志职务任免的通知》。上海市人民政府决定：任命吴清为上海推进科技创新中心建设办公室主任，上海市张江高新技术产业开发区管理委员会主任；任命陈鸣波为上海推进科技创新中心建设办公室常务副主任；免去马春雷的上海推进科技创新中心建设办公室常务副主任职务。

2019年7月13日，上海推进科技创新中心建设办公室召开第十次全体会议，总结2019年上半年科创中心建设情况，部署下阶段重点工作，研究推进上海人工智能产业发展。市委副书记、市长应勇，国家发展改革委副主任林念修共同主持会议并讲话。应勇指出，人工智能是新一轮科技革命和产业变革的重要驱动力量，我们要深入贯彻落实习近平总书记考察上海重要讲话精神，抓牢抓好人工智能发展的重大战略机遇，聚焦关键环节，全力攻坚克难，加快建设具有国际竞争力的人工智能创新发展高地，为国家作出更大贡献。林念修指出，上半年科创中心建设进展顺利，成果喜人。下一步，要以习近平总书记关于科技创新的一系列重要讲话精神为指导，着力建设上海人工智能创新高地，突出高地标杆，体现高地速度，形成高地经验，加快推进上海乃至全国人工智能产业实现高质量发展。会上，副市长吴清通报了上半年上海科创中心建设情况和下阶段重点工作安排，国家发改委通报了促进人工智能产业发展工作情况。复旦张江国际脑影像中心、上海交通大学人工智能教育部重点实验室揭牌。市委常委、常务副市长陈寅，科技部党组成员陆明，工信部副部长王志军，中国工程院副院长钟志华，在沪高校领导许宁生、林忠钦、陈杰，上海张江综合性国家科学中心办公室常务副主任施尔畏出席会议。

2019年12月6日，上海推进科技创新中心建设办公室召开第十一次全体会议，总结全年科创中心建设情况，研究推进上海生物医药等产业发展。市委副书记、市长应勇，国家发展改革委主任林念修共同主持会议并讲话。应勇指出，习近平总书记考察上海重要讲话精神，为上海推进科创中心建设提供了根本遵循。2020 年是科创中心建设形成基本框架之年，要咬定目标，再接再厉，全力推进，更好发挥创新引领和辐射示范作用。生物医药产业是上海优先发展的重点领域之一，要夯实优势，瞄准前沿，加快将上海打造成为具有国际影响力的生物医药产业创新高地，为更好地服务国家战略作出更大的贡献。林念修指出，2019 年是上海科创中心建设的深化推进年，推出了一批硬招实招，产出了一批标志性的成果。2020 年要形成科创中心基本框架，就要把习近平总书记对科技工作系列重要讲话精神和考察上海重要讲话精神作为根本遵循，一张蓝图绘到底。各部门要高效协同，努力形成一批叫得响的标志性成果，全面完成首期任务，让上海的创新体系全起来、创新能力强起来、经济质量高起来、创新生态活起来。会上，市委常委、副市长吴清通报了 2019 年上海科创中心工作进展和 2020 年重点工作。国家发展改革委通报了促进集成电路、人工智能、生物医药产业发展工作情况。张江复旦国际创新中心、复旦大学国家集成电路产教融合创新平台、上海交通大学张江科学园、同济大学国家干细胞转化资源库揭牌。科技部党组成员陆明、人社部副部长汤涛、中国科学院副院长相里斌、中国工程院副院长钟志华，上海市副市长宗明，在沪高校领导焦扬、姜斯宪、陈杰，上海张江综合性国家科学中心办公室常务副主任施尔畏出席会议。

2020 年 7 月 29 日，上海推进科技创新中心建设办公室举行第十二次全体会议，上海市委副书记、市长龚正，国家发展改革委副主任林念修分别在上海、北京会场主持视频会议并讲话。龚正指出，2020 年是上海形成科创中心基本框架的交账年。要深入贯彻落实习近平总书记重要讲话精神，在国家部委的指导和支持下，在上海市委的坚强领导下，围绕强化科技创新策源功能这一主攻方向，全力以赴，狠抓落实，确保完成各项重点任务。龚正指出，要着力提升张江综合性国家科学中心的集中度和显示度，加快组建国家实验室，推进大科学设施建设，建设好张江科学城。要着力推进集成电路、人工智能、生物医药"上海方案"落实落地，并打造制度创新供给高地。要着力打造人才高峰，聚天下英才而用之。同时，要编制好科创中心建设"十四五"规划。林念修指出，上半年上海科创中心建设进展顺利，成果显著，来之不易。要加快各项任务推进进度，确保目标不变、要求不降、力度不减。要加快三大产业高地建设，着力推进关键核心技术攻关，夯实产业基础，推出更多成果。要谋划一批示范性全局性重大项目，加大体制机制改革创新力度。会上，上海市领导陈寅、吴清通报了上海科创中心建设及重点产业推进情况。科技部副部长李萌、中国科学院副院长相里斌、中国工程院副院长钟志华、国家药监局副局长徐景和、国家自然科学基金委员会副主任高瑞平、国务院国资委副秘书长庄树新、上海张江综合性国家科学中心办公室常务副主任施尔畏出席。

第四章　张江综合性国家科学中心

张江综合性国家科学中心是国家批复的首个综合性国家科学中心，是国家创新体系的基础平台，是上海加快建设具有全球影响力的科技创新中心的关键举措和核心任务。张江综合性国家科学中心正加快打造世界一流科学城、世界一流实验室和世界级大科学装置集群，加快集聚顶尖科学家、科研机构和创新平台，为实现前瞻性基础性研究、引领性原创成果的重大突破提供基础支撑。

2014年11月26、27日，市长杨雄带队前往国家发展改革委、科技部等部门作汇报，争取率先开展全面改革创新试点。研究部署综合性国家科学中心。研究制定建设方案，集中布局和规划建设国家重大科技基础设施群，在上海光源、蛋白质科学设施等基础上，建设由大科学设施和相关科研机构组成的综合性国家科学中心。吸引全球一流研发人才团队落户上海，发挥重大科学设施的试验研发功能和技术溢出效应，开展一批世界前沿、多学科交叉的重大科学研究。研究探索由国家部委牵头、基金会和管理中心实施的组织运作机制。

2015年，加快建设张江综合性国家科学中心新一批重大科技基础设施落户上海，高度集聚的重大科技基础设施群初现雏形。光源二期可研报告获批，超强超短激光装置、活细胞成像平台、软X射线自由电子激光用户装置3个重大科技基础设施分别获国家发展改革委支持。推动清华大学在张江设立清华上海创新中心，争取北京大学、复旦大学、上海交通大学更多的创新资源和重大产业化项目在张江集聚。

2016年，超强超短激光用户装置、软X射线自由电子激光用户装置、活细胞结构和功能成像平台、上海光源二期等大科学装置项目启动建设；李政道研究所成立，国际人类表型组创新中心、量子信息与量子科技前沿卓越创新中心等加快推进建设，国内知名高校及其研发机构集聚张江。2月1日，国家发展改革委、科技部正式批复《上海张江综合性国家科学中心建设方案》。2月16日，国家发展改革委、科技部同意上海以张江地区为核心承载区建设综合性国家科学中心，作为上海加快建设具有全球影响力的科技创新中心的关键举措和核心任务，构建代表世界先进水平的重大科技基础设施群，提升我国在交叉前沿领域的源头创新能力和科技综合实力，代表国家在更高层次上参与全球科技竞争与合作。到2020年，要基本形成综合性国家科学中心基础框架。

2016年4月12日，发布《国务院关于印发上海系统推进全面创新改革试验　加快建设具有全球影响力科技创新中心方案的通知》，公布建设张江综合性

国家科学中心方案：（1）打造高度集聚的重大科技基础设施群。依托张江地区
形成的大科学设施基础，加快上海光源线站工程、蛋白质科学设施、软 X 射线
自由电子激光、转化医学等大设施建设；瞄准世界科技发展趋势，根据国家战
略需要和布局，积极争取超强超短激光、活细胞成像平台、海底长期观测网、
国家聚变能源装置等新一批大设施落户上海，建设高度集聚的重大科技基础设
施集群。（2）建设有国际影响力的大学和科研机构。重点推动复旦大学建设微
纳电子、新药创制等国际联合研究中心，重点推动上海交通大学建设前沿物理、
代谢与发育学科等国际前沿科学中心。推动同济大学建设海洋科学研究中心、
中美合作干细胞医学研究中心。发挥上海科技大学的体制机制优势，加快物质、
生命、信息等领域特色研究机构建设，开展系统材料工程、定制量子材料、干
细胞与再生医学、新药发现、抗体药物等特色创新研究，建设科研、教育、创
业深度融合的高水平国际化创新型大学。推动中科院按规划建设微小卫星创新
研究院、先进核能创新研究院、脑科学卓越创新中心等机构。吸引海内外顶尖
实验室、研究所、高校、跨国公司来沪设立全球领先的科学实验室和研发中心。
着力增强上海地区高校和科研机构服务和辐射全国的能力，并进一步发挥国际
影响力。（3）开展多学科交叉前沿研究。聚焦生命、材料、环境、能源、物质
等基础科学领域，由国家科学中心在国家支持和预研究基础上，发起多学科交
叉前沿研究计划，开展重大基础科学研究、科学家自由探索研究、重大科技基
础设施关键技术研究，推动实现多学科交叉前沿领域重大原创性突破，为科技、
产业持续发展提供源头创新支撑。（4）探索建立国家科学中心运行管理新机制。
成立国家有关部委、上海市政府，以及高校、科研院所和企业等组成的上海张
江综合性国家科学中心理事会，下设管理中心，研究设立全国性科学基金会，
募集社会资金用于科学研究和技术开发活动。建立和完善重大科技基础设施建
设的协调推进机制和运行保障机制。建立符合科学规律、自由开放的科学研究
制度环境。年内，上海张江综合性国家科学中心理事会正式成立，中共中央政
治局委员、国务院副总理刘延东担任理事长。

2017 年 4 月 28 日，市政府批复成立上海张江综合性国家科学中心办公室、
上海推进科技创新中心建设办公室，积极开展《上海张江综合性国家科学中心
发展规划》研究，增强原创力，不断增强张江综合性国家科学中心集中度、显
示度，以建设张江实验室为核心，加快集聚和培育一流科研基础设施、一流研
究机构、一流人才、一流成果，着力打造国家科技战略力量。5 月 31 日，市长
应勇召开上海张江综合性国家科学中心办公室第一次会议。明确《上海张江综
合性国家科学中心办公室工作规则》和《上海张江综合性国家科学中心办公室
2007 年重点工作》。

2017 年 7 月 29 日，张江科学城建设规划获市政府正式批复，张江科学城的核心支撑作用初步显现，将实现从"园区"到"城区"的转型，与张江综合性国家科学中心形成"一体两翼"格局。9 月 26 日，以建设世界一流国家实验室为目标的张江实验室揭牌；配套张江实验室建设的转化医学设施、超强超短激光装置、软 X 射线自由电子激光装置、活细胞成像平台、上海光源线站工程 5 个基础设施建设进展顺利；硬 X 射线自由电子激光装置建设年底启动；硅光子、脑与类脑智能 2 个市级科技重大专项依托张江实验室加快推进。高水平创新单元、研究机构和研发平台集聚效应凸显：诺贝尔物理学奖得主弗兰克·维尔切克出任上海交通大学李政道研究所所长；中国科技大学量子信息科学国家实验室上海分部加快筹建，量子科学实验卫星以及"量子系统的相干控制"领域研究取得突破；国际人类表型组创新中心启动实施国际人类表型组计划（一期）；中美干细胞研究中心、医学功能与分子影像中心等加快组建。

2018 年，张江实验室建设稳步推进，围绕微纳电子、量子信息、脑科学与类脑、海洋、药物等领域布局，硬 X 射线、硅光子、人类表型组、脑与类脑研究等 8 个市级重大专项先后启动实施。"全脑介观神经连接图谱"等国际大科学计划前期准备加快推进，超强超短激光、软 X 射线自由电子激光、活细胞结构与成像、上海光源二期、硬 X 射线自由电子激光、转化医学设施等大科学设施建设进展顺利。高端创新人才和团队进一步集聚，多层次、国际化、高水平的创新网络基本形成；李政道研究所设施建设、科学研究和人才队伍建设均取得进展。新开工硬 X 射线、交大科学园、复旦国际创新中心、生物医药产业技术功能型平台、集成电路产业研发与转化平台、李政道研究所等 12 个项目。

2019 年，加快建设世界一流大科学设施群。新开工海底观测网、高效低碳燃气轮机、中国科学院"十三五"科教基础设施在沪项目。新建成转化医学设施（闵行基地）、超强超短激光装置、软 X 射线等项目。持续推进硬 X 射线、光源二期、转化医学设施（瑞金基地）等项目建设。加快集聚一批顶尖科研机构（载体）。继续推进张江实验室人才团队和基地建设。稳步推进微纳电子、脑科学、量子信息等领域国家级实验室的布局和培育。上海量子科学研究中心挂牌成立，上海脑科学与类脑研究中心开工建设。积极推动上海清华国际创新中心、姚期智交叉计算研究院等高水平平台落户上海。上海创新中心特拉维夫办公室揭牌。朱光亚太赫兹研发与转化平台基本成型。眼视光眼科医学中心加速推进。李政道研究所、上海交通大学张江科学园、复旦张江国际创新中心等加快建设。加快推进一批重大科技项目。脑图谱等大科学计划前期筹备工作进展顺利，人类表型组、硅光子、硬 X 射线预研等市级重大专项加快实施，组织布局量子信息技术、超限制造、糖类药物等新一批市级科技重大专项。

2020 年，期智研究院、树图区块链研究院、上海浙江大学高等研究院、上海人工智能实验室、上海应用数学中心揭牌成立，李政道研究所、上海交通大学张江科学园的主体建筑基本建成，复旦张江国际创新中心、上海朱光亚战略科技研究院建设稳步推进，上海微纳电子研发中心加快组建，为承接国家级重大平台和任务奠定基础。

第一节　张江实验室

2017 年 9 月 26 日下午，上海市人民政府、中国科学院举行张江实验室揭牌仪式，中共中央政治局委员、上海市委书记韩正，中国科学院院长、党组书记白春礼共同为张江实验室揭牌，白春礼和上海市委副书记、市长应勇分别致辞。白春礼在致辞时说，建设张江实验室，是中国科学院和上海市政府认真贯彻落实习近平总书记关于建设具有全球影响力科技创新中心重大决策的切实举措，是院市双方站在国家科技创新总体布局高度，面向全球科技创新发展态势作出的一项重大部署。应勇在致辞时说，拥有一批顶尖实验室，对一个国家、一座城市提高科技创新水平至关重要。建设张江实验室，目标就是要努力跻身世界一流国家实验室行列。这是贯彻落实习近平总书记对上海提出加快向具有全球影响力的科技创新中心进军的新要求新定位的重大举措，是上海市与中科院深化院市合作、共同服务国家战略的一件大事，是张江综合性国家科学中心迅速做实做强做出影响、不断提升集中度和显示度的关键支撑，对上海提高自主创新能力、加快建设具有全球影响力的科技创新中心，具有极其重要的意义。中国科学院副院长相里斌主持，上海市委副书记尹弘出席，上海市委常委、常务副市长周波向中科院上海高等研究院院长王曦院士颁发张江实验室主任聘书，上海市领导翁祖亮、诸葛宇杰出席。张江实验室将聚焦具有紧迫战略需求的重大创新领域和有望引领未来发展的战略制高点，以重大科技任务攻关和大型科技基础设施建设为主线，实现重大基础科学突破和关键核心技术发展，建成跨学科、综合性、多功能的国家实验室，力争到 2030 年跻身世界一流国家实验室行列。初期将通过建设重大科技基础设施、攻关重点方向、融合交叉创新相结合布局，开展光子科学大科学设施群及相关基础研究、生命科学和信息技术两大重点方向攻关研究、生命科学与信息技术交叉方向—类脑智能研究。至年底，配套张江实验室建设的转化医学设施、超强超短激光装置、软 X 射线自由电子激光装置、活细胞成像平台、上海光源线站工程 5 个基础设施建设进展顺利；硬 X 射线自由电子激光装置年底获批启动，海底长期科学观测网、高效低碳燃气轮机试验装置等基础设施争取国家支持获重大进展；硅光子、脑与类脑智能两个市级科技重大专项向国家实验室目标迈出关键一步。

2018年，张江实验室挂牌成立一年以来，各项工作进展顺利，目标方向进一步聚焦明确，体制机制逐步健全完善。明确顶层设计。中科院上海高等研究院作为承建法人主体，聘请中科院王曦院士为首任主任。整合优势资源向实验室集聚。完成上海光源、蛋白质设施向实验室划转，硬X射线自由电子激光装置等大科学设施全面开工。面向全球吸引和选拔高端优秀人才。探索张江实验室院市共建新体制。在综合预算、分类评估、科研人员双聘、薪酬体系和收益分配等方面取得重要进展。2月13日，由上海市人民政府和中国科学院联合成立的张江实验室管理委员会召开第一次会议，审议张江实验室章程、组织构架、人员选聘等议题，总结2017年工作并对2018年工作作出部署。中科院院长、张江实验室管委会主任白春礼，市委副书记、市长、张江实验室管委会主任应勇出席并讲话。白春礼指出，建设张江实验室，是贯彻落实习近平总书记关于加快建设具有全球影响力科技创新中心重大部署的切实举措，是站在国家科技创新总体布局高度，面向全球科技创新发展态势作出的一项重要战略部署。要学习贯彻习近平新时代中国特色社会主义思想和党的十九大精神，主动适应新形势、新要求，全力服务国家创新战略，以只争朝夕的干劲，推动张江实验室建设取得更大成效。中科院将全力支持张江实验室建设，与上海市一起把张江实验室打造成原始创新的高地、服务科技创新的平台、创新创业人才的集聚地，为上海科创中心建设作出更大贡献。应勇指出，张江实验室于2017年9月正式挂牌成立，启动实质性建设，在大科学设施群建设、体制机制创新、创新合作网络构建等方面取得新突破。要深入学习贯彻习近平新时代中国特色社会主义思想和党的十九大精神，按照国家科创中心建设领导小组第二次会议部署，充分依托院市合作机制，加快推进张江实验室建设，进一步提高集中度和显示度、提高辐射力和影响力。上海市委常委、常务副市长周波主持会议，中科院副院长相里斌、上海交通大学校长林忠钦、同济大学校长钟志华出席。复旦大学、上海科技大学等高校相关负责人参加会议。

2019年2月14日，张江实验室管理委员会召开第二次会议，总结过去一年工作，谋划部署全年工作。中国科学院院长、党组书记、张江实验室管委会主任白春礼，上海市委副书记、市长、张江实验室管委会主任应勇出席并讲话。上海市副市长吴清主持会议，中科院副院长相里斌、同济大学校长陈杰等出席。张江实验室主任王曦通报了2018年工作进展及2019年工作计划。白春礼指出，张江实验室要认真学习贯彻习近平新时代中国特色社会主义思想和党的十九大精神，贯彻落实习近平总书记考察上海重要讲话精神，继续全力参与张江综合性国家科学中心建设，力争早日获批成为国家实验室。应勇指出，张江实验室依托院市共建机制，各项工作有力有序推进，取得了重要的阶段性成果。要把习近平总书记重要讲话精神作为张江实验室建设的根本遵循和行动指南，着力增强创新策源能力，着力打造国家战略科技力量，加快建设具有国际先进水平的国家实验室，更好支撑上海科创中心建设，更好服务全国改革发展大局。

第二节　新型研发机构

2018年，积极推动建设李政道研究所、国际人类表型组创新中心、量子创新中心、国际灵长类脑科学研究中心、上海脑科学与类脑研究中心、上海交大张江科学园、复旦张江国际创新中心等一批一流科研机构和创新平台。李政道研究所"前沿基础研究设施"项目可研报告获国家发展改革委批复，实验楼项目获批并启动建设，同时在科学研究和人才队伍建设方面取得成效。积极推进量子信息科学国家实验室上海分部建设，形成初步方案。中国科学院和上海市共建的张江药物实验室、G60脑智科创基地和传染免疫诊疗技术协同创新平台揭牌成立，将进一步增强上海生命科学研究领域的创新策源力。积极承接各类国家级科学研究任务，复旦大学脑科学前沿科学中心和同济大学细胞干性与命运编辑前沿科学中心获批成为国家"珠峰计划"前沿科学中心。上海自主智能无人系统科学中心揭牌成立。

2019年，上海量子科学研究中心、上海清华国际创新中心成立，在体制机制上试点"三不一综合"，即不定行政级别、不定编制、不受岗位设置和工资总额限制，实行综合预算管理。李政道研究所实验楼建筑顺利开工，人才团队建设、科研任务稳步推进。国际人类表型组研究院、上海脑科学与类脑研究中心等一批一流科研机构和创新平台建设顺利。

2020年，期智研究院、树图区块链研究院、上海浙江大学高等研究院、上海人工智能实验室、上海应用数学中心揭牌成立，李政道研究所、上海交通大学张江科学园的主体建筑基本建成，复旦张江国际创新中心、上海朱光亚战略科技研究院建设稳步推进，上海微纳电子研发中心加快组建，为承接国家级重大平台和任务奠定基础。推进光源二期、上海超强超短激光实验装置、X射线自由电子激光试验装置、硬X射线自由电子激光装置等在建重大科技基础设施建设，推荐先进生物药、深远海工、药物靶标等14个设施申报国家重大科技基础设施项目。

一、李政道研究所

2014 年 12 月，著名物理学家、首个华人诺贝尔奖获得者李政道先生建议参照对世界科学发展有巨大影响的丹麦玻尔研究所在中国建立一个世界顶级研究所，吸引一群世界上最顶尖的科学家，从事物理与天文方面最前沿的科学研究，形成自由探索的学术氛围，历练一批属于我国自己的顶级科学家，推动物理学及其交叉学科研究的重大发展，实现我国基础科学前沿研究的"领跑"升级。这个建议得到了党和国家领导人的高度重视。

2016 年 5 月，科技部、教育部和上海市政府共同决定：以李政道的名字命名，上海交通大学作为承建和托管单位，在上海创建一个世界研究所。11 月 28 日，由科技部、教育部、国家自然科学基金委和上海市共同支持建设的李政道研究所在上海交通大学揭牌成立。研究所的成立是国家与上海市努力打造世界级研究机构的有力举措，也是支持张江综合性国家科学中心建设的科研管理体制改革创新试点，更是把上海建设成为有全球影响力的科技创新中心的重要支撑。研究所将参照国际成功经验，通过顶层设计与体制机制的创新，为全球顶级科学家和青年科学家创造世界一流的研究环境和氛围。研究所建立初期将设立基本粒子物理、天文与宇宙学、量子科学与技术 3 个研究分部。

2017 年，李政道研究所迎来了首任所长——2004 年诺贝尔物理学奖获得者、麻省理工学院弗兰克·维尔切克（Frank Wilczek）教授。之后李政道研究所成立了以 Frank Wilczek 教授领衔的科学事务委员会（Science Policy Committee），以及由瑞典皇家科学院院士、2013 年诺贝尔物理学奖评审委员会主席 Lars Brink 教授等 19 位国际著名物理和天文学家集聚的国际学术咨询委员会（International Advisory Committee）。

2018 年，李政道研究所共举办各类国际学术活动 14 次、各类学术报告约 100 个，邀请了国内外近百位知名学者前来进行长短期访问。在顶级学者的群策群力下，李政道研究所在 2018 年底汇聚资深学者 6 人、兼职研究员 14 人、青年学者 3 人、博士后研究员 10 人。4 月 7 日，李政道担任上海交通大学李政道研究所名誉所长。8 月 29 日，李政道研究所实验楼建设在张江科学城正式启动，规划总用地面积约 41 亩，总建筑面积约 56000 平方米。10 月，举办首届国际学术咨询委员会会议。诸多顶级学者组成了"超级朋友圈"，为李政道研究所建设与发展出谋划策。

2019 年，李政道研究所全年共发表 SCI 论文 130 篇，其中发表在 Physical Review Letters、Nature 子刊等顶级期刊上 36 篇；此外，还有作为合作者加入

ATLAS 等国际大科学合作项目发表论文 103 篇。共举办各类学术会议 35 次（其中百人以上大型学术会议 5 次），上海交大科学前沿交叉论坛暨李政道研究所学术讲座 3 次，学术报告 170 次，李政道前沿讲坛等社会服务及科普活动 17 次。4 月，2019 年上海市重大建设项目清单公布，在清单中的 10 项科创中心项目中，李政道研究所位列其中。5 月 8 日下午，上海市委副书记、市长应勇在浦东新区调研科创中心建设，应勇与副市长吴清视察了建设中的李政道研究所和上海交通大学张江科学园。上海交通大学党委书记姜斯宪，校长、党委副书记林忠钦，党委常委、常务副校长丁奎岭，党委常委、副校长张安胜与李政道研究所建设指挥部总指挥吴旦等参加相关调研。10 月 31 日至 11 月 2 日，李政道研究所物理新兴前沿国际学术研讨会在闵行校区举行。本次会议共分为六个专场，共邀请五位诺贝尔物理学奖获得者、十几位国内外顶级院士以及百余位科研工作者共同参与。11 月 4—5 日，李政道研究所 2019 年度国际学术咨询委员会会议在上海交通大学闵行校区举行。本次会议旨在为李政道研究所提供学术评估和战略性咨询，支持李政道研究所的建设与发展。

2020 年，李政道研究所克服疫情影响，积极开展物理前沿研究、学术交流和科普活动，先后在《自然·物理》（*Nature Physics*）、《科学》杂志子刊《科学进展》（*Science Advances*）、《物理评论快报》（*Physical Review Letters*）《物理前沿》（*Frontiers of Physics*）、《天体物理期刊》（*The Astrophysical Journal*）、《中国物理》发表文章；举办"第二届量子物质理论及实验进展：涌现现象国际研讨会""双希格斯 2020：机遇与挑战国际研讨会"等学术交流活动；5 月 14 日晚，2004 年诺贝尔物理学奖得主、李政道研究所所长 Frank Wilczek 教授做客上海交通大学第 150 期大师讲坛，通过网络直播给广大师生与全球网友带来了"第三类量子——任意子（Quanta of the Third Kind：Anyons）"的科普报告。8 月 26 日上午，作为 2020 年上海科技节的重点活动之一的李政道研究所"问道讲坛"在上海中心 53F 迎来首秀，并通过线上同步直播，吸引观众点击超过 32 万人次。

二、上海脑科学与类脑研究中心

2018 年 5 月 14 日下午，上海脑科学与类脑研究中心揭牌仪式在张江实验室举行。上海市委书记李强、中国科学院院长白春礼共同为中心揭牌。白春礼在致辞中指出，上海脑科学与类脑研究中心的成立，是强化我国在该领域国际地位的重要举措。中科院作为国家战略科技力量，将坚决贯彻落实习近平总书记重要指示批示精神和党中央、国务院关于科创中心建设重大决策部署，始终将上海科创中心和张江综合性国家科学中心建设作为一项重大政治任务抓实抓好，充分发挥多学科交叉与协同攻关的优势，全力支持上海脑科学与类脑研究中心建设。上海市委常委、常务副市长周波出席并致辞，市委常委、市委秘书长诸葛宇杰，复旦大学校长许宁生，上海交通大学校长林忠钦，以及本市相关高校、中科院在沪科研究所院士专家代表出席揭牌仪式。该中心立足世界脑科学与类脑研究前沿，聚焦国家在脑科学与类脑研究领域的战略需求，承接国家和上海市任务部署，加快推动中国在该领域的突破和跨越。中心由市政府发起成立独立法人事业单位，实行理事会领导下的主任负责制，探索开放、协同、高效的新型管理和运行机制。

2020 年 4 月 24 日下午，上海脑科学与类脑研究中心（简称"上海脑中心"）协调会议在中科院上海分院召开。市科委主任张全出席会议并讲话。市科委副主任傅国庆介绍了上海脑中心成立以来的工作进展以及目前对接国家需求优化调整的情况。上海脑中心主任蒲慕明院士介绍了脑中心近期的工作规划。来自复旦大学、上海交通大学、同济大学、华东师范大学、中科院脑智卓越中心、中科院上海药物所、中科院生物与化学交叉研究中心、中科院微系统所、中科院上海高等研究院、张江实验室、联影医疗以及浙江大学、东南大学、中国科学技术大学等上海和长三角地区脑科学研究主要团队受邀参会，共商脑中心未来工作整体思路和主要举措。

三、上海朱光亚战略科技研究院

2018 年 10 月 22 日，上海朱光亚战略科技研究院成立。由上海市人民政府与中国工程物理研究院本着"优势互补、合作共赢"原则共同提议设立的事业法人机构，实行理事会领导下的院长负责制，坐落于上海临港滴水湖畔。研究院面向国家公共安全新领域，着眼于全产业链和技术集群，以资源整合和总体集成功能为核心，汇聚国防科研、民品科研及产业企业等相关资源，打造国防科技创新与战略科技产业发展实现高效衔接的枢纽，持续培育推进战略科技产业。研究院将依托中国工程物理研究院的技术支持首批开展微系统与太赫兹技术、高性能科学与工程计算、核技术应用、高端（极端）制造四个战略科技方向的科技成果转化及产业化发展。同时，研究院还将瞄准未来战略新兴产业和国家科技发展重大挑战，着力于原始创新和原创性技术研发，不断输出具有重大应用价值的科技成果。

四、上海量子科学研究中心

2019 年 6 月 14 日，中国科学院与上海市人民政府在沪签署合作共建上海量子科学研究中心协议。中科院院长、党组书记白春礼,上海市委副书记、市长应勇共同为上海量子科学研究中心揭牌。副市长吴清、中国科技大学校长包信和出席。白春礼在讲话时说,上海量子科学研究中心的成立,是中科院和上海市政府认真贯彻落实习近平总书记关于上海建设具有全球影响力的科技创新中心重要指示的重大举措,也是院市双方聚焦国家战略,以全球视野谋划和推动科技创新的重大部署。应勇在讲话时说,量子科技是当今世界重要的前沿科技领域之一。上海量子科学研究中心揭牌,是贯彻落实习近平总书记考察上海重要讲话精神的具体行动,也是深化院市共建的最新成果。

五、上海清华国际创新中心

2019 年 8 月 31 日,上海清华国际创新中心揭牌活动在沪举行,上海市委书记李强出席并讲话,上海市委副书记、市长应勇,清华大学校长邱勇为上海清华国际创新中心揭牌。李强指出,当前,我们正深入贯彻落实习近平总书记考察上海重要讲话精神,全力实施三项新的重大任务,持续办好中国国际进口博览会。这是上海新一轮改革发展的强大动力和战略支撑,也为深化市校合作提供了广阔舞台。希望上海清华国际创新中心借势发力、乘势而上,努力打造立足上海、面向长三角、辐射全国的创新大平台。着力突破关键核心技术,力争产出更多原创性成果。着力推动科技成果转化,推动更多一流科技成果在上海实现产业化。着力发挥辐射带动作用,深度参与长三角一体化发展。着力集聚一流创新人才,发挥新型研发机构体制机制优势,吸引更多海内外人才来沪施展才华、成就梦想。我们将为清华大学来沪开展各领域合作创造更好条件,共同为服务国家战略、服务全国发展大局作出新的更大贡献。邱勇在讲话时表示,上海清华国际创新中心的揭牌成立标志着清华大学和上海市的合作迈上新的高度。中心将发挥双方优势,聚焦技术创新,强化国际合作,努力汇聚全球创新资源,在核心技术领域取得关键突破并促进相关成果的实际应用,打造具有全球影响力的新型创新载体,为服务创新驱动发展战略、服务长三角一体化发展贡献力量。上海市委常委、市委秘书长诸葛宇杰出席,副市长吴清、清华大学副校长尤政为清华长三角区域发展研究中心揭牌。揭牌活动上还发布了“长三角云上科创”服务平台、清华大学创新领军工程博士长三角项目。上海清华国际创新中心由上海市政府与清华大学共同发起设立,将采取“政产学研金介用”深度融合的发展模式,强化技术开发、成果转化、国际合作、区域研究、人才培养等功能,为促进区域科技创新和经济社会发展注入新的动力。

六、上海期智研究院

2020 年 1 月 9 日下午，上海市政府举行上海期智研究院、上海树图区块链研究院揭牌仪式。上海市委常委、副市长吴清，清华大学副校长、中国科学院院士薛其坤，图灵奖得主、清华大学交叉信息研究院院长、中国科学院院士姚期智出席仪式并为两家新型研发机构揭牌。活动由市政府副秘书长陈鸣波主持。作为专注开展基础研究的新型研发机构，上海期智研究院由姚期智院士领衔组建，将依托清华大学和复旦大学、上海交通大学、同济大学等沪上高校及研究机构在数学、物理、计算机等学科的良好研究基础，以人工智能、现代密码学、高性能计算系统、量子计算及量子人工智能、物理器件与计算五个研究方向为基础，逐步向神经科学、金融科技、医药、信息安全等其他交叉研究方向拓展，旨在培养计算科学和相关领域国际顶尖科研创新人才，并通过其广基础、重交叉的培养模式，力争成为国际高水平的学科间交叉合作平台和新型研究院所。活动中，上海市科委主任张全、徐汇区区长方世忠签署了《上海市科学技术委员会与徐汇区人民政府共建上海期智研究院战略合作备忘录》。

在随后举行的上海树图区块链研究院揭牌仪式上，树图区块链底层系统研发创始人、多伦多大学教授龙凡介绍了研究院的发展愿景。上海树图区块链研究院由龙凡教授发起、姚期智院士担任首席科学家，基于具有自主知识产权的完全去中心化区块链底层公链系统——树图（Conflux）区块链底层系统，旨在突破区块链的底层技术和系统应用的基础研究，开展分布式共识算法和区块链系统性能的技术攻关。

七、上海应用数学中心

2020 年 3 月，科技部办公厅印发《关于支持首批国家应用数学中心建设的函》，支持各地组建国家应用数学中心。上海应用数学中心作为首批建设的国家应用数学中心之一，将依托复旦大学和上海交通大学，联合上海乃至长三角地区相关高校和代表性企业进行组建，着力构建数学家与产业专家交流机制，凝练队伍、聚焦问题、深化合作，面向国家重大战略需求和产业核心技术能力，持续开展应用数学研究，为产业能级提升和经济社会发展提供应用数学支撑。上海应用数学中心当前主要研究方向为"集成电路智能设计与制造中的数学应用"以及"航空制造中的数学应用"。2019 年，市科委与复旦大学共同组织多场 EDA 技术讨论会，邀请集成电路产业界代表，开展深入交流研讨，凝练核心数学问题。上海交通大学与相关工业部门团队合作，确定研究目标。随着此次国家应用数学中心获批建设，相关研究工作将不断深化，为切实解决产业急需做出贡献。未来，上海应用数学中心将面向新一代信息技术与人工智能、金融、生物医药、大数据方向等领域关键数学问题进行集中攻关，着力构建一系列面向具体领域的基础理论体系和原创技术标准，形成一条能够迅速实现转化、促进产业能级提升的有效路径，打造一个面向国家战略发展的基础理论研究与应用技术研发转化的科技生态环境。

第三节 重大科技基础设施

2014年5月，中国生命科学领域中第一个综合性国家级重大科技基础设施——蛋白质科学研究（上海）设施（简称"上海设施"）通过工艺工设备专业验收开放试运行。上海设施选址浦东张江高科技园区，2010年12月动工，2014年3月建成，总投资约7亿元，总建筑面积3.3万平方米，由中科院上海生命科学研究院承建，并依托上海设施同步筹建"国家蛋白质科学中心·上海"。上海设施由1000多件大型科学仪器构成，是大型科学仪器和先进技术集成为核心的规模化、系统化技术装备体系，以选择多种具有不同空间分辨率和时间分辨率的研究技术装备，构成能够基本覆盖蛋白质结构与功能在空间尺度和时间尺度变化范围的研究技术系统。主要建设蛋白质结构研究的9个系统：规模化蛋白质制备系统、蛋白质晶体结构分析系统、蛋白质核磁分析系统、集成化电镜分析系统、蛋白质动态分析系统、蛋白质修饰与相互作用分析系统、复合激光显微镜系统、分子影像系统、数据库与计算分析系统。

2015年7月28日，"十二五"国家重大科技基础设施项目——蛋白质科学研究（上海）设施通过国家验收。该设施主要建设高通量、高精度、规模化的蛋白质制取与纯化、结构分析、功能研究等大型装置，实现技术与设备的集成化、通量化和信息化，成为国家蛋白质科学研究和技术创新基地。

2016年3月25日，张江综合性国家科学中心获批后首次公开发布重大科技设施建设成果。国家蛋白质科学中心（上海）、上海同步辐射光源、中科院量子信息与量子科技前沿卓越创新中心（上海）分别介绍国家级重大科技基础设施建设进程和各自在科技研发、自主创新中的成果。

2017年10月24日，超强超短激光实验装置成功实现10拍瓦激光放大输出，达到国际同类研究领先水平。上海将建设张江综合性国家科学中心作为建设具有全球影响力的科创中心的核心任务，上海光源、蛋白质设施、超级计算机等重大科技基础设施项目加快推进。12月16日，张江综合性国家科学中心——"硬 X 射线自由电子激光装置"启动建设。项目是《国家重大科技基础设施建设"十三五"规划》优先布局的、国内投资最大的重大科技基础设施项目。装置选址在张江综合性国家科学中心核心区域，总长约 3.1 公里，建设埋深 29 米的地下隧道，包含超导直线加速器隧道、波荡器隧道、光束线隧道等 10 条隧道及 5 个工作井。装置主要由 4 个部分组成：超导加速器、光束线、实验站和配套的公用设施。装置建成后将成为世界上最高效和最先进的自由电子激光用户装置之一，为物理、化学、生命科学、材料科学、能源科学等多学科提供高分辨成像、超快过程探索、先进结构解析等尖端研究手段。

2019 年，世界级大科学设施集群加速落地。以张江科学城为主要承载区布局建设一批国家重大科技基础设施，涵盖光子、生命、海洋、能源等领域。其中，全球规模最大、种类最全、综合能力最强的光子大科学设施集聚地在张江科学城初步成型。海底科学观测网、高效低碳燃气轮机试验装置启动建设，软 X 射线装置顺利出光，超强超短激光装置投入试运行，硬 X 射线装置实现核心部件突破和国产替代，活细胞结构与功能成像、上海光源二期、转化医学设施等大科学设施加快建设。

4 月 29 日，大科学装置管理中心召开首次全体会议。上海张江先进光源大科学装置集群建设指挥部成员及代表：施尔畏、李儒新、赵振堂、邵建达、赵明华、朱志远、丁浩、邰仁忠、唐铮出席会议。上海张江先进光源大科学装置集群建设指挥部由上海张江综合性国家科学中心及中科院上海高研院、上海科技大学、中科院上海光机所、中科院上海应物所的领导组成。张江实验室主任、中科院上海高研院院长、上海科技大学党委书记李儒新院士代表依托单位简要回顾了大科学装置管理中心组建过程，对大科学装置管理中心组建过程中，在组织架构、项目管理和运行模式等方面进行的一些探索与努力表示了肯定。张江实验室副主任、中科院上海高研院党委书记、副院长赵振堂院士提出大科学工程项目管理有别于行政管理，管理中心人员要以底线思维认清集群项目管理核心，着眼长远加强战略谋划和布局。中科院上海光机所所长邵建达、中科院上海应物所党委书记赵明华分别代表集群相关项目法人单位，表达了将积极融入上海张江先进光子大科学装置集群建设，全力支持和推进各重大项目建设的态度。

2020 年，加快国家重大科技基础设施建设步伐，推进光源二期、上海超强超短激光实验装置、X 射线自由电子激光试验装置、硬 X 射线自由电子激光装置等在建重大科技基础设施建设，提升建成重大科技基础设施能级，面向"十四五"，推荐先进生物药、深远海工、药物靶标等 14 个设施申报国家重大科技基础设施项目。截至年底，建成和在建的国家重大科技基础设施 14 个，设施数量和投资金额均全国领先。

8月17日，中国科学院条件保障与财务局会同教育部科学技术司组织工艺验收专家组对X射线自由电子激光试验装置进行了工艺验收。X射线自由电子激光试验装置顺利通过工艺验收，为项目通过国家验收、建成并向用户开放以试验装置为基础的我国首台X射线波段自由电子激光用户装置，同时继续开展自由电子激光新原理的探索和验证、关键技术的研发和测试奠定了坚实的基础。11月4日，国家重大科技基础设施X射线自由电子激光试验装置项目通过国家验收。国家验收委员会专家认为，X射线自由电子激光试验装置的各项指标均达到或优于批复的验收指标。建设单位掌握了自由电子激光装置设计、加工集成、安装和调试以及射频超导加速单元等关键核心技术，取得了一系列重大技术成果。

12月19日，历经两个五年规划、十年打磨的首个转化医学国家重大科技基础设施（上海）在上海交通大学医学院附属瑞金医院正式落成投用。这是继上海光源、上海蛋白质中心之后第三家落户上海的国家级大设施，也是我国生物医药领域的首个国家级大设施，将针对我国重大疾病诊疗中的重大关键技术，重点攻关肿瘤、代谢性疾病和心脑血管疾病等领域。12月28日，上海超强超短激光实验装置（"羲和激光装置"）建成并通过验收。羲和激光装置由国家发改委和上海市共同支持，中国科学院上海光学精密机械研究所为法人单位、上海科技大学为共建单位，是上海建设具有全球影响力的科创中心、打造世界级重大科技基础设施集群的首批重大项目，也是张江综合性国家科学中心的核心平台之一。

第五章　科技创新人才

2015年，围绕为加快建设具有全球影响力的科创中心提供人才支撑和智力保障要求，制定落实《关于服务具有全球影响力的科技创新中心建设实施更加开放的国内人才引进政策的实施办法》和《关于完善本市科研人员双向流动的实施意见》，谋划"十三五"科技人才规划，健全科技人才培养支撑体系，提升科技人才服务效能。充分利用科学家月度座谈会、高级科技人才联谊会、科技启明星联谊会等平台，促进人才交流。加强人才综合服务，持续做好科技人才政策的推送及辅导，积极开展走访接访，做好在沪院士生活服务等。为人才发挥智力优势搭建平台，通过开展系列咨询和学术活动，为科技人才建立参与政策咨询的渠道。针对上海新兴产业发展实际，积极开展紧缺人才培训，人才培养、流动和评价机制日渐完善。加大科技创新人才培养，高校人才培养能力和基础性作用有所增强。制定科研人才双向流动政策，科研人员双向流动渠道初步打通。支持双向兼职，积极鼓励高校、科研院所的科研人员带着科技成果离岗创业。科研人才分类评价体系逐步建立，推进完善高校分类评价制度，强化教师岗位聘任分阶段考核和专业技术职务晋升分类评价。依托"双自联动"优势，率先开展外国留学毕业生直接留沪就业等人才政策先行先试；推动上海自贸试验区海外人才离岸创新创业基地建设，依托干细胞、量子通信、医学大数据、先进传感器等重大项目平台，面向全球集聚高端人才470余人。进一步创新人才开发体制机制，完成市委一号课题关于人才体制机制改革专项调研，围绕上海科创中心建设，制定出台海外人才和国内人才引进办法、科研人员双向流动、博士后工作与企业科技创新平台融合发展、企业试点招收博士后、科技创新人才评价6个配套文件，修订实施海外人才居住证管理办法和居住证积分管理办法。全年国内人才直接落户5829人，居住证转户籍7083人，居住证积分确认27946人。继续实施海外高层次人才集聚工程、雏鹰归巢计划，大力引进海外人才。引进海外人才20159人，其中留学人员11106人、港澳台专才339人、外国专家8714人。至年底，累计来沪工作和创业的留学人员13万余人，留学人员在沪创办企业4900余家，注册资金超过7.5亿美元。

2016年，"人才20条"等政策在吸引海外高端人才、集聚创新创业人员、优化科创中心软环境等方面成效显现。全市共受理外籍高层次人才申请永久居留556人，居住证积分达标并通过审核4520余人，居转户由7年缩短为5年的有588人，直接落户136人。9月，市政府出台《关于进一步深化人才发展体制

改革 加快推进具有全球影响力的科技创新中心建设的实施意见》，创新创业人才环境持续优化。制定海外人才引进、户籍政策、国际人才试验区、职称制度改革等 30 条政策措施。海外一流人才引进制度基本建立，国内人才引进的市场化评价导向更为清晰。深入实施公安部 12 项出入境政策，共签发服务科创中心建设的各类出入境证件 29.69 万证次，办理科创新政市场化认定的外籍高层次人才 331 人，较新政实施前同比增加约 8 倍。突破年龄限制，为 137 名 65 岁以上的外国专家办理《外国专家证》。进一步确立人才引进的市场主体评价权，自 2015 年 11 月至 2016 年 12 月，通过国内科创人才新政引进的有 5200 人。高校人才培养能力和基础性作用进一步增强，分类评价机制进一步完善。依托"高峰高原"学科点引进高水平人才 390 余人。出台《关于试行市属高校教师分类考核评价制度的指导意见》，强化对相关成果进行分类评价。公安部支持上海科创中心建设出入境政策 10 条新措施实施，自 2015 年 7 月至 2016 年底，全市办理相关出入境证件近 30 万证次。完善人才培养计划体系，人才引进梯度政策体系基本形成，科研人才双向流动通道基本打通，探索项目群组织方式，人才自由探索氛围日益浓郁。2016 年自然科学基金计划、启明星计划、扬帆计划等计划的资助经费均翻番。

2017 年，紧紧围绕科技创新中心和张江国家科学中心建设，加快推进人才高地基础上的人才高峰建设，坚持"事业平台、重大任务、高端人才"三位一体，以一流机构、一流平台和重大项目为载体，以更具吸引力和竞争力的制度政策吸引集聚和培养造就战略科技人才、科技领军人才、青年科技人才和高水平创新团队。上海领军人才"地方队"培养计划入选 106 人；全年资助扬帆计划 300 人、启明星计划 122 人、浦江计划 150 人、学术（技术）带头人 100 人；启明星计划新设立 C 类（企业创新服务类）试点，鼓励高校、科研院所优秀青年科技人员围绕企业科技需求开展应用基础研究。8 月 23 日，"领导干部推进科技创新人才工作专题研讨班"开班。市委副书记尹弘作动员讲话，市委常委、常务副市长周波作专题报告。尹弘强调，要深入学习贯彻习近平总书记系列重要讲话精神特别是关于人才工作的重要讲话、重要指示精神，进一步提高思想站位，充分认识人才对上海实现创新驱动发展的极端重要性，切实增强工作紧迫感，牢牢把握工作着力点，始终坚持党管人才根本原则，主动作为，精准施策。周波在专题报告中全面介绍了科创中心建设的进展情况和下一步工作重点。他说，科创中心建设总体成效良好，下阶段将着重从以全球视野国际标准推进张江综合性国家科学中心建设、建设功能型平台和布局实施重大项目、营造良好创新创业环境、推进以全面创新改革试验为核心的体制机制改革等方面发力，持续向创新要动力、向改革要活力。

2018 年，培育集聚创新人才。上海市人才工作会议举行，明确抓人才是上海构筑战略优势、打造战略品牌、实施战略目标的第一选择和最优路径。高度重视创新人才对科创中心建设和城市能级提升的重要意义，努力完善各类创新人才发现与成长机制，创新并落实好人才引进政策，加快构建完善多层次创新人才体系，使上海成为亚太地区对科技创新人才最具吸引力、人才发展环境最优越、人才创新贡献最突出的区域之一。

2019 年，上海人才高峰工程进一步落实，4 名国际顶尖科学家及其团队获批第 2 批高峰人才；大力引进国外人才和智力，创新人才引进政策；构建更完善的多层次创新人才体系，完善创新人才培养体系和服务功能，探索有益的科技人才评价方式，打造科技创新人才高地。中科院选举产生 64 名院士，工程院选举产生 75 名院士。上海共 13 人当选，其中中科院院士 5 人、工程院院士 8 人。此外，新当选中科院外籍院士 20 人中，有 2 人在上海工作。

2020 年，引进国际顶尖科学家及其团队，培养创新型青年科技人才，加快多层次创新人才培养体系形成；引才引智制度环境不断完善，推进长三角科技人才一体化发展；探索有益的人才评价和激励机制，打造国际化科技创新人才高地。

第一节　政策法规

一、科创"人才 20 条"

2015 年 6 月，制定出台首个科技创新中心"22 条"配套政策——《关于深化人才工作体制机制改革促进人才创新创业的实施意见》(简称"人才 20 条")，新政将以上海自贸试验区、张江国家自主创新示范区为改革平台，发挥"双自联动"优势，创建人才改革试验区，推进人才政策先行先试。在建立更加灵活的人才管理机制方面，"人才 20 条"将聚焦人才激励、流动、评价、培养等环节，真正把权和利放到市场主体手中。其后，出台 39 项人才"20 条"配套细则。

二、科创"人才 30 条"

2016 年 9 月 25 日，《关于进一步深化人才发展体制机制改革　加快推进具有全球影响力的科技创新中心建设的实施意见》(简称"人才 30 条")正式印发。在 2015 年发布的"人才 20 条"的基础上，着重在人才发展体制机制方面进行完善和突破。主要政策包括加大紧缺急需海外高层次人才引进力度、创新科学高效人才管理制度、强化人才创新创业激励机制、优化人才创新创业环境等，进一步向用人主体放权、为人才松绑，增强活力和动力，营造良好人才成长环境。

2017年，加快推进"人才30条"落地落实，政策效应逐步显现。制定配套实施细则，推进以"放权松绑"为核心的制度创新、政策创新和流程创新，围绕人才集聚、人才评价、成果转化、人才激励等重点领域和关键环节，新出台30项配套政策确保"人才30条"可操作、可执行、可落地。

三、《关于新时代上海实施人才引领发展战略的若干意见》

2020年8月，上海市委常委会审议通过《关于新时代上海实施人才引领发展战略的若干意见》。这份意见指出，要以更加积极、更加开放、更加有效的人才政策，为上海未来发展广纳天下英才。这一政策的出台为构建上海人才工作新格局奠定了重要基础。

四、国内人才引进

2015年9月30日，市人社局等印发《关于服务具有全球影响力的科技创新中心建设实施更加开放的国内人才引进政策的实施办法》，对创业创新人才提出12条优惠政策。在评价方法方面，《实施办法》强化市场导向，明确以市场评价方法统筹体制内外人才引进条件，主要以薪酬评价、投资评价和第三方评价（行业协会）等市场化方法引才聚才。在引进标准方面，《实施办法》突出能力贡献，尊重人才价值，要求引进在市场竞争中获得高度认可、在社会实践中做出显著贡献的创新创业人才。在引才对象方面，《实施办法》坚持需求导向，提出聚焦建设具有全球影响力的科创中心需求，重点引进五类人才：创业人才、创新创业中介服务人才、风险投资管理运营人才、企业高级管理和科技技能人才、企业家。在政策梯度方面，《实施办法》兼顾各类创新创业人才的不同政策需求，在居住证积分、居转户、直接落户三个政策梯度上分别作出规定，形成梯度明晰、相互衔接的创新创业人才引进政策体系。在申请办理方面，《实施办法》明确申请材料、申办流程和申办渠道，按照上海市居住证积分管理办法、持有《上海市居住证》人员申办上海常住户口办法、引进人才申办上海常住户口办法的相关规定执行。相关部门可以通过部门间数据交换，简化申请材料，提高经办效率。2017年10月23日，市人社局通知：经评估，《关于印发〈关于服务具有全球影响力的科技创新中心建设　实施更加开放的国内人才引进政策的实施办法〉的通知》需继续实施，其有效期至 2022 年 10 月 31 日。

2016 年 2 月 1 日，市政府印发新版《鼓励留学人员来上海工作和创业的若干规定》。《若干规定》降低永久居留证申办条件，完善永久居留证申办途径，充分发挥 R 字签证（人才签证）政策作用，扩大 R 字签证申请范围；在子女就学方面，明确有关部门要积极创造条件，满足留学人员外籍子女的就读需求；在医疗保险方面，鼓励全市保险企业开发适应海外人才医疗需求的商业医疗保险产品，探索搭建面向海外高层次人才的全市保险企业国际商业医疗保险信息统一发布平台，营造更有利于留学人员创新创业的综合环境。《若干规定》自发布日起施行，有效期至 2020 年 12 月 31 日。

2019 年 12 月 30 日，市政府印发《持有〈上海市居住证〉人员申办本市常住户口办法》。

2020 年 8 月 26 日，市人社局印发《关于进一步支持留学人员来沪创业的实施办法》；11 月 5 日，市政府印发《上海市引进人才申办本市常住户口办法》；11 月 13 日，市人社局印发《留学回国人员申办上海常住户口实施细则》；11 月 25 日，市人社局印发《上海市引进人才申办本市常住户口办法实施细则》。

第二节　国际人才试验区

2016 年 4 月 12 日，国务院批复印发《上海系统推进全面创新改革试验加快建设具有全球影响力的科技创新中心方案》，要求推进张江示范区国际人才试验区建设，从政策突破落地、夯实服务体系，以及完善体制机制等方面入手，打造人才集聚高地。

5 月，市委组织部等 8 部门联合印发《关于"双自"联动建设国际人才试验区的实施意见》，围绕引才、育才、用才制度的改革，实施"双自"联动建设国际人才试验区，进一步明确国际试验区的改革目标和任务，形成具有国际竞争优势的人才制度和创新创业人才集聚的战略高地。10 月 13 日，国家外国专家局、上海市政府在上海签署《国家外国专家局、上海市人民政府共同推进张江示范区建设国际人才试验区合作备忘录》，提出四个方面 21 项创新举措，包括开展创新政策的先行先试、建立健全国际化运行机制、建立健全外国人才管理服务机制和探索实施市场化用人机制。

2017 年，围绕推动张江国际人才试验区建设，陆续研究推出"张江首席科学家 500 计划""著名科学家领衔发展计划""张江精英创业人才计划""张江境外及留学人才 20000 计划"等一系列人才支持政策。

2019 年 4 月 11 日，浦东国际人才港举行开港仪式，上海自贸试验区外国人来华工作"一网通办"服务平台开通上线，正式接入全市"一网通办"总平台。浦东国际人才港位于张江科学城，是浦东新区打造的人才服务综合体和人力资源配置枢纽。在张江示范区建设国家移民实践基地，深化实施海外人才出入境便利化服务试点政策。

第三节　海外人才引进

2015 年 7 月 1 日，上海市实施了公安部支持上海科技创新中心建设的 12 项出入境新的政策措施。6 个月来，这批新政在吸引海外高端人才、集聚创新创业人员、优化科创中心软环境等方面成效初显。7—12 月，全市共受理外籍高层次人才申请永久居留 234 人，是上半年受理量的 9 倍。其中，按照市场化标准认定的有 209 人。8 月 5 日，市人社局、市外国专家局牵头起草，会同市公安局印发《关于服务具有全球影响力的科技创新中心建设实施更加开放的海外人才引进政策的实施办法（试行）》。《实施办法》包括外籍高层次人才认定标准，简化外籍高层次人才办理永久居留证程序，试点为外籍高层次人才办理人才签证（R 字签证），对长期在沪工作的外籍高层次人才等人员优先办理 2—5 年有效期的《外国专家证》，开展外国留学生毕业后直接留沪就业试点，完善《上海市海外人才居住证》（B 证）政策，建立《外国专家证》和《外国人就业证》一门式受理窗口等。

2016 年，在全国率先启动外国人来华工作许可制度试点，推进"外国专家来华工作许可"和"外国人就业许可"的整合。研究实现外国人永久居留证与上海海外人才居住证（B 证）的贯通对接，为海外高层次人才落实上海市民待遇。公安部支持上海科创中心建设出入境政策的 10 条新措施正式实施，进一步推动上海海内外人才引进政策和制度更加便捷、更有针对性、更具吸引力。其中，海外人才吸引政策环境日益优化，尤其是在海外人才创新创业、方便外籍华人安居乐业、对外籍投资者申请永久居留、便利外国学生就读和创新创业等方面均在政策上取得突破。自 2015 年 7 月以来，截至年底全市共办理相关出入境证件近 30 万证次。

2017 年 5 月 10 日，根据国务院审改办决定，"外国人入境就业许可"和"外国专家来华工作许可"整合为"外国人来华工作许可"。印发《上海市人力资源和社会保障局上海市外国专家局关于印发外国人来华工作许可服务指南（暂行）的通知》，具体明确外国人来华工作许可办理的适用范围、办理依据、办理机构、审批条件、申请材料、审批期限、办理流程、办理方式等相关事项。
12月29日，市人社局印发《关于本市外资研发中心聘用外籍人才来沪工作办理工作许可相关事宜的通知》，规定经认定的外资研发中心聘用的外籍研发人才、外籍管理技术人才及其他外籍人才来沪工作的可享受便利措施。《通知》自2018年1月1日起执行，有效期至2022年12月31日。

2018年，率先试点25条海外人才政策"组合拳"，降低外国人永久居留证申办条件，放宽外籍人才就业年龄，简化入境和居留手续，确立市场、单位、行业的人才评价决定权。5月17日上午，市政协召开重点协商办理"推进上海科创中心建设，加快吸引全球科创人才"提案专题座谈会。市政协副主席周汉民出席会议并讲话。市政协对外友好委员会主任赵丹妮主持会议。会上，市委组织部、市人社局、市科委、市教委先后介绍了有关情况。参会委员们就"推进上海科创中心建设，加快吸引全球科创人才"提出了一些意见建议。

2019年，海外引才引智力度加强。市科委联合市公安局出入境管理局制订外籍人才出入境12项政策措施，协同市人社局建立上海市国际科创人才服务中心，为国内外人才提供18项便捷服务。全市累计核发《外国人工作许可证》近19万份，引进外国人才数量和质量位列全国第一。制定《关于支持中国（上海）自由贸易试验区临港新片区更加便利更加开放地引进外国人才的通知》，推出一系列临港新片区外国人才特有政策创新措施。全球高层次人才专家平台集聚45万名全球高层次科技人才信息数据，其中国际专家24万名、海外华人5万名、国内专家10万名、上海专家6万名。12月2日，上海市公安局会同上海市科委（市外专局）举行"外国人工作、居留单一窗口"（简称"单一窗口"）启用仪式。市科委副主任、市外专局副局长傅国庆，市公安局党委委员、副局长蔡田出席活动并为"单一窗口"揭牌。在自贸区前期成功试点的基础上，上海市公安局、上海市科委（市外专局）携手合作积极争取国家部委支持、打破部门壁垒，通过窗口整合、业务流程再造，将原本属于两个委办局的窗口业务，成功整合成一窗受理、一并发证的"外国人工作、居留单一窗口"。

2020年，大力引进国外人才和智力，创造更具国际竞争力和吸引力的环境，推出外国人来华工作许可"不见面"审批制度1.0版、2.0版、3.0版，以及《关于支持外国人才及团队成员在创业期内办理工作许可的通知》等一系列先行先试政策及创新举措。截至年底，上海累计核发《外国人工作许可证》26万余份，其中外国高端人才（A类）近5万份，占比约18%，引进外国人才数量和质量均居全国第一。

2月1日，市科委（市外专局）专门制定出台了《关于本市外国人来华工作许可有关事项实行全程网上办理"不见面"审批的通知》，该通知下发后，有效减少本市各外国人来华工作受理窗口办理人员的聚集,获得了用人单位及外籍人士的一致好评。"不见面"审批新政策实施后,为确保更多用人单位能及时了解相关信息,编辑统一短信并发给本市近 4 万家用人单位的负责人和经办人。据统计,2 月 3 日首个工作日,全市各外国人来华工作许可受理窗口共受理通过了 98 份"不见面"审批的申请材料,电话及现场咨询 446 件,预估 2 月份将有 3600 人受益。

5 月 14 日下午,外国人来华工作许可业务座谈交流会在上海市外国人来华工作服务中心举行。市科委副主任、市外专局副局长傅国庆出席会议并讲话。市科委(市外专局)相关处室负责同志,市研发平台中心、各区科技部门外专工作负责人以及保税区和虹桥商务区有关负责同志参加座谈会。会上,各区和功能区分别介绍了各自区域内外国人来华工作管理与服务的特色做法和遇到的问题,汇报了来华工作许可业务承接划拨情况以及"单一窗口"的运行或筹建进度。

7 月,市政府修订《海外人才居住证管理办法》,进一步强化海外人才居住证作为吸引和延揽海外人才的权益集成载体功能;进一步加强对临港新片区、张江科学城和虹桥商务区等区域改革支持力度;进一步彰显长三角一体化示范区示范引领作用。7 月 9 日,市人社局印发《上海市海外人才居住证管理办法实施细则》。

11 月 8 日,"魅力中国——外籍人才眼中最具吸引力的中国城市"主题活动结果发布,上海再次排名第一,实现"八连冠"。12 月 24 日,2020 海聚英才创新创业峰会在上海国际会议中心召开。峰会上举行了全国首批外国创业人才工作许可证颁证仪式,启动了外籍人才薪酬购付汇便利化试点。

第四节 人才培养支撑体系

2015 年,建立包括优秀学术/技术带头人、浦江人才、青年科技启明星、青年科技英才扬帆计划在内的立体式、多层次梯度资助体系,推进国家和市级高层次人才计划实施,制定出台《上海市优秀科技创新人才培育计划管理办法》。年内,共受理人才计划项目网上申请 1773 项,其中有效申请 1577 项,最终立项 499 项,总资助率为 31.6%。

2016 年,人才培养计划体系加快完善,引进梯度政策体系基本形成,科研人才双向流动通道基本打通,项目群组织方式深入探索,人才自由探索氛围日益浓郁。2016 年自然科学基金计划、启明星计划、扬帆计划等计划的资助经费均翻番。深化科技人才政策研究,加快建设科技人才工作平台,提升科技人才服务效能,进一步健全科技人才培养支撑体系。基本完成了"十三五"科技人才规划的编制,修订了《上海市优秀科技创新人才培育计划管理办法》和《上海市自然科学基金管理办法》，在项目申请条件中取消了职称限制。通过各类计划均衡布局，进一步加强对中青年科技创新人才的培养，鼓励产学研协作和人才流动。

2017年，上海突出"高精尖缺"导向，探索形成高峰科技人才重点发展领域和分类评价标准体系，启动全球高层次科技专家信息平台建设，为战略科学家、科技领军人才选拔提供支撑。中国科学院、中国工程院增选院士，上海有13人当选（中科院院士10人、工程院院士3人）。增选后，在沪中国科学院院士107人，占中国科学院院士总人数的13.38%，平均年龄73.64岁；在沪中国工程院院士75人，占中国工程院院士总数的7.90%，平均年龄76.70岁。年内，上海领军人才"地方队"培养计划入选106人；全年资助扬帆计划300人、启明星计划122人、浦江计划150人、学术（技术）带头人100人；启明星计划新设立C类（企业创新服务类）试点，鼓励高校、科研院所优秀青年科技人员围绕企业科技需求开展应用基础研究。

2018年，根据人才成长的阶段和创新领域的特点，逐步形成了扬帆计划、启明星计划、浦江计划等分阶段、体系化的科技人才培养体系。积极推动各类人才计划进一步向企业一线和青年科技人才倾斜，逐步放开计划申请的职称限制、加大人才专项资助力度、改进评价体系，加大对优秀青年科技人才的发现、培养和资助力度，鼓励支持更多年轻人自由探索或参与重大科研专项，促进青年优秀人才脱颖而出。

2019年，完善人才培育和服务体系，以自由选题形式，鼓励各层次优秀科技人才开展科学研究和技术创新；增设学术/技术带头人计划青年项目，启明星计划和扬帆计划规模实现翻番。探索有益的科技人才评价方式，开展首批人工智能领域高级职称评审工作，年内21名正高级工程师和32名高级工程师通过认定，全部来自民营企业。

2020年，优化科技创新人才培养、引进、使用、评价、激励机制，形成以人才成长规律为遵循、以项目为载体、以团队为支撑的科技人才培养体系。上海脑科学与类脑研究中心实施"求索杰出青年"计划项目，培养造就创新型青年科技人才。12月6日，为加快推进上海建设具有全球影响力的科创中心，全力强化上海科技创新策源功能，服务上海人才引领发展战略，聚焦青年科技人才培养，由市人才办、市科技工作党委、团市委、中科院上海分院、市青联指导，市青科协主办的2020"青科讲坛"暨上海青年科技峰会在世博中心召开。会上启动"上海科技青年35人引领计划"，该评选旨在探索更有利于青年科技人才出彩和成长的评价和选拔机制，培养和造就一批具有全球视野和创新影响力的青年科技工作者。

第六章　科创中心主要承载区

2014年，创新集群打造市区联动新"名片"。以创新集群建设为抓手，深化市区两级联动，发挥区县政府主体作用，引导和鼓励发挥市场化、社会化机制优势，从区域整体来"聚焦产业、集群创新、平台构建、环境营造"，激发区域科技创新活力，在区域内培育一个创新活力企业群、形成一个区域特色支柱产业、构建一个科技创新服务体系、打造一个区域创新品牌，建设具有区位特色的创新型城区，支撑具有全球影响力的科技创新中心建设。

2015年，围绕科技创新中心建设的大战略，各区县主动在上海科技创新中心的建设分工中找准位置、发挥优势、做出贡献、提高影响力，系统谋划对接参与上海科技创新中心建设的思路举措。

2016年，精心打造一批各具特色的科技创新集聚区。聚焦张江、临港、紫竹、杨浦、嘉定、徐汇6个重点区域，集中布局重大创新项目，实行更聚焦的政策、更开放的体制机制，培育一批引领发展的创新型企业和高科技产业，努力把这些区域建设成为上海创新发展的新增长极。各区充分发挥主战场的作用，结合各自资源禀赋和优势特色，积极落实"22条"，谋定位、定方案、固基础、优环境，加快推进创新功能型平台、科创走廊、"互联网+"、双创和特色产业创新集群的发展，推出了一批扎实有效的具体举措，形成了一批可复制推广的经验。

2017年，张江、临港、杨浦、嘉定、徐汇、紫竹、松江等重点区域，发挥创新资源集中、创新特色鲜明、创新功能突出的综合优势，全力打造上海科技创新中心建设的重要承载区。

2018年，张江核心区和闵行、杨浦、徐汇、嘉定、临港、松江等区域的科技创新中心承载区建设工作深入推进，正成为上海创新发展的新增长极。其他各区立足自身优势条件，完善创新创业服务体系，营造各具特色的良好创新创业环境。

2019年，各具特色的科技创新中心承载区加快建设。重点推进张江科学城、临港智能制造示范区、杨浦国家创新型城区和"双创"基地、闵行国家科技成果转移转化示范区、漕河泾创新服务示范区、嘉定新兴产业示范区、松江G60区域创新承载区等建设。此外，其他区域的承载功能也进一步显现。市科委先后与浦东、金山、闵行、青浦、嘉定、徐汇等多个区签署（谋划）了合作共建框架协议，在功能型平台建设、关键技术研发、科技成果转化、科普工作、人才队伍等重点任务的合作上迈出了新步伐；在各区的共同努力下，新认定的高新技术企业超过 5900 家，有效期内全市高企数量突破了 1.2 万家；与此同时，大学科技园加快转向高质量发展、中以（上海）创新园开园（普陀）、零号湾创新创业集聚区启动建设（闵行）、G60 科创走廊（松江）以及若干科技创新创业集聚区（杨浦、张江、临港）的建设中发挥了重要的支撑作用。

2020 年，聚焦张江、临港、闵行、杨浦、徐汇、嘉定、松江 G60 科创走廊等科创中心重要承载区，在科创策源、成果转化、创新创业、产业化布局等多方面取得成效。同时，调动其他区域积极性，以中以（上海）创新园、广慈—思南国家转化医学创新产业园区等重点园区（项目）为突破点，支撑上海建设具有全球影响力的科技创新中心。1 月 3 日，上海市科委召开区域科技创新工作座谈会。市科技工作党委书记刘岩、市科委主任张全出席会议并讲话。会议由市科委总工程师陆敏主持，市科委巡视员季晓烨出席会议。各区科技部门负责同志，市科技交流中心、市科学学所、市科技创业中心、市公共服务平台、市技术市场办、国家技术转移东部中心等单位负责人和市科技党委、市科委相关处室负责同志参加会议。会上，各区科技部门负责同志围绕建设具有全球影响力的科技创新中心的目标任务，研究讨论进一步加强市区联动、创新驱动推动高质量发展相关举措，总结经验、解决问题，并对 2020 年科技创新工作开展提出意见建议。

第一节　浦东新区

2014 年，浦东新区发挥张江国家自主创新示范区先行先试作用。将张江示范区作为整体制度创新的核心载体，全面推进规划布局、创新体系建设和政府职能转变试点，加快政策先行先试，进一步将张江示范区打造成为全国创新改革先导区和核心载体，辐射带动整个上海加快形成突破、展现亮点。落实《张江国家自主创新示范区发展规划纲要（2013—2020）》，各类项目、基地、人才和政策向张江集聚；张江示范区拓展为"一区二十二园"，覆盖全市 17 个区县，总面积增至 531 平方公里，"一核三带"空间布局初步实现。

2015 年，浦东新区发挥"双自联动"的叠加优势，聚焦联动发展和制度创新，推动投资贸易便利与科技创新功能的深度叠加，促进制度创新、开放创新与科技创新的深度融合，全力打造开放度最高的自由贸易园区和最好的科技城。9 月 23 日，《上海建设具有全球影响力的科技创新中心浦东新区行动方案（2015—2020 年）》出台。功能定位：努力成为上海建设具有全球影响力的科技创新中心的核心功能区。发展目标：到 2020 年，基本形成面向全球的创新要素集聚和辐射功能，基本建成创新型产业集聚发展的重要基地，基本形成充分激发各类创新主体创造活力的制度体系，基本形成完备的创新创业综合服务体系。重点工作：全力打造最好的科技城——张江科技城，全力构建最高效的"双自联动"机制——自贸试验区和自主创新示范区的联动，全力推动科技与金融的紧密结合，全力创建最开放的国家级人才管理改革试验区。

2016年，加快科技公共服务平台建设，浦东新区有技术研发类平台80多家，其中市级认定的技术研发平台36家。众创空间和孵化器80家，其中国家级科技企业孵化器10家、国家级众创空间13家，在孵企业2700家。成立首期25亿元的小微企业成长基金。生物医药合同生产（CMO）改革试点取得突破。5月26日，国务院办公厅印发《药品上市许可持有人制度试点方案的通知》，批复同意上海等地率先试点药品上市许可持有人制度，张江再鼎医药、华领医药、百济神州等6家创新企业申请药品上市许可持有人试点资格，委托勃林格殷格翰、药明康德开展首批CMO试点。制定形成《关于进一步深化人才发展体制机制改革建设国际人才试验区的实施方案》。在自贸试验区保税片区推出外国人证件业务"单一窗口"，为外籍人才提供就业证、专家证和居留许可"三证合一"便利化服务；在张江片区试行外国人证件"五证联办、平行受理"服务新模式，对海外人才就业证、专家证、居住证（B证）、居留许可及永居证提供"五证联办"。

2017年，浦东新区以供给侧结构性改革为主线，推进综合配套改革试点，突出制度创新，强化系统集成，推进自贸试验区制度创新，推动科技创新体制改革。浦东新区进一步转变政府职能，打造提升政府治理能力的先行区。从"降低门槛、搭建平台、优化服务、营造环境"四个方面，探索建立海外人才政策体系。6月16日，发布提高海外人才通行和工作便利度的九条措施，成立全国首个海外人才局，颁发全国首张自贸试验区管委会推荐永久居留身份证和全国首张本科学历外国留学生工作许可证。开展药品上市许可持有人制度改革，覆盖11家企业和16个新药品种，打通药物创新研发的"最后一公里"。医疗器械注册人制度改革正式获批。张江跨境科创监管服务中心开展试运营，将机场货栈功能延伸至张江，实现空运进口货物直达张江，成为上海首家也是唯一一家机场区域外的空运货物海关监管场所。整体通关时间从原先的2—3天缩短为6—10小时。上海自贸试验区服务业制造业扩大开放，54项扩大开放措施中有31项落地，累计落地项目数2000多个，在中外合作教育培训机构等领域实现新突破。保税区关检"三个一"查验平台建成运行。国际贸易"单一窗口"3.0版上线运行，覆盖上海口岸95%的货物申报以及全部船舶申报，服务企业数超过20万家。

2018 年，浦东新区围绕坚持稳中求进的工作基调，实践新发展理念，推动社会与经济健康发展。深入推进综合配套改革试点，强化系统集成，推进自贸试验区制度创新，科技创新体制改革进一步体现浦东特色，发展质量和效益稳步提升。3 月，上海海关驻科创中心办事处落户浦东，成为全国海关成立的首个科创促进服务机构。4 月，制定发布"人才发展 35 条"，推出顶尖科研团队外籍核心成员直接申请永久居留、外籍人才创业享受国民待遇等政策。完善科技成果转化机制。5 月，推出 2.0 版金融科技"陆九条"，有效对接金融科技企业在孵化投资、专业服务、技术研发、风险防范、展示交流等方面的具体诉求。7 月，新区产业创新中心挂牌设立，打造形成需求引导、多元共建、开放合作的新型"政产学研资"平台。深化企业为主体的创新投入机制。设立新区小微企业增信基金。9 月，浦东科创金融服务基地挂牌成立，融合科技资源和金融资源，打造线上线下相结合的资本产业对接平台。同时，加快知识产权保护载体平台建设。其间，中国（浦东）知识产权保护中心接通"中国专利审批系统"专线，授予国家专利审查业务专用章，发明专利申请到授权的周期从 3 年最快缩短到 3 个月。上海自贸区版权服务中心试运行，开启版权快速登记服务，作品登记周期从 30 天缩短至 10 天。11 月，国家知识产权运营公共服务平台国际运营（上海）试点平台正式揭牌。

2019 年，浦东新区获市级授权开展高新技术企业审核，成立高新技术企业审核办公室；年内，全区新增高新技术企业 899 家，累计 2902 家。推进生物医药上市许可持有人制度和医疗器械注册人制度的深化应用。至年底，44 家单位申报 99 个品种的上市许可持有人制度试点，分别占全市总量 81.5% 和 74.4%；7 家企业的 10 个产品获批实施注册人制度，40 个产品进入优先检测通道。年内，中国（浦东）知识产权保护中心、中国（上海）自贸试验区版权服务中心、国家知识产权运营公共服务平台国际运营（上海）试点平台启动运行，世界知识产权组织仲裁与调解（上海）中心落户浦东新区。10 月 16 日，"打造具有国际竞争力的科技产业新高地　加快推进上海国际金融中心核心承载区建设"市区两级集中签约仪式在浦东新区办公中心举行。市委常委、副市长吴清，市委常委、浦东新区区委书记翁祖亮出席并为上海市浦东新区高新技术企业审核办公室揭牌。市政府副秘书长、浦东新区区长杭迎伟，市科委主任张全，市科委总工程师陆敏等市、区相关部门有关负责同志、企业代表参加活动。会上，市经信委、市科委、市金融工作局、中国人民银行上海总部等单位和部门发布了支持浦东新区改革开放再出发的重点举措，市科委与浦东新区人民政府签署《支持浦东新区建设具有全球影响力的科创中心核心承载区战略合作框架协议》，进一步创新体制机制，共同争取国家资源布局，合力培育企业创新主体，推动浦东打造集聚全球创新资源的"强磁场"、不断推出创新成果的"原产地"、促进成果高效转化的"首选区"。

2020年，浦东新区以改革开放30周年为契机，贯彻新时代高质量发展的战略要求，推进科创中心核心区建设向纵深发展；加快以张江为核心的综合性国家科学中心建设，围绕国家交予的重大科研方向，推进大科学设施和国家科技重大专项建设；加快提升临港自贸区新片区研发能力，智能制造、工业互联网、海洋高端装备等科技创新型平台加快建设。

一、张江科学城（张江高科技园区）

2014年，张江高科技园区以"新经济、新技术、新业态、新模式"为主体的集成电路和生物医药产业保持年15%以上增长，形成以信息技术、生物医药、文化创意、低碳环保等为重点的主导产业。集成电路产业形成设计、制造、封装、测试、设备材料完整产业链，营业收入398.31亿元。文化创意产业形成数字出版、网络游戏、动漫等产业集群，营业收入988.79亿元。生物医药产业营业收入419.41亿元。平台经济、智能制造、新能源、新材料、3D打印、大数据、健康服务等战略性新兴产业初具规模。拥有上海光源一期、蛋白质科学中心、超算中心等国家级大科学机构设施，集聚上海科技大学、中科院高等研究院、中科院上海药物所等近20家高校和科研院所。IBM、SAP、惠普、杜邦、罗氏、诺华等国际研发机构落户张江园区。至年底，有国家级研发机构18家，上海市级研发机构43家，区级研发机构210家，企业研发机构195家（外资研发机构126家），高新技术企业469家。中科院浦东科技园、商用飞机研发中心、百度大数据部、复星医药公司、塞拉尼斯化工公司、FMC亚洲创新中心等入驻运营。

2015年，张江高科技园区是上海贯彻落实创新型国家战略的核心基地，重点在国家科学中心、发展"四新"（新技术、新业态、新模式、新产业）经济、科技创新公共服务平台、科技金融、人才高地和综合环境优化等重点领域开展探索创新。推进药品上市许可持有人制度试点，研究起草《张江高新区核心园药品上市许可持有人制度合同生产试点风险保障资金实施意见》；推进张江跨境科创监管服务中心建设，提高园区企业通关时效和便利、降低成本；开展集成电路全产业链保税监管试点。推动中芯国际全球总部、国药健康在线、百联全渠道、港能国际融资租赁、华大半导体、熊猫机器人、朗润生物医药研发等优质项目落户张江；推动华虹宏力、1号店、空气化工、微创医疗、罗氏制药、诺华等企业增资扩产；新认定美博通企业管理（上海）有限公司等3家地区总部；创建 10 个上海市"四新"经济创新基地，产业领域涉及重大疾病个性化诊治、高端医疗器械、新药创制服务、健康物联网、工业机器人等领域。积极跟踪推进光源二期、超强超短自由激光等 5 个大科学装置的落地；推动清华大学在张江设立清华上海创新中心，争取北京大学、复旦大学、上海交通大学更多的创新资源和重大产业化项目在张江集聚，上科大、华大半导体、三电贝洱、肿瘤医院、太平洋保险、恒瑞、天慈国际、烟台万华等项目开工建设。3 月 18 日，"2015 年张江高科技园区建设全球科技创新中心行动方案"出炉并开始实施，共有 56 项措施，其中 19 项涉及"双自联动"。根据方案，张江将重点围绕实现开放式创新程度最高、运用型创新要素最集聚、改革试验举措最丰富、主导产业成果转化率最高、"四新经济"代表性企业最集中、科技金融活力最显著、创新创业者最向往的发展目标，全面推进具有全球影响力的科创中心建设。

2016 年，完成张江科学城建设规划编制，形成《2016 年张江园区企业服务重点项目》，构建生物医药创新链、集成电路产业链和软件产业链的框架。完成张江跨境科创监管服务中心建设，年底启动。探索生物医药领域跨境研发便利化，深化集成电路保税监管试点。重点推进上海光源二期等"1+3"大科学装置项目落地，11 月 18 日正式开工建设。为争取国家批准建设张江国家实验室，提出选址建议方案。对接清华大学、北京大学、中国科技大学、复旦大学、上海交通大学等高校在张江设立创新中心。集中梳理和支持 20 个园区研发公共服务平台建设和能级提升．集中签约一批大项目，总投资 1042 亿元，包括中芯国际投资 100 亿美元新建的两条 12 英寸生产线、上海科创集团发起的资金规模 285 亿元人民币的上海集成电路产业基金项目、博源燃料的燃料电池新能源项目等，华大半导体、中芯国际、华力二期等重大产业项目建设开工。园区孵化器有 68 家，占新区 60%，全市近 20%，孵化企业近 1500 家。推动建设中以创新中心、中新创新中心、中俄联合孵化器等国际创新资源对接承接载体，推动 PLUG&PLAY、微软云、英特尔、阿里云等国内外创业服务机构落户张江。

2017 年，张江高科技园区围绕综合性国家科学中心、"双自联动"（上海自贸试验区和张江国家自主创新示范区联动发展）、建设具有全球影响力科技创新中心核心承载区等国家战略，推进建设"科学特征明显、科技要素集聚、环境人文生态、充满创新活力"的世界一流科学城，"张江模式"获中国企业改革发展优秀成果一等奖。张江科学城首轮"五个一批"（一批大科学设施、一批创新转化平台、一批城市功能项目、一批设施生态项目、一批产业提升项目）73 个重点项目启动建设，将实现从"园区"到"城区"转型，与国家科学中心形成"一体两翼"格局。2 月 22 日，上海自贸试验区管委会张江管理局、张江高科技园区管委会确定"十三五"发展规划目标。到 2020 年，基本形成张江综合性国家科学中心基础框架，"双自联动"改革示范效应进一步凸显，自主创新能力和产业核心竞争力显著增强，科技创新能级显著提升，创新创业环境显著改善，高科技城市形态基本形成，成为上海建设具有全球影响力科技创新中心的核心承载区，成为"双自联动"的改革示范区，成为"科研要素更集聚、创新创业更活跃、生活服务更完善、交通出行更便捷、生态环境更优美、文化氛围更浓厚"的世界一流科学城。7月29日，张江科学城建设规划正式获批，总面积约94平方公里。张江科学城以张江高科技园区为基础，转型发展成为中国乃至全球新知识、新技术的创造之地、新产业的培育之地，成为"科学特征明显、科技要素集聚、环境人文生态、充满创新活力"的世界一流科学城。12月25日，张江科学城建设项目管理服务中心试运行。为加大营商环境改革力度，浦东新区联合牵头相关部门和单位，制订张江科学城建设项目综合验收审批改革实施方案，在张江科学城及周边六镇范围内，推进综合验收审批改革工作，打通建设项目审批服务的"最后一公里"。

2018年，上海市张江科学城建设管理办公室围绕张江综合性国家科学中心、建设具有全球影响力科技创新中心核心承载区等诸多国家战略，推进张江科学城建设，加快促进制度创新、开放创新、科技创新、源头创新的深度融合和能级提升，培育创新创业良好生态，优化张江科学城综合发展环境。推进张江综合性国家科学中心建设，其中张江实验室围绕微纳电子、量子信息等布局，筹建国家实验室，重大专项和大科学设施建设取得突破。推动张江科学城建设，"双自"联动改革，完善科技创新政策。打造临港绿色交通综合示范，入选国家首批能源互联网示范项目。推动智能制造产业集群，国家技术转移东部中心区块链产业中心、上海人工智能研究院等落地，国内首条金属双极板批量制造生产线建成。有孵化器86家，在孵企业2600余家，孵化面积近60万平方米，"众创空间＋创业苗圃＋孵化器＋加速器"的完整创业孵化链条构建，形成张江国际创新港集聚区、传奇创业广场集聚区、长泰商圈众创集聚区、国创中心集聚区以及张江南区集聚区5个创新创业孵化集聚区，形成"国际化、集群化、专业化"的特色双创优势。

2019年，加快建设"五个一批"（一批大科学设施、一批创新转化平台、一批城市功能项目、一批设施生态项目、一批产业提升项目）重点项目。至年底，首轮73个项目开工，完工51个；新一轮82个项目启动，开工44个，完工12个。加快推进重点产业集聚发展。推进人工智能岛建设，推进集成电路设计产业园建设规划调整，规划建设张江创新药产业化基地、张江医疗器械产业基地、张江总部园等生物医药产业基地，张江细胞产业园挂牌。优化服务和营商环境。建立科学城企业服务地图，形成网格化服务体系。推动行政审批制度改革，投资建设项目"多评合一"，办理时限进一步缩短。落实"能放尽放、充分授权，张江事、张江办结"，探索新一轮 88 项事权下放改革措施。建立上海证券交易所长三角资本市场服务基地。加强双创服务和知识产权保护，打造国际孵化网络。

2020 年，"五个一批"首轮 73 个项目，除硬 X 射线自由电子激光装置项目外，均完工；第 2 轮 82 个项目全部开工；谋划第 3 轮项目，遴选 80 多个重大项目。推进核高基专项、集成电路装备专项和新药创制等国家科技重大专项建设，承接硅光子专项、硬 X 射线自由电子激光关键技术研发及集成测试、智慧天网创新工程 1 期和量子信息技术 4 个市级科技重大专项。张江创新药产业化基地、张江医疗器械产业园、孙桥科创中心在线新经济产业集聚区获批复。12 月 18 日上午，张江科学城重点项目签约、启动仪式在张江在线新经济园举行。市委常委、副市长吴清，市委常委、浦东新区区委书记翁祖亮等出席了本次活动。此次启动建设的张江在线新经济园，规划面积 4.1 平方公里，聚焦在线新经济，围绕集成电路、生物医药、人工智能三大产业，集中签约项目 58 个，集中开工启动项目 35 个，共 93 个项目，投资总额约 870 亿元。

二、临港

2014 年，上海上飞飞机装备制造有限公司、上海世邦机器有限公司、上海大陆激光技术有限公司、康掘医疗科技（上海）有限公司等 9 个高端装备制造业项目土地摘牌，韬链页岩气装备等项目挂牌，项目总投资 56 亿元，建成达标后产值 136 亿元。中国电建装备研究院、中船动力研究院等集研发、设计、技术服务和销售于一体的研发总部类企业开始落户。临港国家再制造产业示范基地建设实施方案通过国家发展改革委审批。推进"临港智造园"品牌的标准厂房建设，一期、二期（与光明集团合作）建成启用。签约城建 PC 构件、海德曼机床、东风润滑油等高质量项目，与华平基金合作开发的三期项目获得建设土地。

2015 年，12 英寸大硅片、小卫星工程中心、戴姆勒奔驰亚太再制造中心、通用电气研发测试中心、宝马零部件东北亚配建物流中心等重大项目落地建设，中航商发二期、韬链页岩气装备、康掘医疗器械等项目有序推进，全球顶级飞机制造企业美国爱康（ICON）公司计划在临港开展全产业链运营。智能制造中心建设全面启动。对标"中国制造 2025"国家战略，落实上海市科创中心建设方案，研究出台临港地区行动方案和配套政策，推动布局上海智能制造研究院、工业 4.0 研究院等一批关键功能平台。亚太地区最大的人工智能上市企业科大讯飞公司入驻，科技部第六产业研究中心等项目落地建设。推动制定"双特"（特殊政策、特殊机制）政策2.0版。形成《关于促进临港地区新一轮发展的若干意见》。10月14日，市政府举行新闻发布会，公布《上海建设具有全球影响力科技创新中心临港行动方案》和《关于建设国际智能制造中心的若干配套政策》。《行动方案》提出六个方面24条行动措施。六个方面，即构建智能制造服务平台、推动智能制造产业发展，以及构建跨界合作体系、强化人才保障、加强金融支持、做好服务保障。24条行动措施，包括组建上海智能制造研究院、创建国家级工程技术研发中心、成立跨领域的智能制造创新联盟和专家顾问团、建立智能制造大数据中心等。

2016年，形成《临港地区建设上海科技创新中心主体承载区行动方案（初稿）》。上海智能制造研究院、工业互联网创新中心入选上海首批研发与转化功能型平台，车用燃料电池、汽车动力总成等成为首斯孵化项目，综合试验床、工业大数据平台等重点项目启动建设。工业4.0综合研究院、智能制造创新中心、国际光电子集成实验室、同济大学工业4.0实验室等功能型平台推进。临港科技城聚焦人工智能等领域精准发力，15万平方米首发项目"创新晶体"开工建设，国家科技部第六产业研究院等一批重点项目签约入驻。围绕国家战略、瞄准国际水平，精准聚焦重大产业项目推进，微小卫星工程中心等15个重大产业项目开工，科大讯飞人工智能等70余个项目签约落地。第一台自主研制的商用航空发动机核心机正式下线，国产第一根300MM硅晶棒正式出炉，寒武纪智能芯片签约落地，"上海大脑"智能云服务平台启动建设，全球建筑面积最大的天文馆上海天文馆开工建设。落实市委人才新政30条，研究出台技术创新、工匠培育等"1+X"实施细则，形成"四位一体"人才住房保障体系，激发创新潜能和创业活力。

2017年，围绕"科创中心主体承载区"建设和"新城重中之重"建设两大使命和任务，坚持"构建产业生态体系""强化城市品质内涵"双轮驱动。国家重大项目高效低碳燃气轮机试验装置批复立项，在临港地区建设压气机、高温材料等实验装置。国家重大科技专项海底科学观测网获批，在临港地区建设覆盖东海和南海的监测与数据中心，成为国家海洋科学研究的开放性重大科学平台；清华大学尖端信息科技实验室明确建设方案，开展空地协同平台、信息安全网络等关键领域共性技术攻关；华大半导体特色工艺生产线和存储器两个重大项目落地，支撑模拟电源和功率芯片在汽车电子、工业控制、电网、高铁等重点领域的应用突破；梅赛德斯—奔驰亚洲再制造项目开工奠基，开展汽车发动机、自动变速箱、电控液压控制单元等汽车零部件再制造业务。临港人工智能产业基地成立，百度创新中心、深思考等15家企业签约落地。寒武纪公司成为全球人工智能芯片领域首个独角兽企业；新晋独角兽企业地平线人工智能机器人公司落户临港。规划布局5平方公里集成电路及专用装备产业园；牵头组建成立总规模100亿元的上海集成电路装备材料产业基金。首批5家发动机配套企业集中落户临港，形成以飞机发动机为核心的航空产业集聚；未来导航低轨卫星项目明确落户；国家海工装备创新中心落户临港。智能制造研发与转化功能型平台获批为上海科创中心建设18个重点平台之一，市政府与工信部签约合作的国家工业互联网创新中心落户临港，弗朗霍夫未来制造体验中心签约落地，复旦大学工程与应用技术研究院正式落户临港，上海脑智工程研发平台加快推进，树根互联工业物联网、制造业创新中心（增材制造）等一批功能平台落户临港。

2018年，围绕"两区两城（科创中心主体承载区、开放创新先行试验区，国际智造城、滨海未来城）"定位，主抓高端产业发展和高品质新城建设。特斯拉新能源汽车研发与整车制造项目落户，成为上海有史以来规模最大的外资制造业项目。华大半导体特色工艺生产线和存储器两个重大项目落地，总投资1000亿元。中国航发集团商发公司负责承担的CJ-1000AX研制工作取得进展，临港总装试车台完成全部调试。大白鱼项目完成公司注册，建成后将成为国内首个实现量产的28 nm以下存储器芯片项目。寒武纪发布首款云端智能芯片，成为中国首家同时拥有终端和云端智能处理器产品的商业公司；商汤科技与管委会签署战略合作框架协议，在临港打造国家级人工智能平台；无人驾驶头部企业图森未来落户临港，研发货运卡车自动驾驶技术。启动工业互联网标识解析国家顶级节点等一批国家级项目建设；中联重科旗下的中科云谷落户临港，打造跨行业、产融结合的国家级工业互联网平台；树根互联在临港致力于给各工业细分行业进行赋能、创新和转型。雄程海洋工程、西伯翰海洋装备科技等14个项目成为国家海洋经济创新发展示范项目；上海海洋工程装备制造业创新中心在临港揭牌，力争突破海工行业关键技术；亨通海洋装备、崇和船舶重工、宏华海油装备等12家企业集中入驻，地平线、云从科技、深思考、橙科微电子、主线科技、翱捷半导体等数十个项目实体落地。朱光亚战略科技研究院落户临港，智能制造功能平台入选全市重点功能型平台；上海海洋产业创新平台经市政府专题会研究，明确由临港牵头建设，支持纳入全市重点功能型平台；中国人工智能产业发展联盟信息与创新中心落户临港，上海智能制造系统创新中心临港基地启用，上海临港国际人工智能产业研究院成立。

2019年，国家重大项目高效低碳燃气轮机试验装置、中国科学院微小卫星二期、中航商发二期、中国移动IDC产业基地二期项目等开工建设，特斯拉新能源汽车研发与整车制造项目投产，华大半导体积塔项目实现厂房封顶，特斯拉配套工程陆续开工。第二届世界顶尖科学家论坛成功举办,《世界顶尖科学家科学社区方案》进一步深化。科技创新平台不断培育,国家海底观测网数据中心开工, GE 航空(中国)智能制造与再制造创新中心启用,清华大学智慧天网创新工程项目、国家工业互联网创新中心落户,无人驾驶示范基地 4.2 公里封闭测试道路和 26.1 公里开放测试道路基本完成。科技赋能成效凸显,重点功能型平台(智能制造和工业互联网)攻克共性技术 18 项,在研 31 项,实现技术转化 15 项。11 月 28 日,上海市科委主任张全一行赴临港新片区调研科技创新工作,实地考察了朱光亚战略科技研究、清华智慧天网项目,见证了太赫兹创新平台的启动和项目签约,并与临港新片区管委会和新片区各创新平台、载体负责人开展座谈交流。市政府副秘书长、临港新片区管委会党组书记、常务副主任朱芝松就市科委对临港新片区科技创新的大力支持和指导表示感谢。临港新片区管委会党组副书记、专职副主任陈杰介绍了临港新片区在智能制造、高端装备、人工智能、集成电路、航空航天等重点产业领域布局创新平台、创新载体和工作推进情况。上海市智能制造研发与转化功能型平台、上海市工业互联网研发与转化功能型平台、海洋高端装备创新平台、太赫兹创新平台、无人驾驶 & 智能网联车示范基地等 15 个创新平台在调研座谈会上做了交流发言。

2020 年,智能制造、工业互联网、复旦产业化、朱光亚战略、电力电子研究院、海洋高端装备等 6 家平台被认定为首批新片区科技创新型平台,与合作企业现场签订科研、成果转化、产业化和战略合作协议,提升临港新片区研发能力;临港科技城公司与 5 家科技创新型平台签约,成为临港新片区科技创新策源地。8 月 18 日市政府办公厅印发《关于同意〈临港新片区创新型产业规划〉的通知》,9 月 24 日,市政府新闻办举行市政府新闻发布会,市经济信息化委总工程师刘平介绍了《临港新片区创新型产业规划》有关情况。临港新片区管委会专职副主任吴晓华、市商务委副主任申卫华、市科委二级巡视员陈宏凯、市金融工作局总经济师陶昌盛出席发布会,共同回答记者提问。

第二节　杨浦区

2014 年,杨浦区利用创新城区建设优势,推动国家东部技术转移中心建设,完善杨浦创新重要功能要素。

2015 年,杨浦区发挥创新资源集中、创新创业基础较好的优势,与北部相关区一起协同联动,打造在全国乃至国际上具有影响力的创新创业集聚区,在 2 平方公里范围内延伸创智天地品牌,让"大创智"成为杨浦转型发展的新引擎。出台文件：《关于加快建设具有全球影响力的科技创新中心重要承载区的实施意见》。功能定位：努力成为上海建设具有全球影响力的科技创新中心重要承载区和万众创新示范区。发展目标：到2016年底，围绕万众创新示范区、知识技术策源区、技术转移集聚区，用1年多时间完成科技创新中心重要承载区基本布局。到2020年前，着力形成科技创新中心重要承载区框架体系，建成创新要素集聚、创新平台完善、创新企业汇聚、创新人才云集、创新文化活跃、创新引领能力较强、创新服务便捷、创新氛围浓厚，在全国具有重要影响力的创新创业城区。到2030年，着力体现科技创新中心重要承载区核心功能，努力建成创新人才、科技要素和高新科技企业集聚度高，创新创造创意成果多，科技创新基础设施和服务体系完善的万众创新示范区，走在全国前头，走到世界前列。

2016年，深入推进大学校区、科技园区、公共社区"三区联动"和产城、学城、创城"三城融合"发展理念，国家创新型试点城区、国家双创示范基地和万众创新示范区建设叠加效应初步显现。

2017年，杨浦区作为国家双创示范基地和国家创新型城区，深化"三区联动"（大学校区、科技园区、公共社区），推进"三城融合"（产城、学城、创城），积极打造拥有实力、充满活力、饱含魅力、展现能力的"创新杨浦"。加快推进西部核心区、中部提升区、东部战略区建设。环同济知识经济圈、复旦创新走廊、财大金融谷、上理工太赫兹产业园等重点双创区域，构建起"政产学研用"创业创新链条。坚持创新引领，联动海内外资源，积极构筑"汇集—培育—壮大—释放"双创新动能的链式路径，双创氛围日趋浓厚，双创主体日益活跃。6月，区域内的复旦大学入选全国第2批双创示范基地，区校两个全国双创示范基地将进一步对接联动。5月23日下午，以"创·新杨浦·新生态"为主题的2017杨浦国家创新型城区发展战略高层咨询会，在中国工业设计研究院创新体验中心隆重举行。市科委副主任朱启高，杨浦区委副书记、区长谢坚钢，杨浦区副区长谈兵等出席大会。中央对外宣传办公室、国务院新闻办公室原主任赵启正作题为《思想创变回归》主旨演讲。

2018年，建设杨浦国家"双创"示范基地，在科技部对创新型试点城区评估中获引领型创新城区。创新创业生态系统实施意见发布，人工智能创业投资服务联盟成立，上海智能产业创新研究院、杨浦双创国际中心揭牌。

2019年，推进人工智能、大数据、节能环保、区块链等产业发展，推进类脑芯片与片上智能系统研发与转化功能型平台、国家技术转移东部中心科技成果转移转化服务功能型平台的建设。

2020年，国家技术转移东部中心拓展面向全球、面向长三角的技术转移协作网络；落实杨浦抗疫十条，助力企业复工复产；颁布区块链产业升级发展政策，抢占数字经济先发优势；推进环同济知识经济圈建设，推动新能源、5G 基站建设，领跑智慧城区；促进上海技术交易所落地杨浦，打造长三角双创示范基地。

第三节　嘉定区

2014 年，嘉定区利用汽车城基础和中科院微系统所等科研优势，构建和完善支撑新能源汽车和物联网微技术产业发展环境。

2015 年，嘉定区出台文件：《关于加快建设具有全球影响力的科技创新中心重要承载区的实施意见》及《关于加快建设具有全球影响力的科技创新中心重要承载区三年行动计划（2015—2017）》。功能定位：成为上海建设具有全球影响力的科技创新中心重要承载区和产业转型升级的示范区。发展目标：到 2017 年底，在全市率先形成较强的创新资源集聚辐射能力、创新成果转移转化能力、创新经济持续发展能力，基本形成具有全球影响力科技创新中心重要承载区的框架体系雏形。到 2020 年底，基本形成科技创新中心重要承载区框架体系。到 2030 年底，基本建成自主创新产业化引领区及现代化科技城。

2016 年，嘉定区深化院地合作，优化创新资源布局，"一心两轴三区"科技创新核心区空间发展格局基本形成。

2017 年，嘉定区规划集成电路及物联网、新能源汽车及汽车智能化、高性能医疗设备及精准医疗、智能制造及机器人四大新兴产业集群。立足科研院所集聚的优势，着力构建嘉定科技成果转化的"自循环"系统：专项规划引导—院所创新突破—企业转化应用—特色园区承载—产业基金支撑—创新人才驱动—政府精准服务。努力建设世界汽车产业中心，汽车产业发展迅速，产业能级不断提升，向新能源、智能网联方向转型升级。5 月，上海第一个制造业创新中心——上海市制造业创新中心（智能网联汽车）揭牌。11 月，《2017 年世界智能网联汽车大会上海宣言》发布，嘉定将努力建设成为具有国际竞争力的智能网联汽车创新中心和产业集聚高地、示范应用高地、领军人才高地。

2018 年，嘉定区推出新一轮重要承载区三年行动计划。张江科技创新成果转化集聚区 2 期立项，国家智能传感器创新中心揭牌，科技创新中心重点产业项目建设 10 个、投入运营 4 个。与苏州市共建嘉昆太协同创新核心圈。

2019 年，嘉定区强化市区联动，推动功能型平台建设；聚焦三角一体化发展，举办第 2 届长三角科交会；支持发展软件和集成电路产业，建设高标准智慧平台。

2020年，嘉定区围绕"加快打造'创新活力充沛、融合发展充分、人文魅力充足'现代化新型城市"的区域发展目标，聚焦上海智能传感器产业园、汽车新能港、嘉定氢能港等市级特色产业园区，推动南翔精准医疗产业园、临港嘉定科技城等区级特色产业园区载体加速建设发展，加快构建"3+16"的特色产业园区发展体系。

第四节　闵行区

2014年，闵行区利用制药龙头企业、上海交通大学和起点创业营孵化等优势，构建支撑区域产业发展的创新创业环境。

2015年，闵行区打造上海南部科技创新中心，出台《闵行区关于建设南部科技创新中心的初步方案》和《关于本区建设"大紫竹众创集聚区"的方案》。功能定位：努力建设上海南部地区科技创新中心，打造具有全球影响力的科技创新中心功能集聚区。发展目标：到2020年，争取以五大区域性创新平台为载体打造科技创新中心功能承载区。到2030年，争取形成科技创新中心功能集聚区（研发机构集聚功能、新兴产业引领功能区、科技成果转化功能区、创新创业功能示范区、科技商务示范区）的核心功能。重点工作：布局紫竹国家高新区、莘庄工业区、虹桥高科技园、南虹桥科创中心、浦江镇科创中心等五大板块科技创新功能集聚区。建设"大紫竹"众创集聚区，建设科技创新创业综合体。激发以企业为主体的技术创新活力，推进科技成果转化。完善优势产业创新链关键环节。营造科技创新创业的良好环境。

2016年5月31日下午，闵行区在紫竹高新区召开建设上海南部科技创新中心核心区"1+4"政策发布会。闵行区区长朱芝松、副区长张国坤、区委常委沈军、副区长吴斌，市科委副巡视员刘勤等领导出席会议。市委组织部、市财政局、市人保局，闵行区上海南部科技创新中心核心区领导小组、镇、街道、高校、科研院所、科技园区、重点企业、投资机构等单位领导和代表，以及市、区有关新闻媒体共200余人参加了发布会。

2017年，闵行区作为上海南部科技创新中心核心区，积极推进园区、校区、街区融合，与上海交通大学、华东师范大学、紫竹高新区、地产集团等区域内的大校、大院、大企达成"六方"合作，聚焦打造紫竹创新创业走廊，共同推进科技创新中心建设。走廊内各产业园区、高校院所、龙头企业的资源有效整合，各合作单位围绕产业链部署创新链，共同构建一个"科创引导、产业协同、联动发展、互利共赢"的政、产、学、研、资新体系，打通从研发、应用到产业化的科技创新链，增强区域创新能力、创业活力和产业竞争力。

2018年，市区联动制定国家科技成果转移转化示范区行动方案。筹建上海闵行国家科技成果转化专项基金。建设上海南部科技创新中心核心区，推进紫竹创新创业走廊、南部科创服务中心、上海人工智能研究院等建设。

2019年，丰富上海南部科技创新中心核心区功能内涵，推动国家科技成果转移转化示范区、大零号湾全球创新创业集聚区建设，以重点突破带动上海南部科技创新中心核心区功能提升，环高校的创新创业集聚区建设初显成效。

2020年，闵行区与上海交通大学、华东师范大学2所高校，华谊集团、电气集团等8家大型国企签署合作协议，推动零号湾创新创业集聚区建设；加快建设华谊科创综合体等重点项目；人工智能研究院引入商汤智能科技有限公司，交大医疗机器人研究院建成4家研究实验室、3家研究中心和7家临床联合研究中心。

第五节　徐汇区

2015年，徐汇区瞄准上海科技服务业高地，出台《关于加快建设具有全球影响力的科技创新中心的实施意见》。功能定位：努力建设成为上海科技创新中心的重要承载区。发展目标：到2020年，争取形成空间布局集约高效、科技产业能级提升、创新人才宜居宜业、创新服务体系完善、万众创新活力迸发的创新区域，科技创新中心承载区的功能地位基本确立。到2030年成为上海科技创新中心的主要创新极之一。

2016年，漕河泾开发区积极推进科技创新服务区建设，全市首个（国内第3家）国家级知识产权服务示范区落户园区，一批国家级孵化器、企业及创新要素加快集聚；

2017年，形成由徐家汇—枫林"创新核"、徐汇滨江"创新极"和漕河泾开发区"创新带"组成的"一核一极一带"科创空间格局。启动科技创新"光启计划"。明确把发展人工智能作为推动科技创新和产业升级的核心引擎，着力建设人工智能源头创新、产业发展和智慧应用的高地。布局西岸智慧谷和上海西岸国际人工智能中心，打造人工智能产业集聚区。着力推动知识产权服务业由传统代理型向高端服务型转变，形成上海知识产权服务的"徐汇高地"。年内，先后获批国家级"双创"示范基地、"互联网＋政务服务"示范区和知识产权综合改革示范区。

2018年，推动国家双创示范基地建设，漕河泾获批国家创新创业特色载体。打造人工智能产业聚集区，承办2018世界人工智能大会，引入微软亚洲研究院（上海），建设上海科技创新资源数据中心平台等。

2019 年，推进国家双创示范基地建设，推动华为鲲鹏产业生态创新中心、央视总部落地，集聚商汤、依图、明略三大国家级人工智能平台，上海交大分子与纳米医学创新转化中心首批 6 个项目转化落地。

2020 年，开展新型冠状病毒诊断与治疗创新产品研发与转化项目，捷诺生物的检测试剂盒研发项目成为全国首批 3 家企业之一；上海西岸国际人工智能中心启用，微软亚洲研究院（上海）、微软—仪电人工智能创新院、阿里巴巴等人工智能头部企业入驻；立项 15 个包含临床诊断技术、医疗器械技术、辅助治疗技术等项目；推动共建区域型 TTO 科技成果转化"1+N"平台体系。

第六节　松江区

2016 年 5 月 24 日下午，松江区召开 G60 上海松江科创走廊建设推进大会，宣布出台 60 条产业政策，每年投入 20 亿元专项资金，沿 G60 高速公路松江段两侧布局"一廊九区"，全力推进 G60 上海松江科创走廊建设，实现"松江制造"向"松江创造"的转型。市科委主任寿子琪、市经信委主任陈鸣波、松江区委书记程向民、松江区区长秦健等领导出席大会。

2017 年，G60 上海松江科创走廊建设上升为区域性国家战略，作为供给侧结构性改革的典型案例得到国务院通报表扬，被市委、市政府增列为上海建设具有全球影响力科技创新中心的重要承载区。聚焦制造业转型升级，实现科创驱动"松江制造"迈向"松江创造"，将 G60 上海松江科创走廊建设成为上海及长三角地区重要产业技术创新策源区、重大科技成果转化承载区、先进制造业集聚区、开放型经济提升发展区、产城深度融合示范区，打造质量标准、双创活跃、产城融合、先进制造、人才集聚、科创环境六大高地。引进海尔智谷、修正药业、正泰启迪智电港、清华启迪二期等一批百亿元级项目。7 月，杭州、松江、嘉兴三地签订《沪嘉杭 G60 科创走廊建设战略合作协议》。8 月，发布 G60 上海松江科创走廊总体发展规划 2.0 版，进一步完善"一廊九区"布局，促进内部创新链、产业链的融合发展、集群发展。

2018 年，推进 G60 上海松江科创走廊建设，覆盖面积约 7.62 万平方公里，区域常住人口约 4900 万人。建设松江区分析仪器及应用创新服务平台。获工业互联网国家新型工业化产业示范基地。

2019 年，实现"高企千家俱乐部"目标，海尔 COSMOPlat 平台获批基于工业互联网的智能制造集成应用示范平台，成为全国首家国家级工业互联网示范平台。

2020 年，聚焦集成电路、人工智能、生物医药等"6+X"战略性新兴产业，其中，集成电路相关企业 172 家、人工智能相关企业 817 家、生物医药相关企业 181 家。AST 大硅片项目试运行，12 英寸高像素图像传感器晶圆测试项目投产，着力补齐我国集成电路产业链短板；扎实推进 G60 脑智科创基地建设；引进总投资 450 亿元的腾讯长三角 AI 超算中心、投资 650 亿元的恒大新能源汽车全球研究总院、整车制造总部、电机制造等百亿级项目，计划总投资超 3000亿元。打造全国首个国家级工业互联网新型工业化产业示范基地。建立九城市"1+7+N"产业联盟体系，与中国商飞共建 G60 大飞机供应链培育体系，近千家企业纳入供应商储备库。依托世界顶尖的国际脑科学与疾病模型研发中心、科恩实验室、优图实验室、恒大新能源汽车全球研究总院、低碳技术创新功能型平台等，支持中小型航空发动机、高端服务器、5G 通信、抗疫药物等一批关键技术创新突破。全社会 R&D 投入强度从 G60 科创走廊启动初的 3.6% 上升到 4.3%，其中企业投入占 89.2%；全区企业参与国际、国家、行业等标准制修订 383 项；每万人口发明专利拥有量四年翻一番。6 月 30 日上午，推进 G60 脑智科创基地建设合作签约暨二期开工仪式在松江举行。中科院党组书记、院长白春礼，上海市委副书记、代市长龚正向活动发来贺信。市科技工作党委书记刘岩、松江区委书记程向民出席并致辞。中科院上海分院分党组书记、副院长李正华，市科委主任张全分别宣读贺信。松江区委副书记、区长李谦，市科委副主任傅国庆，中科院脑科学与智能技术卓越创新中心学术主任蒲慕明院士、副主任杜久林研究员、副书记王燕等出席仪式。仪式由松江区副区长陈晓军主持。上海市科委与松江区政府就推进脑科学研究与产业化签署了合作框架协议，双方将围绕提升科技创新策源能力、推进高新技术成果转化、发展脑智医药产业、优化创新创业环境、提升科普服务能力等方面开展全面合作，共同推进 G60 脑智科创基地建设。

第七节 大学科技园

截至 2019 年，上海共有 13 家经认定的国家大学科技园，约占全国总量的 11%，累计培育出一大批科技小巨人企业、高新技术企业、上市企业和知名企业。下一步，市科委将加快完善大学科技园管理和运行体制机制，提升大学科技园专业化服务能力，加强市区联动，深化校区、园区、社区"三区"融合，推进重点区域大学科技园建设取得实效。

2020 年，支持上海交通大学、同济大学、上海理工大学等辐射带动力强的大学科技园开展示范园建设；围绕上海交通大学、同济大学等大学科技园，谋划创新创业集聚区建设规划。开展大学科技园培育工程，推动上海第二工业大学、上海师范大学、应用技术大学等 5 家市属高校建设大学科技园；构建国家、市级层面大学科技园的梯次体系，上海第二工业大学科技园获批国家大学科技园。重点对于前期发展滞缓、成效不彰的部分大学科技园进行走访和指导。

3月11日下午，上海市委副书记廖国勋一行赴杨浦区调研本市大学科技园建设工作。市委副秘书长燕爽，同济大学党委副书记、校长陈杰，市科委主任张全，市教卫工作党委副书记、市教委主任陆靖，杨浦区委书记谢坚钢，上海理工大学党委副书记、校长丁晓东等参加调研。廖国勋强调，要深入贯彻落实习近平总书记考察上海重要讲话精神，按照市委要求，集中各方优势资源，聚力产学研深度融合，全面提升大学科技园能级和核心竞争力，为服务国家战略、服务城市发展作出更大贡献。

10月21日，大学科技园高质量发展推进会召开。市委副书记于绍良在会上强调，大学科技园是科创中心建设的重要策源地和承载地，要深入贯彻落实习近平总书记考察上海重要讲话精神，按照市委、市政府决策部署，把牢大学科技园发展目标定位，强化科技成果转化、科技企业孵化、科技人才培养、集聚辐射带动等核心功能，坚持塑造品牌、形成特色、提升能级，助力上海更好服务全国改革发展大局。市委常委、副市长吴清主持会议。副市长陈群与创业代表一同为上海交通大学国家大学科技园创想600基地启用揭牌。市科委就《关于加快推进我市大学科技园高质量发展的指导意见》作说明，闵行区、上海交通大学、精智实业、华谊集团作交流发言。

11月30日，环上大科技园在位于宝山区的临港城工科技绿洲正式开园。首批3个产业技术研究院、8家企业、8个重点转化项目入驻。环上大科技园的功能定位，主要是有效推动上海大学和宝山区产学研高效联动，促进科研优势向产业优势转化，以培育经济发展新动能为目标，以营造良好创业创新生态为着力点，强化科技成果转化、科技企业孵化、科技人才培养、集聚辐射带动等核心功能承载区。

第七章　研发与转化功能型平台

2014 年，产学研协同创新平台渐成规模。充分调动全社会力量参与研发服务平台建设，创新资助模式，从事前资助转变为绩效评估的后补助，进一步激活存量，强化溢出效应，布局建设和认定 128 家专业技术服务平台，在评估评价中特别重视平台服务企业的效果（2014 年被评估的用户满意度达 99% 以上）；同时大力推动平台运营服务模式的转型与升级，在集聚创新资源、创新服务手段、服务企业自主研发、支撑产业技术创新等方面取得重要进展。截至 10 月，平台门户网站注册用户约 51.5 万，用户数量连续 5 年居全国同类平台首位，累计对外服务 8370 万次；"科技 114" 服务热线日均话务量约 200 次，累计 31 万次。重视引入由企业运作的服务机构加盟研发平台，1124 家加盟单位中，企业类占总量的 61.5%；企业特别是中小企业成为平台共享服务的受益主体，上海地区企业用户约 5.8 万家，重点企业用户 3210 家。建设创新功能型平台。针对创新体系中普遍存在的知识不同构、行为不互动等瓶颈制约，认真研究德国弗朗霍夫学会、比利时微电子研究中心、中国台湾工研院等组织运作模式，组建一批创新功能型平台，力求通过创新功能型平台的专业化、市场化发展，进一步整合各类资源，促进全社会协同创新。在加快建设上海市产业技术研究院的基础上，选取MEMS 微电子传感领域和技术转移服务领域，组建成立上海微技术工业研究院和国家技术转移东部中心开展试点。加快创新功能性平台建设。推进全社会协同创新，整合各类资源，建设功能性平台。一是围绕技术研发能力提升，打造若干研发类功能性平台。着眼形成世界一流的科学研究能力，推进综合性国家科学中心建设；着眼打造世界级研发机构，成立上海微技术工业研究院；着眼共性技术研发与服务，推进上海产业技术研究院发展。至年底，上海产业技术研究院建成3D 打印、大数据等共性技术研发服务平台 12 个。

2015 年，加快建设张江综合性国家科学中心和若干重大创新功能型平台。在信息技术、生物医药、高端装备等领域，重点建设若干共性技术研发支撑平台，建设一批科技成果转化服务平台；主动培育一批具有规模效益和品牌效应的科技服务机构和骨干企业，推动若干个科技服务功能平台和产业集群构建，使其成为促进科技经济结合的关键环节和经济提质增效升级的重要引擎。打造数据共享中心，让科技资源"流动"起来。国家科技创新资源上海数据中心启动建设，为企业等各类创新主体提供科技服务，中心将反映研发资金资源投入分布、共享和闲置程度、研发贡献存量及动态信息，用大数据技术为科技主管部门提供精准的科技预测和产业升级预测，提升科技资源宏观管控效能。

2016年，加快建设一批研发与转化功能型平台。聚焦国家和上海经济发展重大需求，着眼于打通技术创新关键的研发与转化环节，加快布局和建设四类功能型平台：关键技术类研发平台（上海微技术工业研究院、上海材料基因组工程研究院、石墨烯产业技术创新功能型平台等），重大产品类研发平台（上海北斗导航创新研究院、智能型汽车功能型平台等），产业链类研发平台（生物医药产业技术创新功能型平台、国家转化医学中心、集成电路产业创新服务功能型平台、上海临港智能制造研究院等），科技成果转化服务平台（上海产业技术研究院、国家技术转移东部中心等）。

2017年，优化管理运行机制和制度，制定发布《关于本市推进研发与转化功能型平台建设的实施意见》，编制《上海市研发与转化功能型平台管理办法》。按照产业发展需求和成果转移转化短板部署，首批规划的18家研发与转化功能型平台聚焦生物医药、新材料、新一代信息技术、先进制造、创新创业服务五大产业领域。微技术工业研究院、石墨烯产业技术、生物医药产业技术、集成电路产业创新服务、智能制造研究院、类脑芯片与片上智能系统6家研发与转化功能型平台启动建设。

2018年，通过1年的运行发展，首批"1+5"功能型平台具备一定的创新服务支撑条件和能力，正在成为全市推进科技成果转化和产业化的重要载体，带动产学研合作和企业落地。上海微技术工业研究院、石墨烯、生物医药、集成电路、智能制造和类脑芯片等平台，在共性技术服务、人才队伍集聚和科技成果转化等方面初见成效。机器人、低碳技术、工控安全服务、工业互联网、科技成果转化和科技创新资源数据中心等平台加快启动立项程序。围绕集成电路、生物医药、石墨烯、智能制造、工业互联网等重点产业方向，第一轮16家功能型平台建成运行，布局合理、运行高效、开放共享、协同发展的研发基地体系基本形成，研发与转化功能型平台成为上海市推进科技成果产业化的重要载体。探索建立财政投入退坡机制、建设资金投入股权代持管理模式等研发与转化功能型平台建设新机制。

1月18日，市政府新闻办举行市政府新闻发布会，市科委主任寿子琪介绍新出台的《关于本市推进研发与转化功能型平台建设的实施意见》主要内容。市科委副主任马兴发、市经信委总工程师张英、市财政局副局长金为民、市发展改革委副巡视员裴文进出席发布会，共同回答记者提问。《关于本市推进研发与转化功能型平台建设的实施意见》（以下简称《实施意见》）在2017年11月27日的市政府常务会议上通过，2018年2月1日起施行。《实施意见》提出，"十三五"期间，上海培育形成一批创新需求明、服务能力强、管理体制新、具有较强影响力和辐射力的功能型平台，支撑产业链创新，支撑重大产品研发与转化，支撑创新创业。4月20日，市科委等发布《上海市研发与转化功能型平台管理办法（试行）》。8月14日至15日，市委副书记、市长应勇用两个半天调研科研院所、共性技术研发与转化功能型平台和科创企业。应勇指出，上海加快建设具有全球影响力的科创中心，科研院所、功能型平台和科创企业发挥着不可或缺的重要作用。

2019年，上海建成或培育各类研发与转化功能型平台近20家，培育形成一批创新需求明、服务能力强、管理体制新、具有较强影响力和辐射力的功能型平台，基本形成多层次、多功能、开放性的功能型平台体系，为形成具有全球影响力的科技创新中心基本框架提供支撑。从主要进展和成效上看，建成平台的产业培育功能开始显现，面向集成电路、人工智能、生物医药、先进制造、新材料等产业，以支撑产业链创新和重大产品研发为核心，累计集聚高水平团队1200余人，产学研合作单位超过1600家，在孵企业和团队近150家，实现服务收入超过7亿元，撬动社会投资约60亿元，带动和培育产业规模近百亿元。

2020年，推进研发与转化功能型平台建设运行、新建培育和管理服务，全市建设和培育各类功能型平台20余家，遍布浦东（含临港）、普陀、杨浦、嘉定、徐汇、青浦、松江、静安、宝山等10个区；主导或支撑嘉定传感器与物联网、青浦北斗导航、宝山新材料、松江低碳、临港智能制造、浦东生物医药、普陀工控安全与机器人等产业集群从无到有、从有到优的发展，支撑产业创新发展的态势初步显现；集聚各类人才2000余人，服务企业2292家，孵化企业158家，实现服务收入超过15亿元，撬动社会投资和培育产业规模超百亿元。

第一节 关键技术类研发平台

一、上海微技术工业研究院

2014年，上海微技术工业研究院建设启动，致力打造世界级研发机构。为对接国家创新驱动发展战略，提高科研机构原始创新、集成创新和引进消化吸收再创新能力。自2013年初，市科委组织开展了关于建设世界水平研究机构的调研工作，对上海建设世界水平研发机构的形势需求、基础条件、瓶颈问题、战略目标和基本思路进行了专题研究。通过一年多的努力，先行启动一期任务——成立上海微技术工业研究院。未来，研究院将面向集成电路和物联网两大国家重大战略需求，打造国际领先"超越摩尔"的研发与转化功能型平台。在超越摩尔半导体芯片和先进传感器核心技术，以及相关物联网应用等领域，聚集优质研发资源、世界级专业人才，建立创新高效的体制机制，力争实现行业自主创新、重点跨越、支撑发展、引领未来，打造超越摩尔领域具有全球影响力的科技创新基地。

2015 年，上海微技术工业研究院在"超越摩尔"领域"弯道超车"。上海微技术工业研究院主要聚焦"超越摩尔"微技术融合创新，整合优势资源，发挥基础优势作用，引进、汇聚国内外优秀人才，努力建设成为面向行业和产业发展，集研发、工程服务、产业化等为一体的创新功能型平台，为创新项目及企业提供全方位的资源和服务。

2016 年，上海微技术工业研究院 8 英寸 MEMS 研发中试线建设顺利推进，成功孵化出一批创新企业，自主研发的磁存储器、六轴组合传感器达到业界领先水平。

2017 年，国内首条、全球领先的 8 英寸"超越摩尔"研发中试线正式运营，全面开展表面、体、3D 微纳加工以及新工艺、新器件、新系统的研发，并根据"超越摩尔"产品和技术特点部署 MEMS、硅光子、RF、硅基Ⅲ—Ⅴ族、3D 集成、MR 磁传感、功率及生物等相关工艺和量测设备。

2018 年，上海微技术工业研究院建成全国首条 8 英寸"超越摩尔"研发中试线和硅光子技术平台。智能制造平台上线汽车动力总成零件智能制造验证示范线，获国家 04 专项支持。

2020 年，首条 8 英寸 MEMS 研发中试线调整为量产线，生产用于红外测温计的温度传感器芯片，出货量全球第一（4700 万颗），研制基于硅基芯片的超快核酸检测仪器。引进矽睿、芯晨、芯迈等 30 家企业，带动投资超 20 亿元，营业收入超 10 亿元。3 月，上海微技术工业研究院传感器团队攻克技术难关，为红外体温计提供核心传感器芯片，使温度传感器芯片的月产能从 320 万颗提升到 640 万颗。

二、上海材料基因组工程研究院

2015 年 4 月 23 日，上海材料基因组工程研究院在上海大学揭牌成立。中国工程院原副院长干勇、国家自然科学基金委员会副主任高瑞平等出席揭牌仪式。研究院首批成员单位包括上海大学、复旦大学、华东理工大学、上海交通大学、上海材料研究所、中国科学院上海硅酸盐研究所和中国科学院上海应用物理研究所 7 家协同高校和科研院所。中国工程院院士徐匡迪任名誉院长，中国科学院院士、上海大学教授张统一任院长。研究院将积极探索产—学—研深度融合的协同创新体制和机制，吸纳国内外优质资源，聚焦材料的重大应用与发现，在材料基因数据库、集成计算与软件开发、高通量材料制备与表征、服役与失效机理以及产业化探索等领域的科学研究、技术开发和基地建设布局方面开展大量基础性和应用性工作，力争加快研发速度、降低研发成本，以创新驱动发展，服务于国家高端制造业和战略性新兴产业，建成一个具有国际影响力的材料基因科技创新中心。

2016年，举行上海材料基因组工程研究院理事会成立大会暨第一届理事会第一次会议、第二次会议，举办上海材料基因组工程研究院学术委员会第二次会议暨2016学术年会，承办主题为"材料基因组—涵盖计算物理和凝聚态物理的交叉融合"2016年度学术研讨会和"能量存储与转换材料中的多物理场效应"青年论坛。获得10项国家自然科学基金项目，其中青年基金4项，面上项目5项，重点项目1项，总计立项直接经费682万元。"集成计算材料与材料基因组创新引智基地"成功获批入选高等学校学科"创新引智计划"。

2017年，申报国家自然科学基金项目17项，获批8项；其中青年基金6项，面上项目1项，重点项目1项，总计立项直接经费513万元。联合主办"第三届材料数据与材料信息学国际研讨会""2017国际材料基因组峰会暨上海大学——美国西北大学材料基因组联合研讨会"，举办国家重点研发计划"跨尺度高通量自动流程功能材料集成计算算法和软件"项目启动会、2017年度学术年会，召开上海材料基因组工程研究院理事会暨学术委员会第三次会议。牵头成立"中国材料研究学会材料基因组分会"和"中国材料与试验团体标准委员会材料基因工程领域委员会（FC97）"，获得国家外专局颁发"集成计算与材料基因组"等三个"111"引智基地。

2018年，与美国国家标准与技术研究所（NIST）在材料数据库研究和高通量实验技术等方面达成合作，与浙江省嘉兴市振石集团东方特钢有限公司共建上海大学——东方特钢材料基因组联合研发中心；举办"力学在材料基因组科学与工程中的作用"研讨会、"2018材料基因组国际研讨会"；在《科学》（Science）、《自然》子刊 Nature Communications、美国化学会会志 JACS、Energy & Environmental Science、《物理评论快报》（Physical Review Letters）上发表文章；张统一院士荣获2018年度"何梁何利基金科学与技术进步奖"。

2019年，承担2019年国家自然科学基金委与金砖国家科技创新框架计划合作研究"多铁材料的电学和磁学性质"重点项目；举办第六届亚洲材料数据国际会议，举办"2019材料基因组国际学术研讨会"，联合主办"2019太赫兹电磁波与量子材料相互作用学术研讨会"，举办上海大学MGI首届材料设计论坛；与云南锡业集团签署材料基因组工程战略合作协议，与江西萍乡共建上海大学江西材料基因组工程产业研究院。

2020 年，在国际著名期刊 *Small*、计算材料著名期刊 *NPJ Computational materials*、国际著名杂志 *Materials Today*、英国皇家化学学会著名期刊 *Nanoscale* 上发表文章；研究院王生浩教授被评为"交叉学科"ESI 研究领域的"Publons 同行评议奖"（全球排名前 1% 审稿专家，即 1% Top Peer Reviewer Award）。与鞍钢集团共建先进材料基因工程联合实验室，举办上海材料前沿论坛 2020 年春季会议、2020 年度上海材料基因组工程研究院学术年会暨第六届学术委员会会议等。

三、石墨烯产业技术创新功能型平台

2016 年 6 月 2 日，上海石墨烯产业技术功能型平台正式启动。目标以石墨烯应用需求为牵引，构建石墨烯应用技术创新、中试及产业化的核心服务能力。平台将充分发挥上海和长三角良好的科研与产业优势，着力构建石墨烯产品中试、分析、检测、评估等核心服务能力，通过"基地＋基金"模式，促进实验室成果向产业技术转化，集聚一流人才团队，支撑创业孵化，培育石墨烯产业集群，成为具有国际化视野、与产业紧密结合的协同创新平台，实现"平台促科技，平台带产业"。石墨烯防腐涂料、石墨烯导电剂、石墨烯导热硅脂 3 个石墨烯应用中试项目正式启动。

2017 年，首批启动建设的石墨烯涂装材料中试线、石墨烯导热硅脂中试线和石墨烯导电剂中试线实现百公斤级中试产品生产能力；分析检测中心 1 期建设启动。

2018 年，石墨烯平台建成 5 条中试生产线，形成百公斤级中试生产工艺和解决方案，达成 7 项成果转化项目合作。

2019 年 10 月 17 日，2019 中欧长三角石墨烯创新高峰论坛在上海衡山北郊宾馆举行。市科技工作党委书记刘岩致辞并与宝山区委书记汪泓为国内外知名专家和企业家颁发上海石墨烯产业技术功能型平台产业发展顾问聘书。会上，由中欧合作的石墨烯创新中心正式启动，通过平台打造和人才引进，该中心将成为上海乃至长三角地区石墨烯产业化应用及发展的重要基地。

2020 年，完成轻量化烯碳铝合金、河道黑臭水体治理石墨烯复合材料、石墨烯 /PPS 杂化纤维、石墨烯纤维状锂离子电池和太阳能电池等先进技术的熟化。

四、类脑芯片与片上智能系统创新平台

2019 年 2 月 26 日，作为上海市首批启动建设的研发与转化功能型平台之

一，类脑芯片与片上智能系统研发与转化功能型平台的发布会及行业论坛在杨浦区双创高地长阳创谷隆重举行。市科技工作党委书记刘岩、市科委副主任朱启高、市经信委总工程师张英、杨浦区副区长赵亮、复旦大学副校长金力，市、区有关部门负责同志，以及相关企业和其他功能型平台代表参加了本次发布会。在发布会上，与会领导一起按下按钮，共同见证了上海市类脑芯片与片上智能系统研发与转化功能型平台新址的启动。这是上海首个由民营企业牵头发起的研发与转化功能型平台，类脑芯片与片上智能系统功能型平台运行后，有望为社会力量兴办新型研发机构打造新的样板。上海市类脑芯片与片上智能系统研发与转化功能型平台致力于构建人工智能与半导体产业及落地应用场景的协同合作及多维度的产业联盟及生态链。平台透过与国内外著名的芯片设计、芯片制造、芯片封装、芯片测试、电子设计自动化工具及知识产权等相关领域的合作厂商，协助创新及初创团队与集成电路制造及设计的产业联盟的接轨及协同合作。

五、上海工业控制系统安全创新功能型平台

2018年3月26日，为落实技术创新驱动发展的国家战略，加快推进研发与转化功能型平台的建设和发展，由上海市政府主导建设的上海工业控制系统安全创新功能型平台在普陀区正式启动。市经信委总工程师张英、市科委总工程师傅国庆、普陀区区长周敏浩、上海临港经济发展（集团）有限公司总裁袁国华、华东师范大学校长钱旭红等各级政府部门与几十家高校、研究院所与企业单位的领导出席启动仪式。平台由中国科学院何积丰院士担任首席科学家，面向汽车电子、轨道交通、航空航天等安全攸关领域，聚焦工业控制系统功能安全和信息安全核心技术研发及成果转化，涵盖技术研发、仿真验证、监测预警、培训咨询、产业对接等功能服务。

2020年，自研工具软件应用覆盖汽车电子、轨道交通、航空航天等领域，参与制定国际、国家、行业及团队标准12项。

第二节　重大产品类研发平台

一、上海北斗导航创新研究院

2016年9月27日，北斗导航产业领域创新功能型平台——上海北斗导航创新研究院成立。研究院旨在形成集资讯、研发、产业化、投资于一体的导航产业技术协同创新平台和创新加速体系，提升上海在国家北斗战略实施中的支撑力，

成为高精度导航位置服务产业技术的领军者。为实现这一目标，上海北斗导航创新研究院将采用"E3+X"模式，即集聚科技、投资、管理三方面专家，在为企业提供公共支撑环境的基础上，开拓市场化业务，助力北斗导航产业能级提升。

2017 年 9 月 14 日下午，"高精度导航位置服务综合应用试验区——无人系统智能感知导航定位技术与测试试验场"项目启动会在北斗西虹桥基地隆重召开。市科委、青浦区科委等单位的领导和代表出席启动仪式。上海交通大学、同济大学、华东理工大学等院校的专家以及本项目子课题承担单位华测、寰鹰、联适、诺力、优澈、复控华龙等企业代表一同参加。

2019 年 12 月 12 日，2019 上海国际导航产业与科技发展论坛在中国北斗产业技术创新西虹桥基地举行。本届论坛以"融合·智能"为主题，由中国卫星导航系统管理办公室，科技部国家遥感中心，市科委、市经信委、市发展改革委，青浦区人民政府等单位指导，上海北斗导航创新研究院、上海卫星导航定位产业技术创新战略联盟联合主办。上海市北斗导航研发与转化功能型平台在本届论坛上正式启动，市科委总工程师陆敏、青浦区副区长倪向军为平台首批特聘专家颁发了聘书。上海市北斗导航研发与转化功能型平台是上海科创中心建设"四梁八柱"的重要组成部分，是上海市政府首批通过审议的功能型平台之一。上海西虹桥导航技术有限公司作为平台承建单位，将围绕复杂场景高可用高精度融合导航技术提供研发、标准、测试服务和整体解决方案等技术共性服务，建成场景适应性导航技术研发支撑体系，服务国家北斗战略和上海乃至长三角导航产业技术集群创新和产业集聚发展。

2020 年，北斗导航功能型平台建设实施方案论证工作全面启动，首轮工作中心是根据北斗功能型平台建设的核心能力要求与预期性能指标水平，针对卫星导航测试服务系统、融合导航测试服务系统、空间数据应用服务系统三个系统核心能力的需求，形成完整、具体、可行的建设实施方案。12 月 18 日，北斗研发与转化功能型平台负责人郁文贤获评中央宣传部、退役军人事务部、中央军委政治工作部联合发布 2020 年度"最美退役军人"。2020 年 12 月 28 日，上海北斗导航研发与转化功能型平台导航测试联盟暨共建单位授牌仪式在北斗西虹桥基地隆重举行。

二、智能型新能源汽车功能型平台

2019 年 12 月，上海智能型新能源汽车研发与转化功能型平台获市政府批准，启动建设。建设投资经费中，有近 3 亿元用于采购新能源电池材料基础研究、燃料电池研发测试的设备。上海市政府和嘉定区政府出资建设、同济大学等 5 家单位组建的智能型新能源汽车功能型平台，其使命之一就是支撑燃料电池和燃料电池汽车研发，本着"存量共享、增量补缺"原则，为高校、科研机构和企业提供设备、技术、测试等系统服务。

第三节　产业链类研发平台

一、生物医药产业技术创新功能型平台

2017 年启动建设，引进国际顶尖生物技术专家团队开展 3D 细胞及培养基研发等技术服务；推动开展 10 余个本地品种的生物等效性试验等研究。长远目标是：盘活现有生物医药专业技术服务资源，增强对产业的服务功能及创新成果转移转化功能。主要使命是帮助创新企业打通生物医药产业链，支撑重大创新药研发转化、支撑生物医药前沿领域的创新创业。

2018 年，生物医药平台加快建设抗体药研发中试线、生物药中试放大平台、细胞制剂研制服务平台，累计提供服务 40 万次。

2020 年，上海生物医药产业技术创新功能型平台启动中试研究模块，助力大批新兴生物药研发项目飞跃从实验室到工厂化生产之间的"中试鸿沟"。为此，平台专门建造单抗药中试线、细胞治疗药品第三方检测平台、生物药 GMP 制备生产线等，为本土药企提供顶尖"创新阶梯"。

二、集成电路产业创新服务功能型平台

2017 年启动建设，进行净化环境改善和动力改造；完成国内自主研发的首台 90 nm 工艺 ArF 光刻机、14 nm 工艺刻蚀机、45—22 nm 工艺低能大束流离子注入机的工艺评价和验证服务。长远目标：开展重大共性技术联合开发，并为集成电路产业提供成果转化和技术服务。

2020 年，完成 14 nm 负显影光刻工艺、Fin 模块工艺、首颗国产 28 nm 工艺 CPU 芯片产品流片验证等共性技术研发。

三、上海临港智能制造研究院

2015 年 12 月 28 日，上海临港智能制造研究院成立。研究院由上海交通大学与临港管委会联合发起，双方将集聚国内外智能制造领域优势资源，共同在临港地区打造具有国内影响和国际知名度的智能制造前沿关键基础平台，为中

小企业提供共性技术研发及应用、系统方案测试、成果转化与产业化服务，连接高校科研机构技术研发与上海临港智能制造产业应用，打通知识—技术—产业之间的障碍与链路，为上海智能制造发展提供技术、智力支持，带动上海的高端装备产业发展。

2017年，以上海智能制造研究院为基础，建设上海市智能制造研发与转化功能型平台，成为上海市首批获准建设的研发与转化功能型平台。汽车动力总成智能制造示范验证线开工建设；中德智能制造合作项目中心在临港启动建设；步行机器人、机器人协同在线检测系统、"互联网＋健康"等一批智能制造共性技术与产品推广应用。

2018年，在汽车动力总成高端智能制造、航空发动机测试验证、燃料电池、轻合金材料、核电测试装备方面培育出了智能制造的"五朵金花"。

2020年，引进德国弗朗霍夫协会全球第10个、中国第1个项目中心，建成国内首条智能制造示范线。

四、上海人工晶体研发与转化功能型平台

2020年6月10日，上海人工晶体研发与转化功能型平台推进会暨上海崇畏晶体材料有限公司揭牌仪式举行。上海人工晶体平台预期通过三个阶段的培育、建设，实现人工晶体领域的人才汇聚和产业集群效应，助推上海及长三角地区相关产业发展。未来将构建开放共享的人工晶体全链条研发与转化技术平台，实现人工晶体的产学研用全链条发展，研制若干具有国际影响力的高性能晶体材料，以驱动战略性新兴产业的创新发展。上海人工晶体平台由中科院上海硅酸盐所与嘉定区政府、中科院上海光机所、中科院上海技物所、上海材料所、同济大学、上海应用技术大学等联合共建。上海崇畏晶体材料有限公司是上海人工晶体平台的承建单位、建设主体。

第四节 科技成果转化服务平台

一、上海产业技术研究院

2015年，以"开放创新、服务产业"为理念，进一步汇聚国内外资源、培育产业技术人才队伍，加速上海产业技术研究院"平台、智囊、桥梁、纽带"功能实现。其中，四个创新基地包括"智能"金桥基地：以金属3D打印机研发平台、智能机器人研发中心为重点，成功研制3D金属打印机等；"健康"张

江基地：以肿瘤学及个性化治疗为研究重点，启动乳腺癌大数据和精准诊疗应用研发等项目；"孵化"杨浦基地：以支撑企业发展与团队自我提升为创新服务模式，激发众创空间创新活力；"定制"徐汇基地：以"平台＋企业"为服务模式，推进 3D 打印技术创新中心建设。

2016 年，上海产业技术研究院重点围绕数字服务、智能制造、生物医学、绿色能源等领域，打造一系列多学科交叉、多技术集成、互联开放的科技成果转化和产业化平台，以新机制和新商业模式，降低各类创新主体的创新成本、协助企业提升创新能力、推动新兴产业快速发展。上海产业技术研究院"12+1"的平台作用和成果转化能力加快释放，在智能交通、转化医学等领域涌现出一批重要成果。上海产研院作为主要完成单位参与的"北斗导航与位置服务关键技术及其产业化"项目，荣获"2016 年度上海市科学技术奖科技进步奖特等奖"。

2017 年，上海产研院、浦东新区科技和经济委员会、中国联通上海市分公司联合举行"智慧浦东"战略合作协议签约仪式暨浦东 NB-IoT 产业应用孵化平台试运营。上海市委副书记尹弘到上海产研院众创空间调研，实地参观了"智能家居系统设计区""智能生活产品开发区""智能制造试制区"等，并与创业团队进行了现场交流。上海产研院在第 19 届中国国际工业博览会上以"智慧城市"为主题，重点展示了成立 5 年来围绕国家和上海重大战略需求，联合众多创新合作伙伴，在建设城市智能化公共设施，推进上海综合信息感知建设中取得的研究成果。上海产研院、韩国研究成果实用化振兴院举办合作备忘录签约仪式。

2018 年，上海产业技术研究院与浙江省建德市党政代表团共同举办战略合作会议暨战略合作协议签约仪式，建立"上海产业技术研究院浙江省建德市产业化基地"，成立上海产业技术研究院浙江创新院。与韩国成均馆大学合作成立"金属 3D 打印联合研发中心"。中标上海国际机场股份有限公司开展的 2018 年浦东机场电子地图巡更与监控项目和临港公交站点信息系统二期项目。3 月 8 日，上海市委常委、常务副市长周波到上海产研院调研，听取工作汇报，并实地参观了产研院金桥基地的相关实验室。11 月 12 日，由上海产业技术研究院和振华重工（集团）联合承担的上海市科委项目"大型起重设备健康监测智能决策系统研究与应用"通过市科委主持的验收。

2019 年，与江苏省高邮高新技术产业开发区正式签署创新合作伙伴共建协议，参与江苏海扬智慧物联研究院的建设。与华晟基金管理（深圳）有限公司签署战略合作协议。组织浦江创新论坛·产业论坛 3，论坛以"应用技术研发与产业化：模式与路径"为主题；举办 5G 工业创新应用沙龙。与上海万科等合作打造金桥万创中心智慧园区启动仪式，出版《工业智能技术与应用》，携手上海交通大学等成立上海 5G Cloud VR 产业联盟，共同推动 5G Cloud VR 领域生态发展。

2020 年，研发"新冠肺炎物资公益平台"，聚焦疫情，结合 GIS 地理信息系统为业界提供统一的物资告急和捐赠渠道。上海产研院锂电平台利用场地资源，搭建口罩生产线，生产 N95 口罩等。承担的"政策性银行支持智能制造、新能源汽车、生物医药等高科技领域业务创新与风险防范研究"课题通过专家验收。走访调研上海微技术工业研究院等研发与转化功能型平台；推动北斗导航与位置服务关键技术成果转化，在智能公交，水文环境，共享单车等行业领域建立特色北斗应用系统。承担的《虹桥国际机场——场区运行管理系统建设项目前期研究》《基于北斗高精度的城市慢行交通工具治理关键技术研究及示范应用》通过专家组验收。

二、国家技术转移东部中心

2015 年 4 月 23 日，国际技术转移东部中心（简称"东部中心"）正式揭牌，全国政协副主席、科技部部长万钢和上海市副市长周波共同揭牌。东部中心由国家科技部、上海市政府共同推进，由市科委指导、上海市科技创业中心协调设立的国家级区域技术转移平台。致力于提供技术交易、科技金融、产业孵化全链条服务，打通高校、科研机构、企业间科技成果转化通道，构建平台化、国际化、市场化、资本化、专业化的第四方平台，打造科技成果转化创新生态体系，助力上海建设具有全球影响力的科创中心。同年，云南、甘肃分中心正式成立，上海市科技创新券（技术转移服务类）立项，东部中心在中国（上海）国际技术进出口交易会首次集中展示。

2016 年，东部中心集聚科技中介服务机构 110 余家，布局国内外渠道 150 余个，在美国波士顿、英国伦敦、法国巴黎、新加坡等地设立分支机构，加快形成辐射全球的技术转移交易网络。与济南交通产业中心正式签约，亮相上交会与工博会，上海市发放第一张创新券。

2017 年，加拿大分中心正式成立、新加坡分中心成立，与福建、江苏达成战略合作；合肥、新疆、余杭、大连分中心正式签约，东部中心作为唯一一家技术转移服务单位首次正式亮相双创周活动。

2018 年，伦敦科技周首次登陆中国，长三角首张跨区域技术转移创新券发放，法国分中心、哈萨克斯坦分中心、印度分中心、北欧分中心成立，南通、昆山分中心正式签约。

2019 年，荷兰分中心（欧洲总部）成立，以色列分中心即上海创新中心（以色列）特拉维夫办公室揭牌，全球技术转移大会顺利举办。在市科委指导下，由东部中心牵头的"上海市国际渠道协同平台建设"工作完成试运行。绍兴、淄博、遵义、汾湖、平湖、宁波（奉化）分中心正式签约，上海首个科技大市场——杨浦科技大市场揭牌启动，参加上交会、工博会、进博会。

2020年，中日、中美渠道搭建框架协议签订，乐清分中心、汾湖分中心揭牌，江阴分中心、绍兴分中心、东营分中心、湖州分中心、徐州分中心、台州分中心、芜湖分中心签约，"一券通"长三角双创示范基地联盟双创券服务集成平台上线，上海市技术市场协会第三届第一次会员大会暨第一次理事会、监事会召开。2020全球技术转移大会成功举办，参展第三届中国国际进口博览会，深化上海技术转移学院建设。

三、上海科技创新资源数据中心

上海科技创新资源数据中心是按照上海建设全球有影响力的科技创新中心的总体要求，聚焦科技服务产业发展需求，通过大数据、云计算、互联网＋等技术手段，整合集成科技人才、仪器设施、检验检测、科技文献、专利成果、科学数据等科技资源和服务大数据，在采集、汇聚全市科技资源和服务大数据的基础上，实现科技数据的加工、存储、挖掘、分析、共享和服务，从而促进科技资源科学统筹配置，转变政府职能，促进科技资源共享利用，提高服务水平，提高全社会创新服务效率，推动科技研发服务产业的快速发展。

2020年，建成拥有35万人详细数据的全球高层次科学家人才平台，成为国家和地方招才引智的重要决策支撑智库。

第八章 大众创业、万众创新

2014年，积极推进大众创新创业。强化企业技术创新主体地位，营造包容开放的创新创业环境。至2014年底，科技"小巨人"企业累计311家、"小巨人"（培育）企业累计914家。建设企业法人库与社会信用体系，普查并收录全市1.3万多家中小科技企业信息，加大对企业技术创新的扶持力度。大力发展科技服务业，不断优化创业孵化服务链、上海研发公共服务平台、科技金融服务体系，以及技术交易服务，研究"众创空间"这一综合化、社区化的新型孵化模式及相关组织。

2015年7月14日，由张道宏副省长率领的陕西省代表团一行来沪调研本市科技工作。市政府徐逸波副秘书长，市科委寿子琪主任、陈杰副主任及相关处室主要负责同志与代表团一行就上海支持鼓励"大众创业、万众创新"的做法和经验进行了交流和讨论。

2017年，30所高校设有创业实验室或训练中心，40所高校成立学生创业协会或俱乐部，41所高校设立创业基地或孵化场所，28所高校设立创业指导站。加快推进杨浦区、徐汇区、上海交通大学、复旦大学、上海科技大学、宝武集团、中科院上海微系统所7个全国双创示范基地建设在国内率先取消孵化器认定等行政审批事项。全市众创空间超过600家，其中90%以上由社会力量兴办，覆盖科技类创业者38万余人。9月，上海成功承办2017年全国"双创"活动周主会场活动。

2018年，优化创新创业载体，众创空间专业化、国际化、品牌化建设取得成效，孵化服务能力、海外对接能力和连锁运营能力均有增强。全市有众创空间500余家，其中社会力量兴办占90%以上；总面积320余万平方米，"在孵"及服务科技企业（团队）超过2.7万家（个），入驻企业总收入500亿元。"创业在上海"国际创新创业大赛、第三届中国创新挑战赛（上海）暨首届长三角国际创新挑战赛等活动影响力提升，其中"创业在上海"大赛有7742家上海企业或团队参赛，数量位居全国第一。

2019年，上海加快全市创新创业载体建设，提升创新创业载体的孵化服务能力，营造良好的创新创业氛围，打造极具活力的科技创新高地。全市众创空间提质增效，落实科改"25条"要求，研究制定《上海市科技创新创业载体管理办法》，支持众创空间专业化、品牌化、国际化发展，组织年度创新创业服务体系建设项目立项评审。大学科技园高质量发展，做大做强复旦大学、上海交通大学、同济大学等大学科技园，将其打造成为源头创新和高新技术孵化产业化的重要支撑服务平台，形成品牌特色。推动大学科技园高质量发展，全市国家大学科技园 13 家。

2020 年，围绕创新创业领域"政策、场地、资金、服务"等高频事项，将有关职能部门与创业相关联的政务服务事项集成为创新创业者和企业视角的"一件事"，实现政策服务一次告知、事项"一网办、一窗办"。推动政府信息公开，高转项目认定、国家级科技企业孵化器、高新技术企业认定等 9 个事项公共数据资源开放共享。全年总用户量近 2000，总访问量超过 10782 人次。

第一节 众创空间

2014 年，建成 71 家创业苗圃、107 家孵化器、13 家加速器，基本形成由"创业苗圃 + 孵化器 + 加速器"组成的科技创业孵化服务载体链，"孵化 + 投资 + 服务"的创业孵化模式持续优化。政府从直接办孵化器转向引导社会力量提供创业孵化服务，上海涌现出启创中国、起点创业营等新型创业服务组织和创业社区，以及"创客"平台等新型孵化服务模式，全市各类民营孵化器 33 家、占比 30.8%。年内新建创业苗圃 12 个、市级孵化器 8 个，累计建成创业苗圃 71 个、市级孵化器 107 个（在孵企业 4654 家、毕业 1727 家）、加速器 13 个。新增"科技小巨人企业"63 家和"科技小巨人培育企业"148 家，累计分别有 311 家和 914 家。

2015 年，起点创业营、苏河汇、IC 咖啡、创新工场、杨浦科技创业中心等 8 家非教育机构成为上海首批创业学院。众创空间成立的天使投资基金 16.75 亿元，获上海市天使投资引导基金投入 2.74 亿元，累计投资企业近 700 家。3 月 29 日，近 60 家创业服务机构成立国内首家区域性众创空间行业组织——上海众创空间联盟，主要从事创新创业孵化培育、投资、培训，是以创业者、创客、极客为对象的众创空间服务机构、组织或个人自愿组成的集民间性、互助性、公益性于一体的行业性组织。8 月，市委办公厅、市政府办公厅发布《关于本市发展众创空间推进大众创新创业的指导意见》，鼓励行业领军企业、创业投资机构、投资人、社会组织等社会力量建设众创空间。在孵化载体、服务机构、高校、科研院所集聚且生活设施配套健全的区域，打造一批创业社区，促进区内创业企业围绕产业链、创新链开展合作。至年底，全市有各类众创空间等创新创业服务机构 450 余家，并形成天使投资、大企业平台、产业链生态、咖啡沙龙、创客孵化、朋友圈、创业教育、创业媒体、跨境合作、综合创业孵化十类运营形态和模式。各类民营孵化器成为主体力量，超过 90% 的孵化器为社会力量主办。"专业增值服务 + 早期投资"的发展模式成为众创空间的重要盈利模式。

2016年，建设完善的创新创业承载体系。根据上海资源禀赋和特点大力发展三类众创空间，全市众创空间达500余家，是科创"22条"发布前的2.7倍，形成了创业苗圃—孵化器—加速器接力的系统创业承载体系，在孵企业1.2万余家。

2017年上海众创空间500余家，其中创业苗圃100家、孵化器159家、加速器14家、创客空间等新型孵化器250余家，在孵科技企业16000多家。提高众创空间的开放度和便利度，在国内率先取消孵化器认定等行政审批事项。

2018年，建立众创空间培育体系，以运营模式、服务业绩和孵化成效引领示范，众创空间"专业化、国际化、品牌化"建设取得积极成效，孵化服务能力、海外对接能力和连锁运营能力均有效增长。上海众创空间超过500家，其中社会力量兴办占90%以上；在孵和服务企业和团队超过2.7万家（个），入驻企业总收入500亿元，总面积超过320万平方米。

2019年，在孵企业和团队近150家，撬动社会投资约60多亿元，带动和培育产业规模近百亿元；突出众创空间"品牌化、专业化、国际化"培育为主，引导众创空间提升服务品质和能力，全市共有39家"三化"培育众创空间，100家"三化"培育引导众创空间。

2020年，"苗圃—孵化—加速—产业化"的创业孵化服务链初步成型，在张江、杨浦五角场、闵行"大零号湾"等区域形成集聚效应。各类创新创业载体500余家，国家级科技企业孵化器55家，国家备案众创空间81家。

第二节　创新创业大赛及活动周

一、创新创业大赛

2014年，创新创业大赛以"创业在上海"为主题，宣传创新创业人物，树立创新创业品牌，打造科技创业明星，激发全社会的创新创业热情。大赛引入"赛马"机制，让每位参赛者均有与专家面对面展示的机会；在各大园区引入分赛点，根据不同阶段，设置相应培训内容。赛前，重点培训如何撰写商业计划书和如何8分钟打动投资人；赛中和赛后，引入新型创业服务组织，为参赛者提供专业级培训。在服务上，定期开展企业诊断剖析会，为企业解决管理、市场、人脉和资金等问题；在宣传上，设立"创业在上海"微信公众号，及时发布大赛信息和相关比赛攻略。

2015年"创业在上海"创新创业大赛成功举办。2015年创新创业大赛打造集聚创业者、创业服务组织和创投机构，实现互帮互助的创新创业服务平台。创业主体更加"大众"化，共有 3000 个初创企业和团队进行比拼，规模是 2014 年的 3 倍。创业服务更加注重市场发力，共吸引赞助商 2 家、金融机构 3 家、投资机构 639 家，服务内容包括大赛指导、投融资服务、专业技术服务、人才服务和媒体宣传等。创业活动更加开放集聚，共征集服务机构 48 家，其中 42 家作为分赛点，开展创业活动 200 余场。创业宣传更具辐射效应，宣传量多、面广、有深度、有强度，SMG 5 个频道在黄金时段进行 200 余次公益广告，"创业在上海"微信号发布信息平均阅读量千余次，浏览量近十万次。

2016 年 6 月 8 日，"创业在上海"2016 中国创新创业大赛（上海赛区）暨"智慧浦东、创见世界"浦东新区创新创业大赛开赛启动仪式在上海科技馆举行。共有 8597 家企业和团队报名参赛，与 2015 年相比翻了一番。经过初步筛选，共有 6906 家企业和团队正式提交，是 2015 年的 1.7 倍。

2017 年 4 月 6 日，"创业在上海"国际创新创业大赛启动，活动汇集更多创业团队和创新创业服务资源，创造更多与学术界、产业界对接的机会。5 月 25 日，主题为"众·创未来"的 2017 上海国际创客大赛举办。大赛设区块链开发比赛、青少年创意大赛和硬件创客开发比赛，组织近 30 场赛前培训和技术讲解，实现前沿技术 WebVR、区块链、无人机、电子、创意 DIY 等内容跨界融合。9 月 21 日，第 2 届中国创新挑战赛（上海）启动。上海首次作为承办单位，共征集企业技术创新需求 206 项，动员全市技术转移服务机构深度挖掘企业需求，高校院所精准提出解决方案，体现创新牵引、全球对接、精准服务、常态跟踪等赛事特色。

2018 年 3 月 22 日，2018"创业在上海"国际创新创业大赛暨第七届中国创新创业大赛（上海赛区）、"创新创业，卓越未来"第三届浦东新区创新创业大赛开赛仪式在上海科技馆举行。市科委主任张全、科技部火炬中心副主任盛延林、浦东新区副区长王靖出席并致辞。上海市科技创业中心、各区科委、分赛点负责人及参赛创业者代表参加了活动。共有 6520 家小微企业报名参赛，较 2017 年增长 4.3%。本届大赛针对主体创新的需求，将聚焦科技服务业、人工智能、军民融合技术、汽车智能化等科技创新领域，通过建立长期跟踪机制，深入挖掘企业的创新需求，期待进一步发现培育一批创新优势企业和成长潜力企业。为激励更多的创业企业，市赛将携手 6 亿创新资金，同时获得市赛立项支持的企业还将获得区级资金支持。

2019 年 12 月 19 日，2020"创业在上海"国际创新创业大赛启动会暨 2019 大赛颁奖活动在智慧湾科创园举行。市科委总工程师陆敏出席并致辞，宝山区副区长陈尧水出席活动。市科委创新服务处、大赛组委会成员单位、市科技创业中心、各区科技主管部门负责同志，以及分赛点、服务机构、创业者、投资人代表参加活动。大赛历时六个多月，吸引了 7255 个项目参与角逐；参赛企业中，电子信息、先进制造、新材料、生物医药等"硬科技"领域占比进一步提升。大赛服务日趋完善，各分赛区分赛点依据自身优势举办了各类卓有成效的特色活动 500 余场，最终遴选出 215 家企业代表上海参加国家行业总决赛。

2019 年 12 月 19 日—2020 年 9 月 4 日，2020 年"创业在上海"国际创新创业大赛举行。吸引近 1.2 万家企业申报，比上年增长 62.6%，吸纳就业人数 23.5 万人；遴选 247 家企业参加全国赛，88 家获优秀企业。第 9 届中国创新创业大赛新冠肺炎疫情防控技术创新创业专业赛中，上海 6 家企业进入决赛（共 23 家）。

2020 年 7 月 3 日—10 月 29 日，以"产业智能"为主题的上海国际创客大赛举行。大赛设商业赛道、工业赛道和智慧医疗精准赛道 3 个赛道，从产业出发汇聚创新力量，近 200 支队伍（近千人）报名参赛，78 支队伍进入初赛，25 支队伍获奖，吸引来自 Linux 基金会、英特尔、VMware、IOTech、惠普、腾讯等国内外知名机构关注。9 月 2 日，"2020 创业在上海国际创新创业大赛暨第九届中国创新创业大赛（上海赛区）国赛选拔赛新一代信息技术领域分赛"在上海集成电路设计孵化基地举办。大赛自 2 月份启动以来，企业报名数九届以来首次破万。通过线上评审、分批立项、优中选优，上海市汇聚了 600 余个高质量项目入围 2020 国赛选拔赛。10 月 30 日，第五届中国创新挑战赛（长三角区域一体化发展专题赛）暨第三届长三角国际创新挑战赛现场赛在上海举办。本届大赛作为 2020 全球技术转移大会的重要活动之一，以"现场路演"为核心，围绕长三角一体化展开，通过多种形式展示了"全球化融合""长三角协同""开放式创新""产学研合作创新"四大特色主题。

二、"大众创业、万众创新"活动周

2015 年 10 月，举办首届全国"大众创业、万众创新"活动周上海分会场活动，活动总数、参与人次、覆盖范围都位居全国前列。全国"大众创业、万众创新"活动周上海分会场以"大时代，众创新，加快向建设具有全球影响力的科技创新中心进军"为主题，展示了 2015"创业在上海"创新创业大赛优秀项目、教育部"互联网＋"创新创业大赛上海赛区决赛项目、上海众创空间、张江创新成果等创新创业项目和成果。全市各众创空间组织开展项目路演、投资对接、政策宣讲、创业培训和辅导、创业论坛和沙龙在内等 105 场丰富多彩的"双创"活动，集中展示优秀创新创业成果。

2016 年 10 月 13 日，全国大众创业万众创新活动周在张江信息园举行，制造业相关领域院士专家、上海先进制造业企业代表 200 人出席论坛。中国科学院院士褚君浩、中国再制造技术国家重点实验室副主任史佩京分别作《科技创新促进产业发展》和《绿色制造与再制造工程》主题报告。

2017 年 9 月 15—21 日，主题为"双创促升级，壮大新动能"的全国大众创业万众创新活动周举行。9 月 15 日，全国大众创业万众创新活动周启动仪式在上海杨浦长阳创谷举行。中共中央政治局常委、国务院副总理张高丽出席并讲话。张高丽表示，党中央、国务院高度重视创新创业工作。各地区各部门按照党中央、国务院决策部署，深入实施创新驱动发展战略，创新创业环境不断优化、投入持续增加、主体日益壮大、成果层出不穷，对发展的支撑引领作用显著增强，中国正在探索走上一条符合国情、富有特色的创新创业之路。活动周期间，举办了启动仪式、主题展示、创新创业嘉年华、创新创业七日谈、我是创客小达人、创客真人秀、创新创业零距离等重点活动。上海主会场参观人次超 15 万人次，参加活动人次超 50 万人次，宣传推广覆盖人数超 1000 万人。

2018 年 10 月 9—16 日，举行主题为"高水平双创，高质量发展"的 2018 年全国"大众创业万众创新活动周"上海市分会场活动。翁铁慧副市长与 2 名创新创业者代表以及 2 名本市国家双创示范基地代表共同启动上海市分会场活动，并参观上海双创成果展。开展各类主题活动，并集中展示本市科技人员、青年创客、大学生等各类双创主体的创新创业项目，全市各区以及 7 个国家双创示范基地、各有关众创空间、高校等也将举办项目路演、会议论坛、投资对接等形式多样、种类丰富的双创活动。"双创"活动周期间，上海的重要活动是 2018 亚洲智能硬件大赛总决赛。本次大赛共吸引来自中国、日本、韩国、印度、泰国、新加坡等国家的 600 多个创客团队参与，有 15 个项目从各分赛区突围，进军上海，角逐冠军。

2019 年 6 月 13—19 日，举行全国大众创业万众创新活动周，主题是"汇聚双创活力，澎湃发展动力"。上海市分会场活动包括主题展示和系列活动，主题展示主要分为人工智能、集成电路、生物医药、重大原始创新、双创服务、科创成果展六大板块；系列活动包括长三角文创产业青年创业论坛、大学生创新创业论坛和科创板大型主题论坛等。

2020 年 10 月 15—22 日，举行全国大众创业万众创新活动周，以"创新引领创业，创业带动就业"为主题。上海分会场设在徐汇西岸，主题为"创新创业，一沪百应"，将进一步营造上海创新创业良好氛围，提升创新创业意识和能力，激发和培育优秀企业家精神，推动创业政策、创业服务与创业个人、团队和企业更有效对接。上海分会场云上展示平台，包括活动、短视频、项目、政策、创投基金、人才招聘六大板块，累计超过 700 条参展信息。

第三节　双创基地

2016 年 5 月，国务院办公厅印发《关于建设大众创业万众创新示范基地的实施意见》，杨浦区成为区域示范基地，上海交通大学成为高校和科研院所示范基地。10 月 10 日，上海市政府常务会议原则通过《上海市人民政府关于全面建设杨浦国家大众创业万众创新示范基地的实施意见》。10 月 17 日下午，上海市政府新闻办举行市政府新闻发布会，发布了《上海市人民政府关于全面建设杨浦国家大众创业万众创新示范基地的实施意见》。杨浦区区长谢坚钢介绍了杨浦区全面建设国家双创示范基地的整体目标、改革措施和重点项目，市发展改革委副主任阮青、市科委秘书长林旭伟、杨浦区副区长丁欢欢出席发布会，并一同回答了记者提问。

2017 年，国家双创示范基地扩容至 7 家，包括 2016 年的 2 家：杨浦区、上海交通大学，以及 2017 年的 5 家：徐汇区、复旦大学、上海科技大学、宝武集团、中科院上海微系统研究所，实现区域、高校和科研院所、企业三类国家级"双创"示范基地全覆盖。

2019 年，零号湾创新创业集聚区全面升级，推进环上海交通大学、华东师范大学区域的零号湾创新创业集聚区建设，打造集基础研究、前沿技术研发、成果转化、"硬科技"创业、产业集群、休闲娱乐、生活安居为一体的国际化高品质滨江新城，与杨浦区形成南北呼应的格局。中以（上海）创新园开园，1 期办公场地规模约 6000 平方米投入使用，入驻国内外企业、机构 20 余家，联合"创新研发 + 双向技术转移 + 创业企业孵化"的功能效应初见成效。

2020 年 12 月 24 日，国务院办公厅发布《关于建设第三批大众创业万众创新示范基地的通知》，公布了 92 个第三批双创示范基地，同济大学国家大学科技园、长宁区虹桥智谷、静安国际创新走廊 3 家单位榜上有名。至此，上海国家双创示范基地扩容至 10 家。

第四节　科技企业创新扶持体系

2014 年，促进研发费用加计扣除、高新技术企业认定、技术先进型服务企业认定等优惠政策完善和落实，5852 家企业享受 2014 年度研发费用加计扣除额 335 亿元，减免税收 83.75 亿元。

2015 年，全年全市新认定高新技术企业 1467 家、复审通过高新技术企业 622 家，累计高新技术企业 2089 家；新认定技术先进型服务企业 18 家，累计

253 家；至年底，有 1024 家企业、14 个创业团队获科技创新券支持。

2016 年，研发费用加计扣除、高企、技先等 3 项重点关注的国家普惠性税收政策进一步得到落实，减轻企业负担。通过创业苗圃计划，支持未成立公司的创业团队。通过创新资金政策，扶持营收 < 3000 万元的初创期企业，累计支持初创期或小微企业超 1.3 万家；2016 年申报数超 6325 家，同比增长 27 倍；1657 项小微企业获扶持，同比增长 20%；市、区两级落实财政资金近 3.5 亿元；带动企业研发投入近 30 亿元。通过科技小巨人工程，新增科技小巨人 211 家、累计 1638 家。

2017 年，根据科技型中小企业不同成长阶段的创新需要，建立政策扶持链。累计超过 1.5 万家小微企业获扶持。科技小巨人工程实施十余年来，共有 6187 家符合条件的企业参与，累计支持科技小巨人工程企业（含培育）1798 家。科技券实施两年以来，共 3835 家中小企业和创业团队申领总额 2.05 亿元的科技券，申领通过率 97.4%，实际兑券 4734 万元，引导企业投入的研发总支出 2.25 亿元。

2018 年，全链条支持科技型企业创新发展，加快市高新技术企业发展。年内，全市新认定高新技术企业 3653 家，有效期内高新技术企业数量达到 9204 家。加大普惠性财税支持力度，研发费用加计扣除、高新技术企业认定、技术先进型服务企业认定三项政策落实 2017 年度企业减免税收总额 334.05 亿元。支持创新创业团队项目 184 项，资助金额 920 万元。支持创新企业 1751 家，市、区两级创新资金投入 3.5 亿元。精准服务首批 10 家卓越创新试点企业，开展专题座谈，精准了解企业实际问题。11 月 3 日，市政府出台《关于加快本市高新技术企业发展的若干意见》。《若干意见》确定：到 2020 年，全市有效期内高新技术企业总量达到 1.5 万家左右，营业收入超过 3 万亿元，利润总额达到 2800 亿元，研发费用投入超过 2000 亿元；到 2022 年，全市有效期内高新技术企业总量超过 2 万家，涌现出一批具有国际竞争力的高新技术领军企业。《若干意见》提出四项重点措施。实施高新技术企业培育工程，提升高新技术企业创新能力，降低企业技术创新成本，提升政府创新服务水平。11 月 22 日，《上海市科技创新券管理办法（试行）》发布，明确创新券的组织机制、使用范围、支持方式、各方职责、使用流程和监管要求。

2019 年，新增科技小巨人和科技小巨人培育企业 177 家，累计 2155 家，全市经国家认定的高新技术企业有 61 家，上海市新认定 5950 家，有效期内的高新技术企业累计 12864 家。全年共落实高新技术企业减免所得税 160.97 亿元，享受企业数 3310 家。落实技术先进型企业减免所得税额 5.12 亿元，享受企业数 174 家。研发费用加计扣除减免税收 303.75 亿元。

2020年，科技型中小企业全年入库8008家，比上年增长22%，累计入库1.7万家。科技小巨人工程全年新立项支持191家，比上年增长7.3%，累计扶持企业超2300家。高新技术企业全年认定7396家，有效期内累计超1.7万家。全年11807家企业申报创新资金，较上年度增长62.7%，其中55%企业首次申报，申请企业吸纳就业人数23.5万人，其中高校应届毕业生人数1.6万人，支持企业2142家，市、区两级财政投入4.3亿元。组织626家牵头单位申报科技部"科技助力经济2020"重点专项项目，争取科技部支持3000万元。单个科技型中小企业科技创新券使用额度由30万元提升至50万元，拓宽科技创新券服务范围，激发企业创新动力，活跃科技服务市场。全年共向3739家中小企业和创业团队发放总额18.6亿元的科技创新券，研发类服务惠及1284家次中小企业，兑现补贴7837万元，调动企业研发总支出2.14亿元。全年共向542家企业16个团队发放总额5195万元的科技创新券，兑现补贴4540.72万元，促成合同金额1.3亿元，促成技术转移57项，助力71家企业获投融资4.09亿元。

第九章　科创中心重大改革

第一节　政府管理创新

2014年，上海着眼创新全链条优化资源配置，促进科技资源优化配置和高效利用，加快从研发管理向创新管理拓展。探索科技计划管理改革：从管理流程再造、研发创新图谱、科研诚信体系建设三方面推进管理创新，完善科技管理。市科委制定《科技计划项目管理工作手册》，推动管理标准化和流程再造。构建《上海科技创新知识图谱》，管理决策由依赖个人经验的决策向依赖大数据分析的科学化和精准化决策转变。优化科技创新组织机制：支持大型集团企业利用国内外优质资源，集中资源重点投入，与高校、科研院所进行重大技术联合攻关，加快建立以企业为主导创新机制。采取"建设和运行并重"的方式，促进各类企业、大学、科研机构及相关科技中介服务机构在产业技术创新战略联盟建设上有效结合。引入第三方评估机制，优化评估指标体系，评估验收2011年立项的28个试点联盟。加强科研经费监管。制定出台《上海市科研计划项目预算评估评审管理办法》和《上海市科研计划项目财务验收管理办法》，改进和加强科研项目预算评审及财务验收管理，形成事前评估、事中审查、事后监督的科研经费监管制度体系。制定实施《科研计划专项经费巡查管理暂行办法》，建立科研经费巡查制度和预算管理制度。推进科技立法研究。参与国家《科技成果转化法》修订，启动科学仪器共享服务立法调研，开展重点科技创新政策评估监测。出台《上海市大型科学仪器设施共享服务评估与奖励办法实施细则》，鼓励全市高等院校、科研院所等公益性服务机构的科技资源参与共享服务。加强制度化建设：全面梳理科技行政管理"权力清单"并建章立制，建立健全规范性文件制定程序和办法。

2015年，上海科技创新政策体系全面优化，结合《关于加快建设具有全球设具有全球影响力的科技创新中心的意见》的落实，围绕人才改革、众创空间、国企科技创新、科技金融、财政支持、成果转移转化、开放合作等重点领域改革，出台先行创新、科技金融、财政支持、成果转移转化、开放合作等重点领域改革，出台先行先试科技创新政策措施，深化体制机制改革。按照简政放权、放活市场的理念和要求，进一步取消和调整行政审批事项，全面清理和取消市级部门及各区县政府自设的各种行政审批；简化创新创业型初创企业股权转让变更登记管理办法，企业依法合规自愿变更股东；放宽"互联网+"等新兴行

业市场准入管制、企业注册登记条件和版权交易管理限制等，取消不必要的办
证规定，整合精简检测检验限制等，大力推进检验检测服务行政审批事项；大
力推进权力清单和责任清单制度建设。

2016年，加快建立符合创新规律的政府管理制度。减少政府对企业创新活
动的行政干预，释放全社会创新活力和潜能。选择116项行政许可事项开展证
照分离改革试点，试点上市许可和生产许可分离的药品上市许可持有人制度。
完善职务发明法定收益分配制度，明确规定科技成果市场化定价机制和提高科
研人员成果转化收益比例。股权奖励递延纳税政策落地实施，完善张江国家自
主创新示范区企业股权和分红激励办法。探索科技计划管理改革，提升管理能
力和治理水平。继续执行年度计划项目查重功能前置、规范化重大项目管理等
措施，优化年度科技计划管理流程。推进科技信用体系建设，与市信用平台衔
接，探索制定《上海市科技信用记录和使用管理办法》，定期向市级信用平台归
集数据，全年归集报送3批6类共9442项信用数据，完善信用数据清单、推动
录入规则编制，新增实验动物行政事项信息纳入报送范围。

加快健全企业为主体的创新投入制度。发挥金融财税政策对科技创新投入
的放大作用，推动形成天使投资集聚活跃、科技金融支撑有力、企业投入动力
得到激发的创新投融资体系。强化多层次资本市场的支持作用，88家银行获批
在上海开展投贷联动试点，筹建以服务科技创新为主的民营张江银行，上海股
权托管交易中心科技创新板79家科技创新企业成功挂牌。鼓励国有企业加大创
新投入，完善以创新为导向的国有企业考核、激励、评价体系。全力缓解科技
型中小企业融资难问题，健全科技型中小企业融资服务体系，上海市中小微企
业政策性融资担保基金成立，"3+X"科技信贷服务体系不断完善，实现对初创
期、成长早中期、成长中后期科技企业的不同融资需求的全覆盖。

推进政务公共数据资源共享，探索科技创新服务新模式。上海研发公共服
务平台、市质量技术监督局业务受理中心和上海牵翼网络科技有限公司举行互
联网＋检验检测认证服务平台合作共建协议签约仪式。此次签约是市科委与市
质量技术监督局之间跨委办的大数据交互合作，将探索互联网、大数据、电商
平台与科技创新服务、检测测试运营服务相结合的创新发展模式。通过建立数
据信息对接渠道和机制，设计数据标准与采集方式，保障数据信息安全，推进
检验检测认证信息的集聚、高效流动与市场化配置，为企业、科研工作者提供
更精准、更有效、更全面的创新资源数据信息平台，为检验检测认证平台、科
技资源大数据中心的建设和服务夯实数据信息基础。

科技政务一站式窗口，集中受理一门式服务。11月11日，上海科技服务热

线日，上海科技服务热线正式开通对外服务，整合了市科委原各职能部门72门各式热线服务电话，实现一号对外，集中接听；形成市科委办事大厅、"上海科技"门户网站和上海科技服务热线"三位一体"科技政务服务窗口。服务内容涵盖市科委职能范围内19家成员单位的科技政策、行政审批、项目申报、科技创新创业服务等业务事项，提供咨询、建议、投诉等公共服务。

2017年以制度创新促进科技创新，上海在全国发挥示范引领作用。在国家授权先行先试改革领域，国务院授权上海先行先试的10项改革举措基本落地。其中，创新创业普惠税制、股权激励机制等改革举措在全国复制推广。在"自主改"领域，政府创新管理、科技成果转移转化、收益分配、创新投入、创新人才发展、开放合作六个方面开展改革探索，先后发布9个政策文件、160多项自主改革举措以及70多个配套办法。制定《上海市促进科技成果转移转化条例》。推进科技信用体系建设，定期向市信用平台归集数据，全年报送6类信用数据共5369条，配合市征信平台完成年度数据编制。推进科技报告制度落实，制定地方科技报告制度运行工作方案，落实2017年上海地方科技报告制度。至年底，全市首批8家科技报告单位上报数据。

着力深化"放管服"改革，按照抓战略、抓规划、抓政策、抓服务的要求，统筹推进退、放、进、变，深化政府科技管理改革，调整优化科技专项计划体系，深入推进财政科技投入机制改革，优化完善竞争性财政科研经费管理，并坚持"不注册、不登记、不备案"的原则，在国内率先取消孵化器认定等审批事项。

深化行政审批制度改革，遵循"高度透明、高效服务，少审批、少收费，尊重市场规律、尊重群众创造"的原则，持续深化简政放权、放管结合、优化服务改革，全面推进政府效能建设，完善市场在资源配置中起决定性作用的体制机制，深化行政管理体制改革，创新政府管理，优化政府服务。

深化政府权力清单制度建设，加强行政权力目录管理，对97项权力清单动态调整工作进行自查，取消"对从国外进口作为原种的实验动物，未附有饲育单位负责人签发的品系和亚系名称以及遗传和微生物状况等资料的处罚"的行政处罚事项。

加强行政审批标准化建设，科学制定规范标准的审批流程，开展监督检查工作，对"实验动物生产许可""实验动物使用许可""科普教育基地认定"三项审批事项的《业务手册》和《办事指南》进行修订。

推进行政审批等事项信息化建设，按照市政府网上政务大厅建设的整体部署和要求，进一步调整、优化、增加网上政务大厅审批事项办事指南要素，对外开放的事项由24项增至36项，完成83项政务服务事项目录清单及实施清单的梳理并发布。

完善行政审批监管体系。积极开展"双随机、一公开"执法检查工作，完善抽查工作机制和相关制度，制定《加强技术市场事中事后监管工作方案》和《加强实验动物事中事后监管工作方案》，完成与上海事中事后综合监管平台的"双随机、一公开"等业务功能及许可信息、处罚信息的对接。

不断优化政府管理和服务。落实简政放权、放管结合、优化服务的改革要求，对"实验动物环境设施检测""产品质量性能检测报告"等6项市级评估评审事项、4项区级评估评审事项进行全面清理规范。

2018年，为进一步整合管理资源、形成合力，上海调整科技创新中心建设管理体制，重组上海推进科技创新中心建设办公室，实行更加协同高效的"四合一"管理体制。

全面创新改革试验推进三年来，上海发布超过70个配套实施办法，涉及160多项自主改革，国务院确定向全国复制推广的36项改革举措中，25%为上海经验，改革"势能"逐步转化为发展"动能"。其中，8项落地或推进中：开展海外人才永久居留便利服务等试点、改革药品注册和生产管理制度、研究探索鼓励创新创业的普惠税制、改革股权托管交易中心市场制度、落实和探索高新技术企业认定政策、完善股权激励机制、探索发展新型产业技术研发组织、建立符合科学规律的国家科学中心运行管理制度。2项正在研究制定方案：探索开展投贷联动等金融服务模式创新、简化外商投资管理。

2019年，推进科研项目"放管服"，落实"一网通办""最多跑一次"等政务服务要求。开展流程再造研究和部署，梳理科技计划管理工作相关制度和业务流程，构建市科委新一代项目管理信息系统。依托市财政科技投入信息平台，集中发布计划指南，开展跨部门会商，强化部门科技投入联动协同，建立布局合理、功能清晰、信息公开、绩效导向的财政科技投入管理体系。落实国家"三评改革"（项目评审、人才评价、机构评估）要求。市科委制定实施《上海市科技计划项目管理办法（试行）》；完善项目评审系统，严格执行专家小同行评审和回避制度，及时公布评审专家名单；实施《上海市科技专家库管理办法（试行）》，新建专家库系统上线运行，入库专家1.2万余人；规范精简科技计划流程管理，在项目正式立项前进行公示，接受社会监督；发布《上海市科技计划项目综合绩效评价工作规范（试行）》；完善国家重大专项地方配套资金管理和监督，调整国家科技重大专项地方配套监督检查工作组织方式，下放监管权限，减少检查频次，简化预算编制要求、扩大项目单位预算调整权；改革科技奖励制度，修订发布《上海市科学技术奖励规定》，增设科学技术普及奖；同步修订施行《上海市科学技术奖励实施细则》。

2020 年，深入推进科技创新管理改革，不断提升科技政务服务水平，实现科技计划管理全流程监督，深化财政科技投入经费管理改革，建立规范高效的科研诚信案件受理查处机制及完善的外国人才审批服务体系等。实现技术合同、国家大学科技园认定、科普基地认定等 12 个行政审批事项"不见面"审批；梳理市级和区级科技部门事项业务情形，确定材料免交方式及关联证照材料；对标调整行政权力和公共服务事项，经调整共有行政权力事项 14 项，公共服务事项 16 项；建设创新创业"一件事"办理专窗并于 9 月在"一网通办"平台试运行；强化政务服务事项办事指南精细化、规范化、精准化，推进项目管理流程再造，建设优化科技管理信息平台；规范精简科技计划流程管理，实现申报无纸化、形式审查秒判；建设完善专家库，修订发布《上海市科技专家库管理办法》，入库专家 15283 人；推进实施科技报告制度，年内完成 2747 项科技计划项目科技报告编审与呈交工作。

第二节 财政科技资金管理改革

2014 年，继续落实企业研发费用加计扣除、高新技术成果转化、高新技术企业认定等税收优惠普惠性政策，切实提高政策便捷性和兑现率；多措并举加大资金扶持力度，推动科技型中小微企业发展；建立健全政策宣传和服务的长效机制，不断提高政策的知晓度。为了保障科研经费的合理配置和有效利用，颁布并实施《上海市科研计划项目预算评估评审管理暂行办法》《上海市科研计划项目（课题）财务验收管理暂行办法》《上海市科研计划专项经费巡查管理暂行办法》。

2015 年，瞄准世界科技前沿和顶尖水平，聚焦重点，增加投入，统筹科技创新资源，强化顶层设计；尊重科技创新规律，完善财政资金投入方式；落实国家税收政策，发挥财政政策引导效应。

探索改革财政科技资金管理。加大财政科技投入力度，集中财力办大事。完善财政科技投入机制，建立健全市级财政科技创新投入宏观决策和部门协调机制。整体规划和重构财政科技计划（专项）布局，通过撤、并、转等方式，逐步对其进行调整和整合。

完善财政资金投入方式。强化稳定性和持续性支持，进一步推进产学研合作。探索引导性支持方式，发挥好市场配置技术创新资源的决定性作用、企业技术创新的主体作用和财政资金的杠杆作用。完善竞争性科研经费管理，进一步落实科研项目预算调整审批权下放，改进科研项目结转结余资金管理。

发挥财政政策引导效应。落实国家支持科技创新的税收政策，健全创新产品和服务优先采购政策，促进创新产品规模化应用。加大对天使投资的政府支持力度，扩大引导基金规模。设立大型政策性融资担保机构（基金），服务于科技型中小企业。

2016 年，财政资金管理改革力度不断加大，市级财政科技投入联动管理机制初步建立，产业链、创新链、资金链融合力度进一步加强。4 月，《本市加强财政科技投入联动与统筹管理实施方案》发布，将全市 19 个市级科技专项优化整合为基础前沿类、科技创新支撑类等五大类，并纳入统一的财政科技投入信息平台管理。

2017 年，完善财政投入体制机制，落实《本市加强财政科技投入联动与统筹管理实施方案》的工作要求，制定出台《市级财政科技投入基础前沿类专项联动管理实施细则》《市级财政科技投入科技创新支撑类专项联动管理实施细则》《市级财政科技投入科技人才与环境类专项联动管理实施细则》等实施细则，并初步建立统一的市级财政科技投入信息管理平台，逐步减少市级财政科技投入存在的分散、重复等问题。优化完善竞争性财政科研经费管理，修订《上海市科研计划专项经费管理办法》，进一步简化部分科目预算编制，改进科研项目结余留用管理，推进项目承担单位建立科研财务助理制度，激发科研人员创新活力。推进建设财政科技统筹联动统一投入管理信息平台。根据《上海市加强财政科技投入联动与统筹管理实施方案》，参与市财政科技统一信息平台建设的相关支撑工作，完成原有信息系统 40 套报表的整合和统一平台信息系统的数据接入，实现统筹计划指南的统一平台申报。

拓展科技创新券服务领域，创新政府科技投入方式。通过科技创新券的发放、使用和兑现，促进大型科学仪器、专业技术服务等研发资源的共享利用，通过泰坦化学、牵翼网等商业化服务平台加速科技资源的市场化流动和配置，降低企业研发成本，缩短企业研发周期，促进科技服务业发展，优化创新创业环境。

2018 年，持续推进财政科技投入统筹管理工作，初步建立统一的市级财政科技投入信息管理平台，出台基础前沿类、科技创新支撑类、科技人才与环境类 3 类由市科委牵头的专项实施细则。依托市财政科技投入信息平台，集中发布计划指南，积极开展跨部门会商，全年涉及会商讨论的议题 70 余项，进一步强化部门科技投入联动协同，建立完善布局合理、功能清晰、信息公开、绩效导向的财政科技投入管理体系。

2019 年，依托市财政科技投入信息平台，集中发布计划指南，开展跨部门会商，强化部门科技投入联动协同，建立布局合理、功能清晰、信息公开、绩效导向的财政科技投入管理体系。完善国家重大专项地方配套资金管理和监督，调整国家科技重大专项地方配套监督检查工作组织方式，下放监管权限，减少检查频次；简化预算编制要求、扩大项目单位预算调整权。

2020年，制定发布《上海市科技计划专项经费后补助管理办法》，提升科研经费管理服务能力；对14家单位承担的303个自然基金项目全面实施包干制管理；探索科研计划项目（课题）专项经费巡查新模式；依托市财政科技投入信息平台，集中发布计划指南，积极开展跨部门会商。建立规范高效的科研诚信案件受理查处机制，严肃查处违背科研诚信的行为，并将科研失信行为纳入科研信用记录；建立健全科研诚信审核、科技伦理审查工作机制，与国家科研诚信管理信息系统实现汇交，建立覆盖全市的科研诚信联络员机制，加强科技计划全过程的科研诚信管理，将科研诚信建设要求落实到项目指南、立项评审、过程管理、结题验收和监督评估等科技计划管理全过程。

第三节　科研院所改革

2014年，以上海产研院建设为重点，构建起由全市各类应用型科研院所广泛参与、从事产业共性技术研发、开放式的技术创新平台，着力推进产业技术创新体系建设。鼓励新型科研院所和社会力量参与上海产业共性技术研发与服务能力建设，推动中央在沪科研院所融入上海创新体系。年内完成对上海电器科学研究院、上海电缆研究所和上海化工研究院履行公共职能的绩效评价，引导院所开发共性关键技术、开展共性服务，带动行业企业的技术进步，推动相关产业的发展。

2015年，探索开展"价值观引领、章程式管理、机构式资助、第三方评估"的院所管理改革，推进政事、政企分开，建立现代科研院所分类管理体制。研究"上海科研院所创新联盟"方案。探索"科研院所创新联盟"的组织形式及其运作平台，以促进产业技术集成创新、突破体制隶属关系束缚，释放各类研发机构协同创新活力、促进科技创新资源增值流动，形成研发服务业态，提升科研院所的全球影响力。

探索各类科研院所的改革发展方向。《关于进一步加快转制科研院所改革和发展的指导意见》延长实施1年，并研究扩大支持范围，形成具有公共职能的科研院所支持模式。完成新型科研院所的绩效评估。完成电缆所、电科院和化工院3家新型科研院所2014年度公共职能绩效评价工作。

2016年，科研院所分类改革路径加快规划，转制科研院所加快转型发展。截至年底，全市具有独立法人资格的转制科研院所55家，具有较强的科技创新基础、技术研发能力，且不同程度地承担了服务本行业和经济社会的公共职能。

修订发布《关于进一步加快转制科研院所的改革和发展的指导意见》，进一步引导和激励全市转制院所从事行业共性技术研发和服务等公共职能，建立健全政府稳定资助、竞争性项目经费、对外技术服务收益等多元投入发展模式。同时，对上海电器科学研究院和上海化工研究院2家院所2015年度的公共职能履行情况进行绩效评价，并给予相应的财政经费扶持。

2017年，开展新型科研院所改革，研究上海科研院所协同创新机制，提出院所技术转移联盟的初步设想。加强调研，支持中国电力科学研究院、上海化工研究院、上海市激光技术研究所3家单位开展新型院所试点建设，发挥转制院所的行业公共服务职能。为更加客观科学评估转制院所履行公共服务职能的绩效，制定发布《上海市新型科研院所履行公共职能的绩效评价与管理办法》，对绩效评价流程、评价内容、评价结果应用、补贴经费用途、监督管理等方面作出明确规定。

2018年，推进新型院所的改革试点工作，通过"绩效评价＋后补贴"的方式，引导转制院所为行业内企业提供服务。开展对上海电器科学研究院、上海化工研究院有限公司、上海市激光技术研究所、上海工业自动化仪表研究院有限公司及上海材料研究所5家新型科研院所2017年度履行公共职能的绩效评价工作。支持5家院所开展共性关键技术与前沿技术研发、标准制定与验证、成果转化与孵化、专业人才培训等公共服务。5家院所2017年总计为行业内16881家非关联企业提供检测服务219115次，服务量和服务次数分别较前三年平均值增长19.51%和19.62%。

2019年，《关于进一步扩大高校、科研院所、医疗卫生机构等科研事业单位科研活动自主权的实施办法（试行）》发布，深化高校、科研院所和医疗卫生机构等科研事业单位科研体制改革，重点提出一项管理体制机制，实施章程管理，确保机构运行各项事务有章可循；明确六项自主权，在内部机构设置、人事管理、薪酬激励、科研项目与经费管理、科研仪器设备采购、科技成果转化等方面提出应当赋予科研事业单位的自主权；要求建立一套内控制度，强调科研事业单位要建立完善内控制度和容错机制，市有关部门要加强对各单位贯彻落实情况的监督检查。

2020年，根据科改"25条"和相关绩效评价管理办法，对绩效指标体系进行修订和完善。支持上海电器科学研究院等5家院所开展共性关键技术与前沿技术研发、标准制定与验证、成果转化与孵化、专业人才培训等公共服务，完成转制院所履行公共服务职能评估。推进"三不一综合"新型研发机构改革实践，依托新型研发机构，探索突破传统科研事业单位的运行管理制度。探索突破传统科研事业单位的运行管理制度，给予研究机构长期稳定支持，赋予研究机构充分自主权的改革实践；建立有利于引进高水平科研人员、提高科研经费使用效率的管理体制，建立具有竞争力的薪酬体系。简政放权，扩大所属事业单位自主权，释放创新积极性和能动性，推动改革工作。制定发布《关于进一步加大简政放权力度促进市科委所属事业单位国有资产管理工作的通知》，下放资产管理自主权，强化事业单位资产管理的主体责任，年内共下放 27 家事业单位的审批权限。

第十章 科技成果转移转化

2014年，探索建立市场主导的科技成果转化服务体系，筹建国家技术转移东部中心，从市场化、社会化、国际化和资本化运作机制入手，建设技术交易、技术金融、孵化引导、再研发培训、知识产权服务、规划统计六大功能，促进技术市场活跃与繁荣。引入和支持社会资本创办孵化器，拓展政府购买服务方式，补贴新型创业组织的孵化服务，发展专业化、市场化的创业服务。拓展市场选项手段，探索创新创业大赛等市场选项方式遴选项目，优先支持创业投资机构投资的科技企业和项目，引导社会资本助推科技成果产业化。

2015年，构建市场导向的科技成果转移转化机制，重点完善科技成果转化、技术产权交易、知识产权保护等相关制度，打通创新与产业化应用的通道；转变政策扶持理念，从"事后追认"式政策支持转向"事前引导"，从供给侧政策，转向更多为成果应用推广营造空间、提供服务的需求侧政策；进一步扩大创新主体处置创新成果的自主权，提高高校和科研院所科技成果转化的收益。让科研人员"名利双收"是促进科技成果转移转化最核心的激励措施。2015年，国家部委科技成果"三权"改革试点单位中科院上海药物研究所完成了13项新药研发成果的转化，转化合同总额达7亿元，加上正在谈判并即将签约的项目，全年转化合同总额可超8亿元，相当于2011—2014年的总和。11月17日下午，市政协组织了以"促进科研成果转化建设具有全球影响力的科技创新中心"为专题的年末考察活动。市政协副主席方惠萍、市政协副秘书长齐全胜以及市政协常委、各界委员60多人参观了位于嘉定区的中科院上海硅酸盐研究所和中科院上海微系统与信息技术研究所并听取了市科委的专项工作汇报。

2016年，加快推进科技成果转化。坚持系统推进的工作思路，加强部市会商、市区联动、部门协同，推动成果转化工作与科技体制改革、科技服务业培育、科技资源开放、大众创新创业等各项工作的联动推进。围绕政策制定时的权益与激励、转化便利性、人员顾虑三个核心问题，突出自主化处置、制度化建设、市场化定价、专业化服务的理念，建立健全协调机制、服务体系、工作指引，明确净收入认定、工商注册、人员税负等改革举措，编制形成《上海市促进科技成果转移转化行动方案》。加快推进地方立法，《上海市促进科技成果转化条例（草案）》提交市人大常委会一审。科技成果转移转化呈现出"四个加快"的趋势：社会各界对成果转化规律的共识加快形成，成果转化的内生动力加快提升，市场化、专业化的科技成果转化中介服务体系加快完善，一批成功转移转化案例示范效应加快显现。通过科技部、上海市部市合作，启动建设"绿色技术银行"，加快资源节约、环境友好、安全高效等可持续发展重点领域成果转化应用。加强知识产权应用和保护，组建上海知识产权交易中心，在浦东新区建立知识产权侵权查处快速反应机制，推动知识产权在严格保护的基础上实现价值最大化。

加快高校和科研院所科技成果转移转化，加大高校和科研院所科技成果使用权、处置权和收益权下放力度。11所高校、科研院所建立科技成果转化管理制度和流程，初步取得一批成功案例。针对高校、科研院所成果转化问题开展系统调研，对收益计算"净收入"的判定、高校不允许对外投资、人员现金奖励税负过重、工商注册登记等关键问题予以明确突破。《上海市促进科技成果转化条例（草案）》、上海人才新政"30条"等政策法规对成果转移转化一些关键问题的突破进行了明确的规定。从实际进展看，全市科技成果转化成功案例不断涌现。例如，上海理工大学与上海海事大学，成功试点"先投后奖"和"先奖后投"的成果转化路径；上海交通大学出台科技成果转化的系列政策，包括成果管理、收益分配、兼职人员管理等方面；中科院上海生命科学研究院印发《中科院上海生科院专利申请与维持费用管理条例（试行）》和《中科院上海生科院横向项目管理办法》；中科院上海硅酸盐研究所制定"两个50%"的奖金分配制度；中科院上海光学精密机械研究所制定《上海光机所科技成果转移转化管理办法（试行）》；等等。

11月23日，领导干部推进科技成果转化专题研讨班在市委党校举行。开班仪式上，副市长周波做开班动员和专题辅导报告。市科技工作党委、市科委领导班子成员，市委组织部、市委党校分管领导，出席了开班式。相关部门分管领导，市委、市政府相关委办局、部分高校、国有企业分管领导，各区分管副区长，市科技系统各单位党政负责同志300人参加本次研讨班。

2017年，建立健全科技成果转移转化制度，着力破除科技成果转移转化制度障碍，落实"三权下放"，解决权益与激励问题，降低转化过程成本与风险，研究制定并发布实施《关于进一步促进科技成果转移转化的实施意见》《上海市促进科技成果转化条例》《上海市促进科技成果转移转化行动方案》，实现立法保障、政策促进和行动方案"三部曲"联动。

2018年，研究制定进一步深化科技体制机制改革的意见，在系统集成近年来全市科技体制改革与创新体系建设实践成果的基础上，以问题为导向，以需求为牵引，针对科技创新重要领域和环节的突出问题和瓶颈制约，重点围绕科技创新能力、活力、动力和环境提出改革举措。科技成果转移转化大力推进。改革科技成果权益管理，放宽事业单位领导成果转化激励条件，加强高校院所专业化技术转移机构建设。自 2015 年以来，上海积极贯彻落实国家科技成果转化"三部曲"，结合全市实际，从立法、政策、行动计划等多层次加快突破科技成果转移转化的关键制约，取得阶段性成效。全年认定高新技术成果转化项目656 项，比上年增长 33.1%，其中电子信息、生物医药、新材料等重点领域项目占 86.28%。

2019 年，上海加速科技成果转化步伐，科技成果转化提速、增效、扩能显著。科技成果转移转化效率提升，上海科技成果转化从供给端、需求端和服务端全面发力，形成"123X"推进体系：以提升专业化能力为 1 个核心；激发高校院所、企业 2 类主体创新活力；从制度、政策、活动 3 个方面引导，推进中介机构、功能平台、国际渠道空间载体等要素保障，取得成效。市场化技术转移机构蓬勃发展，推动社会化、专业化、国际化技术转移机构技术市场高质量发展，激发技术市场要素活力。科技成果转化枢纽作用日益显著，2019 年，全市技术交易合同数 36324 项、成交金额 1522.21 亿元，分别比上年增长 67.9%、16.8%。

2020 年，加强高校和科研院所技术转移转化体系建设，健全科技成果管理与转化服务机制，提升科技成果转化管理效能。开展"十四五"科技成果转化专题规划研究，发布《上海高校科技成果作价投资操作指引》，研究制定《上海市促进科技成果转移转化行动方案（2021—2023）》，发布《上海市高新技术成果转化项目认定办法》《上海市高新技术成果转化专项扶持资金管理办法》。

第一节　科技成果转移转化政策法规

一、实施意见

2015 年 11 月 6 日，市政府办公厅印发的《关于进一步促进科技成果转移转化的实施意见》施行。《实施意见》共 19 条，侧重于科技成果处置权改革、转化平台和科技中介服务体系建设、共性技术研发与服务、企业转化主体、科研人员创业等环节和领域；对科技成果使用权、处置权、收益权下放等做了细化。《实施意见》规定高校、科研院所可将科研成果的使用和处置权授予研发团队，与团队协商成果"底价"（最低可成交价格），签订授权协议；提出重视激励科研和转化团队，要提高股权奖励的比重；明确项目单位的转化职责，确立高校院所科技成果转化的法定责任；改进成果转化资金支持方式，运用财政后补助、间接投入等方式，支持企业通过自主研发、受让、许可、作价入股、产学研合作等方式实施科技成果转化，鼓励商业银行开发科技成果转化信用贷款产品，引导创业投资等社会资本投资科技成果转化；《实施意见》还提出，高校、科研院所离岗创业、实施科技成果转化的科研人员，可在 5 年内保留人事关系，保留原聘专业技术职务，工龄连续计算，与原单位其他在岗人员同等享有参加职称评聘、岗位等级晋升和社会保险等权利；科技成果转化项目单位引进的科技和技能人才或专业从事科技成果转移转化的中介服务人才，可以直接申办上海市户籍或优先办理《上海市居住证》和居住证转办户籍。

二、转化条例

2016 年 11 月 9 日，《上海市促进科技成果转化条例（草案）》提交上海市第十四届人大常委会第 33 次会议初审。上海将细化高校院所科技成果的作价投资方式，明确多元转化路径，明确担任领导职务的人员奖励制度和勤勉尽责制度，激发各类别、各层次科技人员的科技成果转化动力。11 月 10 日，市十四届人大常委会第三十三次会议召开，对《上海市促进科技成果转化条例（草案）》进行一审。市人大常委会主任殷一璀主持全体会议。会议听取了市科委主任寿子琪所作的关于《上海市促进科技成果转化条例（草案）》的说明和解读，以及市人大教科文卫委副主任委员陈克宏所作的相关审议意见报告，并对《条例（草案）》进行了分组审议。市人大常委会副主任钟燕群、姜斯宪、蔡达峰、郑惠强、吴汉民、洪浩、薛潮等出席会议。副市长时光辉、市高级人民法院院长崔亚东、市人民检察院检察长张本才列席会议。

2017 年 4 月 20 日，《上海市促进科技成果转化条例》经市人大常委会表决通过。5 月 5 日，市政府新闻办举行市政府新闻发布会，市科委主任寿子琪介绍新出台的《上海市促进科技成果转化条例》的主要内容。市科委副主任朱启高、市教委巡视员蒋红出席发布会，共同回答记者提问。6 月 1 日，《上海市促进科技成果转化条例》发布实施。《条例》细化成果完成单位转化自主权、科技成果作价投资方式，明确科技成果转化勤勉尽责制度、成果转化收益分配制度等，基本解决"三权下放"等成果转化动力问题。

三、行动方案

2017 年 5 月 29 日，市政府办公厅印发《上海市促进科技成果转移转化行动方案（2017—2020）》。《行动方案》围绕科技成果转移转化要素功能提升（科技成果转化主体、技术转移服务体系、科技成果信息库）和生态环境营造（各类平台和网络体系建设）两条主线，提出 4 项重点任务、15 项子任务。《行动方案》提出，以全球视野、国际标准，构建要素齐全、功能完善、开放协同、专业高效、氛围活跃的科技成果转移转化服务体系，取得一批可复制、可推广、在全国具有示范意义的成果转化模式和体制机制改革成果。一是形成国内科技成果转移转化的示范高地。二是打造国际国内科技服务机构和人才的汇聚中心。三是建设国际国内有影响力的技术交易中心。6月20日上午，市科委召开新闻通气会，市科委总工程师、新闻发言人傅国庆出席并主持会议，市科委创新服务处处长陈宏凯、市教委科学技术处副处长龚晋对《行动方案》有关情况进行了介绍和解读。

四、《上海市高新技术成果转化项目认定办法》

2020年11月19日，市科委、市财政局、市税务局、市人社局在原有高新技术成果转化项目扶持政策基础上，结合新形势、新要求，完善政策体系，联合发布《上海市高新技术成果转化项目认定办法》。新政策重点有"三个支持"：支持原创性科技成果的转化，支持国家和本市重大重点领域关键技术攻关形成的转化成果，支持产业链核心环节、占据价值链高端地位的成果转化，量化"核心价值占比"等关键指标。《办法》共五章21条，主要包括总则、认定条件、认定程序、认定项目管理和附则。市科委、市财政局、市税务局联合发布《上海市高新技术成果转化专项扶持资金管理办法》。《管理办法》共12条，主要包括目的和依据、支持对象、管理部门、扶持政策、资金申请与拨付、监督管理等内容。

第二节　科技中介服务体系

2014年，加快科技成果转移转化，培育和发展非研发类功能性平台，重点推进国家技术转移东部中心建设，建立和完善国内外合作资源网络和技术转移服务平台。同时，发展专业化、市场化、社会化的技术转移和知识产权服务机构。根据《国务院关于加快科技服务业发展的若干意见》等文件精神，从全市科技服务业发展的问题导向和需求导向出发，试点启动科技中介服务体系建设工作。

2015年，中国（上海）国际技术进出口交易会发挥中国国际技术贸易的唯一国家级平台作用，影响和规模不断扩大。4月23日，国家技术转移东部中心在杨浦区湾谷科技园揭牌成立。中心定位为国家创新体系示范、国际技术转移枢纽、上海科技创新引擎，以市场化运营为核心原则，积极探索创新技术转移转化新模式、新业态、新路径，共同打造国际化、资本化、集成化的"平台的平台"。

2016年，科技中介服务和众创空间实现集群化发展，技术转移转化服务逐步走向国际。全市集聚近60家市场化、专业化科技中介服务机构。国家技术转移东部中心设立北美分中心、欧洲分中心、新加坡分中心，逐步形成辐射全球的技术转移交易网络。国家技术转移东部中心集聚科技中介服务机构110余家，布局国内外渠道150余条，在波士顿、伦敦、巴黎、新加坡等地设立分支机构，加快形成辐射全球的技术转移交易网络。

2017年，深化国家技术转移东部中心"平台"功能，强化技术转移、技术交易、科技金融三大战略业务体系，推动上海成为全球创新网络中的重要枢纽。铺设国内外渠道241个，建验证平台5家，新建验证平台4家，汇聚服务机构250余家，国内科技成果转化基金3个，累计供需信息48761项（其中海外项目8914项），培养技术人才3154人，引进国际人才231人，引进/新建研发机构12家，引进国内外合作项目128个，带动企业新增投资58.78亿元，与马来西亚、泰国等国家达成合作意向，在新疆、云南等地建成"一带一路"倡议分中心，与余杭经济开发区合作，募集科技孵化基金5000万元，设立产业投资基金，与上市公司共建1亿元并购基金。10月10日，《科技部关于支持上海市建设闵行国家科技成果转移转化示范区的函》发布，示范区将坚持全球视野、国际标准，完善技术转移网络的全球化、高端化布局，加速科技成果"走出去"和"引进来"的步伐，力求在国际技术引进、资本投入、技术孵化、消化吸收、技术输出和人才引进等方面取得突破。到2020年，建成国家技术转移体系的辐射源和全球技术转移网络的重要枢纽。

2018年，科技成果转移转化服务体系构建完善。围绕技术转移服务机构示范、科技成果转化功能要素配置、科技成果转移转化载体建设等方面，建立主体多元化、服务专业化、协作网络化，开放高效、氛围活跃、覆盖科技创新全链条的科技成果转移转化服务体系。国家技术转移东部中心平台建设初具成效。国家技术转移东部中心致力于提供技术交易、科技金融、产业孵化全链条服务，打通高校、科研机构、企业间科技成果转化通道。铺设国内外技术渠道网络274个，设立科技成果转化基金3支。6月12日，《上海市建设闵行国家科技成果转移转化示范区行动方案（2018—2020年）》发布。围绕高校技术转移机制改革、国际化网络建设、军民融合双向转化三个特色，着眼释放源头转化动力、激发主体转化活力、提升机构转化能力三个环节，实现技术网络全球化、科技资源共享化、创新主体多元化、科技服务专业化、军民融合产业化五个示范。

2019年，国家技术转移东部中心服务能级提升，重点布局技术交易、高校技术市场、国际创新资源合作三大核心功能，科技成果库收录高校院所、全国科技计划成果项目、海外成果等约 98 万余条；技术商城集群汇聚 218 家科技中介服务机构，建成海外分中心 10 个，国内分中心网点 16 个；实现《技术转移技术评价规范》《竞争情报分析服务规范》2 项上海地方标准立项；技术交易服务平台实现线上运营。技术转移服务机构 143 家，较上年增长 18.2%；促成各类技术转移项目 3035 项，较上年增长 63.97%；促成技术转移项目成交额 41.03 亿元，较上年增长 84.7%；技术转移人员数量 1375 人，较上年增长 17.45%；技术转移人才引进 263 人，较上年增长 28.14%。

2020 年，完善成果转移转化服务网络，提升国家技术转移东部中心平台功能，推动社会化、专业化、国际化技术转移机构蓬勃发展，累计在全球 35 个国家和地区建立 46 个国际技术转移渠道。依托国家技术转移人才培养基地（东部中心），联合同济大学经管学院，探索建设上海技术转移学院。布局海外分中心 11 家，协同跨境技术转移服务机构超过 50 家，海外合作机构超过 80 家，流转海外技术（项目）超过 200 个，约 50% 达成合作意愿。布局国内分中心 23 家，其中长三角分中心 14 家，全年促成各类技术成交超过 15 亿元。依托上海闵行国家科技成果转移转化示范区，建设上海国际技术交易市场，推进全球技术路演、大企业开放式创新等深度服务。依托临港自贸新片区，建设全球跨境技术贸易中心，编制跨境技术贸易指数工作，开发跨境技术贸易存证系统。6 月，上海国际技术交易市场虹桥空间开放。10 月 28 日，上海技术交易所开市鸣锣，使我国首个国家级常设技术市场焕发出新的生机。从 1993 年 12 月成立，到 2019 年 12 月中国证监会批复备案，上海技术交易所历经 26 年发展，获得了在全国进行跨区域技术交易结算和交易鉴证的资质，将发展成为我国技术要素市场化配置的一个枢纽，助力上海科技创新中心建设。上海市委常委、副市长吴清出席开市仪式。

第十一章　重大科技布局

第一节　重大专项

一、市级科技重大专项

2015年5月25日，《关于加快建设具有全球影响力的科技创新中心的意见》发布，其中明确提出要布局一批重大基础工程：把握世界科技进步大方向，积极推进脑科学与人工智能、干细胞与组织功能修复、国际人类表型组、材料基因组、新一代核能、量子通信、拟态安全、深海科学等一批重大科技基础前沿布局。

2016年，能源、类脑智能、纳米等领域的大型科技行动计划实施。布局和实施脑科学、人类表型组、量子通信技术、材料基因组等重大战略项目，获得烷烃碳氢键不对称官能化新方法、冷原子研究、电催化分解水、构建全球首个自闭症非人灵长类模型等多项具有国际影响力的成果。

2017年，对标服务国家战略和上海科创中心建设需求，对标"国家科技创新2030——重大项目"战略任务，集中力量突破一批面向未来5—10年甚至更长时期起到重大支撑引领作用的战略性、前瞻性、颠覆性技术。围绕大设施、大产业、大计划，硬X射线自由电子激光装置样机研制、硅光子、国际人类表型组计划、脑与类脑智能等项目为首批启动的市级科技重大专项。

2018年，先后启动硬X射线预研、硅光子、人类表型组、脑与类脑智能、全脑神经联接图谱与克隆猴模型研发、智慧天网等8个市级科技重大专项，涵盖信息技术、生命科学和光子科学等上海基础科学的优势领域。同时，加快布局量子信息技术等新一轮市级科技重大专项。全脑介观神经联接图谱等国际大科学计划的筹备工作加快推进。

2019年，启动国际人类表型组（一期）、硅光子、量子信息技术等9个市级科技重大专项。其中，国际人类表型组、硅光子、硬X射线自由电子激光关键技术研发及集成测试首批3个市级重大专项开展中期评估，脑与类脑智能基础转化应用研究、全脑神经联接图谱与克隆猴模型计划2个市级重大专项加快实施，并取得一批标志性成果，凝练形成超限制造、糖类药物、人工智能基础理论与关键技术等3个新一批布局方向。12月23至24日，上海市"脑与类脑智能基础转化应用研究"市级科技重大专项2019年度工作汇报会在复旦大学召开。中国工程院原常务副院长、中国工程院院士、浙江大学教授潘云鹤，中科院脑科学与智能技术卓越创新中心主任、中国科学院院士蒲慕明等担任专家组成员。市科委副主任傅国庆出席会议并代表项目推进部门致辞。市发展改革委、市科创办、上海科创投集团、上海投资咨询公司、张江实验室等相关部门领导出席。专项各方向负责人、核心研究骨干、博士后、研究生以及合作单位与协作单位研究人员共200余人参加会议。上海市"脑与类脑智能基础转化应用研究"市级科技重大专项于2018年7月由上海市人民政府批复立项，由复旦大学和张江实验室牵头，中科院微系统所、华山医院共同承担。专项实施一年半以来，发表了包括国际顶级期刊《自然》《自然·神经科学》《自然·生物医学工程》《美国医学会杂志·精神病学卷》、IEEE《模式分析与机器智能》会刊等顶级刊物的学术论文110多篇，其中影响因子10以上的21篇。引进脑与类脑领域诺贝尔奖得主、英国皇家科学院院士、全球高被引科学家等国际顶尖科学人才8名，全球青年拔尖人才30多位。

2020年，新启动糖类药物、超限制造、自主智能无人系统3个市级科技重大专项；脑机接口、类脑光子芯片等新一批专项加快布局，市级科技重大专项取得一批原创成果。硬X射线预研项目：1.3GHz超导模组关键样机完成研发，低温工厂1kW@2K制冷机达到4.5K稳定运行，常规波荡器、超导波荡器等样机研制和集成组装取得新进展；国际人类表型组计划：启动面向20—60岁自然人群两天一夜的健康表型基线研究，总体表型数据量累计近90T，启动新冠肺炎疾病表型组研究，发现通过全周期跨尺度表型组分析可有效克服核酸测试漏检复阳等缺陷；脑图谱项目：绘制近万个斑马鱼单神经元投射图谱及7000余个小鼠前额叶皮层神经元投射图谱，揭示痛觉信息上行传递细胞和环路机制，发现谷氨酸能神经元对睡眠稳态调节的重要作用；脑与类脑：实现世界上最大规模的二十亿脉冲神经元网络模拟，证实脑电能够通过语言范式检测"植物人"残存意识并预测苏醒，揭示大脑奖惩环路功能失调导致抑郁症和酒精滥用的多条神经调控通路；硅光子：建成国内首条8英寸硅光中试线，100Gbps硅光高速驱动电芯片量产销售，掌握关键硅光工艺和硅光器件know-how，开发成套硅光工艺，突破低损耗硅波导制备工艺、高质量储外延工艺等技术难点；智慧天网：完成空天通信基础与网络优化研究，完成有效载荷技术、技术验证星和配试星技术、地面段和用户段技术等关键技术的研发和运载系统研制，完成整星方案设计及整星工程结构星、热控星和电性星的研制；量子信息技术：突破全天时百纳弧度信道保持、20光子玻色采样、45km单光子成像等关键技术，揭示手征诱导自旋极化的微观物理机制。

二、国家科技重大专项

2014 年，积极承接国家科技重大专项任务，等离子体刻蚀设备、200 毫米 SOI 晶圆生产线、40 纳米北斗导航芯片等重大自主创新成果加快突破和产业化。年内，全市新增重大专项项目（课题）74 个，获中央财政资金预算总额 56.69 亿元。

2015 年，上海服务国家战略，承接和实施国家科技重大专项任务，抢占战略性新兴产业发展机遇。年内新增重大专项项目（课题）38 项，获中央财政资金预算总额 17.76 亿元；至年底，各专项实际到位的留沪中央财政资金 20.69 亿元，按照配套原则共落实地方配套资金 9.74 亿元，保障国家科技重大专项的实施。国家重大专项取得突破：C919 大飞机完成总装下线，获订单 517 架；首架 ARJ21 新支线客机交付客户使用，订单总数超过 300 架；新型运载火箭长征六号首飞并实现"一箭 20 星"；"40—28 纳米集成电路制造用 300 毫米硅片"项目启动；华力 55 纳米工艺趋于成熟；中芯（上海）28 纳米工艺制程完成开发；中微 IC 刻蚀机获得重复订单。

2016 年，上海服务国家战略，承接和实施国家科技重大专项任务，抢占战略性新兴产业发展机遇。年内新增重大专项项目（课题）18 个，获中央财政资金预算总额 33.31 亿元。至年底，206 个重大专项项目（课题）实际到位的留沪中央财政资金 19.22 亿元，按照配套原则落实地方配套资金 14.65 亿元。

2017 年，加快实施国家科技重大专项，推进"核高基"、集成电路装备、宽带移动通信、数控机床、水污染治理、新药创制、传染病防治等关键核心技术攻关。其中，代表国家牵头组织实施的"极大规模集成电路制造技术及成套工艺"（02）专项中，90 纳米光刻机通过现场测试、前道 i 线光刻机交付用户、300 毫米大硅片项目建设和研发进展迅速、14 纳米 FINFET 工艺开发突破关键技术、10—7 纳米刻蚀机完成首台（套）生产。至年底，上海共承担国家科技重大专项任务近千项。新增重大专项项目（课题）77 个，全市承担的 100 个重大专项项目（课题）实际到位留沪中央财政资金 31.69 亿元，按照配套原则共落实地方配套资金 17.11 亿元。重大专项实施取得重要进展，涌现一批新成果。

2018 年，上海新增国家科技重大专项项目（课题）53 个，获中央财政资金预算总额 23.04 亿元；全市累计承担的 138 个重大专项项目（课题）实际到位留沪中央财政资金 23.01 亿元，按照配套原则落实地方配套资金 17.30 亿元，保障国家科技重大专项的实施。在"核高基"（核心电子器件、高端通用芯片及基础软件产品）、集成电路装备、宽带移动通信、数控机床、水污染治理、新药创制、传染病防治等重大专项方面取得系列关键核心技术突破，在天地一体化、智能制造与机器人、网络安全、大数据、人工智能、新材料等领域强化前瞻布局和突破能力。

2019年，上海服务国家战略，承接和实施国家科技重大专项任务。至年底，上海累计牵头承担国家科技重大专项项目854个，获中央财政资金支持共计316.20亿元，按照配套原则落实地方配套资金135.93亿元，有力保障国家科技重大专项的实施。

2020年，面向国家重大需求，承接实施国家重大战略项目。截至年底，累计牵头承担国家科技重大专项929项，获中央财政资金支持333.04亿元，落实地方配套资金150.13亿元；牵头承担国家重点研发计划项目458项，获中央财政资金支持82.29亿元，落实地方配套资金1.01亿元。

三、大科学计划

2020年，上海代表国家积极牵头发起和参与国际大科学计划和工程，助力提升中国国际科技合作的能级和影响力。"全脑介观神经联接图谱"国际大科学计划中国工作组正式成立，前期工作座谈会成功举行，与欧、美、日等13个国际科研机构签订合作协议。华东师范大学与海洋生物圈整合研究（IMBeR）科学计划签署合作备忘录，华东师范大学承办IMBeR国际项目办公室。主导完成平方公里阵列射电望远镜（SKA）国际大科学工程国内配套项目细化方案，协助组建中国SKA区域中心工作组并启动一批预研项目，承办第4届中国SKA科学年度研讨会。支持同济大学积极参与国际大洋发现计划（IODP），自主组织航次并建设运行IODP岩芯库实验室，使中国成为与美日欧并列的国家大洋钻探牵头方之一。支持复旦大学发起国际人类表型组计划，建立国际人类表型组学研究平台。

9月27日下午，"全脑介观神经联接图谱"大科学计划启动前期工作座谈会在上海市召开，本次会议明确了该计划的推进路径，宣布了中国工作组的成立，并就该计划的具体实施思路和举措进行研讨。座谈会上，科技部副部长黄卫充分肯定了前期推进工作的成效，并表示科技部高度重视"全脑介观神经联接图谱"这一倡议，认为其符合国际大科学计划的基本原则，同意并支持由科学界先行发起"全脑介观神经联接图谱"大科学计划。中科院副院长李树深表示，中科院对"全脑介观神经联接图谱"大科学计划的发起进行了长期的布局与酝酿，中科院将时刻不忘新时代新担当，增强建设世界科技强国的责任感和使命感，提升原始创新策源能力，进一步支撑大科学计划的实施。上海市委常委、副市长吴清指出，多年来，上海在脑科学和类脑研究领域开展了一系列战略部署，组建上海市脑科学和类脑研究中心，布局市级科技重大专项等计划，取得了一批重大原创成果，初步形成脑科学领域国际合作网络体系。"全脑介观神经联接图谱"大科学计划由中科院脑科学与智能技术卓越创新中心学术主任蒲慕明院士和海南大学校长骆清铭院士共同发起，将使用最接近人类的非人灵长类等动物模型，在单细胞分辨率上绘制具有神经元类型特异性的全脑联结图谱。

第二节 重大产业项目

2014年，上海加强科技前瞻布局和示范应用。聚焦国家战略和重大产业，部署实施重大科技创新项目与工程，提升科技前瞻布局和应用示范能力。谋划市级重大科技创新项目和工程，围绕钍基熔盐堆、智能制造、集成电路、高端医疗器械等领域重点方向，研究实施方案。协调推进技术攻关、商业模式创新和产业政策运用，提高集成应用示范的针对性、协同性，有力推动科技成果走向市场。其中，北斗卫星导航、文化科技融合、新能源汽车、高温超导和崇明生态岛的应用示范和产业化取得明显进步。

2015年，上海围绕国家战略，推进高温超导、集成电路装备、微技术、高端医疗器械、北斗导航、机器人、大数据等方向的科技前瞻布局、技术攻关和成果产业化。世界第三个、国内首个基于二代高温超导带材的CD绝缘超导电缆示范工程在宝钢股份炼钢厂运行顺利；先进传感器芯片技术和北斗导航技术加快产业化和应用示范；新能源汽车研发与推广同步，上汽集团成为国内唯一具有氢燃料汽车生产资质的企业。

2016年，上海布局和推进重大战略项目和基础工程，包括航空发动机与燃气轮机、高端医疗影像设备、高端芯片、新型显示等，解决战略性新兴产业发展瓶颈问题。其中，华力微电子承担的"909"工程升级改造项目建成投产并达到设计生产能力产量，华力二期和中芯国际的12英寸生产线开工建设，大硅片生产线初步建成，上海兆芯完成整体性能接近业界主流的28纳米CPU芯片研制，全球首款超低功耗DDR4缓冲存储芯片实现规模量产，先进封装光刻机、刻蚀机等战略产品实现海外市场销售，千米级二代高温超导带材、世界首台超清高速96环PET-CT系统等成果打破国际垄断。国家先进制造业投资基金、科技重大专项成果转化基金落户上海。

2017年，实施重大项目，航空发动机、深海空间站、量子通信与量子计算、脑科学与类脑研究、国家网络空间安全、大数据、智能制造等领域取得进展。其中，"兆芯 C" CPU 销售 1.7 万余颗，DDR4 内存缓冲控制器芯片实现量产，一批关键核心装备投入应用；飞机制造面向 ARJ21 批量生产和运营需求，系列关键技术取得突破并投入使用；航空发动机实现中国在研商用大涵道比涡扇发动机鸟撞与包容性仿真分析自动化。国产大飞机 C919 实现首飞、万吨级驱逐舰首舰下水，华力微电子二期 12 英寸高工艺等级生产等电子信息领域重大项目加快建设，重型燃气轮机、海上核动力平台、青浦华为研发中心等战略性新兴产业重大项目落地启动。对接国家军民融合产业重大工程，争取"天地一体化"信息网络、重型运载火箭等重大工程落沪。

2018 年，工业物联网、超导技术、智能装备产品、智能制造集成、机器人等新兴技术产业创新加快应用。围绕集成电路、生物医药、人工智能等重点领域建设国家级产业创新中心和高端制造中心，推进中芯国际、华力二期、和辉光电等重大产业项目建设。重点新材料加快研发及应用，聚焦碳纤维、石墨烯、高温超导、第三代半导体等领域，推进实施产业链协同创新与产学研合作项目，着力突破系列核心关键技术，推进国产材料的示范应用，培育建设研发与成果转化功能型平台，强化新材料领域科技创新策源功能。航空航天技术加快自主研发与产业化，聚焦大飞机、航天设备相关技术的研发、设备制造和航天技术的推广应用，推进高精度、高动态、高可靠为重点的核心模组和基于卫星导航、通信和遥感等多元融合、时空协调系统技术的研发。深远海洋工程装备研制深入推进，积极筹建海洋国家实验室，推动海底观测网大科学设施建设，推进海洋资源开发、极地科考、深海探测、海洋生态环境等成套核心技术、装备和仪器开发，为实现全海深与极地海洋资源的探测科考提供支撑。推进北斗导航、芯片、集成电路装备工艺、先进传感器、智能型新能源汽车、新型显示、大数据、智能制造与机器人、新材料等领域的研发攻关和技术突破，支撑产业技术体系构建。

2019 年，集成电路领域完成制造装备、材料及零部件、核心芯片器件以及相关新工艺新方法的系统布局，14 纳米制程工艺、28 纳米浸没双台光刻机、300 毫米硅片的研发和市场化取得新突破。上海国家新一代人工智能创新发展试验区启动建设，打造国家新一代人工智能开放创新平台。生物医药领域新一轮科技创新行动计划启动实施，甘露特钠胶囊、尼拉帕利胶囊、可利霉素片、聚乙二醇洛塞那肽注射液、糖尿病治疗药 YG1699、全景 PET/CT 等新药与高端医疗器械上市和产业化取得重要进展。新能源、新材料、航空航天、智能制造等领域重大技术攻关和产品应用示范取得突破。

2020年，坚持科技自立自强，聚焦重点领域开展关键核心技术攻关，深入实施集成电路、人工智能、生物医药三大领域"上海方案"。集成电路产业基础能力进一步提升，核心装备及其零部件研制取得积极进展，上海集成电路材料研究院、上海处理器创新中心注册成立并积极建设国家级创新平台。人工智能创新布局与应用加快实施，有效赋能医疗领域辅助诊疗、自动驾驶等场景，并成功应用于抗疫一线。生物医药创新成果大量涌现，全年共获国家药监局药品批件177个，其中生产批件18个；CT核心部件5MHU医药球管实现国产化，成功研发全球首台75厘米超大孔径3.0T磁共振设备，重大传染病和生物安全研究院挂牌成立，上海国际医学科创中心等重大平台加快筹建。此外，在海洋船舶、能源技术、航空发动机、前沿新材料制备及智能制造、区块链、操作系统和软件工具等方面突破了一批关键技术，自主创新能力持续提升，有效支撑产业链供应链安全可控。

第三节　重点产业领域

2014年，优化战略新兴产业技术创新布局。围绕产业链部署创新链，加快共性技术研发和公共服务平台建设，进一步优化战略性新兴产业结构和布局。启动第四批战略性新兴产业技术创新项目，依托战略性新兴产业技术创新工程和科技计划，加快在大飞机、4G通信、机器人与智能制造、新型显示、物联网等重点领域技术布局。一批前期部署的战略产品和关键技术取得突破，4G通信领域关键技术布局基本完成，机器人、大数据等领域布局稳步推进，首架C919大型客机总装启动，支线客机ARJ21-700获得适航证，"海洋石油721"大型深水物探船交付。启动实施"创新伙伴计划"，涵盖企业、高校、科研院所和金融机构的60余家单位。新建产业技术创新战略联盟8家，累计达到86家。

2015年，战略性新兴产业稳步发展：国内首款5.6寸OLED柔性显示屏、17.2万立方薄膜型液化天然气船等重点项目实现突破；上海生物医药产业规模和质量同步提升，全年生物医药产业实现经济总量2583.39亿元；1.1类创新药吗利福肽和马来酸蒿乙醚胺进入临床。全年全市新认定高新技术企业1467家、复审通过高新技术企业622家，累计高新技术企业2089家；新认定技术先进型服务企业18家，累计253家；新认定高新技术成果转化项目603个，其中电子信息技术占33.83%、生物与新医药技术占7.96%、新材料技术占16.09%、高新技术改造传统产业占25.54%。

2016 年，集成电路、下一代网络、高端软件与信息服务、增材制造装备、新能源与智能网联汽车、新材料等产业加快发展，形成新增长点。战略性新兴产业制造业总产值 8307.99 亿元，比上年增长 1.5%，占规模以上工业总产值的比重为 26.7%，比上年提高 0.7 个百分点。其中新一代信息技术总产值增长 3.7%，新能源汽车总产值增长 23.4%。实施新一轮生物医药产业行动计划（2014—2017 年），生物医药产业实现经济总量 2843.09 亿元，比上年增长 10.86%。

2017 年，全市战略性新兴产业制造业部分总产值 10465 亿元，比上年增长 5.7%，在规模以上工业企业中占比 30.7%，创历年新高。在人工智能、高端装备、新一代信息技术等领域加大投入，建设国际高端智造中心。

2018 年，上海聚焦国家战略，围绕集成电路、生物医药、人工智能等重点产业领域，一批自主知识产权的核心关键技术加快突破，在"中国芯""蓝天梦""创新药"作出了"上海贡献"，为传统产业转型升级和战略性新兴产业发展注入了蓬勃动力，发挥了科技创新对高质量发展的支撑引领作用。全市战略性新兴产业稳步发展，战略性新兴产业制造业部分年总产值 10659.91 亿元，比上年增长 3.8%。其中，高端装备产业工业总产值 2279.30 亿元，比上年增长 5.7%；新一代信息技术产业工业总产值 3576.02 亿元，比上年增长 5.8%；生物医药产业全年实现经济总量 3433.88 亿元，比上年增长 4.49%。

2019 年，上海面向国家战略和重大创新需求，聚焦集成电路、人工智能、生物医药等全市重点领域，加快推进核心关键技术攻关突破，推动成果应用和示范，加快实现创新与产业良性互动、融合发展，推动重点产业向价值链高端迈进。在科技的支撑引领下，全市战略性新兴产业稳步发展，全年战略性新兴产业增长值 6133.22 亿元，比上年增长 8.5%。战略性新兴产生增加值占全市生产总值 16.1%，比上年提高 0.4 个百分点。

2020 年，加快关键核心技术攻坚突破，集中力量推动集成电路、人工智能、生物医药三大领域"上海方案"落地实施，强化新材料、航空航天、海洋装备等重点领域产业技术创新能力，以科技创新支撑高质量发展，维护产业链供应链安全。研发与转化功能型平台支撑作用加快凸显，一批发展较快的平台正逐步带动并形成新兴产业集聚。

一、集成电路

2014 年，完成"本市集成电路设计产业并购基金"的组建。支持重点领域、重点企业先进技术及产业化。车联网领域初步形成涵盖芯片、车载终端、关键零部件、总线系统、应用软件、通信网络、内容提供、标准检测、知识产权等环节的完整产业链。交通智能调度、信息发布、事件检测、应急处置、汽车电子身份识别等系统日趋完善。

2015年8月8日，上海市集成电路产业发展领导小组成立。目的是进一步完善产业发展环境，落实机制保障，协调产业发展中存在的难题；编制产业"十三五"规划，完善顶层设计；筹备全市集成电路基金，助力产业发展。

2016年，加快推动集成电路产业政策修订，落实产业优惠政策。全年47家单位2527人获得设计人员专项奖励5328.8万元，4家单位获得首轮流片奖励1122万元。研发成果加快推广应用。兆芯CPU芯片及主板芯片组获2016年上海国际工业博览会金奖，基于兆芯CPU芯片的国产整机进入上海政府采购清单。神威太湖之光超算计算机名列最新一期全球超级计算机TOP500榜首，所用的申威CPU为上海设计，获得全球高性能计算应用最高奖戈登贝尔奖。

2017年，集成电路领域，"兆芯C"CPU累计销售17000多颗，DDR4内存缓冲控制器芯片实现量产，鳍栅晶体管（FINFET）注入机离子源、晶圆植球机等一批关键核心装备投入应用，光纤温度传感器、陶瓷零部件用于刻蚀机整机，IC装备零部件攻关布局初见成效。

2018年，充分发挥上海半导体工艺、制造和集成电路设计等基础优势，聚焦集成电路、智能传感等关键共性技术，启动建设国家级创新中心，加快推进集成电路功能型平台建设，持续推进重大产业项目建设，为产业升级提供技术支撑和保障。

2019年，集成电路领域关键技术不断突破，在集成电路制造装备、材料及零部件，核心芯片器件、模块及其应用，集成电路新器件、新工艺、新方法等方向开展布局，加快推进国家科技重大专项实施及重大产业项目建设，持续提升产业能级。

2020年，瞄准集成电路科技前沿，加强前瞻性、颠覆性技术研发布局，加快推动国家科技重大专项，以及硅光子等市级科技重大专项的实施，聚焦高端芯片、先进制造工艺、关键装备与材料等开展集中攻关，加快突破关键核心技术，推进集成电路材料等领域创新平台建设，集成电路领域原始创新和自主发展能力全面提升。介质刻蚀机进入全球领先的5纳米工艺线和3DNAND芯片制造；突破5纳米超高分辨率、低温快速图形化的DSA光刻图形化关键技术，填补国内10—5纳米分辨率的光刻材料空白；14纳米良率达业界标准，N+1代工艺技术计入客户产品验证；突破自支撑氮化镓、碳化硅晶圆片生产技术，基于77 GHz CMOS工艺毫米波雷达芯片量产；建成国内首条硅光中试线，100 Gbps硅光高速驱动电芯片开展示范应用；成功研发Prismo HiT3™MOCVD

设备，主要用于深紫外 LED 量产；第 3 代半导体材料核心制备设备实现自主化。

二、人工智能

2017 年，制定发布《关于本市推动新一代人工智能发展的实施意见》，把握人工智能演进发展规律，集聚全球要素资源，组织实施"智能上海（AI@SH）"行动；力争到 2020 年，基本建成国家人工智能发展高地，成为全国领先的人工智能创新策源地、应用示范地、产业集聚地和人才高地，局部领域达到全球先进水平；2030 年，人工智能总体发展水平进入国际先进行列，初步建成具有全球影响力的人工智能发展高地。

2018 年，多措并举打造国家人工智能发展高地，把人工智能作为上海建设卓越的全球城市、打响上海"四个品牌"和建设具有全球影响力科技创新中心的优先战略。举办 2018 世界人工智能大会，搭建国际高端合作交流平台。促进全球创新资源汇集共融，形成开放发展生态环境。完善人工智能政策体系，推动行业健康发展。提升原始创新能力，培育人工智能产业。加强人工智能与实体经济深度融合，推动示范应用。9 月 17 日，发布《关于加快推进上海人工智能高质量发展的实施办法》，围绕集聚高端人才、突破核心技术、推进示范应用等五个方面提出 22 条具体举措。

2019 年，人工智能发展的"上海高地"加快建设，制定人工智能"上海方案"，建立全市人工智能领导推进机制，完善人工智能工作顶层设计，持续推进重大项目实施、产业布局优化、创新平台建设。上海国家新一代人工智能创新发展试验区启动建设，打造国家新一代人工智能开放创新平台。12 月 6 日，市经济信息委在 WAIC 开发者·上海临港人工智能开发者大会发布首批"上海市人工智能创新中心"名单。有 7 家人工智能企业入选，分别是上海商汤智能科技有限公司、深兰科技（上海）有限公司、上海依图网络科技有限公司、上海寒武纪信息科技有限公司、优刻得科技股份有限公司、上海汽车集团股份有限公司、腾讯科技（上海）有限公司。"上海市人工智能创新中心"建设单位，可申请承担上海人工智能创新发展专项支持项目，经评审立项的予以重点支持。创新中心每两年复评一次，符合条件的优先纳入上海市级企业技术中心创新体系。

2020 年，启动实施市级科技重大专项"人工智能前沿基础理论与关键技术——自主智能无人系统"，推进新一代人工智能计算与赋能平台、基于异构运算处理器芯片组的通用融合计算云平台、上海处理器技术创新中心三大项目落地，寒武纪高端智能芯片研发与敏捷设计平台、百度飞桨人工智能产业赋能中心等36个重大项目集中签约。徐汇西岸国际人工智能中心启用；浦东张江智能产业＋科创融合发展，人工智能岛成为具有全国影响的人工智能产业和应用标杆；闵行马桥加快产业集聚，达闼智能机器人产业基地等重大项目开工；临港新片区规划智能产业集聚和政策突破，签约一批重大项目。承接视觉计算、营销智能、智能视觉国家新一代人工智能开放平台建设，上海人工智能实验室、上海白玉兰开源开放研究院、上海市人工智能行业协会、张江人工智能赋能中心等揭牌。

三、生物医药

2014年，上海市政府办公厅发布《上海市生物医药产业发展行动计划（2014—2017年）》及《关于促进上海生物医药产业发展的若干政策（2014年版）》，进一步优化上海市生物医药产业创新和发展环境，加快形成"优势互补、错位发展、各具特色"的生物医药产业布局。完善生物医药技术创新公共服务平台联盟建设，整合国家化合物库、国家新药筛选中心等22家研究机构技术优势，形成覆盖药物研发与产业链的全流程专业技术服务。推进"新型抗排异人源化单克隆抗体的产业化关键技术研究"等24个2014年度上海生物医药领域成果转化和产业化项目建设。国药控股股份有限公司与复星高科技（集团）有限公司签署战略合作协议，成立合资公司，建设全国范围的医药物流网络。生物芯片上海国家工程研究中心、上海分子医学工程技术研究中心、上海芯超生物科技有限公司共同打造的芯超生物银行启动。

2015年，上海生物医药的创新产品向高端、高效、高附加值方向转型，培育拳头产品，出现10余个年销售额过10亿元的产品，以及10多个年销售过5亿元的创新产品，年销售额过亿元的产品超过100个。上海生物医药业在创新研发继续保持良好的态势，上海药物研究所的TPN171H等5个化学药1.1类获得临床批件并列全国第一，复宏汉霖重组人鼠嵌合抗CD20单克隆抗体注射液药物等5个品种获得生物制品创新药临床批件位列全国第一，上海同时被国家食药监总局列为药品上市许可持有人制度试点省市。

2016年，上海生物医药的创新产品向高端、高效、高附加值方向转型，痰热清、麝香保心丸、丹参多酚酸盐、药物支架等10多个产品年主营业务收入均超过10亿元，其中凯宝药业的痰热清实现主营业务收入14.1亿元、绿谷制药的丹参多酚酸盐实现主营业务收入12.3亿元等。上海经国家食品药品监督管理总局批准的药品上市品种有上海天伟生物制药有限公司的注射用尿促卵泡素、上海禾丰制药有限公司的盐酸罗哌卡因注射液、上海迪赛诺生物医药有限公司的依非韦伦片、上海荣盛生物药业有限公司的水痘减毒活疫苗、上海仁会生物制药股份有限公司的贝那鲁肽注射液等。上海经国家食药监总局批准注册的境内第三类医疗器械产品 60 个，占全国批准总数的 9.6%。

2017 年，上海经国家食品药品监督管理总局批准的药品上市申请有上海联合赛尔生物工程有限公司的注射用重组特立帕肽、上海迪赛诺化学制药有限公司的利托那韦、上海青平药业有限公司的铝碳酸镁咀嚼片、上海万代制药有限公司的苯酚等。12 月，市食品药品监管局发布并实施《中国（上海）自由贸易试验区内医疗器械注册人制度试点工作实施方案》，先行先试医疗器械注册人制度改革。

2018 年，全市生物医药产业整体呈现健康稳步发展态势，产业规模持续增长，研发创新能力处在全国前列，产业链更加完善，产业创新服务条件进一步优化。生物医药产业全年实现经济总量 3250 亿元，同比增长 7%，其中制造业主营业务收入 1200 亿元，同比增长 10% 左右。

2019 年，生物医药创新成果加速涌现，生物医药领域新一轮科技创新行动计划启动实施，甘露特钠胶囊、尼拉帕利胶囊、可利霉素片、聚乙二醇洛塞那肽注射液、糖尿病治疗药 YG1699、全景 PET/CT 等新药与高端医疗器械上市和产业化取得重要进展。

2020 年，聚焦基础前沿领域和关键核心技术，加快推动上海生物医药科技创新，启动实施糖类药物市级科技重大专项，深入落实生物医药"上海方案"，加快推动医药研发技术突破，全年，共获国家药监局药品批件 177 个，其中生产批件 18 个。推进全球领先的生物医药创新研发中心和产业高地建设，国家药监局药品审评检查长三角分中心和医疗器械审评检查长三角分中心落户上海，新增 6 家上海临床医学中心。

四、信息技术

2015 年，中芯国际 28 纳米进入量产，基带芯片全球市场占有率超过 20%；和辉光电 AM-OLED 屏在国内率先实现量产，成为华为、中兴等终端企业的国内唯一供货商。电子信息制造业的电子组装加工业主动调整产品结构，本地产品从桌面电脑、笔记本电脑逐渐向智能手机、服务器等高端产品转型。电梯物联网接入 5 万台电梯；钢铁热轧智能车间示范项目入选工业信息化部智能制造首批试点示范项目；物联网技术广泛运用于食品安全、公共交通等方面。4 月13 日，上海市政府与腾讯公司在沪签署战略合作框架协议。双方发挥各自资源优势，共同推动上海"互联网＋"产业发展、提升智慧城市服务水平、营造创新创业良好环境，为上海建设具有全球影响力的科技创新中心，实现创新驱动发展、经济转型升级增添助力。签约后双方开展多方面合作。5月15日，上海市政府与阿里巴巴集团在沪签署战略合作框架协议。双方围绕云计算大数据、智慧城市、电子商务、互联网金融、智慧健康、社会信用体系等领域开展合作，推动"互联网＋"战略落地，助力上海向具有全球影响力的科技创新中心迈进。

2016年，在物联网领域，聚焦核心技术推进产业化突破。在新型显示领域，加强开放合作引导产业链集聚发展。在汽车电子领域，聚焦无人驾驶、车联网推动融合创新。在下一代网络领域，把握产业与技术变革方向，面向未来谋划布局。6月7日，中国首个"智能网联汽车（上海）试点示范区"封闭测试区在嘉定投入运营，可为无人驾驶、自动驾驶和V2X网联汽车提供近30种场景的测试验证。9月15日，市政府印发《上海市大数据发展实施意见》。《意见》要求：统筹大数据资源，深化大数据应用，发展大数据产业，建设大数据功能型设施，加强数据安全防护，加强组织保障。到2020年，基本形成大数据发展格局，大数据核心产业产值达到千亿元级别；建成3家大数据产业基地，培育和引进50家大数据重点企业。12月2日，全国首个大数据试验场联盟在市北高新园区揭牌，旨在快速推进"上海大数据试验场"科创中心功能性平台建设。

2017年，物联网领域，以聚焦窄带低功耗广域物联网通信技术为重点，建成覆盖杨浦和虹口的城域物联专网，在控江街道形成了完整的智慧社区治理体系试点，15项应用落地。大数据领域，上海大数据交易中心通过自主研发"IKVLTP"六要素数据规整方法、前置缓存配送技术等创新安全管控技术，日数据交易量达到3000万条。交通大数据示范平台实现了对结构化、半结构化、非结构化数据的集成管理与应用，并在交通大数据与气象、客流、土地利用等跨领域、跨行业关联应用，与全国交通数据跨地域整合联动应用方面，进行了卓有成效的探索。

2018年，以大数据为代表的新一代信息技术正快速渗透到民生服务、城市治理、政府服务和产业发展的方方面面。成功开发拟态域名服务器、拟态路由器、拟态web虚拟机和拟态云服务器等多种成套网络设备和系统，并在第5届世界互联网大会进行展示。11月，上海红神信息技术有限公司、上海红阵信息技术有限公司、复旦大学等单位牵头研制的通用拟态大数据平台，成功入选工信部确定的年度大数据产业发展试点示范项目，将为中国在大数据分析挖掘领域实现高效能和高安全提供原创性技术路径。

2019年，首张行政区域5G网络、首条基于5G的无人驾驶集卡线路、首个5G商用大飞机制造工厂、首例5G聚焦超声远程手术等成功案例，标志上海

5G建设和应用走在世界前列。依托物联网、云计算、大数据、人工智能，加速实现智慧公安"一屏观天下，一网治全城"、政务服务"一网通办"、城市运行"一网统管"，有效提升社会精细化治理水平。

2020年，累计建设5G室外基站3万余个、5G室内小站近5万个，实现中心城区和郊区重点区域5G连续覆盖。形成嘉定自动驾驶载人示范、临港自动驾驶重卡载物示范、奉贤自动泊车示范，以及公交、环卫自动驾驶示范等联动发展格局。11月18日，全球智慧城市大会揭晓世界智慧城市大奖，上海从全球350座城市中脱颖而出，获世界智慧城市大奖，这也是中国城市首次获得该奖项。

第十二章　科技金融

2014年，402家科技企业通过科技金融信息服务平台获得银行贷款12.96亿元，其中356家企业通过履约贷获贷款8.93亿元，75家企业通过小巨人信用贷获贷款3.56亿元，35家企业通过微贷通获贷款0.47亿元；加快培育企业上市，在"新三板"上市企业超过100家。

2015年，促进金融服务创新，加强对科技企业的金融支持，鼓励具有投资功能的众创空间设立天使投资基金或机构，为创业者和创业企业提供种子资金和天使资金；完善天使投资网络，推动成立天使投资协会（海天会），依托平台网络优势，有效对接资本和项目；创新科技金融产品和服务模式，为初创期科技企业提供创业风险保障；支持在上海证券交易所设立战略新兴板，上海股交中心科技创新板正式开板，支持创新创业企业融资。8月21日，市政府办公厅印发《关于促进金融服务创新支持上海科技创新中心建设的实施意见》，从八个方面提出20条具体政策措施。

2016年，上海加快推进科技金融创新，在争取新设以服务科技创新为主的民营银行、投贷联动试点、改革股权托管交易中心市场制度等方面开展先行先试。加快推进科技与金融紧密结合，探索开展科技金融服务创新，引导金融资源不断向科创企业集聚，努力为上海科技创新中心建设营造良好的发展环境，取得积极成果。

2017年，推进科技与金融结合。深入开展科技金融服务创新，加快推进科技与金融紧密结合，引导金融资源不断向科创企业集聚，努力为上海科技创新中心建设营造良好的发展环境。

2018年，多维度推进科技金融工作，通过普惠性财税政策和科技信贷、风险投资、上市融资等多途径，服务企业创新发展中的资金需求，充分发挥金融对科技创新创业的助推作用。11月5日，国家主席习近平在首届中国国际进口博览会开幕式上提出，将在上海证券交易所设立科创板并试点注册制，支持上海国际金融中心和科技创新中心建设，不断完善资本市场基础制度。

2019年，上海进一步完善科技与金融的融合机制，打造科技金融生态，加大对科技型中小企业多层次资本市场上市培育工作力度，为不同发展阶段、不同行业领域的科技型企业成长提供金融支持。1月30日，市科委召开2019年科技金融工作会议。会上，市科委与中国人民银行上海总部、上海证券交易所分别签署战略合作备忘录，三方将在深化科创企业金融服务、支持科创中心建设中加强合作，加大金融资源投入和整合，在信息共享、培训服务、风险防控等方面开启全面战略合作，共同促进科技型中小企业发展及科技成果转移转化，提升引领长三角科技金融服务发展水平。

2020年1月14日，市科委召开2020年科技金融工作会议，深入贯彻落实习近平总书记考察上海重要讲话精神，按照市委、市政府的决策部署和要求，进一步深化"浦江之光"行动，加速推动金融业支持上海科创中心建设，助力科技型中小企业发展。市科委副主任骆大进、市金融工作局副局长李军出席会议并讲话。市科委和市金融工作局相关处室、各区科技部门负责同志，市科技创业中心、科技金融服务站负责人，以及全市20余家科技金融合作银行、保险和担保机构代表参加会议。会议表彰了2019年度优秀科技金融合作机构和科技金融先进个人，发布了《2019上海科技金融政策汇编》和《2019上海科技金融产品汇编》。《2019上海科技金融政策汇编》收录了上海市及各区包括创业引导基金、贷款贴息、融资担保等系列科技金融相关政策，帮助中小型科技企业和金融机构进一步了解科技金融政策。

2020年5月22日下午，围绕加强科技金融支持、提升创新策源功能主题，市人大常委会副主任肖贵玉、市政协副主席李逸平带队，调研上海国盛集团并举行相关科技金融机构座谈会。市科技工作党委书记刘岩、市发展改革委副主任裘文进、市科委副主任傅国庆、市国资委副主任袁泉、上海科创办专职副主任侯劲、市科学学所所长石谦等调研组成员参加调研。上海国盛集团领导班子成员及国泰君安、上海科创投、国际创投、浦发银行上海分行、创业接力集团及天地资本的相关负责人参加调研座谈。

第一节　科技信贷服务体系

2014年，通过科技金融信息服务平台，上海"3+X"科技信贷服务体系（"3"指微贷通、履约贷、信用贷，"X"指创新基金信用贷等专门化或区域性的信贷产品）实现操作电子化，成为全市科技型中小微企业融资的重要渠道。450多家科技企业在此平台获得约14亿元银行贷款，其中344家企业通过履约贷获贷款8.30亿元，32家企业通过信用贷获贷款1.79亿元，43家企业通过微贷通获贷款0.65亿元。历年累计贷款企业1246家、金额55.6亿元。

2015年，上海市科技金融信息服务平台完成第二次改版后重新上线，将原有内容进行深度整合，突出服务和信息功能，让企业第一时间找到信息或服务。新贷款业务微贷通网上申请流程和各项科技贷款网上后台管理功能上线，提升科技贷款网上申请审核效率。微信公众号投入使用，使企业能够从多渠道了解平台的信息和服务。截至 10 月底，访问量突破 800 万次。"3+X"科技信贷产品体系助力科技中小微企业发展，成为全市科技企业贷款总量的排头兵，1—11月，为全市 382 家企业提供科技贷款 13.54 亿元，为众多科技型中小微企业解决资金难题。

2016 年科技信贷工作体系日趋完善，"微贷通""履约贷""创投贷"为初创期、发展期、扩张期的企业提供 1—2 年的信贷服务。同时，继续探索创新产品，完成在科技型中小企业融资租赁服务中引入履约责任保证保险、"生物医药人体临床试验责任保险""生物医药产品责任保险"等产品的前期设计工作和市场需求调研工作。至年底，累计为 500 多家企业提供科技贷款 18.96 亿元。在第 5 期科技履约贷支持的企业中，完成股改的企业 89 家，占贷款企业的18.8%，其中在"新三板"市场挂牌的企业 53 家，在上股中心 E 板和 N 板挂牌的企业 17 家。

2017 年，推进"3+X"科技信贷服务体系建设，实现初创期、成长早中期、成长中后期科技企业不同融资需求全覆盖。至年底，为全市 630 家企业提供科技贷款 37.48 亿元。

2018 年，"3+X"科技信贷产品。为赋能双创升级，利用产品为切入点，通过特色、专营孵化器的渠道准入，进一步降低信贷门槛。全年，完成科技企业贷款 50.4 亿元，734 家企业获贷款。科技履约贷 26.4 亿元，617 家企业获贷款。小巨人信用贷 23.6 亿元，88 家企业获贷款。科技微贷通 0.4 亿元，29 家企业获贷款。搭建科技金融资助服务平台 22 家，累计开展产融对接活动 100 余场，帮助 478 家企业获创投支持资金 78.9 亿元，帮助 3630 家企业获科技信贷金额151.7 亿元，累计支持 130 余家企业在境内外上市。出台《关于开展生物医药人体临床试验责任保险、生物医药产品责任保险试点工作的通知》《关于推进生物医药人体临床试验责任保险和生物医药产品责任保险试点工作的通知》。全年，第一批试点保险公司为 36 家企业出具保单，总保费超过 252 万元。

2019 年，在中国人民银行上海总部的大力支持下，2019 年上海出台高新技术企业信贷工作方案，缓解高新技术企业融资难融资贵问题。"3+X"科技信贷产品体系及服务体系赋能双创升级，利用"3+X"科技信贷产品体系为切入点，通过特色、专营孵化器的渠道准入，降低信贷门槛。"高企贷"授信服务方案助力高新技术企业发展，9 月 20 日，《高新技术企业贷款授信服务方案》发布，引导银行通过优先运用知识产权质押、应收账款质押、订单融资等方式支持企业融资。对采用传统担保方式（如房地产抵押、担保公司担保）的贷款，合作银行适当降低贷款定价水平，执行 LPR（贷款市场报价利率）优惠利率，同时免除企业除贷款利率以外的其他费用。截至 2019 年末，在科技信贷发展方面，

"3亿元风险资金池"撬动信贷资金规模近260亿元，财政资金杠杆作用显著；在服务培育企业方面，累计为4700余家科技型中小微企业提供金融服务，"高企贷"服务惠及1108家企业获得贷款407.9亿元。

2020年，完成科技企业贷款66.16亿元，950家企业获贷款。科技履约贷30.88亿元，63家企业获贷款；小巨人信用贷35.03亿元，171家企业获贷款；科技微贷通0.25亿元，16家企业获贷款。8家试点银行通过"高企贷"为3338家高新技术企业发放贷款1839.27亿元，其中中小企业3212家，贷款金额1009.4亿元。出台《关于开展生物医药人体临床试验责任保险、生物医药产品责任保险试点工作的通知》《关于推进生物医药人体临床试验责任保险和生物医药产品责任保险试点工作的通知》。截至年底，首批试点保险公司为70家企业出具保单，总保费超过946万元。

第二节　科创基金

2015年，鼓励具有投资功能的众创空间设立天使投资基金或机构，为创业者和创业企业提供种子资金和天使资金；完善天使投资网络，推动成立天使投资协会（海天会），依托平台网络优势，有效对接资本和项目；创新科技金融产品和服务模式，为初创期科技企业提供创业风险保障。上海市创投引导基金累计投资41家基金，参股基金总规模约170亿元，累计投资项目560个。天使投资引导基金累计投资16家基金，参股基金总规模约18亿元。

2016年，全市创投引导基金累计投资45家基金，参股基金总规模约190亿元，累计投资项目610个，有效扶持创业投资企业发展，积极引导社会资金进入创业投资领域。天使投资引导基金累计投资16家基金，参股基金总规模约18亿元，累计投资项目300个。2月1日，《上海市天使投资风险补偿管理暂行办法》实施，引导社会资本加大对种子期、初创期科技型企业投入力度。研究起草《上海市天使投资风险补偿管理实施细则》，对具体补偿比例、操作流程、管理职责等政策落地要素进行明确。6月2日，上海市中小微企业政策性融资担保基金挂牌成立，首期资金规模50亿元，将通过融资担保、再担保和股权投资等形式，与全市现有政策性融资担保机构、商业性融资担保机构合作，为科技型中小企业提供信用增进服务，着力打造覆盖全市的中小微企业融资担保和再担保体系。截至11月底，担保基金与19家银行签署合作协议，完成担保项目411笔，贷款金额10.1亿元。

2017年，上海市中小微企业政策性融资担保基金通过批量化受理银行申请、简化融资担保流程、降低担保费率等创新举措，为科创型中小企业提供便捷的融资担保服务。推动落实《上海市天使投资风险补偿管理暂行办法》《上海市天使投资风险补偿管理实施细则（试行）》，进一步引导社会资本加强对种子期、初创期科技型中小企业的支持力度。3 月，天使投资项目入库及天使投资项目风险补偿申请业务受理；截至年底，7 家投资机构申请天使投资风险补偿，批准符合入库项目 23 项。9 月 23 日，上海科创中心股权投资基金管理有限公司（"上海科创基金"）成立。科创基金由上海国际集团、国盛集团、国际信托、港务集团、国泰君安创新投、张江高科六大国有基石投资人共同发起设立的市场化母基金平台。基金目标管理规模 300 亿元，首期募资 65.2 亿元，投向重点关注信息技术、生物医药、先进制造和环保新能源等行业，聚焦处于初创期及成长期的子基金或科创企业。采取新设或增资等方式，将募集资金的 80% 投资于子基金，20% 资金直接投资于高科技重点企业。

2019 年 10 月 10 日，浦东科创母基金启动。未来，基金将进一步整合资本、资源、资产优势，实现科技与金融的深度融合，加快推进金融中心与科创中心的联动发展。浦东科创母基金首期规模 55 亿元，聚焦中国芯、创新药、蓝天梦、未来车、智能造、数据港六大产业，同时设立若干行业专项子基金，创新"产业＋基地＋基金"联动发展模式，形成约 200 亿元的科技创新产业基金群。

第三节　银行科技服务

2016 年，鼓励银行业金融机构设立科技支行。截至年底，浦发银行、上海银行、上海农商银行、南京银行、北京银行、民生银行上海分行、兴业银行上海分行等分别设立了专门服务科技企业的科技支行。同时，支持商业银行加强科技金融专业队伍建设，改善银行内部运作机制和流程，制定专门的科技创新企业信贷政策，加大对科技创新企业的信贷支持力度。上海银监局针对科技型中小微企业具有高风险和高成长性的"双高"特征，着力推动银行机构建立"六专"机制，即专营的组织架构体系、专业的经营管理团队、专用的风险管理制度、专门的管理信息系统、专项的激励考核机制、专属的客户信贷标准。

2017 年，《上海银行业支持上海科创中心建设行动方案（2017—2020 年）》《上海科技金融政策汇编指引》发布，对 2020 年末辖内机构科技型企业客户数和科技信贷规模提出明确的规划目标，引导银行将金融服务前移到种子期、初创期、成长期，有效增加科技金融供给总量，优化科技金融结构，全面提高金融服务覆盖面和 R&D 支持力度，增加信贷的科技产出率和科技增值率，促进科技产业和科技金融业务可持续发展。根据《关于支持银行业金融机构加大创新力度开展科创企业投贷联动试点的指导意见》的要求，推动国开行率先启动投贷联动试点业务，为全市相关科技企业提供信贷和股权投资相结合的综合资金支持。

2018年，推动商业银行设立重点服务科技产业的科技支行、科技特色支行和专属科技金融部门。上海银行业多渠道与外部的股权投资机构开展合作，探索多种形式的投贷联动融资服务模式创新。截至9月底，贷款存量362户家，增长34.1%；贷款余额55.8亿元，同比增长9.8%。累计为503家企业提供服务，发放贷款192.6亿元。

2019年，市科委与中国人民银行上海总部联合实施高新技术企业贷款授信，首批8家银行开展"高企贷"试点。上海"高企贷"为1108家中小微型高新技术企业获得银行贷款支持407.9亿余元。4月，上海银行联合临港集团共同设立"上银—临港科创金融示范区"；6月，上海银行与张江集团签订合作框架协议，创新金融服务，共建张江科创金融生态圈。8月22日，《上海银行业保险业进一步支持科创中心建设的指导意见》发布，在构建上海"4465"科技金融框架的基础上，提出了上海银行业保险业发展科技金融的五大支持目标、建立科技金融创新机制的五大完善举措、多方合作开展科技金融的五大联动措施，以此全面助推上海科创中心建设。全市设立科技支行7家，科技特色支行91家，科技金融从业人员逾千人。

2020年，全市设立科技支行7家，科技特色支行91家，科技金融从业人员逾千人，辖内服务科技金融队伍力量不断壮大，形成覆盖全市的科技金融服务网络。3月12日，上海银行张江科创金融服务中心正式挂牌成立。该中心将与张江集团搭建资源对接平台，建立信息共享机制，为张江区域的科创企业提供线上＋线下的一揽子综合金融服务。成立仪式上，上海银行还与来自张江的博通集成、小蚁科技、创领心律、微创心通、华强环保等科技企业签署了总额近5亿元的授信协议。3月19日，出台新一轮《上海市2019—2021年科技型中小企业和小型微型企业信贷风险补偿办法》，形成重点产业目录，对相关企业适当降低贷款风险补偿门槛（由1.5%下降至1.2%）。

第四节　科技创新板与科创板

科技创新板（N板）专为科技型、创新型中小型股份有限公司量身定制，帮助企业与资本市场进行有效对接，全方位孵化培育科创企业；是上海股权托管交易中心"科技创新企业股份转让系统"的简称，主要目的是帮助企业实现股权融资、债券融资等。

　　科创板是由国家主席习近平于 2018 年 11 月 5 日在首届中国国际进口博览会开幕式上宣布设立，是独立于现有主板市场的新设板块，并在该板块内进行注册制试点。

一、科技创新板

　　2015 年 12 月 22 日，推出科技创新板，登陆上海股权交易中心，拟试点推动全国科技金融改革创新。12 月 28 日，上海股权托管交易中心在张江大厦隆重举行科技创新企业股份转让系统（简称"科技创新板"）开盘仪式，上海市市长杨雄，市委常委、常务副市长屠光绍，市委常委、浦东新区区委书记沈晓明，副市长周波，市政府副秘书长、市国资委主任徐逸波，市政府副秘书长、市发展改革委主任俞北华，市政府副秘书长、浦东新区区长孙继伟及其他相关部门领导出席仪式。"科技创新板"首批挂牌企业共 27 家，其中科技型企业 21 家，创新型企业 6 家。首批挂牌企业分布互联网、生物医药、新材料、再生资源、3D 打印等 13 个新兴行业，获得发明专利 60 多项、软件著作权 100 多个，其中 16 家获得高新技术企业、"专精特新""小巨人"等称号。首批挂牌企业以初创期企业为主，19 家企业处于初创期，8 家企业步入了成长期。在这些企业挂牌推进的过程中，上海股交中心就开始整合各方资源，积极帮助企业融资。

　　2016 年 4 月 28 日，上海股权托管交易中心举行第二批"科技创新板"15 家企业的挂牌仪式，市政府副秘书长俞北华出席。市金融办、市经济信息化委、市科委、张江管委会等有关部门，浦东新区等有关区县政府，有关金融市场、金融机构、投资机构、行业协会及挂牌企业等参加了仪式。第二批挂牌企业共 15 家，其中科技型企业 13 家，创新型企业 2 家。拥有发明专利 13 项，软件著作权 106 项，9 家科技型企业获得"高新技术企业""专精特新""小巨人"等相关称号。10 家处于初创期，5 家步入成长期，平均注册资本约 2600 万元，最近一期会计年度 11 家企业实现盈利，平均净利润 153 万元。企业行业分布于互联网、新能源、信息服务、检验检测等新产业。9 月 28 日，随着上海市金融党委书记、市金融办主任郑杨与市科委主任寿子琪共同敲响挂牌锣，"科技创新板"第三批企业在上海股权托管交易中心集体挂牌，37 家企业成功挂牌后，"科技创新板"大家庭正式扩容至 79 家。37 家均为科技型实体企业，分布于先进制造、信息技术、节能环保等新兴行业。其中，34 家企业属于国家或上海"十三五"科技创新规划领域，23 家企业获得"高新技术企业""专精特新""小巨人""双软企业"等相关称号。

　　2017 年 1 月 4 日，第四批 23 家企业集体挂牌，挂牌企业总数达 102 家。

市经济信息化委主任陈鸣波与市金融党委书记、市金融办主任郑杨共同敲响挂牌锣。此次"科技创新板"挂牌企业共计 23 家，均为科技型实体企业，主要涉及先进制造和信息技术行业。挂牌企业科创属性鲜明，在所属行业都有各自的科创"新"突破。拥有发明专利 21 项，实用新型专利 137 项，外观设计专利 47 项，软件著作权 64 项。其中，11 家企业获得"高新技术企业""专精特新""小巨人""双软企业"等相关称号。挂牌企业平均股本 1265 万股，研发投入同比增长 64.64%。4 月 28 日上午，20 家"科技创新板"企业挂牌仪式于上海股交中心成功举行。至此，上股交"科技创新板"挂牌企业总数达 122 家。本次科技创新板挂牌的 20 家企业中，有 16 家企业属于国家或上海"十三五"科技创新规划重点领域；13 家企业获得"高新技术企业""专精特新""双软企业"等相关称号。20 家挂牌企业获得发明专利 14 项，实用新型专利 94 项，外观设计专利 4 项，软件著作权 126 项。8 月 29 日，15 家"科技创新板"企业挂牌仪式于上海股权托管交易中心成功举行。市金融办、市科委、市经济信息化委、张江高新区管委会、上海证监局等部门，浦东新区、松江区等区政府，金融机构、投资机构、行业协会及挂牌企业代表等参加了仪式。至此，上股交"科技创新板"挂牌企业总数达 137 家。

2018 年 10 月 28 日，23 家上海科创企业在上海股权托管交易中心科技创新板挂牌上市。至此，上股交科技创新板挂牌企业总数达 223 家。其中，科技型企业 208 家，创新型企业 15 家，分布于先进制造、信息技术、节能环保、生物医疗等 20 个新兴行业。

2019 年，培育推动 359 家企业在新三板、上海股交中心挂牌，25 企业成功 IPO，有效发挥了科技金融对创新创业的助推作用。12 月 27 日，又有 29 家科创企业加入这个大家庭，上海股交中心举行了隆重的集体挂牌仪式。这 29 个新成员中，科技型企业 25 家，创新型企业 4 家。至此，科技创新板挂牌企业总数达 296 家，分布于先进制造、信息技术、节能环保、生物医疗等 20 个新兴行业。有 160 家次挂牌企业实现股权融资额 23.82 亿元；379 家次企业通过银行信用贷、股权质押贷及科技履约贷模式实现债权融资 19.41 亿元，挂牌企业融资满足率近 100%。

2020 年 12 月 30 日，上海股权托管交易中心科技创新板开盘五周年暨 27 家企业挂牌仪式成功举行。至此，该板块挂牌企业总数达 374 家。各金融机构、投资机构及挂牌企业代表等参加了仪式。374 家科技创新板挂牌企业分布于先进制造、信息技术、节能环保、生物医疗等 20 个新兴行业。在市场功能发挥方面，截至 2020 年 12 月底，有 194 家次挂牌企业实现股权融资额 33.97 亿元；580 家次企业通过银行信用贷、股权质押贷及科技履约贷等实现债权融资 27.81

亿元,科技创新板挂牌企业融资满足率近100%。科技创新板累计共产生1464笔交易,交易总金额28.93亿元、交易总股数8.56亿股,成交价格平均值5.65元/股。

二、科创板

2018年11月5日,首届中国国际进口博览会在上海开幕,国家主席习近平出席开幕式并发表主旨演讲,强调"将在上交所设立科创板并试点注册制,支持上海国际金融中心和科技创新中心建设,不断完善资本市场基础制度"。

2019年1月23日,中共中央总书记、国家主席、中央军委主席、中央全面深化改革委员会主任习近平主持召开中央全面深化改革委员会第六次会议并发表重要讲话,会议审议通过了《在上海证券交易所设立科创板并试点注册制总体实施方案》《关于在上海证券交易所设立科创板并试点注册制的实施意见》。会议指出,在上海证券交易所设立科创板并试点注册制是实施创新驱动发展战略、深化资本市场改革的重要举措。要增强资本市场对科技创新企业的包容性,着力支持关键核心技术创新,提高服务实体经济能力。要稳步试点注册制,统筹推进发行、上市、信息披露、交易、退市等基础制度改革,建立健全以信息披露为中心的股票发行上市制度。

1月28日,中国证监会发布《关于在上海证券交易所设立科创板并试点注册制的实施意见》。1月30日,中国证监会起草完成《科创板首次公开发行股票注册管理办法(试行)》和《科创板上市公司持续监管办法(试行)》。上海证券交易所就《上海证券交易所科创板股票发行上市审核规则》《上海证券交易所科创板股票发行承销实施办法》《上海证券交易所科创板股票上市规则》《上海证券交易所科创板股票交易特别规定》等6项科创板并试点注册制配套业务规则公开征求意见。

3月1日,中国证监会正式发布《科创板首次公开发行股票注册管理办法(试行)》和《科创板上市公司持续监管办法(试行)》。当日,上海证券交易所正式发布实施了设立科创板并试点注册制相关业务规则和配套指引,明确了科创板股票发行、上市、交易、信息披露、退市和投资者保护等各个环节的主要制度安排。3月4日,《上海证券交易所科创板股票发行上市审核问答》正式发布,科创板配套规则进一步明晰。3月22日,科创板首批受理企业出炉。

5月21日下午,由市科委、上海证券交易所联合主办,上海市科技创业中心承办的2019年第一期科创板上市培训活动暨科创企业上市培育库发布仪式在上海证券交易所大厅举办。市科委副主任骆大进、市金融工作局副局长李军、上海证券交易所首席运营官谢玮出席并致辞。会上发布并启动了由市科委、市金融工作局指导,市科技创业中心实施建设的"科创企业上市培育库",旨在帮助企业提升技术效能、加速成长、助力上市。

5月27日,科创板上市委审议工作正式启动,上交所发布科创板上市委2019年第一次审议会议公告。6月13日,在第十一届陆家嘴论坛开幕式上,中国证监会和上海市人民政府联合举办上交所科创板开板仪式。中共中央政治局委员、国务院副总理刘鹤,中共中央政治局委员、上海市委书记李强,中国证监会主席易会满,上海市市长应勇,共同为科创板开板。

6月27日,市政协举行十三届十一次常委会议,围绕"抓住在上海证券交易所设立科创板并试点注册制重大机遇,深入推进上海国际金融中心和科创中心建设"开展专题议政。市政协主席董云虎出席并讲话。副市长吴清通报有关情况。会上,肖堃涛常委代表市政协教科文卫体委员会作"坚持国际化、市场化、法治化导向,着力推动科创企业与资本市场深度融合"主旨发言。董云虎指出,在上海证券交易所设立科创板并试点注册制,是我国金融领域改革发展具有里程碑意义的大事,是深层次推进改革、高水平扩大开放的重大举措,为上海在新的历史起点上加快发展、更好服务全国提供了战略支撑。市政协副主席方惠萍主持会议,副主席赵雯、周汉民、王志雄、张恩迪、徐逸波、金兴明、黄震出席。

7月22日,上交所科创板首批公司上市仪式在上海举办。中共中央政治局委员、上海市委书记李强,中国证监会主席易会满,共同为科创板鸣锣开市。科创板首批公司挂牌上市交易,标志着设立科创板并试点注册制这一重大改革任务正式落地。

7月31日,上海发布《关于着力发挥资本市场作用促进本市科创企业高质量发展的实施意见》(简称"浦江之光"行动),围绕党中央交给上海的三项新的重大任务,支持上海证券交易所设立科创板并试点注册制,着力发挥资本市场服务科技创新作用,促进本市科创企业高质量发展。"浦江之光"行动聚焦科创企业成长的全生命周期,强化科技要素和金融资本的对接,从加大孵化培育力度、推进改制挂牌上市、吸引集聚要素资源、持续优化基础环境等四个方面,提出18条任务、78项具体措施。

11月初,在第二届中国国际进口博览会开幕式之前,习近平总书记到上海考察,指出"设立科创板并试点注册制要坚守定位,提高上市公司质量,支持和鼓励'硬科技'企业上市,强化信息披露,合理引导预期,加强监管"。

11月11日,由上海市科委、上海市金融工作局指导,上海市科技创业中心与浦发银行主办,浦发银行上海分行、国家技术转移东部中心承办的"打造更具活力的科技金融创新生态——长三角科技金融创新论坛暨科创企业上市培育库扩容发布仪式"在沪举行。市科委总工程师陆敏、市金融工作局副局长李军、浦发银行副行长王新浩出席活动并致辞。会上，沪苏浙皖三省一市的科技主管部门、银行及两百余家长三角区域企业齐聚一堂，聚焦长三角科技金融创新生态建设和优化，推动区域共生共享、互联互通，实现新一轮高质量发展，共同探讨长三角一体化发展为科创企业带来的机遇和挑战。论坛上，由上海市科技创业中心实施建设的科创企业上市培育库正式向长三角地区扩容，为长三角区域企业提供人才培育、技术评价、技术交易、规范治理、科技金融、产业孵化、上市辅导等多方面专业辅导和支持。浦发银行相应发布了《科创企业培育库专属服务方案》，为培育库内的科创企业提供"债、贷、股、资"四位一体的专属金融服务方案，满足科创企业在信用贷款、日常结算、跨境支付、投资并购等全方位金融需求。

2019年，216家企业申报科创板上市。新一代信息技术产业占35%，生物医药产业占21%，高端装备产业占19%，新材料产业占11%，节能环保产业占7%，其他科创产业占7%。申报企业平均研发人员占比31%，研发投入占比11%，发明专利49项，50余家企业获国家科技进步奖等重大奖项。建立科创板上市企业发现、培育、服务机制，建设"科创企业上市培育库"，入库企业近900家。至2019年底，科创板上市公司70家，市价总值为8638亿元，占沪市规模的比重超过2%。13家上海企业在科创板上市，占年内上市总量的18.57%，居国内第一。开通科创板交易权限账户数近600万户。科创板全年成交1.3万亿元，日均成交超过百亿元。科创板筹资额824亿元，占沪市股票筹资总额的16%。

2020年3月30日，"浦江之光"行动政策汇编和办事指南对外发布，支持更多更好的"硬科技"企业加速在科创板上市。7月22日，市委书记李强来到上海证券交易所调研，主持召开上海部分科创企业座谈会，深入听取上市企业代表关于科创板制度创新和服务科创企业发展的意见与建议。中国证监会副主席方星海出席并讲话，上海市领导吴清、诸葛宇杰出席座谈会。7月29日，科创板企业培育中心（上海）揭牌暨上海班（一期）开学仪式在上交所新大楼举行。

截至2020年末，科创板上市共有215家。其中，2020年合计挂牌145家，三季度上市最多，共67家。2020年上市的145家科创板公司主要分布在8个行业中，其中新一代信息技术产业有48家遥遥领先，生物产业29家、高端装备制造产业28家、新材料产业18家、节能环保产业11家、新能源产业5家、新能源汽车产业4家、相关服务产业2家。

第十三章　科学普及

2014年，上海公民科学素质调查测试结果发布。结果显示，上海公民科学素质水平达标率为28.8%，居全国领先水平。调查从科学生活能力、科学劳动能力、参与公共事务能力、终身学习与全面发展能力四个方面评估公民科学素质。

2015年，上海科普工作围绕提升公民科学素质总目标，坚持政府引导和社会参与、公益推进与市场运作相结合，通过抓规划、抓平台、抓制度，集成资源、创新机制、彰显实效，全市科普工作取得多项进展，为上海建设具有全球影响力的科技创新中心奠定社会基础。实施《进一步提升公民科学素质三年行动计划（2015—2017年）》，提出培育创新意识、提升创新创业能力、提高科学生活水平的行动目标和重点工作任务。动员和激励各类机构和社会团体参与科普工作，构建社会化的科普内容创制和科普活动筹办模式，首次发布《上海市2015年度"科技创新行动计划"科普内容项目指南》，公开征集科普内容和科普活动项目，35项科普活动和28种科普内容获资助。开展百万青少年争创"明日科技之星"评选，举办首届上海（国际）青少年科技创意大赛、第八届青少年创新峰会、上海未来工程师大赛、第六届"赛复创智杯"上海市青少年科技创意设计评选活动，引导青少年关注上海具有全球影响力的科技创新中心建设，参与科技创新实践，激发创新创意，为上海创新发展储备后备力量。围绕"科技让生活更美好"主题，开展第七届上海市科普艺术展演。举办第三届上海市社区创新屋创意制作大赛。2015年全国科技活动周暨上海科技节围绕"创新创业，科技惠民"，以"万众创新——向建设具有全球影响力的科技创新中心进军"为上海特色主题，在全市开展各类科普活动995项，共400万人次参与。举办上海国际自然保护周、上海国际科普微电影大赛、全国科普日、智慧城市体验周、上海国际科学与艺术展等品牌科普活动，展示上海城市的创新文化和市民的创新热情。

2016年，上海科普工作深入贯彻落实习近平总书记系列重要讲话精神，坚持把科学普及放在与科技创新同等重要的位置，努力把科普这一翼做大做强做实。对标建设具有全球影响力的科技创新中心要求，以能力建设为主线，以服务科技创新、浓郁创新文化氛围，促进人的全面发展、提升公众科学素质为导向，以科普规划、重点活动、场馆设施、媒体宣传为重要抓手，编制发布《上海市科普事业"十三五"发展规划》，印发并落实《上海市公民科学素质行动计划纲要实施方案（2016—2020年）》，明确了提高公民科学素质工作目标；加快科普场馆建设，上海天文馆开工兴建；打造品牌项目，成功举办上海科技活动周、"全国科普日"及主场活动、第3届上海国际科普产品博览会、全国青少年科技创新大赛等科普活动；依托传媒渠道，打造《少年爱迪生》等精品科普栏目，推进"科普上海"品牌战略合作。持续推进科普事业社会化、市场化、国际化和品牌化发展，为"十三五"进一步健全与全球科技创新中心相匹配的科普工作新格局开好头、起好步。

2017年，按照《上海市科技创新"十三五"规划》和《上海市科普事业"十三五"发展规划》部署，围绕提升上海市公民科学素质的总目标，以能力建设为主线，着力激发创意，积极宣传创新，主动服务创业，加快推进科普工作的社会化、市场化、国际化、品牌化，不断满足人民群众日益增长的科技文化需求，为上海"十三五"时期基本建成"四个中心"和社会主义现代化国际大都市、形成建设具有全球影响力的科技创新中心基本框架体系夯实社会基础。

形成以上海科技馆、上海自然博物馆两家综合性科普场馆为龙头，以城市规划展示馆等54家专题性科普场馆为骨干，以辰山植物园、上海动物园等273家基础性科普基地为支撑的科普教育基地体系，数量充足、类型多样、功能齐全，平均每45万人拥有一个专题性科普场馆、每8万人拥有一个科普教育基地。召开上海市科普工作会议，首次发布《上海市科普事业"十三五"发展规划》，明确科普战略目标。建设社区创新屋83家，提升社区创新文化氛围，激发社区群众创新制作热情。依托各大高校、科研院所，市科委、市教委联合建立青少年科学创新实践工作站25个、实践点100个，培育学生创新精神。市科委与百联集团合作，推进"科普进商圈"行动，扩大科普辐射面。继续实施"科普进地铁"项目，在人民广场地铁站文化长廊宣传市级重点科普活动，运行海派中医公益宣传地铁专列。举办上海科普大讲坛18场，邀请中国科学院和工程院两院院士、国外诺贝尔奖获奖者等40人为主讲和对话嘉宾。

2018年，按照《上海市科普事业"十三五"发展规划》部署，推进上海科普社会化、市场化、国际化、品牌化发展，上海公民科学素质保持全国领先。第十次全国公民科学素质抽样调查结果显示，上海公民具备科学素质比例为21.88%，连续三次位列全国第一（第二名北京，21.48%；第三名天津，14.13%）。

2019年，上海围绕全面提升上海科创中心策源能力和建设现代化国际大都市战略要求，落实《上海市科普事业"十三五"发展规划》各项任务，推进科普高质量发展，公民科学素质保持全国领先。健全市科普工作联席会议制度，多部门协同推进科普事业发展，市政府梳理议事协调机构，上海市科普工作联席会议予以保留并重新明确联席会议组织架构和工作职能。截至年底，上海市科普工作联席会议成员单位31家。市科委、市教委协同推进青少年科技创新素质培育，联合开展第十七届"明日科技之星"评选，45 名个人和 15 个团队获"明日科技之星"称号、88 名个人和 12 个团队获"明日科技之星提名奖"称号、153 名个人和 69 个团队获"科技希望之星"称号；举办第十二届青少年创新峰会。市科委、市文化旅游局、浦东新区联合举办上海国际科技艺术展演，成为全国科技活动周上海科技节闭幕式载体。市、区联动供给优质科普服务。市科委与浦东新区、徐汇区、长宁区、杨浦区、青浦区、松江区等联合开展"科普集市"系列公益活动，利用广场、公园等公共空间，推广最新科技产品及科研成果；与浦东新区、黄浦区、闵行区联合建设主题鲜明、设施完备、线上线下服务功能齐全的科普特色示范展示区。

2020 年，紧扣人民群众美好生活需求，在疫情防控中发挥科普传播和舆情引导作用；继续办好上海科技节，打造公众科技嘉年华；在活动举办、内容创制、渠道拓展等方面打造特色鲜明的科普品牌，上海科普事业持续高质量发展。积极回应疫情期间社会关切问题，第一时间构建防疫科普矩阵，发挥科学家、医务工作者、专业科普机构优势，借助主流媒体传播渠道，将正确的防疫知识和信息向公众普及宣传。

第一节　科普工作

2014 年，上海科普工作围绕提升市民科学素质和科普能力建设两大重点任务，不断创新理念、整合资源、优化载体、完善服务，有力强化科学普及的环境优化功能，进一步夯实市民科学素质基础，各项工作取得重要进展和诸多实效。科普工作机制上，更加注重"社会化"发展。改变过多依赖行政化手段推动科普发展的模式，在科普基础建设、科普活动开展、科普文化产业培育等方面，建立健全政府引导、社会参与、共同受益的社会化、市场化的科普运作体系和工作模式。

2015 年，发布《进一步提升公民科学素质三年行动计划（2015—2017）》，到 2017 年，将实现公民科学素质达标率 30%，为上海建设具有全球影响力科技创新中心奠定良好的人力资源基础。市科技党委牵头成立上海科技创新志愿服务联盟，上海科技青年志愿者协会、上海科技馆志愿者总队等 60 多个志愿服务组织参与，促进科技工作者更好为科学知识普及和创新创业服务。9 月 10日，上海市科委等发布"2014 年上海公民科学素质调查测试结果"。结果显示，2014 年上海市公民科学素质总体达标率为 28.8%，居于全国领先水平，与 2012年测评结果相比，提高 2.2 个百分点。超过 80% 的调查对象认为上海建设具有全球影响力的科技创新中心"很有必要"。

2016年，确立"4+1"全市科普工作协调联络机制，强化各部门，各区及市、区间的科普工作合力；完善科普工作日常管理机制，将科普活动认定、科普教育基地认定行政审批事项纳入市政府网上政务服务大厅，修订《科普教育基地认定办事指南》。《上海市科普事业"十三五"发展规划》编制完成并发布。规划总结"十二五"以来全市科普工作进展及成效，分析当前存在的瓶颈及问题，前瞻研判了"十三五"时期的新形势、新需求和新机遇，提出"十三五"时期全市科普发展的总体思路、重点任务和保障措施。

2017年1月22日，上海市科普工作会议在科学会堂召开，《上海市科普事业"十三五"发展规划》发布。《规划》明确未来5年上海科普事业社会化、市场化、国际化、品牌化发展总体思路，提出"135"的总体布局体系。"1"，一个"总目标"：进一步健全与具有全球影响力科技创新中心相匹配的科普工作新格局；"3"，实施科学素质提升工程、创新沃土培育工程和科普能力跃升工程"三大工程"；"5"，形成五大亮点：培育一个国际化科技节；建成一个科普资源共享服务平台；创制一批具有全球影响力的原创科普作品；集聚一批社会化专业科普组织；培育一批精品科普场馆。

2019年10月23日，上海市科普工作联席会议召开。市委常委、副市长吴清出席并讲话。会议由市政府副秘书长陈鸣波主持。会议深入贯彻落实习近平总书记关于"科技创新、科学普及是实现创新发展的两翼，要把科学普及放在与科技创新同等重要的位置"的重要讲话精神，总结近年来上海市科普工作情况，分析当前科普工作形势并部署下阶段全市科普工作重点任务。会议指出，面对新形势、新任务、新要求，要深刻认识新时代科普工作的重要意义，大力推动上海科普事业高质量发展，为上海建设具有全球影响力的科技创新中心做出新的贡献。成员单位和各区分管领导、联络员等百余人出席会议。

第二节　科普活动

一、科技节与科技周

2014年5月16—25日，举行上海科技活动周。活动周的主题为"科学生活 创新圆梦"，科技活动周在市、区、街道三个层面组织开展842项丰富多彩的科普活动，活动数量为历年之最；635项为区（县）、街镇、社区组织活动，基层活动占比达75%。科普工作的社会影响力不断提升。

2015年5月16日，全国科技活动周暨上海科技节开幕。活动围绕全国科技活动周主题"创新创业，科技惠民"和上海特色主题"万众创新——向建设具有全球影响力的科技创新中心进军"，活动时间由原来的 7 天延长为 9 天，开展各类科普活动 995 项，参与人数超 400 万人次。科技节让市民走近科学家、走进实验室，尤其是首创科学家红毯秀，成功营造了尊重人才、尊重创新的良好氛围，社会反响热烈。据第三方调研结果显示，公众对活动满意度达 92.6%。

2016 年 5 月 14—21 日，举行上海科技活动周。活动围绕"创新引领，共享发展"全国主题，设置"万众创新一向建设具有全球影响力的科技创新中心进军"上海特色主题。以上海科技馆为主会场，16 个区县为分会场，开展十大板块共 1200 余项科技活动。首次与国外科技节组委会建立联动，首次推出"科学导师带你逛"活动，首次推出"科学之夜"科技活动周夜场，首次推出新创发布会，首次推出互联网直播；全国科技活动周闭幕式首次移师上海，上海国际科普艺术展演成为闭幕式展示载体。活动周吸引 500 万人次参与，近百家媒体发布相关报道 2000 余篇；第三方调查显示公众满意度 93.7%，比上年上升 1.1 个百分点。

自 2017 年起，科技节由每两年举办一次变更为每年举办一次，并设立上海科技节组委会。5 月 20 日至 27 日，举办上海科技节。活动围绕"万众创新——向建设具有全球影响力的科技创新中心进军"主题，举办各类科普活动 1000 余场，覆盖 16 个区。全市高校和科研院所重点实验室 110 家、科普教育基地 234 家、社区创新屋 79 家及科技园区企业 13 家向市民免费开放，48 家科普教育基地参与门票折扣惠民活动。开幕式上，工程院院士、C919 项目团队精英、世界 500 强研发机构负责人等走上科学红毯。据不完全统计，科技节期间群众参与人数超 550 万人次，网络点击量超 120 万次；第三方调查显示公众对活动满意度 95.04%，比上年增加 1.34 个百分点。5 月 27 日，2017 年全国科技活动周闭幕式暨上海国际科技艺术展演在东方卫视演播厅举行。展演分智慧之光、科技之光、未来之光、闭幕仪式等部分，通过科技与艺术的结合，以高科技手段和艺术表达方式展示科技成就。展演的网络现场直播在线观看人数达 23 万人。

2018 年 5 月 19—26 日，上海科技节以"万众创新——向具有全球影响力的科技创新中心进军"为主题，举办各类科普活动 2300 余场，每个区设分会场；300 余家科普教育基地、83 家社区创新屋开展特色活动；143 家高校、科研院所重点实验室和世界 500 强企业向社会开放。中国科学院和中国工程院院士、世界 500 强研发机构负责人等各领域科学家在科技节启动仪式走上科学红毯。据不完全统计，科技节期间，网络直播点击量 1007 万次，线下参与人数超 300 万人次；55 个国家媒体关注，各类媒体发布报道 4300 余篇；公众满意度 90.30%。26 日，2018 年全国科技活动周闭幕式暨上海国际科技艺术展演在上海世博中心举行。展演以"科技创新 强国富民"为主题,通过"国家战略""上海使命""国际视野""看见未来"四大板块,采用全息影像、人屏互动、激光秀等高科技手段和情景剧、歌舞等艺术表达方式展示科技成就。

2019年5月15—26日,举行上海科技节。围绕"万众创新——向具有全球影响力的科技创新中心进军"主题,设开幕、惠民、论坛、赛事、科艺、视听、青少年、企业、联动、闭幕十大板块,举办各类科普活动2400余项,线上线下观众1600万余人参与。科技节期间,300余个科普教育基地,139家大科学装置、重点实验室、工程技术(研究)中心、研发与转化功能型平台向公众免费开放;30余家科技园区、世界500强企业,向市民和大学生开放研发中心,开展主题科普活动;中国科学院上海分院举办"公众科学日"活动,科学家、科技工作者与公众开展现场交流。上海科技节首次与浦江创新论坛、上海市科学技术奖励大会等重大科技活动联动举办,成为打造"上海科创品牌月"的"重头戏"。科技节相关活动网络直播点击量1200万余次,媒体报道1.05万次,公众满意度97.41%。9月19—21日,在全国科学实验展演活动上,上海6个节目获奖,其中一等奖2项、二等奖2项、三等奖2项;上海市科委获优秀组织奖。

2020年8月23日,以"科技战疫创新未来"为主题的2020年上海科技节正式拉开帷幕。市委书记李强,市委副书记、市长龚正与全市科技工作者和青少年代表一起出席启动仪式,共同见证2020年上海科技节精彩开幕。市委副书记、政法委书记廖国勋,市领导吴清、诸葛宇杰、徐泽洲、方惠萍出席仪式。中国科学院院士蒲慕明、田禾与"少年爱迪生"获奖代表詹林、李佩含共同启动2020年上海科技节。上海科技节特别邀请了持续奋战在疫情防控、医疗救治、科研攻关一线的科技工作者代表和辛勤耕耘在上海科创中心建设各战线的中外科学家、创新企业家代表一同来到启动现场。科技节围绕十大主题板块开展1800余项活动,全面展示科技创新成就和科技战疫成效,开展特色科普活动,开放优质科技资源,营造科学文化氛围。科技节期间,全市300余家科普基地将举办惠民特色活动,60余家科研院所、重点实验室、工程技术研究中心、协会、学会等科技创新基地将举办线下开放或线上活动。分散在全市的多个社区创新屋将举办100余项市民动手创意小制作活动。一批高新技术企业、园区和世界500强企业将通过"新创发布会"等活动,向公众解读行业领域具有创新性、代表性的科技成果。科技节还新设了云端主会场,公众可通过网络在线观看科技节重点活动直播,"云游"大科学装置和重点实验室,在线点播高清科教纪录片和经修复的老科影厂经典科教片等精彩视频。

二、全国科普日

9月20日上午，2015上海市"全国科普日"活动启动仪式在上海科技影城举行。市委副书记应勇宣布2015上海市"全国科普日"活动启动。副市长、市公民科学素质工作领导小组组长周波宣布国家"纲要办"第九次中国公民科学素质抽样调查上海地区调查结果——2015年上海市公民具备科学素质比例为18.71%，居全国第一。本次科普日活动以"万众创新 拥抱智慧生活"为主题，市、区联动共组织809个科普项目，将科普大餐送到每一个市民的身边。

9月17—24日，2016上海市"全国科普日"活动启动仪式在上海展览中心举行。活动期间，本市围绕"创新放飞梦想，科技引领未来"主题，广泛开展群众性科普活动，提高公民科学素养和创新意识。本月，上海市区两级、街镇村居、学会、企业、科研院所、科普教育基地组织策划了900多个项目，力争将"科普大餐"送到每一位市民身边。主会场活动为第三届上海国际科普产品博览会，9月16日在上海展览中心开幕以来，吸引了大批观众，以多种科普形式将高新技术产品介绍给市民，并普及其背后的科学原理。

9月16—22日，以"创新驱动发展、科学破除愚昧"为主题的2017年上海市"全国科普日"举行。上海市区两级、街镇村居、学会、学校、企业、科研院所、科普教育基地针对不同的科普需求，共组织策划1344个科普项目，其中市级重点活动10项，区级重点活动74项，90%以上的活动在基层展开，贴近市民生活，惠及普通百姓，把科普大餐送到每位市民身边。

9月15—21日，2018上海市"全国科普日"举行。上海市区两级、街镇村居、学会、学校、企业、科研院所、科普教育基地等组织了近3000项丰富多彩的科普活动，数量为历年之最，其中97%的活动就安排在市民身边。

9月14—20日，2019上海市"全国科普日"活动开展，活动主题为"礼赞共和国、智慧新生活"，以公民科学素质提升为着眼点、以上海市民对科普的需求为出发点、以活动参与者的获得感为落脚点，策划组织了形式多样、内容丰富、精准定位的3761项市区各级科普活动。从街道居民区到商场办公楼，从大中小学校到科研院所，从工厂农田到科普场馆，一场科普嘉年华拉开精彩大幕。

9月19—25日，以"决胜全面小康，践行科技为民"为主题的2020上海市"全国科普日"活动集中开展。践行"人民城市人民建，人民城市为人民"理念，为期一周的2020年上海市"全国科普日"活动精准聚焦社会科普需求，从市、区到街镇社区，从学校到学会，从科技场馆到企业，力求将一场场科普盛宴带到市民身边。2020年"全国科普日"活动平台共计有13251项活动，上海共申报 1383 项活动，占全国总数的 10.6%。上海首推"科普全日大放送"，主办方 12 小时不间断推送科普内容，打造全时科普新模式。

三、上海国际自然保护周

2015 年 4 月 18—24 日，上海首个以保护自然为主题的国际性科普公益活动——2015 上海国际自然保护周举行。活动围绕"记录自然、感受自然、揭秘自然、呵护自然"的主题，积极倡导人与自然的和谐。以"人与自然"为 2015 年特定主题，开展启动仪式、名人讲坛、青少年主题活动、"足迹"主题旅游公益活动、电影电视展映周、3D 打印创意大赛、主题摄影展七大活动，活动覆盖全市各区县，43.7 万余人次参与。

2016 年 10 月 22—29 日，举办第二届上海国际自然保护周。市科委、市教委、市环保局和上海科普教育发展基金会联合主办。围绕"人与自然"主题，在市、区、社区 3 个层面设九大主题活动，即名人讲坛、"我与自然"青少年主题活动、"我的自然百宝箱"科普场馆主题活动、"i 自然"旅游体验活动、"银屏内外的自然世界"主题电影电视展映活动、"人与自然、和谐共生"主题摄影展、"绿色记忆"手机随手拍大赛、"绿动上海"市民巡骑活动、"生态城市"绿色践行活动，200 余万人次参与。在科普场馆、图书馆、园区、高校等场所举办名人讲坛 30 场，中国、澳大利亚、加拿大、德国、爱尔兰、荷兰、新西兰和美国 8 个国家的 17 名（国外 10 名）知名自然保护人士演讲。

2017 年 10 月 21—27 日，举办第三届上海国际自然保护周。市科委、市教委、市环保局、市绿化市容局、上海科普教育发展基金会联合主办。活动以"人与自然、和谐共生"为主题，设名人讲坛、"人与自然——探究"青少年主题活动、"人与自然——汇聚"科普场馆主题活动、"人与自然——传播"旅游主题活动、"人与自然——银屏世界"主题电影电视展映活动、"人与自然——发现"主题摄影展活动、"人与自然——同行"手机随手拍大赛、"人与自然——川流上海"水环境保护活动、"人与自然——生态践行"活动九大主题活动。中国、美国、英国、加拿大、泰国等国家的 20 余名自然保护领域专家学者在名人讲坛与公众分享保护自然的经历与经验。336.84 万人次参与保护周活动，受众 432.30 万人次。

2018 年 11 月 17—23 日，第四届上海国际自然保护周举行，主题为"保护生态环境、共建美丽家园"。除启动仪式外，本届保护周组织开展九大主题活动，分别为：名人讲坛、青少年主题活动、生态践行活动、环保科普活动、旅游主题活动、主题摄影展、手机随手拍大赛、科普场馆主题活动、主题电影电视展映活动。"名人讲坛"活动首次尝试开设主会场和三个平行分会场，来自中国、美国、加拿大、英国等10余个国家的51位自然"大咖"将通过53场专题报告与公众分享保护自然的珍贵经历与宝贵经验，启发听众对于自然保护的新认识。

2019年10月19—25日，举行第五届上海国际自然保护周，主题为"汇聚你我之力，共建生态未来"。本届保护周开展九大主题活动，分别为名人讲坛、"生态·卫士"环保科普活动、"蓝绿·家园"青少年主题活动、"时尚·宜居"生态践行活动、"拾趣·童行"野趣自然体验活动、"行走·自然"主题摄影展、"绿色·生活"手机随手拍大赛、"多元·共生"科普探索体验活动、"银屏·邂逅"主题电影展映活动。

2020年8月23日，第六届上海国际自然保护周启动，本届活动主题为"人与自然·生命共同体"。活动采用线上线下相结合的方式，持续数月时间，推出一系列主题活动、特色活动、国际活动、总结展示活动和宣传活动，包括名人讲坛、生态环保、青少年主题、摄影、保护野生动物亲子活动等。

四、其他科普活动

2014年，围绕流行病防控、大气安全、大数据等问题，全年举办系列讲座109场。11月9日，在东华大学体育馆举办第二届上海市社区创新屋创意制作大赛。市科普联席会议办公室主办，全市43家创新屋的94名选手组成47个参赛组参赛。每参赛组由1名8—14周岁青少年和1名成年人组成，在150分钟内采用现场提供的推荐材料或者其他自备材料，设计制作出创意作品，并使用机械传动或者电子系统使创意作品"动"起来。经预赛，20组选手进入决赛，决出一等奖1项、二等奖2项、三等奖5项，优秀制作奖、优秀创意奖、优秀设计奖、优秀动感奖各3项。

2015年，上海72家社区创新屋升级为众创空间，创客团队向市科委提交申请后，可以进入创新屋，利用创新屋设备开展创新创业活动。3月20日，市科委主办的首届"上海社区创新屋与创客作品展"在上海城市规划展示馆开幕，展出社区居民制作的创新作品近180件，以及17个创客团体和个人提供的作品数十件。

2017年5月17日—6月18日，以"一带一路"发展历程重要见证者——青花瓷为主题，"青出于蓝——青花瓷的起源、发展与交流"特展在上海科技馆举办。千年青花瓷通过科技焕发新活力，再现昔日陶瓷之路的辉煌，反映当今"一带一路"和平、交流、理解、包容、合作、共赢精神的历史渊源。在上海展出结束后，展览开启海上丝绸之路沿线城市巡展，首站海南省巡展 11 月 5 日在海南省博物馆与观众见面。5 月 25 日—6 月 1 日，"如何复活一只恐龙"展览在上海环球港免费展出。市科委资助、上海科普教育发展基金会支持、上海科技馆原创开发。该展览是上海科技节大型科普展览首次走进商场。展览从科学复原角度切入，按照恐龙印象—化石发掘—骨骼搭建—形态外貌—行为习性的脉络，结合恐龙复原科学研究经典案例，展示恐龙科学复原过程。采用科学绘画159 幅、解析图 42 幅、模型和标本 21 件、互动装置 13 个、多媒体展项 7 个。9 月 15 日—11 月 15 日，海派中医公益宣传地铁专列在上海轨道交通 2 号线、10 号线运行。2 号线专列以"跨时代，传递爱"为主题，展现十二时辰养生法、八段锦、饮食养生、起居调摄等流传千年的中医养生方法；10 号线专列以"小手法，大未来"为主题，展现摩顶、捏脊、揉足、摩腹等中医儿科保健方式。9 月 27 日，首场"科普进商场"之"百联·自然趣玩屋"系列科普活动在上海百联又一城举行。

2018 年，上海原创科普展项——"星空之境"天文主题展在泰国展出。"青出于蓝——青花瓷的起源、发展与交流"展在乌兹别克斯坦展出。上海科技馆原创科普展项"如何复活一只恐龙"在新疆、黑龙江、重庆等省份巡展。举办"一带一路"国际科普乐园，邀请瑞典、挪威、新加坡等国家优秀科普展项来沪展示。举办科技节国际沙龙，邀请德国、斯洛文尼亚、爱尔兰、意大利、爱沙尼亚、泰国、澳大利亚、挪威等国家科技活动负责人，共商城市科技节未来合作发展之路。成功举办长三角一体化科普资源共建共享馆长论坛，三省一市 8 家科技馆发起成立长三角科普场馆联盟，150 余家科普场馆、企业、高校加入联盟，签署 52 份共享课程合作协议、12 份临展合作协议、17 份文创产品合作协议。

4—12 月，在浦东新区、徐汇区、虹口区、宝山区举办科普集市。以市、区联动方式，在广场、公园等公共空间举办大型系列公益科普活动，让公众在家门口体验人工智能、生物医药、集成电路、信息安全等领域最新科技产品和科研成果，在活动中零距离接触高科技。"科普集市"共举办 16 场，430 余家科技企业入选参展，参与市民累计 45.7 万余人次。市科委联合百联集团在百联集团旗下商场开展公益科普活动。其中，与上海自然博物馆联手的"自然趣玩屋"，12 家门店开展 57 场手造活动，现场约 1625 人参与，线上小程序访问量51234 人，知识问答参与近万人，知识课堂总阅读数 38520 人次；"如何复活一只恐龙"展览，有 8 万余人次观展；"神奇营地的鸟世界""科普嘉年华"和科普影院、科普课程、科普秀、大咖话科普等活动先后在百联南方、百联世纪、百联滨江、悠迈生活广场、百联川沙等商场举办。

7—10 月举办"科学之夜"。上海城市规划展示馆、上海安徒生童话乐园、上海汽车博物馆、东方绿舟、长风海洋世界、上海海洋水族馆等科普教育场馆在夜间开放，举办 6 场大型公益科普活动。"科学之夜"作为上海科技节子品牌活动，设奇幻小舞台、科学互动展区、科普小课堂、特色活动区、科学之声等互动体验专区，线上线下参与者超过 715 万人次，51 家媒体 130 余次报道该活动。第三方调查显示，公众对该活动的满意度为 99.08%。

2019 年，打造科学之夜、科普集市、科普进商场等品牌活动，举办上海市全国科普日活动、上海国际自然保护周、上海国际科普产品博览会等大型活动，面向公众，尤其是青少年、老年人等重点人群，提供优质科普公共服务，使科技创新成果和科学普及活动更加惠及公众。1 月 1 日，上海科技馆启动新科普活动项目——"遇见 @ 科学家"。该活动项目每月选取一名当月出生且在科学史上有杰出贡献的科学家，围绕他的科研领域开展科普活动，多方位展示其人格魅力、科学精神和科研成就，打造科学家"明星"，营造崇尚科学的社会风尚。"遇见 @ 科学家"活动 1 月的主题科学家是 1 月 4 日出生的英国物理学家、数学家、天文学家牛顿。5 月 24 日，上海科创成果展在上海科学会堂启动。上海科创办、市科技党委、市科委、市科协主办，上海科技报社承办。以"领航科创时代，潮头再写新篇"——上海"加快向具有全球影响力的科技创新中心进军"为展览主题，设"明方向""筑基石""植沃土""齐发展""培硕果""创未来"六大板块，共 73 个展项。以实物模型、图文展板、视频展示相结合方式，重点展示 2014—2019 年五年间上海的主要科创成就与经验。该展为期一年，在全国双创周上海分会场及全市各区社区书院、党建中心等公众聚集场所举办巡展。9 月 19—21 日，2019 年全国科学实验展览汇演在中国科学技术大学举行。上海获 8 个奖项。上海化工研究院有限公司《见"圾"行事》、中国科学院上海有机化学研究所《神秘之光》获一等奖；上海辰山植物园《含羞草怎么不动了》、上海科技馆《"声"入人心》获二等奖；上海自然博物馆《风言风语》、上海汽车博物馆《揭秘——流线型与风洞实验》获三等奖；中国科学院上海有机化学研究所获最佳表演奖，上海市科委获优秀组织奖。

2020 年，推出全市首档青少年抗疫防疫特别节目《课外有课》、科普微课堂《大咖小灶》及专家防疫科普访谈栏目，《大咖小灶》观看超 1.7 亿人次；丰富公众居家生活，播出《少年爱迪生》第 6 季、复播《未来说——执牛耳者》第 2、3 季，拍摄《科学抗疫有你有我》系列宣传片；传播防疫科普小知识，在上海广播电台推出《科普 60 秒》栏目，在上海广播电台放送科学家科普公益报时。创制上海科普应对新冠肺炎疫情科普系列微视频，在学习强国、上海科普、东方明珠移动电视、爱奇艺等平台播出，累计受众超 3000 万人次；开展防疫科普知识有奖竞答，覆盖全国 34 个省份（含港澳台），近 60 万人次参与答题；《科学画报》《大众医学》《世界科学》等专业杂志围绕科学防疫、心理疏导等主题创制各类科普推文 1500 余条，在《解放日报》和"上观新闻"开设"防疫新科普"专栏，邀请专家创作有深度的科普内容，累计发布科普报道 50 余条，发行疫情主题科普图书近 150 万册。

第三节　科普场馆

2014 年，上海自然博物馆新馆开始内部调试运行，崇明生态科技馆建成开放，上海天文馆筹建加快推进，组织科普讲解员参加展览展示、国家资格证书培训和科普讲解员大赛，有效提升了科普场馆的展示水平和服务能力。加快科普基础设施建设。上海市基础性科普教育基地新增浦东桃源科普教育基地等 15 家，全市累计 258 家；新增钱学森图书馆为上海市专题性科普场馆，全市专题性科普场馆累计 50 家；17 个区县建成开放社区创新屋 45 家，在建 27 家。

2015 年，上海科技馆入选由国际主题公园协会组织发布的"全球最受欢迎的 20 家博物馆"，位列第十三。上海科技馆以"自然·人·科技"为主题，由科技馆、自然博物馆和天文馆"三馆合一"而成。上海自然博物馆新馆正式开馆运行，上海天文馆建设加快推进，上海科技馆升级改造开始启动。至年底，全市形成以 2 家综合性科普场馆为龙头，50 家专题性科普场馆为骨干，255 家基础性科普基地为支撑，79 家社区创新屋、15 家大学生科学商店、15 个青少年科技实践工作站为补充，数量充足、类型多样、功能齐全的科普场馆体系。

2016 年，推进科普场馆"一馆一品"发展战略，引导科普场馆发挥自身特色，打造有影响、成体系、可持续、群众喜爱的主题化科普品牌。推进馆校合作，提升科技场馆教育的针对性与可达性，激发青少年主动学习科学的热情。全球建筑面积最大的天文馆上海天文馆（上海科技馆分馆）在临港新城开工兴建，预计 2020 年建成开放。随着上海天文馆的正式开工，上海科技馆"三馆合一"的格局初具雏形。新增专题性科普场馆 4 家、基础性科普教育基地 15 家。布局建设青少年科学创新实践工作站 25 个，实践点 100 个。

2017 年，上海形成以上海科技馆、上海自然博物馆两家综合性科普场馆为龙头，以城市规划展示馆等 54 家专题性科普场馆为骨干，以辰山植物园、上海动物园等 273 家基础性科普基地为支撑的科普教育基地体系，数量充足、类型多样、功能齐全，平均每 45 万人拥有一个专题性科普场馆、每 8 万人拥有一个科普教育基地。围绕"品牌化"发展战略，依托自身特点，上海科普场馆打造一系列品牌科普活动，上海科技馆法国拉斯科洞穴壁画复原展，上海自然博物馆（上海科技馆分馆）天文主题展"星空之境"等丰富多样的展览举办，探索科学与艺术人文的融合。

2018年，新增专题性科普场馆4家、基础性科普教育基地8家，形成以2家综合性科普场馆为龙头，54家专题性科普场馆为骨干，275家基础性科普基地为支撑，数量充足、类型多样、功能齐全的上海科普教育基地框架体系，平均每44万人拥有1个专题性科普场馆。实施"一馆一品"战略，推动科普场馆丰富科普服务内涵。新建青少年科学创新实践工作站5家，探索面向初中及小学段的实践工作站建设，提升青少年科技创新素质和实践能力。25家上海市青少年科学创新实践工作站第三期启动，招收学生2846人，是2016年首期的2倍多。5月22日，上海科技节"长三角科普场馆联盟暨科普资源共建共享馆长论坛"举办，长三角科普场馆联盟成立。

2019年，上海新增市级示范性科普场馆1家、基础性科普基地6个。至年底，共有市级科普基地344家（个），其中示范性科普场馆55家、基础性科普基地257个、青少年科学创新实践工作站32个，平均每44万人拥有1个科普场馆，每8万人拥有1个科普基地。市科委修订印发《上海科普基地管理办法》《基地认定办事指南》，明确管理职责、细化认定条件和运行要求。推进"一馆一品"建设，中国航海博物馆、上海玻璃博物馆等10家科普场馆开展品牌化建设。推进青少年科学创新实践工作站建设布局，上海科技馆、动物园和植物园3个面向初中学生实践工作站启动招生；利用复旦大学、上海交通大学、上海大学等高校的优势资源，新建5个面向高中学生实践工作站。至年底，全市32个青少年科学创新实践工作站年度入站培训学生共3000余人。9月13日，上海天文馆完成首次亮灯，标志着上海天文馆建安工程基本竣工。10月，上海科技馆入选国家文化和科技融合示范基地单体类十强。

2020年，上海科技馆连续入选全球最受欢迎博物馆前十，上海天文馆建设工程稳步推进，中国航海博物馆、辰山植物园、上海动物园等一批科普场馆的社会美誉度及影响力不断提升。3月11日，作为上海市重大建设项目的上海天文馆工地正式复工。4月9日，2020年长三角科普场馆联盟第一次工作会议（网络会议）顺利召开，联盟8家发起馆及盟员场馆和企业代表共30余家单位参加。9月底，哈勃空间望远镜模型等六件大型航天器模型在上海天文馆展示工程施工现场完成吊装工作。12月23日上午，2020年长三角科普场馆联盟年终工作会议（网络会议）召开。8家联盟发起馆、部分盟员单位代表、相关工作人员约50余人参会。

第四节　科普宣传与传播

2014年，科技传播手段上，更加注重"多样化"拓展。在巩固并扩大传统形式的传播优势和普及功能的同时，充分借助专业媒体平台的科普宣传作用，让人们在潜移默化中感受和体验科技的无穷魅力。组织实施"智慧健康科普云平台""社区数字科普传播应用系统工程"等一批以科技成果应用示范、低碳环保、信息化等为特色的区域科普能力示范项目，科普工作进一步惠及民众。在全国率先建成省市级科普资源工作服务平台（科普云），使科普工作在新时期迸发出新的生机与活力。《少年爱迪生》是全国首个青少年"科学梦想秀"节目，获第20届亚洲电视大奖最佳儿童节目提名奖。节目致力于为热爱创造发明的"未来科学家们"搭建展示的舞台，让他们秀出自己的科技梦想，引领更多青少年关注科学。从2014年开始，节目收视率取得佳绩，在网络上也吸引了2000多万人参与。制作600部（集）科普短片投入《科普之窗》电子科普触摸屏播放；选取《$PM_{2.5}$及其防范》《脐带血——珍贵的生命资源》等专题，编印12期4000余份科普挂图。东方明珠移动电视科普栏目覆盖全市公共交通及楼宇约3.2万个终端；开发"上海科普"App安卓版本和微信服务号，形成涵盖新浪微博、腾讯微博、微信订阅号、微信服务号、App苹果版本和App安卓版本等科普新媒体宣传平台。上海科普微博组织"神奇酵素是与非"微访谈，吸引公众参与70余万人次。8月15日，市科委、市委宣传部、市教委、市科协、市新闻出版局共同主办的"上海市民喜爱的十本科普图书"评选揭晓。《十万个为什么》（第六版）等十本上海原创科普图书入选。10月，市科普工作联席会议办公室和市科委主办的上海科普资源公共服务平台上线运行。建立起由全市419家科普机构提供的10022项（条）各类科普资源的科普资源库，构建起以内容发布、资源共享、工作交流、绩效评价等为主要功能的科普工作平台，以及以资源搜索、服务配送、成果展示、资讯推送、资源导航等为主要功能的公共服务平台。

2015年，上海出版单位出版的"发现世界丛书"《洛杉矶雾霾启示录》等5部科普作品获2015年全国优秀科普作品称号；《"追光逐梦"——超分辨荧光显微镜》等6部科普视频作品获2015年全国优秀科普微视频作品奖。科普资源公共服务平台（科普云）和"上海科普"微信、微博、App影响力提升，线上线下科普活动丰富。"科普云"集聚生活百科、公共安全、生命医学等20余种科普资源。科普新媒体更新发布《诺如病毒》《台风袭城》《沉船事件》等应急科普文章100多篇。11月21日，大型青少年"科学梦想秀"《少年爱迪生》第三季每周六 20:30 登陆上海广播电视台新闻综合频道。

2016 年，市科委、市教委和上海广播电视台联合制作的大型青少年科学梦想秀——《少年爱迪生》第四季在上海电视台新闻综合频道播出，中国、俄罗斯、瑞典、印度等 24 个国家或地区的数千名少年创客参加，发明作品涵盖物理、化学、工程、计算机等学科，该节目连续两年获亚洲电视大奖最佳儿童节目提名奖；科教纪录片《大医——吴孟超的报国之路》获第十二届中美电影节最佳纪录片奖"金天使奖"；科普微电影《桦卯》获丝绸之路国际电影节新丝路青年影像大赛最佳纪录片提名奖；中国珍稀物种纪录片《黑颈鹤》获新加坡第二十一届亚洲电视大奖提名奖、第二十二届中国纪录片长片十佳作品。推进上海科普资源公共服务平台建设，完成上海科普资源公共服务平台新一轮系统升级和网站改版，完善"一库两平台"（资源库和科普工作平台、公共服务平台）架构。全年科普资源库入库单位 600 余家，注册科普信息员 1000 余人；编撰进库信息 3.6 万条，形式涵盖生活百科、公共安全、生命医学、科技发展等领域。

2017 年，利用新媒体传播优势，通过线下线上互动，提升科学普及效果，《少年爱迪生》《未来说——国际青年科学思辩会》《医道·院士墙》等特色科普节目播出；3 月 11 日至 5 月初，每周六晚 22:30，市科委、上海广播电视台联合推出的大型科学辩论节目《未来说——国际青年科学思辩会》在上海广播电视台新闻综合频道播出。围绕人工智能、基因设计、宇宙探索等前沿科技话题，北京大学、复旦大学、上海交通大学、华东师范大学、南开大学、武汉大学、西安交通大学、深圳大学 8 所高校代表队参加荧屏辩论赛。通过晋级赛方式，华东师范大学代表队获首届总冠军。3 月 23 日，国内首部原创气象科普绘本《地球小孩的天气书》在上海首发。该绘本集合科普知识点 300 多个、纯手绘插图 400 多幅，从常见的气象现象入手，力图让青少年"看懂天气的表情，听懂自然的语言，探索共生的未来"。书中还设计有 12 个记录型和操作型小实验，鼓励孩子在动手中理解气象知识。

2018 年，《少年爱迪生》第五季、《未来说》第二季的社会影响力和公众美誉度进一步提升。大型青少年科学梦想秀节目《少年爱迪生》第五季在东方卫视和上海广播电视台新闻综合频道播出，收视群体进一步扩大；节目吸引了来自全球 32 个国家和地区的数千名少年创客参与，发明作品涵盖人工智能、生物科技、航天技术、工程等多个学科门类；节目播出后在广大师生及家长群体中引起热烈反响，获"全国 52 城收视率"排名第 5 的成绩。《未来说》第二季在上海广播电视台新闻综合频道播出，集中展示来自空间探索、医疗攻坚、人工智能、上海脑—智工程、海洋探索、大脑奥秘、生物工程、媒介新衍变 8 个重点科研领域、16 名科学家的最新科研成果和科研历程，绘制出"前沿、执着、勇于创新、爱国奉献"的"科技先锋"群像；节目开播当天，"上海科创先锋展"在上海科技馆同步展出，凸显在上海科创中心建设过程中，科创先锋们的时代精神。6 月 21—22 日，在 2018 年全国科普讲解大赛上，上海 7 名选手获奖，其中上海科技馆董毅、上海市第十人民医院徐江美获一等奖；上海市科委获优秀组织奖。10 月 30—31 日，在 2018 年全国科学实验展演汇演上，上海 7 个节目获奖，其中上海建平中学"漫画迷的化学反应"、上海科技馆"旋转改变世界"获一等奖；上海市科委获得最佳组织奖。11 月，全国 50 部优秀科普作品名单公布，上海有《逻辑：你认为正确，就一定正确吗》等 6 部图书入选。

2019 年，开展优秀科普图书和科普微视频评选，《与中国院士对话丛书》《深海探索丛书》《三磅宇宙与神奇心智》等 20 部科普图书被评为上海市优秀科普图书并在上海书展期间展示和推介。上海制作的《神秘的肾脏》等 7 部微视频作品被评为全国优秀科普微视频。访谈节目《未来说——执牛耳者》在上海广播电视台新闻综合频道播出；青少年科学创新梦想秀节目《少年爱迪生》在东方卫视和上海广播电视台新闻综合频道播出，世界各地数十名青少年参赛。举办上海科普讲解大赛和科学实验展演汇演。面向科普管理者、科普讲解员、街镇科普干部、中小学科技老师，开展科普工作培训 8 期，培训人数近 350 人。5 月 25 日起，科创先锋访谈节目《未来说——执牛耳者》第三季在上海电视广播台新闻综合频道播出。市科委、上海广播电视台联合制作，8 集，每周六、周日晚播出。节目内容由"请回答 2019"、科研成果、奋斗历程、未来展望四部分组成，以访谈形式，从科学之巅、大国重器、医学探索、极限挑战、上海品牌、关照未来、海运崛起、基因溯源 8 个维度，解读 18 名科研领军人物的家国情怀和奋斗精神，塑造"前沿、执着、勇于创新、爱国奉献"的"科创先锋"形象。同时，节目配套的"执牛耳者——上海科创先锋展"在上海中心大厦、上海科技馆等巡展，产生良好社会反响。6 月 20—21 日，在 2019 年全国科普讲解大赛决赛上，上海 6 名选手获奖，其中三等奖 2 项；上海市科委获优秀组织奖。7 月 15 日，科技部、中国科学院公布 2018 年全国科普微视频大赛评选出的 100 部优秀科普微视频作品名单。上海有 7 部作品入选。9 月 2 日，上海科技馆纪录片《流星之吻》获博物馆和文化遗产国际视听节纪录片和科技主题 2 组别唯一金奖。

2020 年 2 月 8 日起，大型青少年科学节目《少年爱迪生》第 6 季每周六 20:10 在上海电视台新闻综合频道播出，共 12 集；节目吸引来自中国、美国、意大利、德国、加拿大等国家或地区的少年创客参加，相互交流和分享对科技发展的追逐与梦想。8月22—30日，由市科委和上海广播电视台联合出品、融媒体中心精心制作的9集大型科技访谈节目《未来说——执牛耳者》第四季于每晚20:00在上海电视台新闻综合频道连续播出，并在"看看新闻"App上同步推送，17位上海科技界的"执牛耳者"们将一一走进晚间黄金时间的上海荧屏，与广大观众共同分享最前沿的先锋科研成果，讲述热爱与坚守的科学探索故事，展现上海科学家果敢勇毅、冲锋陷阵、奉献求索的科研精神。

第五节　青少年科普

2014年，组织百万青少年争创"明日科技之星"活动与沪港澳开放式学生论坛活动，优化大学生科学商店服务网络，加大高校青少年科技实践工作站建设力度，不断完善青少年创新后备人才培养体系。举办以"创新·体验·成长"为主题的第二十九届上海青少年科技创新大赛，评选出青少年科技创新成果一等奖315项、专项奖551项，科技辅导员科教创新成果一等奖10个。评选第十二届上海市青少年明日科技之星，评出"明日科技之星"20人、"明日科技之星"提名10人、"科技希望之星"70人。举办第20届上海高校学生创造发明"科技创业杯"奖，127个项目获奖。

2015年5月1—2日，举办首届上海（国际）青少年科技创意大赛。创意大赛主题是未来校园，参赛作品可以是对未来校园的概念构思与规划设计，或是局部特色空间的微景观构想与制作，也可以针对未来学习生活的某个要素进行设计。参赛小队不仅要设计制作自己的创意作品，还要自备展板和道具，布置美化3米×3米的空间。上海市17个区县的相关学校、中国FabLab校际联盟、国际友好学校共70余所学校参与。经选拔，54件"未来校园"创意设计作品获得展示。

2016年1月，第十四届上海市"明日科技之星"评选启动。市科委、市教委、上海科普教育发展基金会共同主办。全市16个区的560个项目、704名中学生参加市级评选，涉及数学、物理、化学、计算机科学、环境科学、地球与空间科学、动物学、工程学、微生物学、医药与健康学、植物学、3D打印和创意机器人14个学科领域。5月，"明日科技之星"揭晓，评选出"明日科技之星"50项、"明日科技之星提名奖"48项、"科技希望之星"99项、"创意奖"102项和"讲演奖"146项。7月17—20日，举办第六届上海国际青少年科技博览会暨"明日科技之星"邀请赛。市教委、市科委和上海科普教育发展基金会联合主办。以"科技、创新、梦想"为主题，设开幕式、学生科技创新作品展示暨发布秀、科技创新教育论坛、文化体验活动、闭幕式暨颁奖、城市游览六大板块。中国、美国、德国、瑞典、印度、新加坡、泰国和韩国等国家的 100 余名青少年参加。收到参赛科技展品 50 件，国内外教师论文和学生论文 61 篇。此届"青博会"首次"牵手"明日科技之星大赛，学生科技作品交流首次放上开幕式舞台，由公众投票选出项目发布最佳人气奖。8 月 14—18 日，第三十一届全国青少年科技创新大赛在上海华东师范大学举办。全国各省、自治区、直辖市，新疆生产建设兵团和香港、澳门特别行政区的 34 个代表队近 500 名青少年选手和 200 名科技辅导员，以及德国、法国、日本、俄罗斯等 10 多个国家的数十名国际代表参赛。大赛收到全国各省级创新大赛选拔推荐的创新成果近 5000 项，经初评，青少年科技创新成果 349 项和辅导员科技创新成果 200 项参加终评评审和展示。评出科技辅导员创新项目一等奖 32 项、二等奖 70 项、三等奖 91 项，10 名科技辅导员获"十佳优秀科技辅导员"称号；青少年创新项目一等奖 56 项、二等奖 133 项、三等奖 157 项。

2017 年 4 月 15—16 日，第十五届上海市百万青少年争创"明日科技之星"评选活动"专家现场答辩互动"评审环节在上海理工大学举行。本届"明日科技之星"评选活动共收到经区级初评推荐的 770 项学生创造作品和科学论文，经过筛选，有 200 个项目入围本次"专家现场答辩互动"环节，接受 60 位高校科技专家的评审。8 月 18 日，市科委等公布第十五届上海市百万青少年争创"明日科技之星"评选活结果。经专家综合测评和推荐，并经评选活动组委会批准，华东师范大学第二附属中学李文心等 46 名个人和 4 个团队荣获"明日科技之星"称号；上海市实验学校李澍尧等 42 名个人和 6 个团队荣获"明日科技之星提名奖"称号；华东师范大学第二附属中学胡康德龙等 66 位个人和 29 个团队荣获"科技希望之星"称号。

2018 年 3 月，举办第十六届上海市百万青少年争创明日科技之星评选活动。4 月 22 日，本届评选活动"大会论坛展示交流环节"在复旦大学进行，从区评审后推荐的 513 个学生项目（涉及 146 所学校，628 名学生）最终推选出 20 个学生项目获得最佳展示奖；50 个学生项目获明日科技之星；50 个学生项目获明日科技之星提名奖；100 个学生项目获科技希望之星奖；283 个学生项目获创意奖；12 个区教育局（区级"明日科技之星"评选活动组委会）获优秀组织奖；10 个区级青少年活动中心（区级少科站、少年宫）获优秀活动奖。7 月 20 日至 23 日，主办 2018（第七届）上海国际青少年科技博览会暨"明日科技之星"国际邀请赛。

2019 年，市科委、市教委协同推进青少年科技创新素质培育，联合开展第十七届"明日科技之星"评选，45 名个人和 15 个团队获"明日科技之星"称号、88 名个人和 12 个团队获"明日科技之星提名奖"称号、153 名个人和 69

个团队获"科技希望之星"称号；举办第十二届青少年创新峰会。

2020年2月10日，举办第十八届上海市百万青少年争创"明日科技之星"评选活动暨"上汽教育杯"上海市高校学生科技创新作品展示评优工作。9月26日，终评展示交流在上海科技大学落下帷幕。本次评审活动分为线上的初评和线下的终评。经过专家评委的认真评选，最终推荐产生了50个"明日科技之星"的学生项目。8月1日，由市教委和市科委共同主办的第八届上海国际青少年科技博览会拉开帷幕。受全球新冠肺炎疫情影响，本届青博会变身为"云端展会"。8月1—20日，来自世界各国和地区的青少年学生，将围绕"科技·创新·梦想"的主题，在云端徜徉科技的舞台，体验交流的乐趣：在线展会、网络峰会、直播间、互动活动四大主体板块、六大虚拟展区、12场在线直播、六大科创互动，呈现480小时不间断的科创盛宴。

第六节　科普产业

2017年5月，上海首家科普产业孵化基地在虹口区"方糖小镇"挂牌成立。市科委联手虹口区政府，采用"基地＋基金"模式，通过政策扶持、资金支持等手段，市、区联动培育孵化一批致力于科普内容创制、科普产品开发、提供科普服务的小微型创业企业，打造一批科普产业服务中介机构，最终形成科普产业集群，向社会提供专业、高质量的科普产品和服务，丰富上海优质科普服务供给。

2018年，上海共建成科普产业孵化基地2个，在建1个，培育科普创业企业14个，企业自发成立上海科普产业联盟。5月，市科委与徐汇区政府签订《上海市科普产业孵化基地建设备忘录》，依托氪空间徐家汇社区，建设上海市科普产业孵化基地，推动政策、资金、人才、技术等产业发展要素集聚，促进形成科普产业集群，培育科普服务龙头企业。首批10个科普创业企业入驻孵化器。截至年底，5家科普创业企业获得社会资本投融资，其中种子轮投资1家、天使轮投资3家、A轮投资1家。与宝山区合作，依托智慧湾科创园建设科普公园，探索公益性与市场化相结合的运作机制，培育孵化一批以科普服务为主营业务的社会化、市场化专业机构。12月9日，上海首座科普公园在宝山智慧湾科创园开园。

2020年，在虹口区、徐汇区建立科普产业孵化基地，吸引和培育了一批以科学普及为主要内容的创业企业；在宝山区，依托创业园区打造上海科普公园，布局建设科普设施，定期开展科普活动，市场化发展模式正加快孕育。

第十四章　协同创新

第一节　国内协同创新

2015 年，以科技创新促进"长江经济带"协同发展，从沿线地区实际需求出发，探索区域合作协同创新机制，构建区域协同合作平台，营造创新要素在区域内自由流动良好环境，积极推动国内合作的深入发展，增强上海科技创新的集聚力与辐射力。

2016 年，深化长三角区域科技合作、科技对口支援，聚焦区域民生保障、公共安全等领域，深化资源共享体系建设，促进上海优质资源服务长三角技术研发和区域创新能级提升。以科技创新促进"一带一路""长江经济带"协同发展，从沿线地区实际需求出发，探索区域合作协同创新机制，搭建区域协同合作平台，营造创新要素在区域内自由流动的良好环境，积极推动国内合作的深入发展，增强上海科技创新的集聚力与辐射力。

2017 年，深化长三角区域科技合作、科技对口支援，实施一批区域资源共享、科技联合攻关和技术转移项目，服务国内区域创新能级不断提升。

2018 年，对接国家战略，加快构建长三角区域创新共同体，推进跨区域、跨领域的科技合作与交流。

一、长三角创新合作

2014 年，针对长三角区域大气污染一体化程度高的特点，上海重点推进长三角区域大气污染防治协作机制的启动和开展，各项工作取得良好开端。重点治理任务有效实施，燃煤电厂污染治理全面落实，燃煤锅炉和炉窑清洁能源替代取得较快进展，黄标车和老旧车辆淘汰力度进一步加大，工业污染治理加快推进；启动和加强区域空气质量预测预报体系和区域环境气象预报预警体系建设；启动"区域大气污染源解析"和"大气质量改善关键措施"2 项重点科研项目；由上海市环境科学研究院牵头的"长三角区域大气污染联防联控支撑技术研发及应用"项目通过科技部的立项论证和综合评审；以区域大气污染防治协作机制为平台，成功保障南京青奥会环境质量。

2015 年，深化长三角区域协同创新。聚焦区域共性热点，积极打造区域协同公共服务体系，构建区域功能性服务平台，就区域共性关键技术开展联合攻关研究；对接国家战略，推动自主研发重大科技成果在区域内示范应用和产业化进程。启动"基于自贸试验区制度创新服务长三角跨境食品贸易监管和处置平台的开发和应用"项目。

2016年，深化长三角区域科技协同创新。聚焦区域共性热点，积极打造区域协同公共服务体系，构建区域功能性服务平台，就区域共性关键技术开展联合攻关研究，推动重大科技成果在区域内示范应用和产业化进程。在公共安全、民生保障、环境保护三大领域支持一批项目。启动"长三角区域重大突发性传染病跨境公共卫生安全保障技术的开发及示范应用"等项目；推进长三角大型仪器共享网、"科技创新券"建设；开展区域技术转移工作，截至10月底，上海向浙江、江苏、安徽输出技术1910项，累计成交金额达29.9亿元；举办上海—嘉善科技对接交流活动，组织上海部分高校、科技园区和孵化器、科技服务机构及企业参与对接。

2017年，围绕"长江经济带"战略和"一带一路"倡议，以长三角区域科技合作为核心，在自主创新体系建设、区域科技合作模式、科技资源共享等方面不断探索研究，增强上海科技创新的集聚力和辐射力。发挥上海科技资源优势，协同长三角区域科技部门，深入推进跨区域、跨领域的科技交流与合作，积极打造区域协同公共服务体系，构建区域功能型服务平台。研究制定长三角协同创新方案，探索发起设立长三角协同创新中心，探索开展新型产业技术研发组织体制机制改革，探索共同承接国家科技重大专项，探索共同发起长三角大科学计划。推动重大科技成果在区域内示范应用和产业化，在公共安全、民生保障、环境保护三大领域支持一批重点项目。探索科技创新券在长三角通用通兑，开展沪浙创新券跨区域使用嘉兴试点，嘉兴科技创新券可在上海使用。截至年底，向浙江、江苏、安徽输出技术2898项，累计成交金额47.54亿元。"长三角大仪网"集聚2192家单位的2.8万台大型科学仪器设施，总价值近300亿元。

2018年，探索区域协同示范，推进长三角创新生态建设实践区。打造沪通跨江创新联合体、建设长三角科技创新生态实践区示范点，推动"嘉宝昆太"创新生态协同示范。探索长三角技术转移服务协同机制，探讨上海闵行、浙江宁波、江苏苏南等国家科技成果转移转化示范区联动。印发《长三角科技合作三年行动计划（2018—2020年）》，签署《长三角地区加快构建区域创新共同体战略合作协议》等。促进大型仪器、科技创新券等各类创新要素的跨区域开放、共享和流动。截至年底，长三角大型科学仪器协作共用网集聚2086家单位的45262台（套）大型科学仪器设施，总价值超过519亿元，其中价值在50万元以上的29898台（套）。通过联合攻关专项计划重点聚焦社会公共领域，支持四地检验检疫、食药监、科研等部门开展的 9 项科技攻关任务。在新型显示、海上风电等领域出一批应用示范案例。以沪通合作为试点，共建区域创新生态区。张江长三角科技城建设启动。推动四地技术交易机构签署长三角技术市场资源共享、互融互通合作协议。截至年底，向浙江、江苏、安徽输出技术 3353 项，累计成交金额 172.79 亿元。联合组织首届长三角国际创新挑战赛、上海—南通科技项目对接洽谈会、沪嘉科技人才交流活动、长三角嵌入式系统协同发展论坛等合作交流活动。

2019 年，长三角区域创新共同体加快构建。贯彻落实《长江三角洲区域一体化发展规划纲要》，制定《上海贯彻〈长江三角洲区域一体化发展规划纲要〉实施方案》《长三角生态绿色一体化发展示范区总体方案》，紧扣"一体化"和"高质量"两个关键，抓好"七个重点领域"合作、"三个重点区域"建设。4 月 26 日，长三角科技资源共享服务平台开通启动。为解决跨区域科技资源使用难题，平台探索性地提出"4+1+N+X"跨区域科技资源共享平台运营模式，即由沪苏浙皖四家建设单位共同认可的一家市场化运营机构，作为长三角科技资源公共服务平台建设、服务和运营的责任主体，通过市场化手段吸纳 N 家科技服务机构和科技中介机构，为长三角 X 家企业和消费者提供跨区域的科技服务。平台与区域内共建 9 个服务站点，与苏浙两省八地建立"科技创新券"跨区域互认互用机制，逐步构建长三角区域科技服务体系。5 月 23 日，由长三角三省一市共同举办的首届长三角一体化创新成果展在安徽省芜湖开幕。成果展主要采用实物、图文展板、模型相结合的方式，重点展示长三角区域创新一体化最新重大科技创新成果 318 件，共组织科技企业、高校院所 55 个项目参展，涉及大科学装置、高端装备、生态治理等领域的创新合作。10 月 25 日，《长三角生态绿色一体化发展示范区总体方案》发布。方案由总体要求、定位和目标、率先探索将生态优势转化为经济社会发展优势、率先探索区域生态绿色一体化发展制度创新、加快重大改革系统集成和改革试点经验共享共用、强化实施保障 6 个部分组成，明确 45 条具体任务。12 月，中共中央、国务院印发《长江三角洲区域一体化发展规划纲要》，明确长三角区域要加强科技创新前瞻布局和资源共享，联手营造有利于提升自主创新能力的创新生态，打造全国原始创新策源地。

2020 年 6 月 6 日，第二届长三角一体化发展高层论坛、长三角一体化（网上）创新成果展在浙江湖州举行，其间，上海市委主任张全、江苏省科技厅厅长王秦、浙江省科技厅厅长高鹰忠、安徽省科技厅党组书记宛晓春代表三省一市签署了《共同创建长三角国家技术创新中心的框架协议》，为长三角一体化高质量发展立下了新的里程碑。7 月 1 日，联合印发《关于支持长三角生态绿色一体化发展示范区高质量发展的若干政策措施》。《支持政策》围绕改革赋权、财政金融支持、用地保障、新基建建设、公共服务共建共享、要素流动、管理和服务创新、组织保障八个方面，提出了 22 条具体政策措施。9 月，长三角一体化示范区执委会等联合发布《长三角生态绿色一体化发展示范区外国高端人才工作许可互认实施方案》，在要素流动领域一体化制度创新上取得新进展。该方案旨在构建更加开放的人才合作共享机制，打造外国高端人才来华工作首选地、自由流动示范区、创新创业活力场，推进一体化示范区高质量发展。9 月 1 日，青浦区外国人来华工作、居留许可单一窗口（以下简称"单一窗口"）揭牌仪式举行。在长三角一体化示范区推广设立"单一窗口"，是上海市科委（上海市外专局）贯彻落实长三角一体化发展战略、支持长三角一体化示范区建设的重要举措之一，将为长三角一体化示范区内外国人才引进和流动提供更大便利。11 月 3 日，科技部会同国家发展改革委、工业和信息化部、中国人民银行、中国银保监会、中国证监会联合印发《长三角 G60 科创走廊建设方案》。《长三角 G60 科创走廊建设方案》对当前和今后一个时期推进科创走廊建设进行再谋划、再部署、再明确，给出了时间表、路线图、任务书，明确了"中国制造迈向中国创造的先进走廊""科技和制度创新双轮驱动的先试走廊""产城融合发展的先行走廊"的战略定位。11 月 18 日，第三届长三角科技成果交易博览会在上海嘉定开幕。受邀参与的长三角城市达 32 个，线上线下参展企业超过 300 家，涉及物联网、先进制造、生物医疗、新能源汽车等产业。本次展会为期三天，共设五大展区，举办 45 场活动。12 月 27 日下午，由国家科技部牵头，在长三角 G60 科创走廊策源地松江召开的贯彻落实《长三角 G60 科创走廊建设方案》推进大会暨推进 G60 科创走廊建设专责小组扩大会议（2020 长三角 G60 科创走廊联席会议）上给出了答案。12 月 29 日，科技部公布《长三角科技创新共同体建设发展规划》，从协同提升自主创新能力、构建开放融合的创新生态环境、聚力打造高质量发展先行区、共同推进开放创新等方面提出具体措施。长三角科技创新共同体的战略定位为：高质量发展先行区、原始创新动力源、融合创新示范区、开放创新引领区。发展目标为：2025 年，形成现代化、国际化的科技创新共同体；2035 年，全面建成全球领先的科技创新共同体。

二、科技创新对口支援

2015 年，以增强对口支援地区自我发展能力为主线，以改善民生为核心，扎实推进科技对口支援各项任务。国家食用菌工程技术研究中心西藏基地自 2014 年揭牌成立以来，2015 年获科技部农村司审核批准。召开 2015 沪滇科技成果对接交流活动，组织现代农业、食品加工、生物医药等领域 28 家科研院所和企业与云南 150 多家单位现场对接，签署 31 项合作协议，意向签约金额 10.45 亿元。同时，沪滇双方聚焦"生物治疗"领域，组织召开"生物治疗技术专场"活动。

2016 年，支撑对口支援地区跨越发展。以增强对口支援地区自我发展能力为主线，以改善民生为核心，扎实推进科技对口支援各项任务。支持上海市与对口支援地区开展合作项目，带动社会投入。结合当地特色产业，开展"果洛州日光温室保温、加温设备组建和蔬菜绿色生产技术集成与示范""互联网移动医疗协助系统在南疆（喀什）新型医疗联合体的研发与应用"等项目。拓展区域合作路径与渠道，打造科技合作交流品牌活动，培育区域特色科技合作交流活动。组织 9 家单位 12 个项目参加"第 12 届中国新疆喀什·中亚南亚商品交易会"。与乌鲁木齐市人民政府共同主办"2016 沪乌民生科技成果应用对接会"。依托上海科技管理干部学院，以各类培训班为载体为对口支援地区培养科技人才。

2017 年，扎实推进科技对口支援，聚焦"精准扶贫，精准脱贫"目标，发挥科技的支撑带动作用，开展多领域、多形式、多渠道的科技合作与交流。结合对口支援地区实际需求、资源特色，支持开展"自然能提水技术产业化研究及示范应用""大理州葡萄品种引选及根域限制栽培技术研究与示范推广"等一批示范项目。拓展区域合作形式与渠道，打造科技合作交流品牌活动，促进科技成果转化，组织上海 26 家单位 50 个项目参加 2017 沪滇科技成果对接交流活动，签署合作协议 12 项。支持设立上海市生物医药科技产业促进中心普洱分中心，建设沪滇生物医药产业示范平台。国家技术转移东部中心与大连签署战略合作框架协议，推进建设大连分中心。依托上海科技管理干部学院，以各类培训班为载体为对口支援地区培养科技人才。

2018 年，支持开展耐逆农作物高产优质育种及示范种植研究等一批示范项目，促进基于物联网技术的克拉玛依智慧消防智能水压试验网项目等落地。打造沪遵共建生物医药协同创新中心等 4 个沪遵合作示范点。推动沪克科技协同创新平台、上海—红河科技创新合作交流平台建设。组织 50 余家机构和企业参加科技援疆、科技支宁、科技入滇等。成立新疆氢能与燃料电池汽车工程技术研究中心、沪克科技协同创新促进中心。依托上海科技管理干部学院等，以培训班为载体为对口支援地区培养科技创新人才。全年组织培训 8 批 300 余人次。

2019 年，为深入调研上海对口支援地区遵义市的科技发展需求，进一步深化沪黔两地科技交流合作，市科委副主任谢文澜于 9 月 23—26 日带队赴贵州调研考察，对下一步的深化合作初步达成四点共识。继续加强机制建设，建立稳定的互访合作关系；聚焦贵州大扶贫、大生态、大数据重点任务，发挥上海科创中心建设辐射带动作用，开展重点项目合作；围绕贵州经济社会发展的人才需求，大力推进人才交流互访和联合培养工作；共建科技资源交流共享平台，择时举办沪黔科技交流对接活动，促进两地科技要素流动。

2020 年，以各类培训班为载体为对口支援地区培养科技人才及企业创新研发人员，全年组织培训 6 批 256 人次培训。科技援疆"耐逆农作物高产优质育种及示范种植研究"项目被评为 2020 年度上海市精准扶贫十大典型案例；科技入滇"自然能提水技术产业化研究及示范应用"项目作为上海市推荐候选对象参评"2020 全国脱贫攻坚创新奖"。推进上海—红河科技协同创新促进中心、上海市生物医药科技产业促进中心红河分中心建设，强化与红河当地的产业支持与交流合作。5—12 月，围绕现代农业、科技金融、技术转移转化等不同主题，举办 8 场上海与新疆、遵义、大连等对口地区的线上对接交流活动，线上参与人数近 5000 人次。

第二节　国际协同创新

2015 年，大力推进国际科技合作交流。紧贴时代要求和发展需求，积极拓展国际科技交流与合作的渠道，推进上海与友好地区政府和机构的交流，深化友好合作关系，积极通过国际科技合作渠道为打造具有全球影响力的科技创新中心而努力，继续搭建好国际交流与合作平台，支持和开展国际科技合作与交流项目。以"绿色技术，绿色未来"为主要展示主题，设立 2015 年工博会"创新科技馆"；与施普格林·自然集团—自然出版集团签署战略合作框架协议，在学术推广、科学普及、合作交流、人才服务、科技宣传等方面开展全面合作；积极与境外科研机构开展合作，与克罗地亚鲁杰博斯科维奇研究所签署了科技合作备忘录，加快推进上海科技融入和服务于"一带一路"建设。

2016 年，积极代表国家参与全球重大科技问题的国际合作，服务"一带一路"建设，鼓励和支持与沿线国家共建技术转移中心，广泛开展先进适用技术、科技管理与政策等培训，推进与英国、白俄罗斯、立陶宛、拉脱维亚及越南等国家机构合作。成功举办 2016 浦江创新论坛，激发创新思想交流，促成一批中英、区域科技合作项目，科技创新交流合作平台的品牌影响力逐年提升。以浦江创新论坛为契机，巩固深化与英国等国家的科技思想交流和合作，扩大论坛国际影响力。积极服务国家战略，从扩大交流合作区域、深化科技合作内容、探索多边合作机制等方面入手，深化"一带一路"沿线国家科技合作。进一步完善交流合作平台，推进与科技领先国家、地区和组织的科技交流与合作。2016年工博会以"创新、智能、绿色"为主题，打造中外先进制造业企业交流互动的高端平台；2016上海崇明生态岛国际论坛成功举办，联合国人居署与崇明区人民政府就生态系统管理签订合作谅解备忘录。推进项目落实，立项支持一批国际合作项目。积极组织和承接好各项外事活动，先后与德国联邦教研部、自然集团、加拿大艾伯塔省经济发展与贸易部、蒙古国科教部、联合国环境署等国家、地区和部门的高级政府官员举行会谈，组织和参加上海—加州创新对话、中俄总理定期会晤委员会科技合作分委会和圆桌会议等系列活动，有效地促进了政府与企业间的科技交流与合作。其中，10月份承办的科技部在上海召开的中俄科技合作分委会和圆桌会议获科技部副部长阴和俊的高度评价。

2017年，着眼国际科技竞争和经济发展新变化，加强科技合作交流、落实国际科技合作项目、积极开展国际科技合作活动，努力提升上海国际科技合作交流层次，在服务国家战略的同时，较好地支撑和促进了上海经济社会发展。启动"一带一路"优秀青年科学家交流和国际联合实验室建设项目，加大参与国家"一带一路"科技合作深度。成功举办第10届浦江创新论坛，论坛的品牌国际影响力逐年提升。

2018年，持续深化与"一带一路"沿线国家合作，加强国际科技合作交流，拓展全球创新网络。启动建设中以（上海）创新园。面向"一带一路"沿线国家，开展科技人文交流、共建联合实验室、科技园区合作和技术转移等项目。政府间国际合作项目30项，国际学术合作交流项目36项，企业国际合作项目20项（上海—以色列7项），与以色列等国签署科技备忘录。

2019年，全球化创新网络加速拓展。一是服务"一带一路"倡议，共建科技创新之路。举办2019"一带一路"科技创新联盟国际研讨会，探讨如何进一步发挥"科技共同体"作用，共同为"一带一路"沿线国家科技创新发展作出新的贡献；成立泛巴尔干地区天然产物与新药发现联盟，对中国与巴尔干地区药物科学的发展与多边合作具有重要促进作用。二是提升合作能力水平，融入全球创新体系。新增新加坡、葡萄牙2个合作国，与上海建立合作关系的国家或地区达21个。在科研合作方面，上海交通大学弗劳恩霍夫协会智能制造项目中心是德国弗劳恩霍夫协会正式批准的中国第1个项目中心；在创新创业合作方面，新加坡全球创新联盟落地上海，意大利初创企业跨境加速营项目在中国的首发合作点设于上海；在重大活动方面，第14次全球研究基础设施高官会、2019年平方千米阵列射电望远镜（SKA）上海大会暨第六届SKA工程大会均为首次在上海举办。

2020年，与五大洲20多个国家和地区签订政府间国际科技合作协议，包括英国、以色列、白俄罗斯、智利等 10 个国家级合作伙伴；新增泰国、柬埔寨、俄罗斯圣彼得堡 3 个国际合作伙伴。与以色列在新材料、生命科学、人工智能等领域开展合作项目 5 个；与新加坡开展科研合作项目 6 个、企业合作项目 5 个；与俄罗斯合作，举办中俄科技合作圆桌会议，在工博会上开设中俄科技创新成果展区，开展中俄创新项目对接会，与圣彼得堡科学与高等教育委员会签署科技合作备忘录。5 家知名国际科技组织——英国皇家航空学会、流行病防范创新联盟、帕斯适宜卫生科技组织、俄罗斯圣彼得堡理工大学（科技中心）、欧洲血液和骨髓移植协会基金会在上海设立代表处。

一、"一带一路"创新合作

2016 年 10 月 18 日，"一带一路"科技创新联盟在上海倡议成立。首批会员单位包括来自上海交通大学、同济大学、中科院上海分院、上海市科学学研究所、国家技术转移东部中心、宝莲华新能源技术（上海）有限公司，以及来自新加坡、泰国、埃及、俄罗斯、白俄罗斯、保加利亚、塞尔维亚等十余家国外高校、科研机构、企业。联盟致力于打造平等互利、合作共赢的"科技共同体"。

2017 年，全面对接国家"一带一路"科技创新行动计划，积极服务国家战略。在上海自贸试验区建设"一带一路"产权交易中心与技术转移平台，推动国家技术转移东部中心进一步在沿线国家设点布局，进一步推动跨国科研合作、技术转移和园区共建。浦江创新论坛专设"一带一路"专题研讨会，建立"一带一路"沿线国家科技创新智库对话平台。以上海交通大学为主发起的"一带一路"科技创新联盟在上海召开首届联盟峰会并形成"一带一路"科技创新《上海宣言》。落实与以色列、立陶宛、克罗地亚、匈牙利、白俄罗斯、越南、柬埔寨等沿线国家签署的科技合作备忘录，完善合作交流机制，加强科技合作网络建设。8 月，率先在全国启动实施"一带一路"优秀青年科学家国际交流合作项目和国际联合实验室建设项目。推进上海大科学设施、张江实验室、上海市研发公共服务平台，以及各类研发与转化功能平台向沿线国家开放共享。10 月 11 日，《上海服务国家"一带一路"建设发挥桥头堡作用行动方案》发布，明确了上海在服务国家"一带一路"建设中发挥桥头堡作用的功能定位和实施路径。加强与建设具有全球影响力的科技创新中心的联动，通过完善政府间创新对话机制，促进上海市高校、院所及企业开展跨国创新合作，在科技人文交流、联合科技研发、科技园区合作和技术转移转化等方面，大幅提高上海国际创新合作的层次、范围和水平。

2018 年，落实《上海服务国家"一带一路"建设发挥桥头堡作用行动方案》，促进科技联合攻关和成果转化，与以色列、立陶宛、克罗地亚、匈牙利、白俄罗斯、越南、柬埔寨等沿线国家的科技合作备忘录进一步落实。完善"一带一路"青年科学家交流项目方案，年内支持 60 名外籍青年科学家；上海科技馆与乌兹别克斯坦塔什干市合作，"青出于蓝——青花瓷的起源、发展与交流"特展走入塔什干市。推进"一带一路"国际联合实验室建设项目，强化上海科研机构与沿线国家和地区开展联合研究、科技人才交流与培养、联合研究机制探索等，新支持智能无人系统控制技术项目等 7 项。开展国际技术转移、企业孵化、园区建设等合作，首设"一带一路"技术转移服务领域合作项目。累计布局中英、中美、中以等的国际技术转移渠道 21 个，拓展"一带一路"沿线国家技术转移中心 5 个。

2019 年 9 月 26 日上午，2019"一带一路"科技创新联盟国际研讨会在沪开幕。塞尔维亚共和国教育、科学与技术发展部国务秘书 Viktor Nedović 教授、助理部长 Marina Soković 博士，市科委副主任傅国庆，"一带一路"国际科学组织联盟秘书处执行主任曹京华，中科院上海分院院长、中科院院士王建宇，"一带一路"科技创新联盟执行理事长、上海交通大学副校长、中科院院士毛军发等出席会议。来自中国、俄罗斯、塞尔维亚、北马其顿、克罗地亚、匈牙利、白俄罗斯等 20 余国的 130 余名代表参会。三年来，联盟通过有效的协同合作机制，凝聚高校、科研机构、企业以及社会各界的共识，打造平等互利、合作共赢的"科技共同体"，从上海"桥头堡"出发，服务沿线国家和地区科技发展。本次研讨会聚焦"科技共同体"，围绕"创新与联盟"主题，开展合作研讨，共同探索面向"一带一路"的新型国际组织新模式。

12 月 5 日，中以（上海）创新园开园暨第三届中以创新创业大赛总决赛启动仪式上午举行。上海市委书记李强出席并宣布中以（上海）创新园开园。上海市委副书记、市长应勇致辞。应勇说，作为中以两国国际创新合作的重要内容，中以（上海）创新园的开园，为中以创新合作行动计划推进作了很好诠释，为上海与以色列的长期创新合作及传统友谊增添了新的内涵。科技部副部长黄卫、以色列创新署主席阿米·艾派博姆分别致辞，并共同启动第三届中以创新创业大赛总决赛。以色列驻上海总领事普若璞致辞。上海市委常委、副市长吴清主持。市领导诸葛宇杰，同济大学校长陈杰出席。

2020 年，累计支持约 180 名"一带一路"沿线国家青年科学家来沪从事科研工作，建设国际联合实验室 22 家，国际技术转移服务布局国家 9 个，全年立项支持建设实验室 6 家。12 月 3 日，中以（上海）创新园开园一周年暨 2020 上海数字创新大会在上海普陀区启动。科技部副部长黄卫、以色列创新署主席阿米·艾派博姆分别以视频方式致辞，上海市委常委、副市长吴清出席并宣布中以（上海）创新园开园一周年和上海数字创新大会启动。市政府副秘书长陈鸣波、市科委总工程师陆敏、以色列驻上海总领事爱德华等中外嘉宾出席启动仪式。

二、外资研发机构

2016 年，加快形成跨境融合的开放合作新局面。发挥上海自贸试验区制度创新优势，营造更加适应创新要素跨境流动的便利环境。大力吸引境内外研发机构落户上海，国家级重点实验室累计 44 家，国家级企业技术中心累计超 60 家，外资研发中心累计 408 家。推动各类研发创新机构全球布局发展，完成一批移动互联网、生物医药、集成电路等领域境外并购项目，在旧金山、波士顿、伦敦、巴黎等设立海外科技发展中心、创业园或孵化器。

2017 年，外资在沪研发中心不断加速融入上海市的创新体系，运用其自身的研发资源及全球创新网络，与上海市高校、科研院所、企业开展产业链核心技术攻关。为进一步营造外资研发中心参与科技创新中心建设的良好氛围，10 月发布《上海市关于进一步支持外资研发中心参与上海具有全球影响力的科技创新中心建设的若干意见》，提出进一步支持外资研发中心参与科技创新中心建设的 16 条措施。12 月 5 日，美国强生公司在全球第九个、亚太地区第一个创新孵化器 JLabs 落户上海，"原汁原味"复制其孵化模式，为上海生物医药创新创业提供有益经验。

2018 年，搭建外资研发中心合作交流平台，鼓励和支持有条件的外资研发中心组织"开放日"活动，加强与中小微企业的沟通、对接与合作。外资在沪全球研发中心 40 家，外资在沪研发中心 440 家（全国最多），研发人员超过 4 万人。支持外商投资企业设立各种形式的研发中心、创新中心、企业技术中心和博士后科研工作站，鼓励外资研发中心转型升级成为全球性研发中心。

2019 年 10 月 31 日，由市科委主办，上海科学技术交流中心、上海市科技企业联合会承办，徐汇区科委协办的"2019 在沪外资研发中心系列活动——与科技型中小企业对接专场"在华亭宾馆举行。市科委副主任傅国庆出席活动并致辞。沪上多家外资研发机构、近 50 家科技企业代表 80 余人参加活动。12 月 20 日，由市科委主办，上海科学技术交流中心、XNode 创极无限承办的在沪外资研发中心系列活动——科技创新政策介绍暨企业交流分享会举行。市科委副主任、市外国专家局副局长傅国庆出席并讲话。在沪外资研发中心和上海科技企业代表 100 余人参加会议。

2020 年，上海外资研发中心加快集聚，能级持续提升，成为上海科创中心建设的生力军。截至年底，上海跨国公司地区总部增加 51 家，累计 771 家；外资研发中心增加 20 家，累计 481 家，由世界 500 强企业设立的研发中心约占 1/3。外资研发中心主要集中在生物医药、信息技术、汽车零部件和化工等行业。11 月 1 日，《上海市外商投资条例》施行，鼓励外国投资者在上海设立外资研发中心，并升级为全球研发中心。11 月 24 日至 26 日，由市科委与浙江省科技厅、江苏省科技厅、安徽省科技厅共同主办，上海科学技术交流中心、浙江省科技交流和人才服务中心、江苏省产业技术研究院、安徽省对外科技交流中心共同承办的"在沪外资研发中心长三角创新行"活动顺利举行。益海嘉里、林德气体、赢创、索尔维、科思创、西门子、通用磨坊等化工、材料、生物医药领域一批在沪外资研发中心代表参加了先后在杭州、南京、合肥举行的对接交流会与现场考察活动。12 月 1 日，《上海市鼓励设立和发展外资研发中心的规定》施行，鼓励外资研发中心的设立和发展。

三、国际创新论坛

1. 浦江创新论坛

2014 年 10 月 25—26 日，浦江创新论坛成功举办，国家主席习近平、俄罗斯总统普京分别致贺信。论坛以"协同创新，共享机遇"为主题，聚焦全球化背景下的世界科技创新格局，邀请来自全球的政坛精英、企业巨头和学界巨匠共聚黄浦江畔，共议创新驱动发展和协同创新，共商全球科技创新中心的建设与发展。论坛主要由"1+1+8"三大部分构成，先后举办主宾国论坛以及涉及企业、产业、未来、区域、政策、文化等多个领域的 8 个专题论坛，聚焦创新战略的关键要素，从不同层面、不同角度深入研讨创新趋势、展望发展前景。

2015 年 10 月 27—28 日，以"全球创新网络　汇聚共同利益"为主题的 2015 浦江创新论坛召开。国务院总理李克强和以色列总理内塔尼亚胡分别为论坛致贺信。论坛议题对上海，乃至全国深入实施创新驱动发展战略、建设具有全球影响力的科技创新中心都具有重要参考意义，引起了国内外广泛关注。

2016 年 9 月 23—26 日，2016 年浦江创新论坛在上海东郊宾馆举行。论坛由中华人民共和国科学技术部和上海市人民政府共同主办，主题是"双轮驱动：科技创新与体制机制创新"，来自全球逾百位政坛精英、企业巨头和学界巨匠参加会议。本届论坛主要内容由"1+1+9"的结构组成，即一个全体大会、一个主宾国论坛、9 个专题论坛。增设"一带一路"科技创新合作专题研讨会，讨论科技创新合作与国家"一带一路"倡议，拓展和深化国际科技创新合作交流，培育和打造国际智库。

2017年9月22—25日，浦江创新论坛举行，中共中央政治局委员、上海市委书记韩正出席开幕式，科技部部长万钢做主旨演讲，上海市市长应勇致辞。丹麦王国受邀担任主宾国。自2008年创办以来，浦江创新论坛历经10年发展，成为具有较强国际影响力的高层次国际创新论坛。

2018年10月29日—11月1日，浦江创新论坛举行，主题为"新时代创新发展与供给侧结构性改革"，葡萄牙共和国受邀担任主宾国，广东省担任主宾省。发言嘉宾200余人、与会代表近4000人，300余家中外媒体刊发报道近2000篇，开幕式观看人数超过200万人次，与瑞典哥德堡市、德国巴符州等签订合作备忘录。

2019年5月25日，以"科技创新新愿景新未来"为主题的2019浦江创新论坛在上海开幕。上海市委书记李强出席开幕式暨全体大会并讲话，全国人大常委会副委员长陈竺作大会报告。在论坛上，科技部与上海市政府共同启动上海国家新一代人工智能创新发展试验区建设。本届论坛期间，国家有关部委、主宾国代表团以及国内外各界代表将通过全体大会、4场特别论坛以及11场不同主题的专题论坛，开展深入研讨交流。

2020年10月22日，以"科技合作与创新共治"为主题的2020年浦江创新论坛在上海开幕。国务院总理李克强和主宾国塞尔维亚总理布尔纳比奇分别发表视频致辞。上海市委书记李强，科技部部长王志刚，上海市委副书记、市长龚正，上海市政协主席董云虎，上海市委副书记于绍良出席论坛开幕式。开幕式上，王志刚、龚正共同启动全球技术转移大会云展暨中国创新需求发布。科技部副部长李萌，上海市委常委、副市长吴清，复旦大学校长许宁生，上海交通大学校长林忠钦共同为上海国家应用数学中心揭牌。主宾省陕西省副省长程福波致辞。浦江创新论坛主席、中科院院士徐冠华主持开幕式。塞尔维亚创新与科技发展部长波波维奇在线参与并作主旨演讲。来自俄罗斯、瑞士、白俄罗斯、瑞典、新加坡、意大利以及联合国、施普林格·自然集团的8位全球科技界代表通过视频发来贺词。上海市领导翁祖亮、诸葛宇杰、徐泽洲、李逸平，浦江创新论坛理事会副理事长赵启正，有关高校科研机构、中央企业负责人和专家学者代表方守恩、姚期智、施一公、吴曼青、陈凯先、马俊如，科技部和上海市有关部门负责人，部分国家驻沪领馆代表，以及国内外科技界、产业界、金融界代表出席。2020年浦江创新论坛由科技部和上海市政府共同主办，根据疫情防控要求，采取线上线下融合方式举办，并在主宾国塞尔维亚首都贝尔格莱德设分会场。本届论坛由开幕式及全体大会、全球技术转移大会以及"一带一路"、区域、政策、青年科学家、创业者、科技金融、未来科学、新兴技术等

16 场专题论坛、合作论坛和成果发布会组成。

2. 世界顶尖科学家论坛

2018 年 10 月 29 日，首届世界顶尖科学家论坛在上海举行，共有 37 位顶尖科学家与会，包括 26 位诺贝尔奖得主和多位沃尔夫奖、拉斯克奖、图灵奖、麦克阿瑟天才奖等世界著名学术奖项得主，涵盖了化学、物理学、医学、计算机学等科学研究领域，首个世界顶尖科学家科学社区当日于临港启动。本届论坛的主题是"科技，为了人类共同的命运"，4 个主题论坛分别为世界顶尖科学家光子科学与产业论坛、生命科学与产业论坛、创新药研发和转化医学论坛、脑科学与人工智能论坛。世界顶尖科学家协会主席、2006 年诺贝尔化学奖得主罗杰·科恩伯格说，我们相信基础的科学研究，对于未来的难题来说，可能是唯一的解决途径。世界顶尖科学家论坛由上海市人民政府主办，上海临港地区开发建设管理委员会等单位协办。顶尖科学家论坛旨在聚焦具有全球影响力的科技创新中心建设，搭建国际化、综合性科学平台。

2019 年 10 月 29—31 日，第 2 届世界顶尖科学家论坛在中国（上海）自由贸易区临港新片区举办。国家主席习近平向论坛致贺信。中共中央政治局委员、上海市委书记李强宣读贺信并讲话。论坛汇聚 44 位诺贝尔奖得主，21 位图灵奖、沃尔夫奖、拉斯克奖、菲尔兹奖等获得者，以及 100 多位中科院院士、工程院院士、中外青年科学家。论坛期间举行"莫比乌斯"论坛、"国际大科学计划"战略对话、青年科学家论坛及八大主题峰会。

2020 年 10 月 30 日，第三届世界顶尖科学家论坛在上海召开。国家主席习近平向论坛作视频致辞。习近平强调，中国高度重视科技创新工作，坚持把创新作为引领发展的第一动力。中国将实施更加开放包容、互惠共享的国际科技合作战略，愿同全球顶尖科学家、国际科技组织一道，加强重大科学问题研究，加大共性科学技术破解，加深重点战略科学项目协作。希望各位科学家积极交流思想、推进合作，共同推进世界科学事业。世界顶尖科学家论坛由世界顶尖科学家协会发起，上海市委、市政府主办。本届论坛以"科技，为了人类共同命运"为主题，采用线上视频与线下出席相结合的方式举办，全球 300 多位科学家，包括 61 位诺贝尔奖得主参会。上海市委书记李强出席。

3. 世界人工智能大会

2018 年 9 月 17—19 日，2018 世界人工智能大会在上海举行，大会的主题为"人工智能赋能新时代"。国家主席习近平致信，向大会的召开表示热烈祝贺，向出席大会的各国代表、国际机构负责人和专家学者、企业家等各界人士表示热烈欢迎。参会的演讲嘉宾包括获得图灵奖、诺贝尔奖的学术界领军人物 50 多人、产业界代表 100 多人，以及国际组织和国外政要等。参加 AI 应用体验和展览展示的企业超过 150 家。

2019 年 8 月 29—31 日，2019 世界人工智能大会在上海举办，大会主题为"智联世界无限可能"。举办超过 200 场各类论坛和特色活动，分享海内外顶尖专家学者的前沿观点，并设置创新应用展区和智能应用场景体验区，全面展现世界人工智能发展前沿趋势。中共中央政治局委员、上海市委书记李强在开幕式上致辞时指出，面对充满无限可能的智能时代，上海将深入贯彻落实习近平总书记重要指示精神，积极顺应大趋势、抢抓大机遇，以更加开放的胸襟拥抱人工智能，以更富创新的探索激活人工智能，以更具包容的生态滋养人工智能，加快向具有全球影响力的人工智能创新策源、应用示范、制度供给、人才集聚高地进军，与海内外朋友携手共创人工智能发展的新篇章。第十届全国政协副主席徐匡迪院士出席开幕式。上海市委副书记、市长应勇主持。联合国工业发展组织总干事李勇，中国科学技术协会党组书记、常务副主席怀进鹏，国家发展改革委副主任林念修先后致辞。中央和国家机关有关部委、部分兄弟省区市和上海市负责同志，有关央企、高校负责同志，海内外人工智能领域的知名专家学者、企业家、投资家，有关国际机构和部分国外驻沪机构负责人等出席开幕式。

2020 年 7 月 9—11 日，2020 世界人工智能大会云端峰会以"智联世界共同家园"为主题，以"高端化、国际化、专业化、市场化、智能化"为特色，聚焦"AI 技术趋势""AI 赋能经济"以及"AI 温暖家园"三大议题。大会汇聚了人工智能领域的最强阵容，包括 7 位图灵奖得主、62 位中外院士、约 500 位海内外学界和商界代表，以及相关政府的领导人，围绕智能领域的技术前沿、产业趋势和热点问题发表演讲和进行高端对话，打造世界顶尖的智能合作交流平台，成为业内广受赞许的专业性学术会议，打造具有国际水平和影响力的行业盛会。

4. 全球技术转移大会

2019 年 5 月 26 日，2019 浦江创新论坛全球技术转移大会在上海市闵行区顺利举办。来自中国、新加坡、以色列、荷兰、丹麦等国家的技术转移专家齐聚一堂，共商技术转移转化事业。围绕"跨国技术交易模式研讨"主题，嘉宾们针对如何破解产学研合作痛难点、逐步推进技术交易等问题各抒己见。

2020 年 10 月 29 日，2020 全球技术转移大会（INNO-MATCHEXPO）在上海展览中心拉开帷幕。大会由科技部、上海市政府指导，是浦江创新论坛的重要组成部分，也是国内首个以"创新需求"为主题的科技展览，旨在通过"需求侧引领、供给侧发力，服务侧助力"，建立汇聚全球创新资源、助力中国创新的桥梁。大会线下展区面积近万平方米并配套云展示，共有 32 家服务机构、40

家中小型企业以及 7 个城市国家馆参展，主要内容包括四大板块（国家重大成果 Tech-top、企业创新需求对接 Tech-need、世界桥梁 Tech-world、中小企业创新产品首发 Tech-new）和特设展区（主宾国塞尔维亚、主宾省陕西），集中展示全国 10000 余项技术创新需求、500 余项国际国内待转化成果、200 余项中小企业创新产品、100 项共性需求解决方案和 50 余家科技服务机构。上海市委常委、副市长吴清出席开幕式。出席开幕式的还有塞尔维亚共和国驻上海总领事馆总领事戴阳·马林科维奇和来自瑞士、比利时、荷兰、英国、土耳其、加拿大等国家的 7 名外方代表。

第三篇　媒体有关上海科创中心建设的报道

第一章　中央媒体

第一节　《人民日报》

上海蛋白质科研设施试运行（2014 年 5 月 26 日）

上海国际贸易"单一窗口"运行（2014 年 6 月 19 日）

第一架 ARJ21 交付机完成首飞（2014 年 6 月 19 日）

上海确定国企混合所有制改革路径（2014 年 7 月 8 日）

沪苏共建产业转移示范区（2014 年 7 月 11 日）

上海大学生自主创业增七成（2014 年 7 月 14 日）

上海将新建新能源汽车充电桩 6000 个（2014 年 7 月 16 日）

上海鼓励发展互联网金融（2014 年 8 月 8 日）

浦东平台经济集群效应凸现（2014 年 8 月 29 日）

上海发首单中小微企业集合信托（2014 年 8 月 29 日）

上海拟建八大国际交易平台（2014 年 8 月 30 日）

上交所港交所等签订四方协议（2014 年 9 月 5 日）

上海成立学科评价实验室（2014 年 9 月 12 日）

上海将促资本市场进一步开放（2014 年 9 月 16 日）

上交所发布沪港通试点办法（2014 年 9 月 27 日）

首个航运金融产业基地在沪启动（2014 年 10 月 15 日）

文化装备基地落户上海自贸区（2014 年 10 月 17 日）

上海首家小贷公司在股权交易市场挂牌（2014 年 10 月 24 日）

上海小额贷款累计放款超千亿元（2014 年 10 月 31 日）

上海浦东设立独立知识产权局（2014 年 11 月 17 日）

上海外滩金融创新新十条发布（2014 年 12 月 8 日）

2014 上海金融创新高峰论坛举办（2014 年 12 月 19 日）

备案制实施后首只资产支持证券在上交所挂牌（2015 年 1 月 13 日）

上海建立国企混合所有制改革促进基金（2015 年 1 月 22 日）

上海政府工作报告首次取消 GDP 增长目标（2015 年 1 月 25 日）

全国首家区域集合小贷资产支持专项计划设立（2015 年 2 月 3 日）

上海国资改革走出新路径（2015 年 4 月 9 日）

上海将推出"科技创新券"（2015 年 4 月 10 日）

浦东：做先行者中的先行者（2015 年 4 月 18 日）

国务院印发广东天津福建自贸试验区总体方案和进一步深化上海自贸试验区改革开放方案（2015 年 4 月 20 日）

上海启动自由贸易账户外币服务功能（2015 年 4 月 23 日）

上海建物联网核心产业基地（2015 年 4 月 27 日）

上海自贸区启动 2.0 版本（2015 年 4 月 28 日）

上海建首个互联网＋科技园（2015 年 5 月 13 日）

上海加快建设全球科创中心（2015 年 5 月 27 日）

上海自贸区推出电力 O2O 服务平台（2015 年 7 月 6 日）

量身定做新举措力挺上海科创中心（2015 年 7 月 13 日）

国内首个 IT 产业链整合平台成立（2015 年 7 月 22 日）

上海，创新重构原动力（2015 年 7 月 23 日）

上海自贸区启动第三方清算服务（2015 年 8 月 3 日）

上海推动股权投资创新试点（2015 年 8 月 23 日）

上海百强企业公布（2015 年 9 月 15 日）

上海自贸区千余服务业企业落户（2015 年 9 月 17 日）

上海试点建设海绵城市（2015 年 10 月 29 日）

上海科技创新板年内开板（2015 年 11 月 22 日）

上海深化公共服务领域国企改革（2015 年 11 月 26 日）

上海浦东试点"证照分离"改革（2015 年 12 月 19 日）

上海科技创新板开盘（2015 年 12 月 29 日）

10 项税收举措支持上海科创中心建设（2016 年 1 月 22 日）

上海"双自联动"破体制瓶颈（2016 年 2 月 17 日）

上海自贸区设立跨境电商示范园区（2016 年 3 月 17 日）

上海数据交易中心启动（2016 年 4 月 5 日）

国务院印发《上海系统推进全面创新改革试验加快建设具有全球影响力的科技创新中心方案》（2016 年 4 月 16 日）

上海发布制造业发展纲领性文件（2016 年 5 月 11 日）

上海拟推自贸区金融准入负面清单（2016 年 5 月 15 日）

上海自贸区构建多维信用约束机制（2016 年 5 月 27 日）

上海发力建设国家级工业互联网示范城市（2016 年 5 月 30 日）

上海保交所正式运营（2016 年 6 月 13 日）

上海启动绿色产业园区创建（2016 年 6 月 17 日）

弘扬上海精神巩固团结互信全面深化上海合作组织合作（2016 年 6 月 25 日）

上海全方位推进国资国企分类改革（深化国有企业改革）（2016 年 8 月 2 日）

上海保持跨国公司地区总部最集中城市地位（2016 年 8 月 17 日）

上海出台升级版人才政策（2016 年 9 月 26 日）

上海互联网应用水平国内领先（2016 年 11 月 7 日）

上海科创企业可开立自由贸易账户（2016 年 11 月 24 日）

韩正："稳"显战略定力 "进"须改革突破（2016 年 12 月 23 日）

上海建新型无线城市（2017 年 1 月 12 日）

上海样本 可复制可推广（扎实推进自贸区建设）（2017 年 1 月 14 日）

上海成立知识产权交易中心（2017 年 1 月 16 日）

上海国企员工持股试点启动（2017 年 1 月 19 日）

长江首尾总相连（推进长江经济带建设）（2017 年 1 月 23 日）

中东欧经济研究所在上海成立（2017 年 1 月 24 日）

上海平均每 42 万人将拥有一个科普场馆（2017 年 2 月 3 日）

上海有个科创样板间（样本）（2017 年 2 月 17 日）

上海启动公民科学素质 5 年计划（2017 年 2 月 17 日）

上海国资国企改革好于预期（2017 年 2 月 17 日）

上海崇明加快建设生态岛（2017 年 2 月 24 日）

上海：当好先行者 实现新作为（2017 年 3 月 27 日）

全面深化上海自贸试验区改革开放（2017 年 4 月 1 日）

上海首设标准化服务产业试点区（2017 年 4 月 17 日）

上海加快推进动能转换（2017 年 4 月 20 日）

"科创上海"影像展开幕（2017 年 5 月 4 日）

上海"一号课题"撬动深改（2017 年 5 月 5 日）

上海 5 年内基本建成经济金融航运贸易中心（2017 年 5 月 9 日）

谋划上海必须胸怀全局（声音）（2017 年 5 月 9 日）

上海迈向国际金融中心（2017 年 6 月 1 日）

上海攻坚高端制造（治国理政新思想新实践·新理念引领新发展）（2017 年
6 月 17 日）

央企对接上海参与科创中心建设（2017 年 6 月 22 日）

全球十大国际航运中心排位发布（上海名列第五）（2017 年 7 月 20 日）

上海浦东深化证照分离改革（2017 年 11 月 3 日）

上海人工智能产业 2020 年目标千亿（2017 年 11 月 16 日）

上海，高质量发展的三个关键词（样本·转向高质量发展阶段）（2017 年
11 月 22 日）

上海：对标全球最高　开放之风劲吹（新时代　新气象　新作为）（2017年12月4日）

上海：红色基因融入城市血脉（新时代　新气象　新作为）（2017年12月5日）

上海：绣花功夫巧解治理难题（新时代　新气象　新作为）（2017年12月6日）

上海：大调研催动改革再出发（2018年2月8日）

奋进新时代　加劲抓落实（2018年3月20日）

开放之门越开越大　国际人才越聚越多（2018年4月17日）

上海　助力长江经济带发展（2018年5月11日）

面向全球面向未来　当好排头兵先行者（2018年访上海市委书记李强5月15日）

长三角一体化提速（2018年6月5日）

上海着力提升城市能级和核心竞争力（2018年6月28日）

上海出台扩大开放100条（2018年7月12日）

上海：办事创业　一网通办（2018年8月2日）

上海高标准建设科创中心（2018年9月16日）

传奇浦东：开放的先行者（2018年9月17日）

浦东新区：制度创新成就跨越式发展（2018年9月19日）

浦东新区：改革开放，让城市更有温度（2018年9月25日）

上海浦东新区：政府加速改革　市场迸发活力（2018年10月11日）

共赴合作共赢的"东方之约"（2018年11月4日）

进博会，展现一流开放水平（2018年11月4日）

深化国际经贸合作　实现共同繁荣进步（2018年11月7日）

上海浦东GDP首破万亿元大关（2019年1月1日）

深度融合　长三角牵手奔跑（纵深·聚焦长三角一体化①）（2019年1月2日）

一体化　探寻更多可能（纵深·聚焦长三角一体化②）（2019年1月3日）

G60科创走廊一体化样板间（纵深·聚焦长三角一体化③）（2019年1月4日）

长三角　新起点再追梦（纵深·聚焦长三角一体化⑥）（2019年1月10日）

将建长三角一体化发展示范区（2019年1月28日）

上海优化营商环境再升级（2019年2月13日）

确保科创板并试点注册制平稳启动（2019年2月28日）

科创板首批受理企业名单公布（2019年3月23日）

上海"一网通办"再升级（2019年3月31日）

上海拨通首个5G手机通话（2019年4月1日）

科创板：科技成色足　创新动力强（经济发展亮点多韧性足）（2019 年 5 月 21 日）

长三角开通政务服务"一网通办"（2019 年 5 月 23 日）

2019 浦江创新论坛开幕（2019 年 5 月 26 日）

上海 19 条金融措施服务民企发展（2019 年 6 月 12 日）

上海，当好改革开放排头兵（权威发布）（2019 年 7 月 3 日）

上海科创，从深蹲助跑到起飞跳跃（2019 年 7 月 15 日）

上海引进外资快中趋稳（2019 年 7 月 16 日）

科创板首批公司挂牌上市（2019 年 7 月 23 日）

《中国（上海）自由贸易试验区临港新片区总体方案》（2019 年 8 月 7 日）

临港新片区定位更高（2019 年 8 月 9 日）

临港新片区　开放迈新步（2019 年 8 月 13 日）

上海自贸试验区临港新片区揭牌（礼赞 70 年）（2019 年 8 月 21 日）

努力创造新时代上海发展新传奇（2019 年 8 月 28 日）

上海构筑人工智能发展高地（2019 年 8 月 29 日）

2019 世界人工智能大会举办（2019 年 8 月 30 日）

上海：用精细治理传递城市温度（2019 年 9 月 10 日）

海纳百川势如虹［长三角见证高质量发展·上海篇（上）］（2019 年 9 月 15 日）

打造长三角一体化发展支撑体系（2019 年 9 月 16 日）

追求卓越天更阔［长三角见证高质量发展·上海篇（下）］（2019 年 10 月 9 日）

浦东科创母基金成立首期 55 亿元规模（2019 年 10 月 11 日）

C919 大型客机 105 架机完成首次试飞（2019 年 10 月 25 日）

国产喷气支线客机 ARJ21 首开国际航线（2019 年 10 月 27 日）

进博会，上海准备好了（进博会观察）（2019 年 10 月 29 日）

为科技创新提供资金活水（2019 年 10 月 30 日）

相约进博会　书写新篇章（钟声）（2019 年 10 月 30 日）

第二届世界顶尖科学家论坛举行（2019 年 10 月 31 日）

进博效应，满满的获得感（2019 年 11 月 4 日）

上海发布外资服务平台精准引资（2019 年 11 月 7 日）

持续推进更高水平的对外开放（2019 年 11 月 9 日）

共赴"东方之约"　同享"中国机遇"（2019 年 11 月 11 日）

黄浦江畔　创新潮起（转型升级一线城市调研行）（2019 年 11 月 17 日）

上海：精耕投资沃土（进一步做好"六稳"工作）（2019 年 11 月 25 日）

长江三角洲区域一体化发展规划纲要（2019 年 12 月 2 日）

加快推进长江三角洲区域一体化发展（2019 年 12 月 4 日）

C919 大型客机 106 架机首飞（2019 年 12 月 28 日）

上海出台营商环境实施方案 3.0 版（2020 年 1 月 3 日）

上海发布金融科技中心建设方案（2020 年 1 月 16 日）

上海：防控一严到底　城市运行有序（2020 年 2 月 14 日）

上海临港新片区防疫生产两手抓（2020 年 2 月 22 日）

洋山港　吞吐忙（2020 年 3 月 22 日）

浦东勇担使命再出发（2020 年 4 月 17 日）

高举浦东开发开放旗帜　奋力创造新时代改革开放新奇迹（2020 年 4 月 18 日）

三十而立从头越（2020 年 4 月 18 日）

上海临港新片区规划 5 年内实现 5G 全覆盖（2020 年 4 月 22 日）

上海出台 12 条提振消费政策举措（2020 年 4 月 24 日）

第二届长三角一体化发展高层论坛举办（2020 年 6 月 7 日）

长三角示范区共建人才合作新机制（2020 年 6 月 8 日）

上海将建百家标杆性无人工厂（2020 年 6 月 17 日）

长三角将建生态绿色一体化示范区（2020 年 6 月 23 日）

上海天文馆竣工验收（2020 年 6 月 28 日）

上海出台金融支持稳企业举措（2020 年 7 月 2 日）

长三角一体化示范区打通电力"断头路"（2020 年 7 月 10 日）

上海：人工智能加速集聚（2020 年 7 月 10 日）

到今年底上海将累计开放数据 5000 项（2020 年 7 月 14 日）

瞩目进博会　共享新机遇（和音）（2020 年 7 月 23 日）

ARJ21 飞机完成专项试验试飞（2020 年 7 月 31 日）

紧扣一体化和高质量抓好重点工作（2020 年 8 月 23 日）

真抓实干、埋头苦干，推动长三角一体化发展不断取得成效（2020 年 8 月 24 日）

新基建新经济高峰论坛在沪举行（2020 年 9 月 24 日）

韩正在推动长三角一体化发展领导小组全体会议上强调（2020 年 9 月 25 日）

世界顶尖科学家论坛促进国际科学界高端对话（2020 年 10 月 31 日）

共建开放创新的世界经济（瞩目进博会）（2020 年 11 月 3 日）

进博会，见证中国扩大开放的决心（评论员观察）（2020 年 11 月 3 日）

新时代，共享未来（2020 年 11 月 3 日）

推进合作共赢、合作共担、合作共治的共同开放（2020 年 11 月 6 日）

三十年，敢闯敢试看浦东（2020 年 11 月 9 日）

三十年，浦东先行先试立潮头（2020 年 11 月 10 日）

三十年，浦东勇当创新发展先行者（2020 年 11 月 11 日）

勇当新时代改革开放排头兵（2020 年 11 月 12 日）

潮涌东方再扬帆（2020 年 11 月 12 日）

浦东开发开放 30 周年庆祝大会隆重举行（2020 年 11 月 11 日）

国务院批复同意上海市浦东新区开展"一业一证"改革试点（2020 年 11 月 20 日）

庆祝浦东开发开放三十周年理论研讨会在上海举行（2020 年 11 月 27 日）

我国量子计算机实现算力全球领先（2020 年 12 月 6 日）

第二节　新华社

上海市科委主任寿子琪：加快建设"科创中心"为建设世界科技强国贡献上海力量（2016 年 6 月 2 日）

上海智能制造升级落下关键棋子（2016 年 7 月 14 日）

为建设科技强国提供战略支点（2016 年 11 月 23 日）

上海启动科创联盟　助力科创中心建设（2017 年 2 月 23 日）

上海：全面实施 AI@SH 行动，向智能未来城进发（2017 年 11 月 15 日）

上海：高水平科创中心建设带动长三角创新升级（2017 年 12 月 1 日）

提升科技"原创力"，上海是怎样炼成的？（2018 年 1 月 10 日）

上海加快建设光子大科学设施群（2018 年 1 月 30 日）

上海：巧用物联网　打造社区管理新模式（2018 年 3 月 7 日）

克隆猴"归队"野生猴群活力充沛（2018 年 6 月 26 日）

服务全球科创中心建设　上海科创办正式挂牌（2018 年 9 月 30 日）

上海：在"双创周"里窥见创新新气象（2018 年 10 月 12 日）

开放、开放、再开放！多家大科学装置"掌门人"向世界发出"邀请函"（2018 年 10 月 22 日）

解读生命密码"人类表型组计划"国际研究联盟在上海成立（2018 年 11 月 2 日）

中央深改委审议通过设立上交所科创板并试点注册制总体实施方案！（2019 年 1 月 24 日）

科创板来了！众多亮点值得关注（2019 年 1 月 31 日）

"两个一公里"的创新答案——上海全力建设全球科创中心纪实（2019 年 5

月 20 日）

上海：以前瞻立法建科创之城（2020 年 1 月 21 日）

助力非常时期"双创"！上海"店小二"密集出台政策大礼包（2020 年 4 月 30 日）

今天，目光请给这些科技"顶流"——上海科技奖揭晓六个"最"（2020 年 5 月 21 日）

共谋前沿科技，聆听未来之声——2020 浦江创新论坛扫描（2020 年 10 月 26 日）

第二章　上海媒体

第一节　《解放日报》

解决政府高校企业间角色"错位"（2014年11月13日）

让企业真正成为科技创新主体（2016年1月6日）

共担风险只为了扶植科技初创企业的成长（2016年1月27日）

张江综合性国家科学中心获批（2016年2月17日）

科技创新的"上海卷"会越答越好（2016年3月10日）

科技创新要补上成果转化"短板"（2016年3月14日）

科研人员留岗创业获风投3000万美元（2016年3月27日）

成果不转化，"冰棍就会化"（2016年4月6日）

解放思想，全力创新突破改革攻坚（2016年4月21日）

VR2.0助力加速"中国制造2025"（2016年5月17日）

科创"22条"点燃上海创业激情（2016年6月5日）

众创空间对接大院大所大企业（2016年6月6日）

市场化机制激活上海科技创新券（2016年7月18日）

上海科技创新五年规划今发布（2016年8月16日）

上海市科技创新"十三五"规划解读（2016年8月19日）

"放权松绑"：为人才增动力、添活力（2016年9月26日）

上海助力北斗导航产业能级提升（2016年9月28日）

让数据在政府委办间流动起来（2016年10月11日）

上海光谱"十年磨一剑"自主研发高端科学仪器（2016年10月12日）

科技成果如何跨过"最后一公里"（2016年11月10日）

精心打造全载体链创业小镇（2016年11月18日）

别让实验室"出了成果，没有结果"（2016年11月22日）

科创中心建设不能"一切从零开始"（2016年11月22日）

上海将建成果转化公共平台（2016年11月24日）

张江科学城建设规划已上报备案（2016年12月22日）

联合办公空间，能否为上海"双创"添活力（2016年12月30日）

首批青少年科创工作站授牌（2017年1月3日）

张江形成四大创新创业集聚区（2017年1月4日）

着力构筑好科创中心"四梁八柱"（2017 年 1 月 17 日）

要大科学装置，更要大科研队伍（2017 年 2 月 4 日）

上海促众创空间差异化发展（2017 年 2 月 6 日）

海外"引智"新方式：专业公司当"管家"（2017 年 2 月 7 日）

加快构筑科创中心"四梁八柱"（2017 年 2 月 13 日）

筹划国家实验室　勿照搬传统院所模式（2017 年 2 月 14 日）

上海首批 18 家研发转化平台已规划（2017 年 2 月 15 日）

希望上海有新作为，增强吸引力创造力竞争力（2017 年 3 月 6 日）

从"人"的角度布局张江科学中心（2017 年 3 月 8 日）

科创中心要在两方面拿出"拳头项目"（2017 年 3 月 13 日）

靠全国力量借全球资源建科创中心（2017 年 3 月 17 日）

科技创新制度创新要两翼齐飞（2017 年 3 月 23 日）

韩正：上海有能力有信心有责任　不断在推进科技创新中心建设上有新作为（2017 年 3 月 24 日）

积极履职建言上海科创中心建设（2017 年 3 月 30 日）

鼓励创新，不能"带着枷锁跳舞"（2017 年 3 月 30 日）

众创空间为申城厚植"双创"土壤（2017 年 4 月 10 日）

模拟人脑人眼，让人工智能更像"人"（2017 年 4 月 17 日）

创新驱动发展　保护知识产权　促进技术贸易（2017 年 4 月 20 日）

"上海造"对接机构解决世界难题（2017 年 4 月 24 日）

2017 浦东创新创业大赛激发全社会创新潜能（2017 年 4 月 28 日）

张江跨境科创监管服务中心投入运行　企业通关手续当天可完成（2017 年 5 月 4 日）

突破转化瓶颈　激发创新动力（2017 年 5 月 8 日）

张江瞄准"世界一流科学城"（2017 年 5 月 9 日）

张江科学地标，从"一个"到"一群"（2017 年 5 月 10 日）

挖掘创新红利，为深改拓新路（2017 年 5 月 11 日）

创新创业大赛首办国际赛（2017 年 5 月 16 日）

2017 年上海科技节活动精彩纷呈（2017 年 5 月 18 日）

集中力量建设张江国家科学中心（2017 年 5 月 19 日）

G60 科创走廊对接工业 4.0（2017 年 5 月 25 日）

众创空间逾五百　日均新设企业千户（2017 年 6 月 5 日）

张江在硅谷设海外人才工作站（2017 年 6 月 7 日）

上海石墨烯产业技术功能型平台促成 3 个产学研合作项目（2017 年 6 月 12 日）

第二批双创示范基地　徐汇复旦上科大入选（2017 年 6 月 23 日）

坚持制度创新　承担国家战略（2017 年 7 月 26 日）

张江启动人才计划（2017 年 7 月 31 日）

"园区"转型"城区"，新建住宅近 97% 用于租赁（2017 年 8 月 8 日）

张江国创中心：好看、好用、好玩（2017 年 8 月 8 日）

以全球视野提升科创中心集中度显示度（2017 年 8 月 24 日）

科创中心建设要在"五方面加快"（2017 年 8 月 29 日）

鼓励在沪外资研发中心　积极参与科创中心建设（2017 年 8 月 30 日）

推动人工智能成为科创中心新引擎（2017 年 8 月 31 日）

上海吹响打造国家人工智能发展高地号角（2017 年 9 月 1 日）

张江科学城　还缺什么"标配"（2017 年 9 月 5 日）

进一步加大对外资研发中心支持力度（2017 年 9 月 7 日）

全国双创活动周主会场落户上海（2017 年 9 月 8 日）

"双创"带来创新发展新动能新引擎（2017 年 9 月 15 日）

上海青年创新创业大赛闭幕式暨颁奖典礼圆满落幕（2017 年 9 月 15 日）

创新，浦江创新论坛 10 年"关键词"（2017 年 9 月 22 日）

G60 科创走廊，拉开"松江创造"大幕（2017 年 10 月 10 日）

支持外资研发中心参与科创中心建设（2017 年 10 月 17 日）

2020 年建成国家人工智能发展高地（2017 年 11 月 15 日）

让双创真正实现"叫好又叫座"（2017 年 11 月 16 日）

大国创新路　浦江谋新策（2017 年 12 月 5 日）

科技金融产业园成立（2017 年 12 月 11 日）

使上海成为实现创新创业梦想的地方（2017 年 12 月 15 日）

凝聚更强大更持久的科技创新力量（2018 年 1 月 9 日）

把上海双创环境建设得更好（2018 年 1 月 11 日）

科创中心建设：夯实基础的一年（2018 年 1 月 17 日）

上海科创中心股权投资基金一期超募完成　市场化手段募资 300 亿元不是难题（2018 年 1 月 17 日）

金山打造"上海湾区科创中心"（2018 年 1 月 24 日）

创新"浓度"，源于改革敏锐度（2018 年 1 月 26 日）

"科技创新券"今年增至八千万元（2018 年 1 月 30 日）

高新技术产业成为发展新引擎（2018 年 2 月 5 日）

外资研发中心加快融入上海创新体系（2018 年 2 月 21 日）

上海今年安排 126 项重大工程 23 项聚焦科创中心（2018 年 3 月 8 日）

努力建设世界一流的人才发展环境　让上海成天下英才最向往地方之一（2018 年 3 月 27 日）

上海交大开建张江科学园（2018 年 4 月 13 日）

打造国家人工智能发展高地（2018 年 4 月 24 日）

打造国内最完备集成电路产业体系（2018 年 5 月 4 日）

张江将建"人工智能岛"（2018 年 5 月 7 日）

上海脑科学与类脑研究中心揭牌（2018 年 5 月 15 日）

2018 年上海科技节打造城市品牌活动（2018 年 5 月 18 日）

G60 科创走廊驱动"松江创造"（2018 年 5 月 30 日）

G60 科创走廊拓至九地市（2018 年 6 月 1 日）

上海愿进一步做实中以创新中心（2018 年 6 月 8 日）

上海移动创新技术与服务聚力长三角高质量协同示范（2018 年 6 月 11 日）

世界人工智能大会将彰显"上海范"（2018 年 7 月 5 日）

加快建成国家人工智能发展高地（2018 年 7 月 11 日）

张江临港联动打造浦东"南北科创走廊"（2018 年 7 月 12 日）

三家生命科学研究平台在沪成立（2018 年 7 月 18 日）

上海青博会，从校园名片走向国际新品牌（2018 年 7 月 24 日）

浦东成立产业创新中心并设立专项资金（2018 年 7 月 30 日）

G60 科创走廊：探索制造业创新路（2018 年 8 月 1 日）

助推共建共享 G60 科创走廊（2018 年 8 月 6 日）

G60 科创走廊"朋友圈"扩大的背后（2018 年 8 月 14 日）

切实提高关键核心技术创新能力（2018 年 8 月 16 日）

李政道研究所三大实验平台开建（2018 年 8 月 30 日）

增强科创中心建设使命感责任感（2018 年 8 月 31 日）

促进中国人工智能产业高质量发展（2018 年 9 月 18 日）

"22 条"力促人工智能赋能新时代（2018 年 9 月 18 日）

抓住机遇乘势而上发展人工智能（2018 年 9 月 19 日）

让"上海制造"更智慧高效具竞争力（2018 年 9 月 20 日）

"人工智能@上海"，打开创新大门（2018 年 9 月 20 日）

合力打造人工智能发展的上海高地（2018 年 9 月 20 日）

在扩大开放中推动科技创新上新台阶（2018 年 9 月 25 日）

在新时代科技创新大潮中建功立业（2018 年 9 月 26 日）

杨浦双创再升级，打造"AI 新高地"（2018 年 10 月 8 日）

打造双创领域"黄埔军校"（2018 年 10 月 22 日）

"创新主体在企业"有待实现（2018 年 10 月 26 日）

借力集群效应　城市生命力更强大（2018 年 10 月 31 日）

有高精尖科技突破，有充满活力的创新生态（2018 年 11 月 8 日）

上海光源二期首条光束线站出光（2018 年 11 月 8 日）

探索生命科学前沿　彰显上海科研力量（2018 年 11 月 8 日）

G60 科创走廊九城市推扩大开放"30 条"（2018 年 11 月 9 日）

G60 科创走廊九城市协同扩大开放促进开放型经济一体化发展的 30 条措施（2018 年 11 月 11 日）

专家学者谈《G60 科创走廊九城市协同扩大开放促进开放型经济一体化发展的 30 条措施》（2018 年 11 月 11 日）

上海出台 32 条鼓励药械创新（2018 年 11 月 12 日）

全力支持配合设立科创板试点注册制（2018 年 11 月 21 日）

推动人工智能更好运用于生产生活（2018 年 11 月 28 日）

首批科创资源在长三角城市群共享（2018 年 11 月 29 日）

欢迎高科技企业投资上海深耕上海（2018 年 11 月 29 日）

建言推进张江科学城发展（2018 年 12 月 11 日）

增强创新策源能力，上海行稳致远（2018 年 12 月 17 日）

推动杨浦"双创"服务升级（2018 年 12 月 17 日）

增强创新策源能力　突破关键核心技术（2018 年 12 月 18 日）

以新的不凡创造推进科创中心再突破（2018 年 12 月 21 日）

特斯拉充分感受"令人惊叹上海速度"（2019 年 1 月 8 日）

国产芯片为人脸识别提速（2019 年 1 月 21 日）

助力科创板尽快释放利好（2019 年 1 月 29 日）

科创板注册制试点改革方案出台（2019 年 1 月 31 日）

市科创中心将与上证所建企业培育库（2019 年 2 月 1 日）

上证 G60 科创走廊指数将适时推出（2019 年 2 月 18 日）

科创板注册制要踢好"临门一脚"（2019 年 2 月 19 日）

科创板将坚持"严标准、稳起步"（2019 年 2 月 28 日）

深化科技体制机制改革推进大会举行，尹弘出席（2019 年 3 月 6 日）

创业大赛上传统领域创新亮眼：污水处理花 400 万元变成赚 400 万元（2019 年 3 月 14 日）

如何为长三角建个"人才库"（2019 年 3 月 18 日）

为科研活动营造良好环境（2019 年 3 月 20 日）

创造"牛心速度"，缩短药企研发周期（2019 年 3 月 20 日）

上海科改"25 条"增强创新策源能力（2019 年 3 月 21 日）

小科带你看：上海科改意见"25 条"亮点（2019 年 3 月 22 日）

着力增强创新策源能力提升创新浓度（2019 年 3 月 26 日）

科创走廊九城，越走越勤越走越亲（2019 年 4 月 3 日）

"太空之吻"背后的"大国工匠"（2019 年 4 月 8 日）

上海湾区科创中心开园（2019 年 4 月 19 日）

抓住机遇，补上人工智能短板（2019 年 4 月 19 日）

打造技术荟萃宾客云集国际盛会（2019 年 4 月 19 日）

让外企更好融入上海科创中心建设（2019 年 5 月 5 日）

浦江创新论坛：上海在四个创新点上表现突出（2019 年 5 月 7 日）

上海科改"25 条"给科研人员送上收入分配机制"礼包"（2019 年 5 月 14 日）

上海以前瞻眼光提升创新策源能力（2019 年 5 月 15 日）

上海研发投入占 GDP 比例达 4%（2019 年 5 月 22 日）

携手高质量构建长三角创新共同体（2019 年 5 月 24 日）

科技政策着力点要注重创新链前端（2019 年 5 月 28 日）

再出发，"再造一个新浦东"（2019 年 6 月 26 日）

开展更深层次更高水平科技合作（2019 年 6 月 27 日）

建设服务全国科创企业投融资中心（2019 年 7 月 16 日）

上海"AI 生态圈"抢先机赢未来（2019 年 7 月 29 日）

加强科技人才合作共建国际创新中心（2019 年 7 月 30 日）

谋划好建设好人工智能创新高地（2019 年 7 月 31 日）

"上海制造"要做强"科技芯"（2019 年 7 月 31 日）

"四不像"基金用市场眼光看科研成果（2019 年 8 月 9 日）

为人工智能专家绘制"学术肖像"（2019 年 8 月 12 日）

上海深耕基础研究，顶尖科研比肩新加坡（2019 年 8 月 14 日）

让科技政策阳光普照创新全周期（2019 年 8 月 19 日）

市科技党委、市科委集智攻关，塑造上海未来竞争优势（2019 年 8 月 21 日）

扩大科研自主权，探索转化新模式（2019 年 8 月 27 日）

推动更多一流科技成果在沪产业化（2019 年 9 月 2 日）

临港科技城有了新目标（2019 年 9 月 2 日）

展示科技成果和转化案例，打造创新策源地（2019 年 9 月 17 日）

打造科技创新"引进来"重要窗口（2019 年 9 月 18 日）

长三角双创"粮票"互通，科技资源共享（2019 年 9 月 26 日）

推动上海创新策源能力系统提升（2019 年 10 月 14 日）

提高财政科技资金使用效益设计更多管用条款（2019年10月31日）

提高财政科技资金使用效益（2019年11月15日）

上海双创包容度大　在沪创业大学生81% 非沪籍（2019年11月20日）

上海市科委主任专访 | 强化创新策源功能，培育"硬科技"企业（2019年11月25日）

"硬科技"破例获得"科技履约贷"（2019年12月2日）

刘岩：深刻领会新精神　奋力担当新使命（2019年12月5日）

以色列企业看重上海"科创能力"（2019年12月6日）

长三角双创示范基地联盟发出首张双创券（2019年12月16日）

将科创梦青春梦汇入中国梦（2019年12月20日）

科创中心建设条例草案提请审议（2019年12月20日）

《自然》今年十佳论文两项出自上海（2019年12月30日）

京沪科创板企业数量并列全国第一（2020年1月17日）

让科研人员得到更多"真金白银"（2020年1月21日）

科创中心建设　法治如何护航（2020年1月21日）

适症药物候选疫苗加速"冲刺"（2020年2月14日）

金点子化为新神器，"上海发明"多点开花助抗疫（2020年2月26日）

完善科技评价体系吸纳全球创新成果（2020年3月10日）

让科普成为健康上海"第一行动"（2020年3月17日）

多路线推进疫苗研发均有良好进展（2020年3月17日）

张江两大高端产业园同日开园（2020年4月16日）

G60 科创走廊迎"双创债"活水（2020年4月24日）

为人才施展才能提供更多机会（2020年5月9日）

30 个项目成交额破5亿（2020年5月12日）

高校科研如何突破核心技术（2020年5月20日）

抓创新谋未来　强化科创策源功能（2020年5月20日）

沪研技术为"玉兔"装上敏锐的眼睛（2020年5月25日）

看似艰深的数学问题与生活息息相关（2020年5月25日）

早日建成世界一流科学城（2020年6月3日）

提升科技创新策源能力临港新片区推出12条新政（2020年7月17日）

优化张江科学城建设发展（2020年7月29日）

让科技创新真正成为"第一动力"（2020年8月4日）

中国首次上海一科技期刊影响因子超20（2020年8月5日）

以科技创新催生新发展动能（2020年8月28日）

科技抗疫成果领衔，创新引领高质量发展（2020 年 9 月 16 日）

全球思想盛宴聚焦科技合作与创新共治（2020 年 10 月 22 日）

共同推动科技创新重大任务往实处落（2020 年 10 月 23 日）

突破"从 0 到 1"，让国人用上国创好药（2020 年 11 月 13 日）

奋进前行，全面强化科技创新策源功能（2020 年 11 月 16 日）

推动科技成果转化　进一步扩大长三角"科技朋友圈"（2020 年 11 月 18 日）

打造长三角科技成果交易"热岛"（2020 年 11 月 20 日）

人工智能赋能流程制造（2020 年 12 月 14 日）

宝山聚焦建设科创中心主阵地加速打造创新发展新引擎（2020 年 12 月 15 日）

松江高新技术企业"五年翻两番"（2020 年 12 月 16 日）

G60 科创走廊协同发力产业链供应链（2020 年 12 月 28 日）

第二节　《文汇报》

申城科技原创力正更上层楼（2016 年 1 月 8 日）

有"防火墙"可"补短板"（2016 年 1 月 27 日）

投资种子期企业最高可补贴 60%（2016 年 1 月 27 日）

科创中心建设明确十一个重点专项（2016 年 4 月 21 日）

让科创像乒乓球一样有群众基础（2016 年 5 月 16 日）

"纸变钱"，科技成果转化破困局（2016 年 7 月 11 日）

六大科创集聚区孕育创新生态（2016 年 7 月 15 日）

科技创新券撬动 5 倍研发投入（2016 年 7 月 25 日）

沪推动长江经济带科技资源共享（2016 年 8 月 5 日）

上海科技创新与全球"对标"（2016 年 8 月 16 日）

"双边孵化"捕捉全球前沿科技（2016 年 8 月 24 日）

创新的种子在这儿被悉心"播种"（2016 年 10 月 13 日）

2016 全球创业周中国站开幕（2016 年 11 月 14 日）

专家人才引进由数据说话（2016 年 12 月 8 日）

做好众创空间"加减法"提升"造梦能力"（2016 年 12 月 22 日）

张江园区"投贷联动"试点落地（2016 年 12 月 22 日）

科技成果转化奖励怎么核定更科学（2016 年 12 月 29 日）

上海创新生态系统显开放格局（2017 年 1 月 10 日）

科创，制度框架和氛围建设应同步推进（2017 年 1 月 16 日）

众创空间里文化科技能否互相"寄生"（2017 年 1 月 18 日）

沪科普事业"十三五"发展规划发布（2017 年 1 月 23 日）

临港智能制造布局"显山露水"（2017 年 2 月 14 日）

众创空间"好苗"每年获 100 万元（2017 年 2 月 17 日）

"四大支柱"撑起张江国家科学中心（2017 年 2 月 24 日）

上海研发经费占 GDP 比重达 3.8%（2017 年 3 月 2 日）

"十三五"开局，上海科技交出亮眼答卷（2017 年 3 月 23 日）

2017 创新创业大赛聚焦"硬科技"（2017 年 3 月 29 日）

上海科学家发起领衔大科学计划（2017 年 4 月 6 日）

"上海智造"造势未来产业（2017 年 4 月 10 日）

由"园"转"城"释放创新活力（2017 年 4 月 12 日）

科创"新十条"加大引智聚才力度（2017 年 4 月 19 日）

在更高层次上构建开放创新机制（2017 年 4 月 21 日）

"太空快递"出征（2017 年 4 月 21 日）

"实验室的淘宝"见证科创生态之变（2017 年 5 月 2 日）

迎难而上，申城跃入"创时代"（2017 年 5 月 3 日）

沪拟建 94 平方公里"张江科学城"（2017 年 5 月 9 日）

上海，一座有活力的创新之城（2017 年 5 月 10 日）

聚才引智——着力打造创新创业活力区（2017 年 5 月 11 日）

千余场活动献给爱科学的你（2017 年 5 月 11 日）

依托科创中心建设持续激发发展动力（2017 年 5 月 18 日）

全力以赴建设"创新之城"（2017 年 5 月 18 日）

游戏规则有了，"纸变钱"还难吗（2017 年 6 月 1 日）

"三部曲"推进科技成果转化（2017 年 6 月 21 日）

上海光源，给科学家一双慧眼（2017 年 6 月 29 日）

人才集聚平台活跃创新力迸发（2017 年 7 月 14 日）

引导提高科技研发"纸变钱"的能力（2017 年 7 月 20 日）

上海光源二期工程进入设备安装（2017 年 7 月 26 日）

让更多人知晓沪企的科技优势（2017 年 8 月 2 日）

众创空间激发百花齐放社群效应（2017 年 8 月 10 日）

为"双创"搭建"一展成名"平台（2017 年 8 月 24 日）

打造创新城市亟需加快提升公民科学素质（2017 年 8 月 28 日）

双创基因快速融入申城血脉（2017 年 9 月 11 日）

"双创周"上海主会场有啥亮点（2017 年 9 月 13 日）

什么样的"双创"空间才受欢迎（2017 年 9 月 14 日）

"中国之声"凝聚建设科创中心共识（2017 年 9 月 20 日）

创新之城，为梦想注入不竭动力（2017 年 10 月 10 日）

在推进科技创新中心建设上有新作为（2017 年 10 月 16 日）

制造业：新科技"产床"和"秀场"（2017 年 11 月 7 日）

上海着力向人工智能高地迈进（2017 年 11 月 15 日）

上海崛起世界"最集聚"大科学装置群（2017 年 11 月 20 日）

推进上海研发与转化功能型平台建设（2017 年 11 月 28 日）

"策源地""切入口"助力科创中心建设（2017 年 11 月 28 日）

明年上海将全力推进建设张江综合性国家科学中心（2017 年 12 月 26 日）

上海启动四个市级科技重大专项（2017 年 12 月 27 日）

四年投入 60 亿元，国产 CPU 的艰难与不凡（2017 年 12 月 29 日）

"上海芯"已具备全面产业化能力（2017 年 12 月 29 日）

上海科学家为 2017 年度国家自然科学奖一等奖作出重要贡献（2018 年 1
月 10 日）

建国际人才库，让所需之才"快到碗里来"（2018 年 1 月 30 日）

谋长远立良法——促进和保障科创中心建设（2018 年 1 月 30 日）

为科创小微企业提供"增高鞋"（2018 年 2 月 5 日）

张江加快建设世界一流科学城（2018 年 3 月 5 日）

从一流实验室探寻创新驱动步伐（2018 年 3 月 9 日）

完善科研成果转化支撑服务体系（2018 年 3 月 13 日）

"场效应"提升申城科创能级（2018 年 3 月 23 日）

全力实施好科创中心建设国家战略（2018 年 4 月 25 日）

上海首次获批建设国家级制造业创新中心（2018 年 5 月 25 日）

努力为建设世界科技强国作出更大贡献（2018 年 6 月 21 日）

加快建设科创中心的主体承载区（2018 年 6 月 22 日）

加快人工智能深度应用创造高品质生活（2018 年 7 月 5 日）

G60 积蓄脑智技术创新原动力（2018 年 7 月 19 日）

紫竹：打造宜居宜业国际化高科技园区（2018 年 7 月 20 日）

张江"药谷"牵头打造原创新药产业链（2018 年 7 月 25 日）

"合成生命"打开人类认识生命新窗口（2018 年 8 月 6 日）

近 3000 项科普活动 97% 下沉社区（2018 年 9 月 12 日）

集聚 AI 全产业链，百度设上海创新中心（2018 年 9 月 14 日）

AI 上海，赋能新时代（2018 年 9 月 17 日）

扶持政策再加码　产业生态更优质（2018 年 9 月 18 日）

充分发挥微观主体在科技创新中的重要作用（2018 年 9 月 19 日）

人工智能赋能新时代　机遇必须紧紧把握（2018 年 9 月 21 日）

全力打造人工智能发展高地（2018 年 9 月 28 日）

共建共享 G60 科创走廊人才新高地（2018 年 10 月 11 日）

勇夺世界第一！奋战 53 年，研制世界最"强韧"激光薄膜，损伤阈值高出第二名 20%！（2018 年 10 月 11 日）

丰富多彩活动展现申城"双创"激情（2018 年 10 月 16 日）

滴水湖畔群贤毕至　跨界推动创新发展（2018 年 10 月 26 日）

上海创新投资市场规模全国第三　打造科技金融示范区（2018 年 10 月 31 日）

开放是上海最大的优势　科创中心建设提升策源力（2018 年 10 月 31 日）

"科技达沃斯"：源于浦江，远播全球（2018 年 11 月 2 日）

上海将建高新技术企业培育库（2018 年 11 月 23 日）

长三角"双创券"试水科创资源共享（2018 年 11 月 29 日）

市级财政资助项目必须公布科技报告（2018 年 11 月 30 日）

明年起，上海科技创新券在补贴力度、使用范围、兑现方式方面有重大变化（2018 年 12 月 3 日）

为"科技小巨人"排解"成长的烦恼"（2018 年 12 月 5 日）

"按图索智"实现精准引才（2018 年 12 月 25 日）

中国脑计划呼之欲出，上海蓄势待发（2018 年 12 月 25 日）

研发制造并重，张江药谷要跑出加速度（2019 年 1 月 2 日）

下好"先手棋"　勇闯"无人区"（2019 年 1 月 4 日）

接力科技创新，在新时代凝聚力量砥砺奋进（2019 年 1 月 8 日）

上海以更开放姿态吸引全球才智（2019 年 1 月 14 日）

张江人工智能岛：布局国际水准生态圈（2019 年 1 月 17 日）

上海学术期刊"走出去"后要"走上去"（2019 年 2 月 13 日）

建设具有国际先进水平国家实验室（2019 年 2 月 15 日）

借力科创板，建设"技术转移之都"（2019 年 2 月 18 日）

科创板核心在制度创新，不是简单加个"板"（2019 年 2 月 28 日）

落地张江精准对接科创板　长三角资本市场服务基地如何"育种"（2019 年 3 月 7 日）

上海天文馆：代表"美丽中国"亮相央视（2019 年 3 月 14 日）

科改"25 条"：以改革之火点燃创新热情（2019 年 3 月 21 日）

由谁来创新？动力哪里来？成果如何用？上海科改"25 条"破解"顽瘴痼疾"（2019 年 3 月 21 日）

上海科改"25 条"聚焦深化科技体制机制改革，为科研松绑，为创新赋能（2019 年 3 月 21 日）

一图看懂市委市政府刚刚发布的上海科改"25 条"（2019 年 3 月 21 日）

全球最高水平应用科研机构进驻临港（2019 年 3 月 27 日）

加快建成集成电路产业创新高地（2019 年 3 月 28 日）

在喜欢上海的理由里加入"科创魔力"（2019 年 3 月 29 日）

人工智能将成今年上交会"重头戏"（2019 年 3 月 29 日）

张江创新药产业加速扩规模提能级（2019 年 4 月 3 日）

"上海人工智能很强大，让我们强强联手"（2019 年 4 月 12 日）

第七届上交会 4 月 18 日至 20 日举行（2019 年 4 月 12 日）

"每走 30 米，就能见到一台机器人"（2019 年 4 月 19 日）

加速！上海要做人工智能产业"领头雁"（2019 年 4 月 25 日）

推动创新资源力量进一步向张江集中（2019 年 5 月 9 日）

为科创中心建设提供法治保障（2019 年 5 月 10 日）

1000 多场科技活动下周起渐次举办（2019 年 5 月 10 日）

上海科技创新策源能力稳步增强（2019 年 5 月 14 日）

彰显科创中心建设新成效新进展（2019 年 5 月 14 日）

携全球智慧，共绘科创发展新图景（2019 年 5 月 14 日）

科创板发行上市审核快速推进（2019 年 5 月 15 日）

长三角协同创新　从同质化竞争走向同城化合作（2019 年 5 月 15 日）

长三角协同，科技创新聚合效应不断放大（2019 年 5 月 15 日）

科创路上，千里马竞相奔腾（2019 年 5 月 16 日）

崇尚创新，聚天下英才而用之（2019 年 5 月 16 日）

这家 500 强百年工业巨头在上海藏了哪些秘密？都在这座体验中心里！（2019 年 5 月 17 日）

建设科创中心，上海要直面更多挑战（2019 年 5 月 17 日）

上海科创中心建设五年间：全球视野下提升创新策源能力（2019 年 5 月 22 日）

面向未来，上海科创中心建设蓝图绘就（2019 年 5 月 22 日）

2019 浦江创新论坛周五开幕（2019 年 5 月 22 日）

活力"创新场"多点开花　构筑未来战略优势（2019 年 5 月 23 日）

318 件"精品重器"展现长三角创新活力（2019 年 5 月 24 日）

百万奖金！第四届中国创新挑战赛（上海）暨第二届长三角国际创新挑战

赛今启动（2019 年 5 月 27 日）

这两份文件将进一步促进科技成果在长三角区域内落地开花（2019 年 5 月 27 日）

科创板上市委首次审议工作启动（2019 年 5 月 28 日）

"创造性"的养成，必须要有宽容和空间（2019 年 5 月 29 日）

科技上海　创新之城（2019 年 6 月 4 日）

全国"双创活动周"本周四启动（2019 年 6 月 10 日）

让创业创新者公平竞争轻装上阵（2019 年 6 月 14 日）

推动催生新一代人工智能领军企业（2019 年 7 月 8 日）

世界人工智能大会，不可错过的"上海时间"（2019 年 7 月 25 日）

为科创板源源不断输送优质上市资源（2019 年 8 月 1 日）

上海顶级期刊发文量增速全球第一（2019 年 8 月 13 日）

讲述参与上海科创中心建设的精彩故事（2019 年 8 月 16 日）

这座"未来之岛"藏着 AI 前沿科技（2019 年 8 月 26 日）

让科研失信者无立锥之地（2019 年 8 月 27 日）

加快向具有全球影响力人工智能高地进军（2019 年 8 月 29 日）

上海科改"25 条"加速落地　当医生还是下海创业？从此告别两难（2019 年 9 月 4 日）

领改革风气之先　上海构筑全球科技创新策源地（2019 年 9 月 16 日）

到张江创业，和创业者共成长（2019 年 9 月 16 日）

"蓄水池"来了！科创企业上市培育库重点培育企业达超 100 家（2019 年 9 月 19 日）

加快科创中心建设提升创新策源能力（2019 年 9 月 25 日）

二百亿元科创基金群培育经济新动能（2019 年 10 月 11 日）

浦东"加码"打造世界级产业集群（2019 年 10 月 17 日）

上海全力打造科技创新活跃增长极（2019 年 10 月 30 日）

为金融资本与科创要素架起高速通道（2019 年 10 月 31 日）

科研携手产业，共建全球顶尖科学家之都（2019 年 11 月 1 日）

22 年不离不弃，全球首个治疗阿尔茨海默病糖类新药诞生背后的艰辛不为人知（2019 年 11 月 6 日）

顶尖科学家为何预言上海必将站上创新新高度（2019 年 11 月 7 日）

"策源"之功助上海科创"起飞跳跃"（2019 年 11 月 7 日）

大企业出题，小企业接单，"创业在上海"探索产业协同创新赛后服务新模式（2019 年 11 月 14 日）

全球重磅新药接连"破茧"，点亮上海创新策源高光时刻（2019年11月15日）

张江细胞全产业链初具雏形（2019年11月15日）

上海高转项目认定企业"看好未来"（2019年12月5日）

进一步提升沪港科创合作深度广度（2019年12月6日）

明年主攻方向：强化科技创新策源功能（2019年12月9日）

打破绩效"天花板" 提速"纸变钱"（2019年12月13日）

进一步梳理科创中心建设整体构架（2019年12月17日）

张江展露金科"生命大道"新格局（2019年12月19日）

六年"创业在上海"创新创业大赛，政府做好"店小二"的精神不会变（2019年12月20日）

"上海创新"高频亮相顶级科学期刊年度榜单（2019年12月25日）

增强科技创新策源功能，努力成为"四个第一"（2019年12月25日）

创新金字塔尖印刻"科创上海"奋斗足迹（2020年1月10日）

"基本法"架构起科创中心建设"四梁八柱"（2020年1月17日）

推进科技创新中心建设条例5月起施行（2020年1月21日）

"疫情就是命令，防控就是责任"，上海科技创业"尖兵"与时间赛跑抗击疫情（2020年2月12日）

悬赏揭榜、首功奖励、经费包干……上海出台"科技抗疫"升级版十大措施（2020年2月19日）

上海科技创新资源数据中心成欧洲开放科学云首家非欧洲成员机构，人工智能图谱上线（2020年2月24日）

防治新冠肺炎的专利申请可"加急"！沪推7项知识产权新举措（文汇网2020年2月26日）

科研成果赋能，跑出应急攻关"加速度"（2020年3月17日）

张江大科学装置群全面复工（2020年3月18日）

疫情之下的双创大赛热度空前，首设"抗疫"专场，报名企业数首次"破万"（2020年3月23日）

强化科创策源功能尽早取得突破（2020年3月27日）

浦东推重磅产业政策促重点优势产业高质量发展（2020年3月27日）

防疫扶贫两不误 | 水往高处流，用水不再愁！上海创新技术突破山区脱贫"水瓶颈"（2020年3月30日）

临港投资特别重大科创企业资金不设上限（2020年4月14日）

企业"封顶"领券加大创新力度（2020年4月21日）

对标世界科技强国，上海"三管齐下"强化基础研究（2020年4月22日）

数据正在成为科学抗疫中的重要武器，专家：疫苗研发应该全球携手（2020年4月24日）

"人类表型组"国际大科学计划启动倒计时（2020年5月12日）

特等奖频现　上海创新"硬核"更硬（2020年5月19日）

聚焦不同领域的三个特等奖有何共同点？（2020年5月20日）

谁能干就让谁干！代表委员热议：科技创新呼唤更多"揭榜挂帅"者（2020年5月25日）

所有权改革为科技成果转化注入"催化剂"（2020年6月3日）

战胜大灾大疫离不开科学发展和技术创新（2020年6月5日）

上海四成技术合同辐射全国（2020年6月9日）

沪科技创新踏出"云中漫步"节拍（2020年6月28日）

西岸国际人工智能中心启用，20家头部企业入驻（2020年7月9日）

加快建设人工智能发展的"上海高地"（2020年7月9日）

这场百里挑一的角逐，谁能被pick？上海科普讲解大赛开赛，医务工作者占1/5（2020年7月20日）

"上海元素"为我国首次探火保驾护航（2020年7月24日）

上海国际青少年科技博览会开幕　呈现科创盛宴（2020年8月3日）

上海自然科学基金项目首设"原创探索类"，为更多"从0到1"原创项目"破土"探路（2020年8月10日）

上海科技期刊"破圈"之后　如何继续"走出去""走进去""走上去（2020年8月18日）

上海数字生活服务指数位列全国第一（2020年8月21日）

"云游"重点实验室　直播"科普好物"（2020年8月24日）

握指成拳，高水平科技供给正形成聚合叠加效应（2020年8月25日）

又见博物馆奇妙夜！沉浸式科普剧"鲸的寻游"拉开静安区科技节序幕，180项活动等你来（2020年8月26日）

长三角勇当科技和产业创新的开路先锋（2020年8月28日）

600余个硬核项目入围创新创业大赛国赛选拔赛，入围率仅5%，这些企业有多牛（2020年9月1日）

外国人在上海创业更方便了！"-1岁"起步，可依托园区或孵化器申请工作许可（2020年9月8日）

创业企业向"微笑曲线"高端迈进（2020年9月14日）

"全国科普日"活动周六启动（2020年9月15日）

集中展示科技支撑疫情防控的"上海答卷"（2020 年 9 月 16 日）

科创"试验田"展现未来产业"上海实力"（2020 年 9 月 17 日）

平时十分准备，战时百倍效果！"不打无准备之仗"成为科技工作者的共识（2020 年 9 月 25 日）

特殊的创新挑战赛在这里上演，为企业提供"两点一线"的问题解决方案（2020 年 9 月 29 日）

改善科技创新生态，培育科技创新"热带雨林"（2020 年 10 月 13 日）

汇聚全球新产品新技术新服务，与防疫同行（2020 年 10 月 15 日）

2020 浦江创新论坛本周四开幕，姚期智、施一公等 160 多位大咖共话"科技合作与创新共治"（2020 年 10 月 20 日）（文汇网）

目标千亿！环大学经济圈将迎加速发展期，来看上海最新出台的《指导意见》（2020 年 10 月 22 日）

为全国高质量发展提供高水平科技供给（2020 年 10 月 23 日）

推动国际合作实现科技创新互利共赢（2020 年 10 月 23 日）

这家银行竟存取"绿色技术"，三年完成技术转移转化 4000 多项（2020 年 10 月 30 日）

在开放合作中不断增强科技创新策源功能（2020 年 11 月 6 日）

全力做强创新引擎　打造自主创新新高地（2020 年 11 月 13 日）

到"十四五"末，上海高新技术企业将达 2.5 万家（2020 年 12 月 8 日）

加快构建顺畅高效的技术创新和转移转化体系（2020 年 12 月 16 日）

28 个项目获产学研合作优秀奖（2020 年 12 月 18 日）

上海再添"国之重器"，创新疗法更快来到患者病床边（2020 年 12 月 22 日）

天文馆尚未开张，研究中心为何先期成立（2020 年 12 月 23 日）

第三节　上观新闻

市科委主任寿子琪：补短板抓落实　大力推进科技成果转移转化（2016 年 3 月 23 日）

如何让中央在沪院所更好融入科创中心建设？（2016 年 4 月 5 日）

上海首张手绘创业地图发布，创业者可扫二维码"一站直达"（2016 年 4 月 21 日）

上海科技活动周要来啦！55 家科普场馆门票优惠（2016 年 5 月 10 日）

中国技术转移联盟在上海发起成立（2016 年 5 月 25 日）

中国创新创业大赛：上海赛区报名数为何全国第一？（2016 年 6 月 3 日）

首届上海国际创客大赛启动，老外打"飞的"来参赛（2016年6月27日）

O2O倒闭潮后，上海互联网创业投融资数量不降反升（2016年7月20日）

上海推出科技启明星C类计划，让国企老总评选"青椒"（2016年11月14日）

促进科技成果转化法与红头文件"打架"，怎么办？（2016年11月24日）

发展石墨烯产业，上海为何与常州、宁波"抱团"？（2016年12月1日）

上海科技创新中心开局良好成效初显，企业主体亟待增强（2016年12月19日）

以色列三大名校与我共建中以国际创新学院含学历与非学历教育（2016年12月21日）

上海52项成果获国家科技奖，特等奖、一等奖收入囊中（2017年1月9日）

市政府工作报告中的"筹划国家实验室"，这到底是什么实验室？（2017年1月18日）

上海为培育三类众创空间放大招：品牌化、专业化、国际化（2017年2月6日）

首次设立外国人专场！"创业在上海"大赛推出升级版（2017年2月9日）

"科创365"，一家由民营企业出资创办的科技成果转化公益平台（2017年2月22日）

"风云四号"首批卫星云图公布，上海技物所全力打造"中华牌"超级"慧眼"（2017年2月28日）

上海超算中心，今年将实现2.5千万亿次计算（2017年3月3日）

尽快作出大的创新取得大的突破，上海各界表示要努力在推进科创中心建设上有新作为（2017年3月8日）

张江将启动快速化改建　让科学装置尽快落地（2017年3月9日）

科学辩论节目《未来说》开播，北大、复旦等名校学子参赛（2017年3月13日）

上海市科普讲解大赛落幕，副教授胜过专业讲解员（2017年3月14日）

上九天揽月，下五洋捉鳖！上海临港两大高科技中心启用（2017年3月29日）

指纹芯片、BIM平台，"硬科技"企业角逐上海创业大赛（2017年4月17日）

北斗全球组网大幕拉开，上海临港打造卫星产业基地（2017年4月25日）

2019年上海将建成世界级光子大科学装置群（2017年5月3日）

上海科技节全面升级，"科学红毯秀"邀你与大咖见面（2017年5月5日）

打造"科技商务社区"　张江西北片区将更有温度（2017年5月24日）

应勇谈科创中心建设：希望更多同学走上创新创业的道路（2017年5月27日）

上海市政府为何出台这个方案，还要对标斯坦福大学？（2017年6月21日）

上海科技金融热潮涌动，上半年"投贷联动"增长 78%（2017 年 8 月 8 日）

浦江创新论坛将在上海举行，聚焦"具有全球影响力的科创中心"（2017 年 9 月 14 日）

专业化品牌化国际化，上海发力众创空间"提质增能"（2017 年 9 月 20 日）

张江实验室：到 2030 年，跻身世界一流国家实验室行列（2017 年 9 月 27 日）

诺奖得主出任李政道研究所所长，聚焦量子计算和人工智能（2017 年 9 月 28 日）

应勇谈上海科创中心建设：还要出更好的人才政策（2017 年 10 月 20 日）

推动科技成果转化为现实生产力（2017 年 11 月 8 日）

外资研发中心加速融入创新体系（2017 年 11 月 13 日）

浦东建设科创中心核心功能区 2020 行动方案出炉（2017 年 11 月 22 日）

"绿色技术银行"在上海试运行，35 亿元基金成立（2017 年 12 月 5 日）

国内迄今投资最大的重大科技基础设施项目"硬 X 射线自由电子激光装置"获批启动（2017 年 12 月 19 日）

刚刚过去的 2017 年，上海科创中心建设夯实基础先行先试（2018 年 1 月 4 日）

一条科创走廊与三座城（2018 年 1 月 6 日）

上海科创中心建设大动作！6 个功能型平台启动（2018 年 1 月 19 日）

今天应勇市长作政府工作报告提到的大科学设施，你了解多少？（2018 年 1 月 24 日）

"科技国家队"中科院参与上海科创中心建设已成核心骨干力量（2018 年 1 月 25 日）

上海将成立国际灵长类研究中心（2018 年 1 月 26 日）

如何让上海有更多"独角兽"？源头创新和消费创意都要扶持（2018 年 2 月 7 日）

重振"上海制造"，需培育引领全球的高端制造业集群（2018 年 3 月 1 日）

占全国专利申请总量的 32.4%，苏浙沪皖启动知识产权一体化发展合作（2018 年 4 月 23 日）

上海布局研发新一代"中国芯"！硅光子市级重大专项启动（2018 年 4 月 28 日）

《长三角氢走廊建设发展规划》启动，燃料电池汽车、加氢站将加速推广（2018 年 5 月 2 日）

长三角科普场馆联盟成立，沪苏浙皖的精彩展览将交换共享（2018 年 5 月 23 日）

全球最大天文馆的主体钢结构竣工，"三体"建筑在上海诞生（2018 年 6

月 13 日）

打造沪浙融合发展新标杆！长三角科技城一期建设启动（2018 年 6 月 20 日）

投资 200 亿元的国能新能源汽车基地在松江开工，探索推进"三网融合"（2018 年 6 月 22 日）

两大国家级制造业创新中心落地上海（2018 年 7 月 4 日）

重磅！攻克老年痴呆症迈出关键一步，国产新药完成临床 3 期试验（2018 年 7 月 18 日）

克隆猴技术落户松江 G60 科创走廊，建设国际非人灵长类疾病模型研发中心（2018 年 7 月 19 日）

力争到 2035 年每年 3—5 个原创新药进入临床，张江药物实验室打造原创新药创新高地（2018 年 7 月 20 日）

上海技术转移学院开班，高校专利"粗放式管理"亟待扭转（2018 年 7 月 26 日）

世界首例人造单染色体真核细胞问世，中国实现"人造生命"里程碑式重大突破（2018 年 8 月 3 日）

上海科博会本周五开幕，前沿科技也能接地气（2018 年 8 月 21 日）

为抗肿瘤新药研发节省上亿元！上海生物医药功能型平台加速新药上市（2018 年 10 月 15 日）

上海大幅修订《专利资助办法》，由促"量"转为提"质"（2018 年 10 月 19 日）

中科院院士：我国大科学装置建设不能"见物不见人"（2018 年 10 月 22 日）

全球资源高速流动，浦江创新论坛大咖详解城市新题（2018 年 10 月 29 日）

聚焦科创策源力，2018 浦江创新论坛首次举办青年峰会（2018 年 10 月 30 日）

科创中心建设成效如何？2018 上海科创中心指数发布（2018 年 10 月 30 日）

2018 亚太知识竞争力指数发布，港沪京粤台排名前十（2018 年 10 月 30 日）

浦江创新论坛热议：营造创新生态要"多施肥，慎用除草剂"（2018 年 10 月 31 日）

《2018 年上海市众创空间发展白皮书》发布，"马太效应"显现（2018 年 10 月 31 日）

国际科创园区博览会即将开幕，G60 科创走廊展示长三角协同创新（2018 年 11 月 2 日）

从重大科技基础设施群到顶尖创新平台，张江综合性国家科学中心正成为科技创新强大引擎（2018 年 11 月 9 日）

科创板目前正积极推进力争明年上半年见成效（2018 年 11 月 15 日）

沪苏浙皖双创示范基地联合发起"长三角双创生态地图"（2018 年 11 月 16 日）

仿佛携带了导航仪，造血干细胞总能找到"家"，中国科学家首次揭秘归巢全过程（2018 年 11 月 21 日）

上海打造科创板"孵化器"，12 项政策培育高新技术企业（2018 年 11 月 23 日）

《国际大都市科技创新能力评价》发布，上海学术研究排名高于技术研发排名（2018 年 11 月 29 日）

上海发布生物医药产业行动方案，2020 年产业规模要达到 4000 亿元（2018 年 12 月 6 日）

如何为科创板培育优质后备军？专家建议三方面发力（2018 年 12 月 6 日）

徐汇发布人工智能新高地"T 计划"（2018 年 12 月 7 日）

2018 年终盘点：上海涌现出哪些世界级科技成果？（2018 年 12 月 18 日）

上海与香港签署科技创新合作协议，将共建联合实验室（2018 年 12 月 18 日）

G60 科创走廊六个百亿级项目动工（2019 年 1 月 3 日）

上海临港打造"区块链试验港"，让小区、驾校管理更诚信（2019 年 1 月 4 日）

上海改革科技奖励制度：邀诺贝尔奖得主提名，将外国人纳入授奖范围（2019 年 1 月 14 日）

上海连续 6 年当选"外籍人才眼中最具吸引力的中国城市"（2019 年 1 月 16 日）

上海专家分析：科创板将带来哪四大利好？（2019 年 2 月 1 日）

抓紧完善科创板注册制度规则（2019 年 2 月 18 日）

历时 5 年研发，5G"中国芯"亮相世界移动通信大会（2019 年 2 月 27 日）

克隆猴和人造单染色体真核细胞，上海两项成果入选 2018 年度中国科学十大进展（2019 年 2 月 28 日）

2019"创业在上海"大赛开赛，提供 6 亿元创新资金（2019 年 3 月 6 日）

多位外籍华人参加上海创业大赛，科技"硬核"强大（2019 年 3 月 8 日）

新加坡成为 2019 浦江创新论坛主宾国，全球创新指数排名第五（2019 年 3 月 12 日）

上海创业大赛集聚互联网项目，"精细化管理"成关键词（2019 年 3 月 13 日）

河北成为 2019 浦江创新论坛主宾省，聚焦京津冀、长三角科技发展（2019 年 3 月 18 日）

重磅！上海发布科技体制机制改革意见"25 条"（2019 年 3 月 21 日）

拿奖金、评职称，上海技术转移服务人才将"名利双收"（2019 年 3 月 25 日）

科创走廊新变：辐射长三角更远处（2019 年 3 月 27 日）

假如地球变成黑洞，它的直径有多大？（2019 年 4 月 15 日）

大硅片、类脑芯片亮相上交会，集成电路与人工智能深度融合（2019 年 4 月 19 日）

"上海科技创业导师"走过 10 年，亟需扩容，邀专业人士加入（2019 年 4 月 26 日）

上海市科委与西门子签约，德国"工业 4.0"融入上海科创中心建设（2019 年 4 月 26 日）

上海临港松江科技城是全市首个"区区合作、品牌联动"示范基地（2019 年 5 月 4 日）

全球城市最新报告：上海在哪些科技创新策源点上表现突出？（2019 年 5 月 7 日）

诺奖得主将走上上海科技节红毯，邀公众报名参与（2019 年 5 月 10 日）

上海科研院所一季度技术合同额为何猛增？（2019 年 5 月 14 日）

两项成果入选"中国科学十大进展"，阿尔茨海默病新药获重大突破，为上海这一年点赞（2019 年 5 月 15 日）

多个项目攻克"卡脖子"技术填补空白（2019 年 5 月 16 日）

在这场动真格的咨询会上，专家们关于上海科创中心建设的金句频出（2019 年 5 月 17 日）

加速抗癌新药研发，张江企业建成医学转化服务平台（2019 年 5 月 20 日）

科技封锁不可取！中欧顶尖科学家将出席浦江创新论坛（2019 年 5 月 20 日）

上海科创办负责人专访：上海要做长三角创新策源地（2019 年 5 月 22 日）

奋斗 5 年！上海科创中心建设取得一系列突破（2019 年 5 月 22 日）

提升"0 到 1"创新策源力，上海科创中心建设取得突破（2019 年 5 月 24 日）

"后摩尔时代"，集成电路产业去向何方？（2019 年 5 月 27 日）

为全球创新合作提供样板范例（2019 年 5 月 27 日）

芯片是怎样"炼"成的？科普特色示范展示区举办科技节（2019 年 5 月 30 日）

萱草盛开时节，上海科技援滇收获一批成果（2019 年 7 月 8 日）

已有那么多创业学院，这个冠名上海的创业学院是干什么的？（2019 年 7 月 17 日）

上海科学之夜：人工智能机器狗、垃圾分类 VR 吸引亲子（2019 年 7 月 22 日）

上海打造信息平台，为人工智能专家绘制"学术肖像"（2019 年 8 月 8 日）

上海的顶尖科研比肩新加坡，伦敦有着"隐形创新"（2019 年 8 月 13 日）

优化出境审批，经费实行包干制……很多科研人员有了"松绑"的感觉（2019 年 8 月 15 日）

上海科博会开幕在即，科艺融合、沉浸式戏剧《梁祝》约起来（2019 年 8 月 16 日）

突破"天花板"，科改 25 条激发科研人员成果转化积极性（2019 年 8 月 19 日）

全国首个省级"科研不端行为"调查处理规定发布（2019 年 8 月 27 日）

汇聚过亿级别的专业数据，《上海人工智能公共研发资源图谱》首次对外亮相（2019 年 8 月 30 日）

《人工智能治理上海宣言》发布，AI 发展要遵循四大责任（2019 年 8 月 30 日）

上海发布科技奖励规定，首次设立科普奖（2019 年 9 月 3 日）

中以创新合作周开幕，以色列创业者定制"中文传单"（2019 年 9 月 11 日）

"可能不行"，到底行不行？中国创新创业，面临"跨文化交流"新题（2019 年 9 月 17 日）

工博会首日直击：长三角联手打造芯片、智能电动汽车（2019 年 9 月 18 日）

上海认定首批人工智能高级职称专家，53 人全来自民营企业（2019 年 9 月 25 日）

上海中俄创新中心揭牌，中俄加强产业核心技术攻关合作（2019 年 9 月 26 日）

职务科技成果知识产权可给予个人（2019 年 9 月 26 日）

长三角如何加强协同创新？专家建议借鉴欧盟，制定"共同政策"（2019 年 10 月 16 日）

上海国际自然保护周启动，黄蒙拉在悠扬琴声中发出倡议（2019 年 10 月 21 日）

科研论文多、PCT 专利少，上海如何缩小这个"落差"（2019 年 10 月 23 日）

上海企业夺得中国双创大赛互联网行业总决赛冠军（2019 年 11 月 22 日）

上海老字号为何变身"潮牌"？这场创新挑战赛功不可没（2019 年 11 月 27 日）

四方合作开发"人工智能麻醉机器人"，创新挑战赛促成供需对接（2019 年 12 月 2 日）

中国推动科研设施国际共享，上海天马望远镜拟向外国科学家开放（2019

年 12 月 2 日）

上海成立北斗导航功能型平台，让机器人学会走路成为重点攻关领域（2019 年 12 月 13 日）

长三角创新机构百强出炉，上海第一梯级机构最多（2019 年 12 月 18 日）

上海科技年终盘点：积极"建制"，释放创新活力（2019 年 12 月 19 日）

《自然》杂志为上海开放创新点赞：全球创新热土（2019 年 12 月 23 日）

让进口的细胞、血液更快到达上海的实验室，上海海关推出支持科创中心建设创新举措（2019 年 12 月 24 日）

张江科学城超高层"科学之门"启动建设，还有投资超七百亿的项目集中亮相（2019 年 12 月 24 日）

张江加快步伐"园区"转型"城区"（2019 年 12 月 25 日）

图灵奖得主带清华团队来沪，研发"树图区块链"等计算科学（2020 年 1 月 10 日）

北京、上海科创板企业数量并列全国第一，上海打造"百千万"培育体系（2020 年 1 月 15 日）

上海市长今天讲到的软 X 射线、活细胞成像平台，是什么科研利器？（2020 年 1 月 16 日）

上海科创中心建设锁定这个关键词，综合下药才能破解综合征（2020 年 1 月 19 日）

2019 上海科创中心指数发布，这两块短板该怎么补？（2020 年 1 月 22 日）

上海出台 16 条举措，支持科技企业渡难关，为疫情防控作贡献（2020 年 2 月 11 日）

围绕疫情防控难点开展科研攻关（2020 年 2 月 12 日）

支持疫情下的科技企业，上海首单"科技履约贷"无还本续贷落地（2020 年 2 月 17 日）

上海市科委启动"悬赏揭榜制"，向全球招募疫情科研揭榜者（2020 年 2 月 19 日）

分子诊断、掌上 CT……上海外资研发机构积极抗疫（2020 年 2 月 21 日）

"金句"流传的背后：上海全力打响科普宣传"战疫"（2020 年 3 月 9 日）

"上海科技创业导师网上平台"人气旺，为中小企业复工复产解难题（2020 年 3 月 11 日）

上海 8 条措施支持外国专家复工复产，"不见面"审批 2.0 版发布（2020 年 3 月 11 日）

上海"创新资金"报名企业数增长 63%，支持率升至 30%（2020 年 4 月

15 日）

4559 万元！上海企业兑付今年首批科技创新券，迎来"及时雨"（2020 年 4 月 21 日）

对于"三个张江"，你还傻傻分不清吗？这回让你彻底弄明白（2020 年 4 月 22 日）

这部《条例》的性格是"温暖"，灵魂在于"以制度保障来激发和呵护想象力"（2020 年 4 月 22 日）

提升策源力，营造好生态，上海科创中心建设新条例 5 月 1 日起施行（2020 年 4 月 22 日）

研发光子 AI 芯片，"最聪明公司"获 2600 万美元投资（2020 年 4 月 30 日）

科创企业上市培育库启动"生物医药社区"，上药集团签约打造（2020 年 6 月 23 日）

全球最大天文馆通过竣工验收，明年在上海开馆（2020 年 6 月 24 日）

上海、北京都提出"概念验证"，推动早期科技成果转化为生产力（2020 年 7 月 20 日）

300 毫秒完成一次探测，上海造"慧眼"揭示火星矿物成分奥秘（2020 年 7 月 24 日）

"移动式核酸检测实验室"为浦东机场把关，研发机制写入上海政府文件（2020 年 7 月 27 日）

上海发布《关于加强公共卫生应急管理科技攻关体系与能力建设的实施意见》（2020 年 7 月 27 日）

影响因子首破"20"，《细胞研究》跻身国际一流学术期刊（2020 年 8 月 15 日）

科学仪器共享如何扩大"朋友圈"？上海执了"先手"，后程需要改革发力（2020 年 8 月 17 日）

看好上海未来发展，150 家外企代表聆听高新技术企业优惠政策（2020 年 8 月 26 日）

什么是"量子互联网"？科技大咖讲解"决定未来的技术"（2020 年 8 月 26 日）

阅读有助抗疫，疼痛也是好事？上海科技节"健康科学＋说"亮点多（2020 年 8 月 28 日）

智能"数字人"亮相上海科技节，它会和真人越来越像（2020 年 8 月 31 日）

上科大一个实验室孵化出四家企业，智能视觉技术实现"数字孪生"（2020

年9月3日）

上海双创大赛进入高潮，中兴通讯资深员工为何辞职创业？（2020年9月7日）

"交大智邦模式"为何被工信部点赞？让国产高端装备"连点成线"接受验证（2020年9月10日）

上海科技电影周来了，"80后"神剧《霹雳贝贝》重返荧幕（2020年9月15日）

防护服、氧气瓶，加班加点生产这些抗疫物资的外企，在工博会上纷纷露面（2020年9月16日）

科学家直言：要进一步改革科研人才计划，破解科研长期目标与中短期成果的矛盾（2020年9月18日）

"上海青年科技英才"在音乐会上领奖，哪些人获得这项殊荣？（2020年9月28日）

中国科技战略院院长：政府科技计划要向外国科学家开放（2020年9月29日）

上海科创中心建设如期"交卷"，5年前制定的目标完成了（2020年10月12日）

浦江创新论坛本周开幕，张文宏将与外国疾控专家对话（2020年10月20日）

一图看懂 | 2020浦江创新论坛亮点纷呈，姚期智、施一公等大咖演讲（2020年10月20日）

上海发布重磅文件，引导大学科技园"回归初心"（2020年10月22日）

这份给大学科技园的"大礼包"有哪些"干货" | 一图读懂（2020年10月22日）

施一公：中国缺乏真正的世界顶尖大学，顶尖科技人才依然匮乏（2020年10月23日）

图灵奖得主姚期智院士：人工智能存在三大技术瓶颈（2020年10月23日）

量子技术，或将为认知宇宙带来新的"眼睛"（2020年10月26日）

上海技术交易所开市鸣锣！全球科技成果在这里汇聚和交易（2020年10月29日）

全球技术转移大会在上海开幕，塞尔维亚等多国参加，上万项技术创新需求发布（2020年10月29日）

外籍人才眼中最具吸引力的中国城市揭晓，沪、京、深排名前三，上海"八连冠"（2020年11月9日）

增加非共识自由探索？这场为上海科创中心建设"把脉"的"专家会诊"还说了啥（2020 年 11 月 16 日）

上海大科学设施集群再添国之重器，X 射线自由电子激光试验装置项目通过验收（2020 年 11 月 16 日）

《2020 亚太知识竞争力指数》发布，上海升至第四（2020 年 11 月 17 日）

长三角创新机构 100 强发布，上海第一梯队机构最多（2020 年 11 月 20 日）

携手跨越四千里：甘肃与上海科技创新合作开启新篇章（2020 年 11 月 23 日）

上海研发投入占 GDP 的 4%，《2019 上海科技创新中心建设报告》新鲜出炉（2020 年 11 月 27 日）

过去这种船型多由日本船厂建造，上海这家研究所靠什么拿下 35% 国际订单（2020 年 11 月 30 日）

作为上海唯一针对产学研合作而设立，这个奖 12 年来有点低调（2020 年 12 月 17 日）

院士专家直言：有资金和大咖，就能建芯片生产线？（2020 年 12 月 18 日）

嫦娥五号月面着陆点的精确坐标从何而来？离不开上海天文台牵头的这一系统（2020 年 12 月 18 日）

"上海建成科创中心基本框架"系列访谈｜市科委主任谈"十四五"重点做什么（2020 年 12 月 24 日）

"上海建成科创中心基本框架"系列访谈｜上海交大校长林忠钦院士眼里的"从 0 到 1"（2020 年 12 月 28 日）

"上海建成科创中心基本框架"系列访谈｜复旦大学校长许宁生院士细解"策源"（2020 年 12 月 29 日）

第三章 媒体报道摘编

上海科创 从深蹲助跑到起飞跳跃

（记者：李泓冰、姜泓冰，原载《人民日报》2019 年 7 月 15 日）

大飞机、量子卫星、"蛟龙号"等重大科技成果，上海作出重要贡献；

2018 年度"中国科学十大进展"得票最多的两项重大原创成果，出自上海科研团队；

上海研发的新药"GV-971"今年有望投产，让全球 6000 万阿尔茨海默病患者看到希望……

2014 年 5 月，习近平总书记在上海考察时，要求上海"努力在推进科技创新、实施创新驱动发展战略方面走在全国前头、走到世界前列，加快向具有全球影响力的科技创新中心进军"。

担纲科创重要使命，做最吃劲的"从 0 到 1"原创——5 年来，上海深入实施创新驱动发展战略，加快建设具有全球影响力的科创中心，取得一系列实质性突破，重大成果不断涌现，2018 年上海每万人口发明专利拥有量达 47.5 件，比 2014 年翻了一倍。

"从 0 到 1"取得突破，"原始创新"展现上海担当

2018 年 11 月 6 日，习近平总书记在张江科学城展示厅考察调研时，听取了中科院上海药物研究所研究员耿美玉对 GV-971 最新突破的汇报。

GV-971，是抗阿尔茨海默病（俗称老年痴呆症）创新药物——甘露寡糖二酸的英文简称。去年 10 月，发明人耿美玉在专业会议上首次报告 GV-971 临床 3 期数据，"可以显著改善老年痴呆患者的认知功能障碍"的结论，在国际学术界、制药界引起轰动。针对阿尔茨海默病这一顽症，全球有上千个在研药物，研发经费投入高达数千亿美元，却已 16 年没有一款新药能通过临床 3 期试验。

世界级成果不只是 GV-971。2018 年，同样诞生于上海、在全球科学界引发轰动的，还有世界首例体细胞克隆猴、世界首例人造单染色体真核细胞，以第一、第二的高票双双入选年度"中国科学十大进展"。

科技部基础研究管理中心每年揭晓的"中国科学十大进展"榜单上，上海

原创成果从未缺席。近5年共计50项重大成果中，由上海牵头或参与的达11项。上海雄心勃勃：要在关键领域、"卡脖子"地方取得突破，打造自主创新战略高地。上海市委书记李强表示，"没有基础学科'深蹲助跑'，就无法实现原始创新和技术突破的'起飞跳跃'，要沉下心来，潜心研究，久久为功，力争拿出更多标志性原创成果。"

"'从0到1'的原始创新，才是上海应该做的，也是上海正在做的。"上海市副市长吴清表示。

"科研重器"迅速集群，功能型平台聚力创新

2018年，上海获药品生产批件11件，其中新药证书3个；临床研究批件74件，其中34个为一类新药。"缺少创新理论、创新技术是做不出创新药的。只有建设高水平、战略性研发平台，才能实现破局创新。"中科院上海药物研究所所长蒋华良院士说。

强基础、建平台，建设具有国际影响力的科技创新中心，5年来上海投入巨大。上海光源、硬X射线、软X射线、超强超短激光、活细胞成像、神光……一个全球规模最大、种类最全、功能最强、共享开放的光子大科学设施集群，正在张江核心区成形。在生命科学、海洋、能源等领域，还有蛋白质设施、转化医学设施、海底观测网、高效低碳燃气轮机等科技基础设施。目前，上海建成和在建的国家重大科技基础设施已达14个。

搭建功能型平台，是上海科创中心建设的重要部署。围绕集成电路、人工智能等重点产业，上海已建或培育功能型平台近20家。

2018年，上海建设科创中心之初确定的几大主攻方向中，集成电路产业销售规模达1450亿元；生物医药产值达3434亿元，研发创新能力领跑全国；在人工智能领域，国内外知名企业几乎都在上海设立创新与合作平台。腾讯公司董事会主席兼首席执行官马化腾表示，从智能芯片到智能硬件、软件以及服务的全产业链布局，正使上海成为人工智能的创新策源地。

"世界级头脑"汇聚沪上，创新成为文化基因

良好的平台与环境，吸引各类创新创业人才纷至沓来。

2010年创办的华领医药，研发的糖尿病新药葡萄糖激酶活性剂进入上市阶段。在创始人兼首席执行官陈力看来，张江高科技园区有非常优秀的药物开发生态系统。创业企业从一个药品化合物诞生到注册申请成立公司，从临床研究、

药代动力学研究到工艺路线设计、新药筛选、安全性评价、药理药效研究，都可以一站式解决。

5 年来，上海不断激活科创动力。2016 年 4 月，国务院批复同意上海系统推进全面创新改革试验加快建设具有全球影响力的科技创新中心方案，授权上海先行先试 10 项改革举措，形成可复制可推广经验。在科技成果转移转化等 9 个领域，上海先后发布超过 70 个地方配套政策，涉及 170 多项措施。

前不久，上海发布科改"25 条"，进一步通过政府放权和制度松绑，激发各类主体的活力与原创能力。"新举措让一线科研人员'名利双收'，更能潜心研究。"上海理工大学科技处处长张大伟说。

持续深化的科技管理体制机制改革，盘活了上海的创新资源和创新文化。目前，上海各类众创空间孵化器超过 600 家，覆盖 38 万多名科技类创业者。

目前，在沪工作的外国人达 21.5 万人，上海发放外国高端人才确认函近500 张；2018 年留学人员直接落户 1.2 万余人；上海集聚两院院士 171 人，超过全国总数的 10%。

"两个一公里"的创新答案——上海全力建设全球科创中心纪实

（记者：姜微、周琳、王琳琳，原载新华社 2019 年 5 月 19 日）

5 年，对于一座城市意味着什么？

2014 年 5 月，习近平总书记对上海作出建设具有全球影响力的科技创新中心的重要指示。

从量子密钥分发系统的安全距离扩展至 200 公里，到"墨子号"量子科学实验卫星发射升空；从首架 C919 大型客机一飞冲天，到实现克隆猴"中中""华华"呱呱坠地……5 年间，一批标志性原创成果竞相涌现，一批世界级科技设施迅速集聚，上海开放型创新生态加快形成，科技创新中心建设取得重要的阶段性成果。

聚焦"最先一公里""最后一公里"提升创新"策源力"

4 月 10 日，人类首张黑洞照片在上海天文台等全球多地发布。

在科技创新的广袤和无垠里，这样的"上海时刻"频频亮相：

——蛟龙、天宫、北斗、天眼、墨子和大飞机等多项重大科技成果，上海都作出了重要贡献，仅中科院在沪单位就有超过 2000 名科研人员参与；

——2014 至 2018 年，中国每年的 10 大科学进展，上海原创成果从未缺

2018 年 7 月 12 日，C919 大型客机在上海浦东机场起飞（新华社记者丁汀　摄）

席。5 年 50 项重大进展，上海牵头或参与 11 项；

——2017 年超强超短激光装置实现 10 拍瓦激光放大输出，2018 年上海诞生国际首个体细胞克隆猴、国际首次人工创建单条染色体的真核细胞。

全球科创中心建设没有捷径。瞄准全球前沿、补短板拉长板，上海将重点放在了基础科研的原始创新、关键核心"卡脖子"技术两大主攻方向。

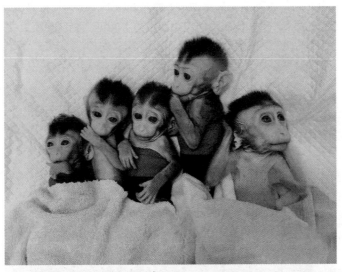

五只生物节律紊乱体细胞克隆猴（2018 年 11 月 27 日摄）；中国科学院神经科学研究所的孙强研究员与刘真研究员、张洪钧研究员合作，三个研究团队经过三年努力，利用基因编辑技术（CRISPR/Cas9），成功构建了世界首例核心节律基因 BMAL1 敲除猕猴模型（中科院神经科学研究所供图）

2018年5月3日，在上海国际会议中心举行的发布会上，寒武纪科技公司首席执行官陈天石介绍新发布的国内首款云端人工智能芯片（新华社记者金立旺　摄）

　　筑牢"最先一公里"地基。以强化原始创新为目标，上海着力提升创新策源力，2018年上海科学家在国际权威期刊《科学》《自然》《细胞》上发表原创论文85篇，占全国总量的32.2%。

　　今年5月初，落户上海张江国家科学中心的大科学装置上海光源度过10岁生日，2.5万个世界各地的用户借助"上海之光"产生了一批世界级科研成果。大科学装置完成从"单兵作战"向"集群发力"转型，全球规模最大、种类最

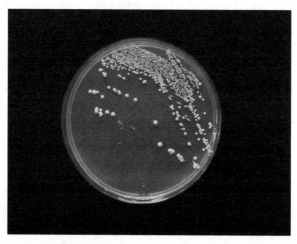

2018年7月31日，在中科院分子植物卓越中心／植生生态所合成生物学重点实验室内拍摄的单条染色体真核酵母（新华社记者丁汀　摄）

全、功能最强的世界级光子科学中心，在张江蓄势成形。

广拓"最后一公里"空间。聚焦集成电路、人工智能、生物医药等三大关键领域，围绕关键核心技术和"卡脖子"领域，创新的种子在这里发芽、壮大。

上海"芯"创造澎湃新动能：中微半导体适用于最先进制程的集成电路制造装备刻蚀机、寒武纪科技的云端 AI 芯片……这里成为国内集成电路产业链最完善、产业集中度最高、综合技术能力最强的地区之一；

上海"智"蓄势高质量发展：在徐汇的人工智能大厦、AI 小镇，浦东的人工智能岛，杨浦的国家双创示范基地等集聚区，BAT、小米、商汤科技、依图科技等巨头汇聚发展，为高质量发展赋能；

上海"药"跻身全球领先高地：阿尔茨海默症，人类至今未能攻克的疾病难题，连续 16 年全球无一款该领域新药上市。如今上海科研院所牵头的国际首个抗阿尔茨海默症糖类新药已完成临床试验。

目前，上海全社会研发投入占 GDP 比例达 4%，比 5 年前提升 0.35 个百分点；每万人口发明专利拥有量达到 47.5 件，比 5 年前翻了一倍；平均每个工作日新注册企业达 1332 家，活跃度达到 80% 以上。

以深化改革点燃创新"新引擎"

制度创新是支撑科创中心建设的"牛鼻子"。上海着力破除制约创新发展的

2018 年 7 月 31 日，覃重军团队及学生在中科院分子植物卓越中心／植生生态所合成生物学重点实验室内（新华社记者丁汀　摄）

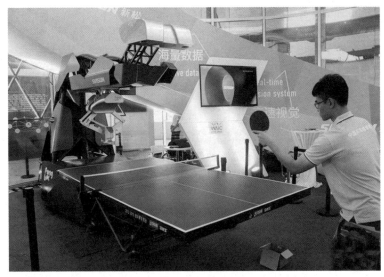

2018 年 9 月 17 日，工作人员在 2018 世界人工智能大会现场演示与机器人打乒乓球（新华社记者丁汀　摄）

机制障碍，"放"体制、聚人才、谋布局、优环境。

体制机制上，核心是"放"，"我的科研我做主"。上海市科委主任张全说，在推进科技体制地方配套改革中，上海已发布超过 70 个地方配套政策，涉及 170 多项改革举措。2019 年又发布了科改"25 条"，并将科创中心建设条例列入了年度立法计划……

人才政策上，关键是"聚"，"量身定制，一人一策"。上海先后出台"人才 20 条""人才 30 条""人才高峰工程行动方案"，聚焦上海有基础、有优势、能突破的重点领域，精准施策，让有作为、有贡献的科研人员"名利双收"。

前瞻布局上，重点是"谋"，"把握创新主战场"。上海市经信委主任吴金城说，按照市委市政府部署，上海产业转型坚持"有所为有所不为"，突出重点，加快建设规模体量大、成长性高、引领性强的战略性新兴产业集群。"在集成电路、人工智能、生物医药等三大重点领域，全力以赴、做大做强。"

营商环境上，抓手在"优"，"对标最高最好"。上海泰坦科技专注于提供高端实验室整体解决方案，启动时就得益于科创基金的扶持，如今已成长为科技服务行业的"隐形冠军"。创始人谢应波说，在消费互联网向产业互联网转变过程中，上海的精细化服务能力、健全的产业门类，使得这里有机会诞生新的科技创新企业巨头。设立科创板如同及时雨，将松绑大量"隐形冠军"的创新压力，让金融中心和科创中心形成良性互动。

上海自贸试验区新片区、科创板、长三角一体化以及中国国际进口博览会，共同构成了上海在更高起点、更高层次上推进改革开放的战略支撑。上海市副市长吴清说，科创中心建设，将继续坚持面向全球、面向未来，结合这些重大任务，联动发展，在增强创新策源能力上下更大功夫。

以开放协同打造创新"强磁场"

作为我国对外开放的高地，上海是外资研发中心集聚度最高的地方，占据全国总量 1/4 的外资研发队伍，成为激活创新的重要力量。

"2018 年，对我们来说，最重要的选择就是第一次走出去，在上海成立分院。"微软亚洲研究院院长洪小文说，上海对科技营商环境生态的重视，让微软将这里作为人工智能战略布局的重要阵地。如今，微软亚洲研究院（上海）和微软-仪电人工智能创新院均已在徐汇落户。

筹划在更大范围、更高层级的国际合作，上海已设立了 5 个 "一带一路"沿线国家（地区）技术转移中心，开展中俄战略科技合作，启动建设普陀中以（上海）创新园……

开放式创新，不但要对外开放，也要对内开放，让创新的"朋友圈"可以在更大范围内集聚、配置创新资源和要素。

伴随着长三角区域一体化发展上升为国家战略，长三角地区协同科技创新正按下"加速键"。推进总价值超 300 亿元的大型科学仪器设施开放共享，长三角产业地图呼之欲出……最新数据显示，申报本年度上海技术发明奖、科技进步奖

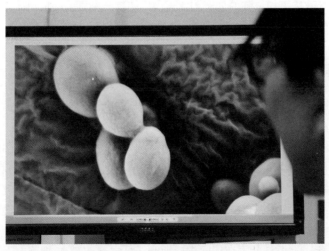

2018 年 7 月 31 日，在中科院分子植物卓越中心 / 植生生态所内，覃重军团队成员在电子显微镜前观察单条染色体真核细胞形态（新华社记者丁汀　摄）

高等级奖项并最终脱颖而出的项目中，约30%都带有长三角协同创新的印记。

政府搭台，市场主导，企业唱戏。从松江 G60 科创走廊、漕河泾知识产权示范区等多层次功能承载区，到世界人工智能大会、滴水湖论坛等顶尖论坛，持续发挥引领辐射带动作用，上海正打造集聚全球创新资源的"强磁场"、创新成果的"原产地"。

上海市委有关方面介绍说，站上新的台阶，上海将以更大的决心和力度，抓住关键领域、重大课题，聚力突破、加速前进，紧紧围绕形成符合科技创新规律的资源配置方式这个关键，把各方面创新要素的活力充分激发出来，形成科创中心建设"满盘皆活"的生动局面。

上海以前瞻眼光提升创新策源能力

（记者：黄海华，原载《解放日报》2019 年 5 月 15 日）

五月的上海，洋溢着浓浓的科技创新味道。就在今天的上海市科技奖励大会上，一批重大科技创新成果将受表彰。与此同时，上海科技节以一场"科学红毯秀"开启帷幕，为市民奉上为期 12 天的"科技嘉年华"。再过些日子，主题为"科技创新新愿景新未来"的浦江创新论坛将于 5 月 24 日至 26 日举办，应邀发言嘉宾来自 21 个国家近 150 人。

在提升创新策源能力、深化科技体制改革上，上海这一年取得了不俗的成绩。如此重要的三项科技活动联动举办，并不是简单的叠加，而是一种有机融合，为的是营造更加浓郁的创新创业氛围，期待产生更多的溢出效应，努力成为全球科技创新策源地。

原始创新成果亮点频现

基础科学研究的深度和广度决定着原始创新的动力和活力，上海始终以前瞻的眼光布局和投入基础科学研究，一年来原始创新能力有了新提升。

"2018 年度中国科学十大进展"2 月 27 日揭晓，其中"基于体细胞核移植技术成功克隆出猕猴"和"创建出首例人造单染色体真核细胞"两项成果出自上海科学家团队，并以高票位列前两名。这两项原创成果的后续研究在一年内也分别取得了不俗的进展：创建了世界首例生物节律紊乱猴及其克隆后代，再创大自然中没有被发现的单条环型染色体酵母。

2018 年，上海科学家在国际权威期刊《科学》《自然》《细胞》上共发表原创论文 85 篇，占全国总量的 32.2%。上海"高被引科学家"入选人数达到 65

人，占全国 11.2%。去年，上海共有 47 项牵头及合作完成的重大科技成果获国家科学技术奖，其中上海牵头完成 29 项，占全国的 10%。

国家实验室筹建布局和框架正不断优化。作为国内迄今为止投资最大的国家重大科技基础设施项目，硬 X 射线自由电子激光装置去年 4 月 27 日开工建设，建成后对微观世界的研究能力将从拍"分子照片"提升到拍"分子电影"水平。去年 11 月 2 日凌晨 4 时，上海光源二期线站工程硬 X 射线通用谱学线站，顺利完成首轮调试，在光束线出口铍窗处观测到了同步辐射光斑。这是上海光源二期线站工程开工建设以来一个重要的里程碑。

脑疾病是我国乃至全球人口健康领域面临的重大挑战，其在所有疾病经济负担中居于首位，占比 28%。去年 5 月 14 日，上海脑科学与类脑研究中心揭牌成立。"对于特别优秀的科学家，上海可以采取'一人一办法'的聘用方式。"上海脑科学与类脑研究中心执行主任张旭院士说。眼下，研究中心新型管理体制机制试点方案已基本形成，将探索综合预算制、科研人员双聘等创新举措。

生物医药发展逆势增长

阿尔茨海默病是一种起病隐匿的神经系统退行性疾病。去年 7 月，由上海科学家原创研发的阿尔茨海默病治疗新药甘露寡糖二酸（GV-971），三期临床试验取得重大突破。研究结果显示，经过 36 周口服治疗，GV-971 能明显改善患者认知功能障碍，有望成为全球首个糖类多靶点抗阿尔茨海默病创新药物，从而结束这一疾病 16 年无新药上市的历史。

这一年，上海的生物医药产业发展实现逆势增长。全年实现经济总量 3433.88 亿元，增长 4.49%。其中，制造业增长势头强劲，实现产值 1176.6 亿元，增长 9.8%，高于全市战略性新兴产业总产值 3.8% 的增速。

除了抗阿尔茨海默病新药 GV-971 正在申请上市，还涌现了一批高质量的创新成果和产品，如呋喹替尼胶囊、奈韦拉平奇多拉米夫定片、奥美沙坦酯氨氯地平片等新药获得国家新药证书；首台国产一体化高端医学影像诊断设备 PET/MR 去年 10 月正式推向市场，此前，全球仅有 2 家跨国公司具有研发和生产该设备的能力；此外，首个国产心脏起搏器、首个国产血流导向装置也相继获准上市。

科改"25 条"激发创新活力

今年一季度，市属科研院所的技术合同数量和成交额显著增长，仅上海市农业科学院的技术合同就有 35 项，同比增长 106%，合同成交额 208 万元，同比增长 288%。"这都得益于今年 2 月发布的上海科改'25 条'。"上海市农科院成果转化处处长蒋书洪表示。

上海科改"25 条"的不少内容在全国先行一步，其亮点不在重金奖励，而是拼制度、拼环境，通过制度创新，激发各类创新主体，特别是释放广大科研人员的活力，在科技工作者中引发了积极反响。

前不久，中科院分子植物科学卓越创新中心 / 植物生理生态研究所 31 岁博士后邵洋洋，拿到了上海"超级博士后"激励计划发放的第一笔补贴。一直以来，"土博士后"的待遇不尽如人意。去年 9 月，《上海市"超级博士后"激励计划实施办法》发布，入选人员将连续两年获得每年 15 万元资助。

近日，上海首个由民营企业牵头发起的研发与转化功能型平台，在长阳创谷投入运行。平台采用企业、高校、政府及社会多元化资本投入的股权结构，在保证公共服务及公益属性前提下，充分发挥民营企业的高效和市场化优势，以最大限度发挥产业集聚和资源共享功能。目前全市已建或培育的功能型平台近 20 家，推动了一批技术成果转化为产值，产业培育的功能开始显现，成为上海科技创新体系建设的重要力量。

面向未来，上海科创中心建设蓝图绘就

（记者：沈湫莎，原载《文汇报》2019 年 5 月 22 日）

面向未来，上海科创中心建设下一步努力的方向是：强化顶层设计和制度供给，形成集成电路、人工智能、生物医药"上海方案"；全力推进张江国家科学中心建设，争取张江国家实验室早日获批；完善科创板为引领的科技金融体

俯瞰上海光源（记者袁婧　摄）

系，推进科技成果转移转化；加快提升张江科学城集中度和显示度，推动长三角区域科技创新协同发展；优化完善上海科创中心建设体制机制保障。

2014 年至 2018 年 50 项全国重大科学进展中，上海参与 11 项；2018 年全国十大科学进展，上海成果名列前两位；不久前全球首张黑洞照片公布，上海是全球六大直播地点之一……在 5 月 21 日举行的市政府新闻发布会上，上海加快建设具有全球影响力的科技创新中心五年答卷徐徐展开，而面向未来的建设蓝图也一一展示。

过去五年的成果如同一个个创新"脚印"，记录下上海不断推进科创中心建设，创新策源能力持续提升的坚实步伐，也为未来科创中心建设打下了坚实基础。

张江国家科学中心引领科创策源能力提升

硬 X 射线、软 X 射线、超强超短激光、蛋白质设施、转化医学设施……目前，上海建成和在建的国家重大科技基础设施已达 14 个，到 2025 年这些设施将全部建成，这些"科研重器"将推动上海成为相关领域的国际"科研重镇"。

依托先进的大科学基础设施群，一批瞄准世界前沿科技的研究机构也纷纷挂牌。

张江实验室和上海脑科学与类脑研究中心，将组建代表国家最高水平，集突破型、引领型、平台型为一体的国家实验室。同样坐落于张江的李政道研究所、张江药物实验室、复旦张江国际创新中心、上海交大张江科学园等高水平创新机构和平台也初具规模。

据介绍，目前上海全社会研发（R&D）投入占地区生产总值（GDP）比例达 4%，比五年前提升了 0.35 个百分点。近年来，上海还启动了硬 X 射线装置预研、硅光子等八个市级科技重大专项，地方财政投入超过 40 亿元。

持续的投入和推动，带来了丰硕的成果。截至 2018 年底，上海累计牵头承担国家科技重大专项项目 854 项，而上海科技对经济发展的贡献率稳步提高。统计显示，目前上海每万人口发明专利拥有量达 47.5 件，比五年前翻了一番。综合科技进步水平指数始终处在全国前两位。

围绕关键核心技术和"卡脖子"领域持续发力

生物医药、集成电路、人工智能、高端装备、新能源等领域是上海的优势产业，也是 2019 年上海科创中心建设着力发展的关键领域。

集成电路被誉为经济社会发展的"倍增器"，是现代工业的"粮食"。目前，上海集成电路产业已覆盖设计、制造、封装测试、装备材料等各环节，形成了一批国内龙头企业和有潜质的独角兽企业，去年上海集成电路产业销售规模达1450亿元，占全国的五分之一。

昨天的新闻发布会透露，在设计领域，部分企业研发能力已达7纳米，紫光展锐手机基带芯片市场份额位居世界第三；在制造领域，中芯国际、华虹集团年销售额在国内位居前两位，28纳米先进工艺已量产，14纳米工艺研发基本完成。

在人工智能领域，2017年就出台了《关于本市推动新一代人工智能发展的实施意见》，依托高校和科研院所成立了上海交大"上海人工智能研究院"、同济大学"上海自主智能无人系统科学中心"等。这也吸引了微软、亚马逊、SAP等国际知名企业在沪设立研究院，华为、腾讯、阿里、百度、京东等国内龙头企业在沪设立人工智能创新平台。

在生物医药领域，原创新药GV-971已经完成临床试验并申请上市，这将打破全球阿尔茨海默症药物市场16年没有新药问世的处境。此外，截至2018年底，上海已有32个品种获得国家药监局批准成为药品上市许可持有人试点品种。

"上海经验"推广到全国各地

科创中心建设的持续推进，更需要全面深化科技体制改革。在这方面，上海也是成绩斐然。

2016年国务院授权上海先行先试的10项改革举措，目前已基本落地。在海外人才永久居住便利服务制度、天使投资税制等方面，上海还形成了一批可复制推广的改革经验。在国务院批复的两批36条可复制推广举措中，有9条为上海经验，占总数的四分之一。

而持续改革，"放权松绑"才能为用人主体和人才"增动力、添活力"。

五年来，上海发布了超过70个地方配套政策，涉及170多项改革举措。上海"人才20条""人才30条"和人才高峰工程行动方案，坚持全球视野、眼光向外、国际标准，率先探索海外人才永久居留的市场化认定标准和便利服务措施。今年上海更是发布了科改"25条"（《关于进一步深化科技体制机制改革 增强科技创新中心策源能力的意见》），率先探索优化科创中心建设管理体制，进一步简政放权。

第四篇　访谈录

上海市科委主任专访 | 上海加快建设
具有全球影响力的科创中心

（原载新华网 2016 年 3 月）

　　2016 年 3 月，"科技三会"在京召开，吹响了建设世界科技强国的号角，这一重大决策与实现中华民族伟大复兴中国梦的目标高度契合，符合建设社会主义现代化强国的理论逻辑和历史逻辑。上海市科委主任寿子琪说："创新驱动发展战略是国家的总体战略，2020 年要建设成为创新型国家，2030 年进入创新型国家的前列，2050 年要成为世界科技强国。在这个过程中，上海科技创新中心建设要发挥很重要的作用。"

着力推进科技创新中心的"四梁八柱"

　　寿子琪说："上海正聚焦重点，着力推进科技创新中心的'四梁八柱'。""四梁八柱的逻辑层次是从原始创新到产业创新、再到落地（承载区域），最后到全社会的创新土壤，是一个全方位、多层次的体系。"寿子琪谈道："从原始创新层面看，我们的目标是建设一个综合性的国家科学中心，既要汇聚一流的大科学基础设施，又要汇聚高水平的创新单元、机构和平台；从产业创新层面看，基于创新链和产业链，建设一批研发、转化的功能平台，支撑产业创新发展；从落地层面看，我们是打造一批创新集聚区，承载科技创新中心建设的重要任务；从全社会层面看，则是要推动'双创'，鼓励和营造全社会的创新氛围。"

　　对于张江综合性国家科学中心获得广泛关注的原因，寿子琪认为这是由于它所担负的责任和使命所决定的。具体而言，主要是两个层面的原因。"第一是建造一批能够成为公共前沿研究平台的设施，更好地为全国乃至全世界提供服务；第二是汇聚一批世界知名的机构单元和平台，通过领先的平台发起一系列的科学计划，提升我国在国际科技创新领域的话语权。"

"双创"推进是协同治理、多元治理的过程

　　推动"双创"发展是一个协同治理、多元治理的过程。自从"大众创业、万众创新"成为国家战略之后，上海的"白领文化"的内涵也在悄然发生变化，不少白领开始走出办公室投入了创业浪潮。而对于"双创"的推进和发展，寿

子琪认为这并不仅仅是一个政府管理的过程，而是多主体协同治理、多元治理的过程。寿子琪说："首先要把众创空间、孵化器放开，让市场和社会来做，这是我们对他们最大的支持；其次从政府的角度，除了'搭台'以外，还要在创业者遇到问题的时候给予一些必要的'补台'；最后是主动和积极帮助他们进行宣传，给创业者提供向社会展示自我的机会。"

当前，作为上海探索服务型政府的重要实践，促进科技成果的转移和转化工作正在稳步、有序推进。寿子琪表示，上海积极贯彻落实国家科技成果转化"三部曲"精神，在 2015 年 11 月 5 日印发的《关于进一步促进科技成果转移转化的实施意见》基础上，今年将颁布《上海市促进科技成果转化条例》，在成果完成单位转化自主权、科技成果作价投资方式、科技成果转化勤勉尽责制度、成果转化收益分配制度等方面形成突破。与此同时，还将出台《上海市促进科技成果转移转化行动方案（2016—2020）》。由《意见》《条例》和《行动方案》组成的上海推进科技成果转移转化三部曲已基本形成。"科技成果的转移转化很重要的一点是要加强对成果的有效管理，这都是我们过去相对比较薄弱的环节。下一步，我们将遵循创新规律，落实好相关政策法规，使得成果转移转化再往下落实一点，往前推动一下。"寿子琪说。

上海科创办负责人专访 | 上海要做长三角创新策源地

（记者：俞陶然，原载"上观新闻"2019 年 5 月 21 日）

2014 年 5 月 23 日至 24 日，习近平总书记在沪考察工作期间，要求上海加快向具有全球影响力的科技创新中心进军。5 年来，上海科创中心建设有哪些成效和亮点？下一步，如何推动科创中心与自贸试验区、金融中心、长三角一体化联动发展？《解放日报·上观新闻》记者近日专访了上海推进科技创新中心建设办公室执行副主任彭崧。

第五个中心提升核心竞争力

记者：科创中心是上海城市发展的"五个中心"之一，建设第五个中心以来，上海有什么显著变化？

彭崧：过去 30 年，我算是上海"五个中心"建设目标逐步形成的一个参与者吧。党的十四大报告提出，上海要建设三个中心——国际经济、金融、贸易中心，旨在增强上海的国际竞争力。2001 年，国务院批复的《上海市城市总体规划（1999—2020 年）》加上了"国际航运中心"，旨在增强离岸服务能力，提升上海的综合竞争力。2017 年，在习近平总书记要求的指引下，《上海市城市总体规划（2017—2035 年）》加上了"具有全球影响力的科技创新中心"，这是为了在新时代增强上海的核心竞争力。可以看到，科技创新实力在国际竞争与合作中具有举足轻重的地位，上海要代表国家参与国际竞争与合作，就必须加快建设科创中心。

5 年来，上海科创中心建设取得了一系列成果和进展。在基础科技领域，党的十九大报告列举的蛟龙、天宫、北斗、天眼、墨子、大飞机 6 项重大科技成果，上海都作出重要贡献。2014—2018 年，我国每年的十大科学进展，上海均有成果入选。2017 年，超强超短激光装置实现 10 拍瓦激光放大输出，脉冲峰值功率创世界纪录。2018 年，上海诞生国际首个体细胞克隆猴、国际首次人工创建单条染色体的真核细胞，排名当年"中国科学十大进展"前两位。2019 年，全球首张黑洞照片公布，上海天文台牵头国内学者参与了这个国际项目。

在关键核心技术和新兴产业方面，我国自主研制、上海企业深度参与的大飞机 C919 飞上蓝天。集成电路先进封装刻蚀机、光刻机等战略产品销往海外，中微公司已掌握 5 纳米刻蚀技术，跃居国际领先水平。原创新药"GV-971"完成临床试验并申请上市，有望结束 16 年来全球没有一款治疗阿尔茨海默症新药上市的历史。沪产高端医疗设备填补了国内空白，首台国产一体化 PET/MR、首个国产心脏起搏器和血流导向装置获批上市。

集聚大科学设施和三大产业

记者：要建成具有全球影响力的科创中心，打造一流的创新平台和生态非常重要，这方面上海有哪些重要作为？

彭崧：5 年来，上海全力打造张江光子大科学设施集群，硬 X 射线、软 X 射线、超强超短激光等设施建设进展顺利。过去，由于没有这类设施，我们的很多创新是"试错性创新"，要试验各种配方等。而现在，科研人员利用上海光源、活细胞成像等设施，可以看清分子结构，这样就能进行精准的"原理性创新"。目前，上海建成和在建的国家重大科技基础设施达 14 个。预计到 2025年，这些设施将全部建成。

这些大科学设施大多在张江。2009 年，我到浦东新区工作时，张江是一个缺少生活设施的高科技园区，被很多人诟病。而现在，张江已从园区转变为城区，成为城市副中心，生活气息、文化氛围浓郁。以前，张江广兰路是比较偏的地方，现在人流量也很大。以前，"张江男"或多或少带有调侃的意思，现在成了上海丈母娘眼里的香饽饽。

在张江科学城，集成电路、人工智能、生物医药三大重点产业具有很高的集聚度，综合能力强，都形成了企业集群，而不是一两家龙头企业。产业生态方面，集成电路、生物医药产业的创业者只要有一个想法，到了张江就能找到一批科技服务企业和从业人员，把金点子转化为技术和产品。

5 年来，上海还启动建设了微工院、生物医药、集成电路等 16 家研发与转化功能型平台，旨在研发一批产业领域的共性关键技术，与各区产业衔接。

瞄准长三角创新能力一体化

记者：习近平总书记去年交给上海"三大任务"，请问上海科创中心建设如何与自贸试验区新片区、设立科创板并试点注册制、长三角一体化联动发展？

彭崧：这三项新的重大任务都与科创中心息息相关。自贸试验区的核心词是改革与开放，重在制度创新，改变的是生产关系；科创中心建设的重点之一也是制度创新，重在用科技创新推动生产力发展。所以两者的联动是必然的。我们既要推动区域联动，比如与临港地区"双区协同"，也要推动制度联动，通过生物医药研发政策、科研仪器设备保税政策、科技人才出入境便利政策等释放出更大的创新活力。

设立科创板并试点注册制，将科创中心建设与金融中心建设紧密结合在一起。科技创新有两大要素：人才和金融。无论是基础科研还是创新产业发展，都需要金融支撑。科创中心与金融中心的联动包括：科创板等金融市场、设立科技银行等金融机构、投贷联动等金融产品。近期的主要目标，是推动上交所科创板和注册制尽快落地，让一批优质科技型企业在科创板上市。

长三角一体化发展国家战略也与科创中心建设紧密关联。过去，在一个区域的产业发展问题上，我们强调的是产业梯度转移，长三角区域的发展已逐步超越了这一阶段。因为在新兴产业方面，长三角各个省市的目标已基本趋同，没有明显的高端、低端之分，而且各地的环保要求都很高。因此，我们下一步可以把"创新能力一体化"作为长三角一体化发展的一个重要目标。过去，上海的定位是做长三角产业链的龙头；如今，上海要做长三角的创新策源地，不断提升策源能力，侧重"0—1"的科学新发现、技术新发明。这类原创成果在上海问世后，可以为长三角所共用，形成产业新方向，推动产业转型升级和新兴产业发展。

上海市科委主任专访 | 强化创新策源功能，培育"硬科技"企业

（记者：俞陶然，原载《解放日报》2019 年 11 月 25 日）

习近平总书记日前在上海考察时指出，上海要强化科技创新策源功能，努力实现科学新发现、技术新发明、产业新方向、发展新理念从无到有的跨越，形成一批基础研究和应用基础研究的原创性成果，突破一批卡脖子的关键核心技术。

如何强化上海的科技创新策源功能？如何培育"硬科技"企业？《解放日报·上观新闻》记者就此采访了上海市科学技术委员会主任张全。

瞄准世界科技前沿"啃最硬的骨头"

记者：强化科技创新策源功能，意味着上海要涌现出一批科学规律的第一发现者、技术发明的第一创造者、创新产业的第一开拓者、创新理念的第一实践者。政府部门应如何作为，才能培育出更多基础研究和应用基础研究的原创性成果？

张全：习近平总书记的重要讲话为上海科技创新中心建设赋予了新的内涵，也为上海科技创新工作明确了发展方向。培育一批原创性基础研究成果，是创新策源能力提升的重要标志。我们将瞄准世界科技前沿，敢于"啃最硬的骨头"，不断提升创新策源力，重点抓好以下几个方面：

抢占世界科技前沿制高点。着眼于国家重大战略需求，加强量子科学、脑科学、合成生物学、深海科学等重大科学问题的超前部署，组织若干项基础研究类重大科技项目；发起组织全脑介观神经联接图谱、人类表型组、全基因组标签计划等国际大科学计划，深入推进硬 X 射线、硅光子、脑与类脑智能等市级重大专项，积极抢占未来世界未来科技发展的制高点。

积极培育高水平的"尖刀连"。培育具有世界影响力的原创性成果，离不开高水平的研究机构和高水平的创新团队。以提升原始创新能力为目标，进一步完善科学与工程研究类国家科技创新基地建设与布局，以生命科学、微纳电子、类脑智能等领域为主攻方向，加快推进国家实验室建设，优化国家重点实验室的布局。推进人才结构战略性调整，择优支持一批优秀拔尖人才，鼓励其参与国内国际重大科技活动；要为青年人才成长给予更多的政策倾斜，加快培养造就下一代科学家。

构建尊重创新规律的良好氛围。加强对好奇心驱动的基础研究的支持力度，

围绕物质结构、生命起源、意识本质等开展前沿探索研究，支持非共识创新研究，力争在部分科学前沿重大理论上实现引领和突破。尊重科学研究灵感瞬间性、方式随意性、路径不确定性的特点，营造有利于创新的环境和文化，鼓励科学家自由畅想、大胆假设、认真求证。

聚焦卡脖子领域"挑最重的担子"

记者：强化科技创新策源功能，还需要突破一批卡脖子的关键核心技术。上海如何在集成电路、人工智能、生物医药等领域，取得更多的技术突破？

张全：习近平总书记多次强调，要在关键领域、卡脖子的地方下大功夫，集合精锐力量，作出战略性安排，尽早取得突破。我们将深入贯彻落实总书记的指示和要求，聚焦卡脖子关键领域"挑最重的担子"，推动上海，乃至我国在重要科技领域成为领跑者，在新兴前沿交叉领域成为开拓者，创造更多竞争优势，重点推进以下几个方面工作：

实现部分关键领域的突破。顺应国家战略以及上海产业发展需求，聚焦集成电路、人工智能、生物医药等产业关键技术领域，集聚优势资源，加大攻关力度，力争在部分领域实现突破。围绕设计、封装、测试等集成电路领域关键环节，重点推动关键材料开发、国产设备及核心零部件研发和应用；针对人工智能基础层、技术层、应用层等方面，积极组织力量开展面向人工智能核心应用的关键技术协同攻关。优化新靶点新机制药物研制、高端医疗器械及核心零部件国产化的布局，培育一批市场竞争力强、占有率高的创新产品。

优化创新管理和组织机制。对于体现政府战略意志和国家重大需求项目，探索快速响应、快速筹备、快速启动机制，抢占科技先发优势；探索建立颠覆性技术培育和非共识项目发现机制，及早发现并给予资助，加快颠覆性成果的成长步伐，缩短实现周期。

提升国际高端创新资源的配置力。以临港新片区建设为契机，主动布局和积极利用国际创新资源，在更高起点、更广视野、更大范围上，推进上海科技创新中心建设，努力成为全球创新网络的重要节点。尤其是要加大海外高层次人才引进力度，建立海外人才引进的平台和集群，集聚吸引海外高层次人才和项目；畅通输送渠道，向本市高校、企业、科研院所等用人单位进行对接和输送，形成国际国内人才互动；研究出台一批更优惠、更便捷的外国人才政策措施，继续深入开展"放管服"改革，向有条件的区下放外国人来华工作审批权。

为"硬科技"企业提供最优质服务

记者：习近平总书记指出，设立科创板并试点注册制要坚守定位，提高上市公司质量，支持和鼓励"硬科技"企业上市。政府部门应如何培育"硬科技"企业？

张全：设立科创板并试点注册制是总书记交给上海的三项新的重大任务之一，我们将全力贯彻落实好这项任务，努力提供最优质的服务，为科创板培育优秀的"硬科技"企业。

一是抓企业创新能力建设，支持企业建设工程技术研究中心、重点实验室、技术中心等，完善企业技术创新体系；加大对中小企业重大创新产品和服务、核心关键技术的政府采购力度。二是抓上市后备队伍培育，深入实施高新技术企业培育工程，积极培育科技小巨人企业，建立和完善科创板企业培育库，不断壮大科创板优质上市企业后备队伍。三是抓科技与金融结合。一个伟大的企业，生于科技，成于金融。针对种子期、初创期、成长期的科技企业特性，加快构建全生命周期、全覆盖的金融工具和产品体系，为不同发展阶段、不同行业领域的科技型企业成长提供保障。四是抓创新创业服务，坚持普惠扶持与精准培育相结合的方式，加快技术成果转化中介、金融机构、投资机构、孵化器的发展，形成多方位、多层次创新服务体系，为各类企业提供差异化、多样化的创新创业服务。

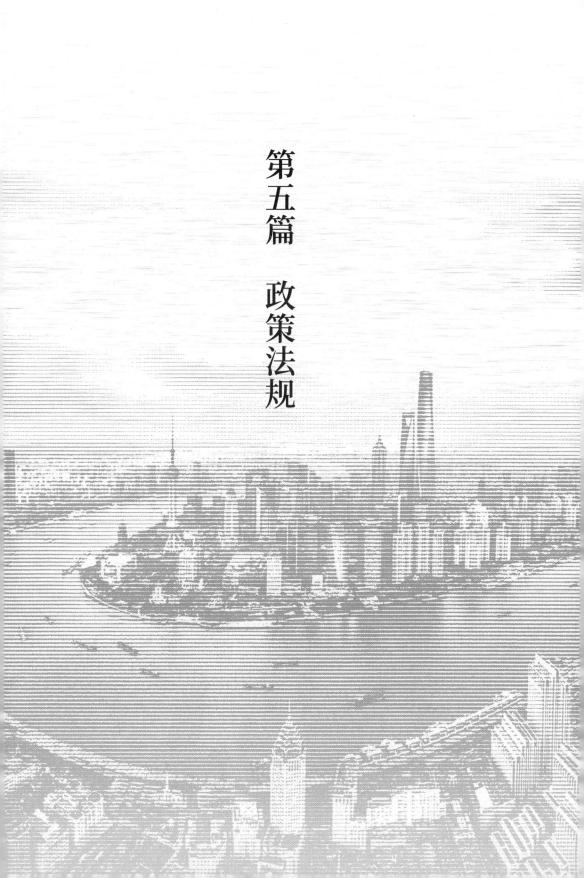

第五篇　政策法规

一、政策法规目录

发布日期	文 号	科技政策与法规
2015 年 4 月 14 日	沪科〔2015〕176 号	《上海工程技术研究中心建设与管理办法》
2015 年 4 月 14 日	沪科〔2015〕177 号	《上海市重点实验室建设与运行管理办法》
2015 年 5 月 25 日	沪委发〔2015〕7 号	《关于加快建设具有全球影响力的科技创新中心的意见》
2015 年 6 月 16 日	沪科合〔2015〕8 号	《上海市科技小巨人工程实施办法》
2015 年 7 月 6 日	沪委办发〔2015〕32 号	《关于深化人才工作体制机制改革促进人才创新创业的实施意见》
2015 年 7 月 10 日	沪科合〔2015〕19 号	《进一步提升公民科学素质三年行动计划 2015—2017）》
2015 年 8 月 5 日	沪人社外发〔2015〕35 号	《关于服务具有全球影响力的科技创新中心建设实施更加开放的海外人才引进政策的实施办法（试行）》
2015 年 8 月 8 日	沪委办发〔2015〕37 号	《关于本市发展众创空间推进大众创新创业的指导意见》
2015 年 8 月 10 日	沪府办发〔2015〕36 号	《关于上海加快发展智能制造助推全球科技创新中心建设的实施意见》
2015 年 8 月 21 日	沪府办〔2015〕76 号	《关于促进金融服务创新支持上海科技创新中心建设的实施意见》
2015 年 9 月 19 日	沪府办〔2015〕84 号	《关于进一步加大财政支持力度加快建设具有全球影响力的科技创新中心的若干配套政策》
2015 年 9 月 30 日	沪科〔2015〕461 号	《上海市优秀科技创新人才培育计划管理办法》
2015 年 9 月 30 日	沪人社力发〔2015〕41 号	《关于服务具有全球影响力的科技创新中心建设实施更加开放的国内人才引进政策的实施办法》
2015 年 10 月 10 日	沪人社专发〔2015〕40 号	《关于完善本市科研人员双向流动的实施意见》
2015 年 10 月 16 日	沪府办发〔2015〕42 号	《上海市鼓励外资研发中心发展的若干意见》
2015 年 11 月 5 日	沪府办发〔2015〕46 号	《关于进一步促进科技成果转移转化的实施意见》
2015 年 11 月 24 日	沪府发〔2015〕64 号	《关于加快推进中国（上海）自由贸易试验区和上海张江国家自主创新示范区联动发展的实施方案》

续表

发布日期	文　号	科技政策与法规
2015 年 12 月 7 日	沪财教〔2015〕87 号	《关于改革和完善本市高等院校、科研院所职务科技成果管理制度的若干意见》
2015 年 12 月 29 日	沪委办发〔2015〕49 号	《关于加强知识产权运用和保护支撑科技创新中心建设的实施意见》
2015 年 12 月 29 日	沪财教〔2015 号〕95	《上海市科研计划专项经费管理办法》
2015 年 12 月 31 日	沪人社外发〔2015〕50 号	《上海市浦江人才计划管理办法》
2016 年 2 月 1 日	沪府发〔2016〕9 号	《上海市推进"互联网＋"行动实施意见》
2016 年 3 月 30 日	沪府办发〔2016〕14 号	《关于进一步加快转制科研院所改革和发展的指导意见》
2016 年 4 月 12 日	国发〔2016〕23 号	《上海系统推进全面创新改革试验加快建设具有全球影响力的科技创新中心方案》
2016 年 4 月 14 日	沪府发〔2016〕29 号	《本市加强财政科技投入联动与统筹管理实施方案》
2016 年 7 月 7 日	沪府发〔2016〕48 号	《张江国家自主创新示范区企业股权和分红激励办法》
2016 年 7 月 18 日	沪府发〔2016〕49 号	《上海市人民政府关于深化完善"双特"政策支持临港地区新一轮发展的若干意见》
2016 年 8 月 5 日	沪府发〔2016〕59 号	《上海市科技创新"十三五"规划》
2016 年 9 月 13 日	沪科〔2016〕394 号	《上海市自然科学基金管理办法》
2016 年 9 月 26 日	沪委发〔2016〕19 号	《关于进一步深化人才发展体制机制改革加快推进具有全球影响力的科技创新中心建设的实施意见》
2016 年 11 月 18 日	沪科合〔2016〕22 号	《上海市高新技术企业认定管理实施办法》
2016 年 12 月 29 日	沪府办发〔2016〕64 号	《上海市科普事业"十三五"发展规划》
2017 年 1 月 23 日	沪科合〔2017〕2 号	《市级财政科技投入基础前沿类专项联动管理实施细则》
2017 年 1 月 23 日	沪科合〔2017〕3 号	《市级财政科技投入科技创新支撑类专项联动管理实施细则》
2017 年 1 月 23 日	沪科合〔2017〕4 号	《市级财政科技投入科技人才与环境类专项联动管理实施细则》
2017 年 1 月 23 日	沪发改规范〔2017〕2 号	《上海市市级科技重大专项管理办法》

续表

发布日期	文　号	科技政策与法规
2017 年 4 月 20 日	（2017 年 4 月 20 日上海市第十四届人民代表大会常务委员会第三十七次会议通过）	《上海市促进科技成果转化条例》
2017 年 6 月 9 日	沪科合〔2017〕11 号	《上海市科技创新计划专项资金管理办法》
2017 年 8 月 9 日	沪府办发〔2017〕51 号	《关于促进本市生物医药产业健康发展的实施意见》
2017 年 10 月 10 日	沪府发〔2017〕79 号	《上海市人民政府关于进一步支持外资研发中心参与上海具有全球影响力的科技创新中心建设的若干意见》
2017 年 10 月 10 日	沪科规〔2017〕1 号	《上海市新型科研院所履行公共职能的绩效评价与管理办法》
2017 年 11 月 17 日	沪科〔2017〕423 号	《上海市科学技术委员会所属事业单位预算管理办法》
2017 年 11 月 28 日	沪府办〔2017〕69 号	《上海市加快推进具有全球影响力科技创新中心建设的规划土地政策实施办法》
2017 年 12 月 28 日	沪科合〔2017〕38 号	《上海市科研计划项目（课题）财务验收管理办法》
2018 年 1 月 16 日	沪府办规〔2018〕6 号	《关于本市推进研发与转化功能型平台建设的实施意见》
2018 年 4 月 20 日	沪科规〔2018〕1 号	《上海市研发与转化功能型平台管理办法（试行）》
2018 年 6 月 19 日	沪科规〔2018〕3 号	《上海市大型科学仪器设施共享服务评估与奖励办法实施细则》
2018 年 6 月 29 日	沪科规〔2018〕4 号	《上海市科研计划项目（课题）专项经费巡查管理办法》
2018 年 11 月 3 日	沪府发〔2018〕40 号	《上海市人民政府关于加快本市高新技术企业发展的若干意见》
2018 年 11 月 22 日	沪科规〔2018〕8 号	《上海市科技创新券管理办法（试行）》
2018 年 12 月 29 日	沪府办规〔2018〕35 号	《上海市深化科技奖励制度改革的实施方案》
2019 年 3 月 20 日	沪委办发〔2019〕78 号	《关于进一步深化科技体制机制改革增强科技创新中心策源能力的意见》
2019 年 4 月 20 日	沪科规〔2019〕2 号	《关于进一步扩大高校、科研院所、医疗卫生机构等科研事业单位科研活动自主权的实施办法（试行）》
2019 年 4 月 20 日	沪科规〔2019〕3 号	《关于促进新型研发机构创新发展的若干规定（试行）》
2019 年 5 月 21 日	沪科规〔2019〕5 号	《上海市科技计划项目管理办法（试行）》

续表

发布日期	文　号	科技政策与法规
2019 年 6 月 21 日	沪科规〔2019〕4 号	《上海市技术先进型服务企业认定管理办法》
2019 年 7 月 9 日	沪科规〔2019〕7 号	《上海市重点实验室建设与运行管理办法》
2019 年 7 月 11 日	沪科规〔2019〕6 号	《上海工程技术研究中心建设与管理办法》
2019 年 8 月 2 日	上海市人民政府令第 18 号	《上海市科学技术奖励规定》
2019 年 8 月 30 日	沪科规〔2019〕9 号	《上海市科普基地管理办法》
2020 年 1 月 15 日	沪委办发〔2019〕78 号	《加快推进上海金融科技中心建设实施方案》
2020 年 1 月 20 日	（2020 年 1 月 20 日上海市第十五届人民代表大会第三次会议通过）	《上海市推进科技创新中心建设条例》
2020 年 4 月 18 日	沪科规〔2020〕1 号	《上海市技术交易场所管理细则》
2020 年 4 月 29 日	沪府〔2020〕27 号	《上海市推进新型基础设施建设行动方案（2020—2022 年）》
2020 年 6 月 29 日	沪科合〔2020〕15 号	《国家科技重大专项资金配套管理办法实施细则》
2020 年 7 月 24 日	沪科规〔2020〕3 号	《关于加强公共卫生应急管理科技攻关体系与能力建设的实施意见》
2020 年 9 月 1 日	沪人社规〔2020〕22 号	《关于进一步支持和鼓励本市事业单位科研人员创新创业的实施意见》
2020 年 10 月 21 日		《关于加快推进我市大学科技园高质量发展的指导意见》
2020 年 10 月 26 日	沪科规〔2019〕9 号	《上海市科技创新创业载体管理办法（试行）》

二、重要法规文件选载

关于加快建设具有全球影响力的科技创新中心的意见

沪委发〔2015〕7号

为全面落实中央关于上海要加快向具有全球影响力的科技创新中心进军的新要求，认真贯彻《中共中央、国务院关于深化体制机制改革加快实施创新驱动发展战略的若干意见》，适应全球科技竞争和经济发展新趋势，立足国家战略推进创新发展，现就本市加快建设具有全球影响力的科技创新中心提出如下意见。

一、奋斗目标和总体要求

综观国内外发展形势，全球新一轮科技革命和产业变革正在孕育兴起，国际经济竞争更加突出地体现为科技创新的竞争。我国经济发展进入新常态，依靠要素驱动和资源消耗支撑的发展方式难以为继，只有科技创新，依靠创新驱动，才能实现经济社会持续健康发展，推动国民经济迈向更高层次、更有质量的发展阶段。不抓住机遇，不改革创新，我们就不能前进。上海作为我国建设中的国际经济、金融、贸易和航运中心，必须服从服务国家发展战略，牢牢把握世界科技进步大方向、全球产业变革大趋势、集聚人才大举措，努力在推进科技创新、实施创新驱动发展战略方面走在全国前头、走到世界前列，加快建设具有全球影响力的科技创新中心。

（一）奋斗目标。建设科技创新中心，必须树立全球视野，对标国际领先水平，不断提升上海在世界科技创新和产业变革中的影响力和竞争力；聚焦科技创新，围绕科技改变生活、推进发展、引领未来，率先走出创新驱动发展的新路；体现中心城市的辐射带动服务功能，根据国家战略部署，当好全国改革开放排头兵、创新发展先行者，为我国经济保持中高速增长、迈向中高端水平作出应有的贡献。

面向未来的奋斗目标是，努力把上海建设成为世界创新人才、科技要素和高新科技企业集聚度高，创新创造创意成果多，科技创新基础设施和服务体系完善的综合性开放型科技创新中心，成为全球创新网络的重要枢纽和国际性重大科学发展、原创技术和高新科技产业的重要策源地之一，跻身全球重要的创新城市行列。实现这个目标，前提是打好基础，关键要强化功能，只争朝夕，持续推进。

2020 年前，形成科技创新中心基本框架体系，为长远发展打下坚实基础。政府管理和服务创新取得重要进展，市场配置创新资源的决定性作用明显增强，以企业为主体的产学研用相结合的技术创新体系基本形成，科技基础设施体系和统一开放的公共服务平台构架基本建成，适应创新创业的环境全面改善，科技创新人才、创新要素、创新企业、创新组织数量和质量位居全国前茅，重要科技领域和重大产业领域涌现一批具有国际领先水平并拥有自主知识产权和核心技术的科技成果和产业化项目，科技进步贡献率全面提升。再用 10 年时间，着力形成科技创新中心城市的核心功能，在服务国家参与全球经济科技合作与竞争中发挥枢纽作用，为我国经济发展提质增效升级作出更大的贡献。走出一条具有时代特征、中国特色、上海特点的创新驱动发展的新路，创新驱动发展走在全国前头、走到世界前列。基本形成较强的集聚辐射全球创新资源的能力、重要创新成果转移和转化能力、创新经济持续发展能力，初步成为全球创新网络的重要枢纽和最具活力的国际经济中心城市之一。最终要全面建成具有全球影响力的科技创新中心，成为与我国经济科技实力和综合国力相匹配的全球创新城市，为实现"两个一百年"奋斗目标和中华民族伟大复兴的中国梦，提供科技创新的强劲动力，打造创新发展的重要引擎。

（二）总体要求。建设科技创新中心，要深入贯彻落实党的十八大和十八届三中、四中全会精神，体现中央要求，把握好"五个坚持"。

坚持需求导向和产业化方向。面向经济社会发展主战场，推进科技创新，围绕产业链部署创新链，着力推动科技应用和创新成果产业化，解决经济社会发展的现实问题和突出难题。

坚持深化改革和制度创新。发挥市场配置资源的决定性作用和更好发挥政府作用，着力以开放促改革，破除一切制约创新的思想障碍和制度藩篱，全面激发各类创新主体的创新动力和创造活力，让一切创造社会财富的源泉充分涌流。

坚持以集聚和用好各类人才为首要。把人才作为创新的第一资源，集聚一批站在行业科技前沿、具有国际视野和产业化能力的领军人才，大力引进培育企业急需的应用型高科技创新人才，充分发挥企业家在推进技术创新和科技成果产业化中的重要作用，打通科技人才便捷流动、优化配置的通道，建立更为灵活的人才管理机制，强化分配激励，鼓励人才创新创造。

坚持以合力营造良好的创新生态环境为基础。尊重科技创新和科技成果产业化规律，培育开放、统一、公平、竞争的市场环境，建立健全科技创新和产业化发展的服务体系和支持创新的功能型平台，建设各具特色的创新园区，营造鼓励创新、宽容失败的创新文化和社会氛围。

坚持聚焦重点有所为有所不为。瞄准世界科技前沿和顶尖水平，选准关系全局和长远发展的战略必争之地，立足自身有基础、有优势、能突破的领域，前瞻布局一批科技创新基础工程和重大战略项目，支持企业通过各种途径获得若干重要产业领域的关键核心技术，实现科技创新的跨越式发展。

二、建立市场导向的创新型体制机制

清除各种障碍，让创新主体、创新要素、创新人才充分活跃起来，形成推进科技创新的强大合力，核心是解决体制机制问题，突破创新链阻断瓶颈。

（三）着力推进政府管理创新。针对企业创新投资难、群众创业难、科技成果转化难，加快政府职能转变，简政放权，创新管理。加大涉及投资、创新创业、生产经营、高技术服务等领域的行政审批清理力度。保留的行政审批事项一律依法向社会公开，公布目录清单，目录之外不得实施行政审批。市级部门和各区县政府没有行政审批设定权，凡自设的各种行政审批必须全面清理、取消。对企业创新投资项目，取消备案审批。改革创新创业型初创企业股权转让变更登记过于繁杂的管理办法，按照市场原则和企业合约，允许初创企业依法合规自愿变更股东，工商管理部门不实施实质性认定审查，依法合规办理变更登记。全面推进全过程信用管理。

放宽"互联网＋"等新兴行业市场准入管制，改进对与互联网融合的金融、医疗保健、教育培训等企业的监管，促进产业跨界融合发展。放宽企业注册登记条件，允许企业集中登记、一址多照，便利创业。认真梳理政府部门及其授权的办证事项，坚决取消不必要的办证规定，便利创新创业和企业有效经营。主动探索药品审评、审批管理制度改革，争取设立国家食品药品监管总局药品审评中心上海分中心，争取试点开展创新药物临床试验审批制度改革，争取试点推行上市许可与生产许可分离的创新药物上市许可人持有制度。公务用车和公共交通车辆优先采购使用新能源汽车，多途径鼓励家庭购买使用新能源汽车，扩大新能源汽车应用领域。研究放宽版权交易管理限制。整合精简检验检测服务行政审批事项。深入推进地理位置类、市场监管类、民生服务类等政务公共数据资源开放应用，鼓励社会主体对政务数据资源进行增值业务开发。建立市与区县政府部门横向互通、纵向一体的信息共享共用机制。

（四）改革财政科技资金管理。改变部门各自分钱分物的管理办法，建立跨部门的财政科技项目统筹决策和联动管理制度，综合协调政府各部门科技投入专项资金，建立覆盖基础研究、应用研究和产业化的项目投入管理和信息公开平台，调整优化现有各类科技计划（专项）。

对基础前沿类科技计划（专项），强化稳定性、持续性的支持；对市场需求明确的技术创新活动，通过风险补偿、后补助、创投引导等方式发挥财政资金的杠杆作用，促进科技成果转移转化和资本化、产业化。实施科技计划（专项）绩效评价，主动向社会公开，接受公众监督和审计监督。

降低政府采购和国有企业采购门槛，扩大对本市中小型科技企业创新产品和服务的采购比例。制定创新产品认定办法，对首次投放市场的创新产品实施政府采购首购政策，通过订购及政府购买服务等方式支持创新产品，鼓励采取竞争性谈判、竞争性磋商、单一来源采购等非招标方式实施首购、订购及政府购买服务。研究制定高端智能装备首台（套）突破及示范应用政策。

（五）深化科研院所分类改革。推进政事、政企分离，建立现代科研院所分类管理体制。扩大科研院所管理自主权和个人科研课题选择权，探索研究体现科研人员劳动价值的收入分配制度。对前沿和共性技术类科研院所，建立政府稳定资助、竞争性项目经费、对外技术服务收益等多元投入发展模式。探索建立科研院所创新联盟，以市场为导向、企业为主体、政府为支撑，组织重大科技专项和产业化协同攻关。

（六）健全鼓励企业主体创新投入的制度。积极贯彻国家有关要求，完善企业研发费用计核方法，调整目录管理方式，扩大研发费用加计扣除优惠政策适用范围。落实国家对包括天使投资在内的投向种子期、初创期等创新活动投资的相关税收支持政策。实施国家调整创业投资企业投资高新技术企业条件限制的规定、允许有限合伙制创业投资企业法人合伙人享受投资抵扣税收优惠政策。

完善国有企业经营业绩考核办法，加大创新转型考核权重。分类实施以创新体系建设和重点项目为核心的任期创新转型专项评价。对科技研发、收购创新资源和重大项目、模式和业态创新转型等方面的投入，均视同于利润。实施对重大创新工程和项目的容错机制，引入任期激励、股权激励等创新导向的中长期激励方式。

（七）完善科技成果转移转化机制。下放高校和科研院所科技成果的使用权、处置权、收益权，对高校和科研院所由财政资金支持形成，不涉及国防、国家安全、国家利益、重大社会公共利益的科技成果，主管部门和财政部门不再审批或备案，由高校和科研院所自主实施转移转化，成果转移转化收益全部留归单位。争取支持科技成果转移转化的普惠税制等在上海先行先试。

促进技术类无形资产交易，建立市场化的国有技术类无形资产可协议转让制度，试点实施支持个人将科技成果、知识产权等无形资产入股和转让的政策。探索知识产权资本化交易，争取国家将专利质押登记权下放至上海，探索建立专业化、市场化、国际化的知识产权交易机构，逐步开展知识产权证券化交易试点。

三、建设创新创业人才高地

创新驱动实质是人才驱动。要实施更加积极的人才政策，建立更加灵活的人才管理制度，优化人才创新创业环境，充分发挥市场在人才资源配置中的决定性作用，激发人才创新创造活力，让各类人才近者悦而尽才、远者望风而慕。

（八）进一步引进海外高层次人才。缩短外籍高层次人才永久居留证申办周期。简化外籍高层次人才居留证件、人才签证和外国专家证办理程序。对长期在沪工作的外籍高层次人才优先办理 2 至 5 年有效期的外国专家证。建立外国人就业证和外国专家证一门式受理窗口，对符合条件的人才优先办理外国专家证，放宽年龄限制。开展在沪外国留学生毕业后直接留沪就业试点。完善上海市海外人才居住证（B 证）制度，降低科技创新人才申请条件，延长有效期限最高到 10 年。

（九）充分发挥户籍政策在国内人才引进集聚中的激励和导向作用。完善居住证积分、居住证转办户口、直接落户的人才引进政策体系，突出市场发现、市场认可、市场评价的引才机制，加大对创新创业人才的政策倾斜力度。对通过市场主体评价的创新创业人才及其核心团队，直接赋予居住证积分标准分值。对通过市场主体评价且符合一定条件的创业人才、创业投资管理运营人才、企业科技和技能人才、创新创业中介服务人才，居住证转办户口年限由 7 年缩短为 2 至 5 年。对获得一定规模风险投资的创业人才及其核心团队、在本市管理运营的风险投资资金达到一定规模且取得经过市场检验的显著业绩的创业投资管理运营人才及其核心团队、市场价值达到一定水平的企业科技和技能人才、经营业绩显著的企业家人才、在本市取得经过市场检验的优异业绩的创新创业中介服务人才及其核心团队，予以直接入户引进。建立统一的落户管理信息平台，实现一口受理、信息共享，优化户籍引进人才申请落户"社区公共户"的审批流程。

（十）创新人才培养和评价机制。建设创新型大学，在自主招生、经费使用等方面开展落实办学自主权的制度创新。根据上海未来发展需求，在高校建设若干国际一流学科，培育一批在国际上有重要影响力的杰出人才。推进部分普通本科高校向应用技术型高校转型，探索校企联合招生、联合培养模式。改革基础教育培养的模式，强化兴趣爱好和创造性思维培养。加强科学普及，办好一批有影响的科普类场馆、网站、期刊和广播电视科技类节目，实施提升公民科学素养行动计划。

尊重市场经济规律和人才成长规律，改革人才计划选拔机制。探索建立全市统一的人才资助信息申报经办平台，避免重复资助和交叉资助。对国有企事业单位科研人员和领导人员因公出国进行分类管理，对技术和管理人员参与国际创新合作交流活动，实行有别于领导干部、机关工作人员的出国审批制度。

健全人才评价体系，对从事科技成果转化、应用开发和基础研究的人员分类制定评价标准，强化实践能力评价，调整不恰当的论文要求。对符合条件的海外高层次留学人才及科技创新业绩突出、成果显著的人才，开辟高级职称评审绿色通道。引入专业性强、信誉度高的第三方专业机构参与人才评价。

（十一）拓展科研人员双向流动机制。鼓励科研人员在职离岗创业。允许高校和科研院所等事业单位科研人员在履行所聘岗位职责前提下，到科技创新型企业兼职兼薪。科研人员可保留人事关系离岗创业，创业孵化期 3 至 5 年内返回原单位的，工龄连续计算，保留原聘专业技术职务。鼓励高校拥有科技成果的科研人员，依据张江国家自主创新示范区股权激励等有关政策和以现金出资方式，创办科技型企业，并持有企业股权。

鼓励高校设立科技成果转化岗位，对优秀团队，增加高级专业技术岗位职数。

允许企业家和企业科研人员到高校兼职，试点将企业任职经历作为高校工程类教师晋升专业技术职务的重要条件。制定实施高校大学生创业办法，支持在校学生休学创办科技型企业，创业时间计入实践教育学分。扶持大学生以创业实现就业，落实各项鼓励创业的政策措施。

（十二）加大创新创业人才激励力度。构建职务发明法定收益分配制度，允许国有企业与发明人事先约定科技成果分配方式和数额；允许高校和科研院所科技成果转化收益归属研发团队所得比例不低于 70%，转化收益用于人员激励的部分不计入绩效工资总额基数。

完善科研院所绩效工资和科研经费管理制度，给予基础科研稳定的财政拨款或财政补助，提高科研项目人员经费比例。探索采用年薪工资、协议工资、项目工资等方式聘任高层次科技人才。

对高校和科研院所以科技成果作价入股的企业，放宽股权激励、股权出售对企业设立年限和盈利水平的限制。探索实施国有企业股权激励和员工持股制度，试点国有科技创新型企业对重要科技人员和管理人员实施股权和期权激励。积极落实国家关于高新技术企业和科技型中小企业科研人员通过科技成果转化取得股权奖励收入时，可在 5 年内分期缴纳个人所得税的税收优惠政策，并积极争取进一步完善股权奖励递延缴纳个人所得税办法。

妥善解决各类人才住房、医疗、子女入学等现实问题，鼓励人才集聚的大型企事业单位和产业园区利用自用存量用地建设单位租赁房或人才公寓。优化海外人才医疗环境，鼓励支持具备条件的医院加强与国内外保险公司合作，鼓励医院与商业医疗保险直接结算。支持国内社会组织兴办外籍人员子女学校。加大科技成果转化司法保障力度，明确界定执法标准，依法维护科研人员创新创业合法权益。

（十三）推进"双自"联动建设人才改革试验区。发挥中国（上海）自由贸易试验区和张江国家自主创新示范区政策叠加和联动优势，率先开展人才政策突破和体制机制创新，探索简化海外高层次人才外汇结汇手续，探索设立民营张江科技银行，建设海外人才离岸创业基地，推进人才试点政策在全市复制推广。建立与国际规则接轨的高层次人才招聘、薪酬、考核、科研管理、社会保障等制度，支持高校和科研院所试点建立"学科（人才）特区"，实施长聘教职制度，构建灵活的用人机制。

四、营造良好的创新创业环境

没有好的创新生态环境，不可能孕育成长科技创新中心。要秉持开放理念，弘扬创新文化，培育大众创业、万众创新的沃土，集聚国内外创新企业、创新要素和人才，共同推进科技创新中心建设。

（十四）促进科技中介服务集群化发展。重点支持和大力发展研究开发、技术转移、检验检测认证、创业孵化、知识产权、科技咨询、科技金融等专业科技服务和综合科技服务，培育一批知名科技服务机构和骨干企业，形成若干个科技服务产业集群。按照市场化、专业化原则，加快推进技术评估、知识产权服务、第三方检验检测认证等机构改革。培育市场化新型研发组织、研发中介和研发服务外包新业态。发挥科技类行业协会作用。

完善高新技术企业认定管理有关办法，按照国家将科技服务内容及其支撑技术纳入国家重点支持的高新技术领域的规定，对认定为高新技术企业的科技服务企业，减按 15% 的税率征收企业所得税。

充分发挥国家级技术转移交易平台的功能作用，建立与国际知名中介机构深度合作交流的渠道，打造辐射全球的技术转移交易网络，建立健全市场化、国际化、专业化的营商服务体系。

（十五）推动科技与金融紧密结合。扩大政府天使投资引导基金规模，强化对创新成果在种子期、初创期的投入，引导社会资本加大投入力度，对引导基金参股天使投资形成的股权，5 年内可原值向天使投资其他股东转让。创新国资创投管理机制，允许符合条件的国有创投企业建立跟投机制，并按照市场化方式确定考核目标及相应的薪酬水平。允许符合条件的国有创投企业在国有资产评估中使用估值报告，实行事后备案。对已投资项目发生非同比例增减资，而国有创投企业未参与增减资的经济行为，允许国有创投企业出具内部报告。

支持保险机构开展科技保险产品创新，探索研究科技企业创业保险，为初创期科技企业提供创业风险保障。支持保险机构与创投企业开展合作。

支持商业银行设立全资控股的投资管理公司，与银行形成投贷利益共同体，探索实施多种形式的股权与债权相结合的融资服务方式，实行投贷联动。发挥民营银行机制灵活优势，创新科技金融产品和服务。鼓励商业银行科技金融服务专营机构加大对科技企业信贷投放力度。组建政策性融资担保机构或基金。建立政策性担保和商业银行的风险分担机制，引导银行扩大贷款规模、降低中小企业融资成本。

加快在上海证券交易所设立"战略新兴板"，推动尚未盈利但具有一定规模的科技创新企业上市。争取在上海股权托管交易中心设立科技创新专板，支持中小型科技创新创业企业挂牌。探索建立资本市场各个板块之间的转板机制，形成为不同发展阶段科技创新企业服务的良好体系。探索建立现代科技投资银行。建设股权众筹平台，简化工商登记流程，探索开展股权众筹融资服务试点。

（十六）支持各类研发创新机构发展。继续完善鼓励外资研发中心发展的相关政策，进一步吸引支持跨国公司在沪设立研发中心，鼓励其升级成为参与母公司核心技术研发的大区域研发中心和开放式创新平台。支持外资研发机构参与本市研发公共服务平台建设，承接本市政府科研项目，与本市单位共建实验室和人才培养基地，联合开展产业链核心技术攻关。大力支持本土跨国企业在沪设立全球研发中心、实验室、企业技术研究院等新型研发机构。鼓励有实力的研发机构在基础研究和重大全球性科技领域，积极参与国际科技合作、国际大科学计划和有关援外计划，营造有利于各类创新要素跨境流动的便利化环境。

优化境外创新投资管理制度。积极支持本土企业以境外投资并购等方式获取关键技术，鼓励国内企业去海外设立研发中心。探索以共建合作园、互设分基地、成立联合创投基金等多种方式，深化国际创新交流合作。用好国家会展中心和上交会、工博会、浦江创新论坛等载体，打造具有国际影响力的科技创新成果展示、发布、交易、研讨一体化的合作平台。

（十七）建造更多开放便捷的众创空间。实施"互联网＋"行动计划，推动大数据发展，持续推进智慧城市建设，提升网络通信能级，降低网络通信费用，加快推动信息感知和智能应用。扶持"四新"企业发展，建设国家"四新"经济实践区。整合各类科技资源，推进大型科学仪器设备、科技文献、科学数据等科技基础条件平台建设，加快财政投入的科研基础设施向创新创业中小企业开放，建立健全开放共享的运行服务管理模式和支持方式，制定相应的公众用户评价体系和监督奖惩办法。

大力扶持众创空间发展。鼓励发展混合所有制的孵化机构，支持有优势的民营科技企业搭建孵化器等创新平台，探索设立国有非企业研发机构，引导协同创新。扶持发展创业苗圃、孵化器、加速器等创业服务机构，支持创建创业大学、创客学院，鼓励存量商业商务楼宇、旧厂房等资源改造，促进市区联动、社会力量参与，提供开放的创新创业载体。鼓励支持创造创意活动，培养具有创造发明兴趣、创新思维和动手能力的年轻创客，扶持更多创新创业社区。

（十八）强化法治保障。统筹推进地方立法，及时开展涉及创新的法规、规章的立改废释工作。制定科技成果转移、张江国家自主创新示范区条例等地方性法规。修订科学技术进步、促进中小企业发展专利保护等条例。对改革创新实践迫切需要的探索，依法作出授权，予以先行先试。

实行严格的知识产权保护。建立知识产权侵权查处快速反应机制，推进知识产权民事、行政、刑事"三合一"审判机制，发挥上海知识产权法院作用。建立健全知识产权多元纠纷解决机制，为企业"走出去"提供知识产权侵权预警、海外维权援助等服务。健全知识产权信用管理制度，将符合条件的侵权假冒案件信息纳入本市公共信用信息服务平台，强化对侵犯知识产权等失信行为的惩戒。

五、优化重大科技创新布局

瞄准世界科技前沿和顶尖水平，在基础建设上加大投入力度，在科技资源上快速布局，力争在基础科技领域作出大的创新，在关键核心技术领域取得大的突破。

（十九）加快建设张江综合性国家科学中心和若干重大创新功能型平台。在张江上海光源、蛋白质科学设施等重大科学设施基础上，依托优秀科研机构和知名大学集聚优势，建设世界级大科学设施集群。积极争取承担超强超短激光、活细胞成像平台、海底观测网等新一批国家大科学设施建设任务，形成具有世界领先水平的综合性科学研究试验基地。创建有国际影响力的高水平研究大学，汇聚全球顶尖科研机构和科学大师，引进海外顶尖科研领军人物和一流团队，建设全球领先的科学实验室，开展世界前沿性重大科学研究，探索建立张江综合性国家科学中心运行管理新机制，营造自由开放的科学研究制度环境。

建设若干重大创新功能型平台，在信息技术、生物医药、高端装备等领域，重点建设若干共性技术研发支撑平台，建设一批科技成果转化服务平台。

（二十）实施一批重大战略项目，布局一批重大基础工程。服务国家战略，积极争取国家支持，重点推进民用航空发动机与燃气轮机、大飞机、北斗导航、高端处理器芯片、集成电路制造及配套装备材料、先进传感器及物联网、智能电网、智能汽车和新能源汽车、新型显示、智能制造与机器人、深远海洋工程装备、原创新药与高端医疗装备、精准医疗、大数据及云计算等一批重大产业创新战略项目建设。把握世界科技进步大方向，积极推进脑科学与人工智能、干细胞与组织功能修复、国际人类表型组、材料基因组、新一代核能、量子通信、拟态安全、深海科学等一批重大科技基础前沿布局。

（二十一）建设各具特色的科技创新集聚区。加快建设张江国家自主创新示范区，瞄准世界一流科技园区目标，率先开展体制机制改革试验，推动园区开发管理模式转型，深化功能布局、产业布局、空间布局融合，充分发挥科技创新和科技成果产业化的示范带动作用。聚焦张江核心区和紫竹、杨浦、漕河泾、嘉定、临港等重点区域，突出各自特色，发挥比较优势，结合城市更新，打造创新要素集聚、综合服务功能强、适宜创新创业的科技创新中心重要承载区。

各区县要因地制宜、主动作为，利用中心城区和郊区不同区位条件和资源禀赋优势，创新政府管理，搭建开放创新平台，完善创业服务体系，提升环境品质，营造大众创业、万众创新的良好环境，闯出因地制宜、各具特色的创新发展新路。

（二十二）制定若干配套政策文件。围绕强化创新活力、强化科技成果转化、强化发挥人才作用，制定促进科技成果转移转化、完善金融支持体系、鼓励各类主体创新、加大知识产权运用和保护力度、激励创新创业人才等一批配套政策文件，形成可操作的具体实施计划和工作方案，加快落实各项政策措施。

建设具有全球影响力的科技创新中心是一项系统工程，需要长期艰苦努力，必须统筹谋划、周密部署、精心组织、认真实施。要加强组织领导，建立市推进科技创新中心建设领导小组，由市委、市政府主要领导挂帅，各相关部门共同参与，及时协调解决推进中的问题。要按照中央要求，加强与国家相关部门对接，争取成为首批国家系统全面创新改革试验城市，进一步完善试点方案和张江综合性国家科学中心方案。要充分依靠区县和重要科技创新集聚区大胆探索，加快推进创新发展。要积极融入"一带一路"、长江经济带等国家战略，促进长三角地区科技创新联动发展。

各级党委、政府要把科技创新中心建设摆在发展全局的核心位置，明确责任，分解任务，真抓实干。改革完善创新驱动导向评价机制和考核办法，把创新业绩纳入对领导干部考核范围。加强宣传舆论引导，实施营造创新文化氛围的行动方案，加强对创新主体、创新过程、创新成就的宣传，树立一批破难关、勇创新的先进典型，广泛发动社会参与，为加快推进具有全球影响力的科技创新中心建设营造良好环境。

上海系统推进全面创新改革试验加快建设具有全球影响力的科技创新中心方案

国发〔2016〕23号

为深入贯彻党的十八大和十八届三中、四中、五中全会精神，全面落实《中共中央　国务院关于深化体制机制改革加快实施创新驱动发展战略的若干意见》和《国家创新驱动发展战略纲要》的要求，支持上海系统推进全面创新改革试验，加快向具有全球影响力的科技创新中心进军，制订本方案。

一、指导思想

按照党中央、国务院决策部署，紧紧抓住全球新一轮科技革命和产业变革带来的重大机遇，当好改革开放排头兵、创新发展先行者，坚持问题导向、企业主体、以人为本、开放合作的原则，以实现创新驱动发展转型为目标，以推动科技创新为核心，以破除体制机制障碍为主攻方向，以长江经济带发展战略为纽带，在国际和国内创新资源、创新链和产业链、中国（上海）自由贸易试验区和上海张江国家自主创新示范区制度改革创新三个方面加强统筹结合，突出改革重点，采取新模式，系统推进全面创新改革试验，充分激发全社会创新活力和动力，把大众创业、万众创新不断引向深入，把"互联网+""+互联网"植入更广领域，把科技人员与普通群众、企业与科研院所、大中小微企业、线上线下的创业创新活动有机结合起来，推动科技创新与经济社会发展深度融合，加快向具有全球影响力的科技创新中心进军，率先转变经济发展方式，推进供给侧结构性改革，发展新经济、培育新动能、改造提升传统动能，推动形成增长新亮点、发展新优势。

二、总体目标

力争通过3年系统推进全面创新改革试验，基本构建推进全面创新改革的长效机制，在科技金融创新、人才引进、科技成果转化、知识产权、国资国企、开放创新等方面，取得一批重大创新改革成果，形成一批可复制可推广的创新改革经验，破解科技成果产业化机制不顺畅、投融资体制不完善、收益分配和激励机制不合理、创新人才制度不健全等瓶颈问题，持续释放改革红利；推动经济增长动力加快由要素驱动向创新驱动转换，在综合性国家科学中心建设、若干国家亟需的基础科研和关键核心技术领域取得突破，科技创新投入进一步增强，研究与试验发展（R&D）经费支出占全市地区生产总值比例超过 3.7%；产业结构进一步优化，战略性新兴产业增加值占全市地区生产总值的比重提高到 18% 左右；张江国家自主创新示范区进入国际先进高科技园区行列。

通过滚动实施全面创新改革试验，2020 年前，形成具有全球影响力的科技创新中心的基本框架体系；R&D 经费支出占全市地区生产总值比例超过 3.8%；战略性新兴产业增加值占全市地区生产总值的比重提高到 20% 左右；基本形成适应创新驱动发展要求的制度环境，基本形成科技创新支撑体系，基本形成大众创业、万众创新的发展格局，基本形成科技创新中心城市的经济辐射力，带动长三角区域、长江经济带创新发展，为我国进入创新型国家行列提供有力支撑。

到 2030 年，着力形成具有全球影响力的科技创新中心的核心功能，在服务国家参与全球经济科技合作与竞争中发挥枢纽作用，为我国经济提质增效升级作出更大贡献，创新驱动发展走在全国前头、走到世界前列。

最终要全面建成具有全球影响力的科技创新中心，成为与我国经济科技实力和综合国力相匹配的全球创新城市，为实现"两个一百年"奋斗目标和中华民族伟大复兴的中国梦，提供科技创新的强劲动力，打造创新发展的重要引擎。

三、主要任务

重点建设一个大科学设施相对集中、科研环境自由开放、运行机制灵活有效的综合性国家科学中心，打造若干面向行业关键共性技术、促进成果转化的研发和转化平台，实施一批能填补国内空白、解决国家"卡脖子"瓶颈的重大战略项目和基础工程，营造激发全社会创新创业活力和动力的环境，形成大众创业、万众创新的局面。

（一）建设上海张江综合性国家科学中心

国家科学中心是国家创新体系的基础平台。建设上海张江综合性国家科学中心，有助于提升我国基础研究水平，强化源头创新能力，攻克一批关键核心技术，增强国际科技竞争话语权。

1. 打造高度集聚的重大科技基础设施群

依托张江地区已形成的大科学设施基础，加快上海光源线站工程、蛋白质科学设施、软 X 射线自由电子激光、转化医学等大设施建设；瞄准世界科技发展趋势，根据国家战略需要和布局，积极争取超强超短激光、活细胞成像平台、海底长期观测网、国家聚变能源装置等新一批大设施落户上海，打造高度集聚的重大科技基础设施集群。

2.建设有国际影响力的大学和科研机构

依托复旦大学张江校区、上海交通大学张江校区，重点推动复旦大学建设微纳电子、新药创制等国际联合研究中心，重点推动上海交通大学建设前沿物理、代谢与发育科学等国际前沿科学中心。推动同济大学建设海洋科学研究中心、中美合作干细胞医学研究中心。发挥上海科技大学的体制机制优势，加快物质、生命、信息等领域特色研究机构建设，开展系统材料工程、定制量子材料、干细胞与再生医学、新药发现、抗体药物等特色创新研究，建设科研、教育、创业深度融合的高水平、国际化创新型大学。发挥中科院在沪科研机构的科研力量，推动中科院按规定建设微小卫星创新研究院、先进核能创新研究院、脑科学卓越创新中心等机构。大力吸引海内外顶尖实验室、研究所、高校、跨国公司来沪设立全球领先的科学实验室和研发中心。着力增强上海地区高校和科研机构服务和辐射全国的能力，并进一步发挥国际影响力。

3.开展多学科交叉前沿研究

聚焦生命、材料、环境、能源、物质等基础科学领域，由国家科学中心在国家支持和预研究基础上，发起多学科交叉前沿研究计划，开展重大基础科学研究、科学家自由探索研究、重大科技基础设施关键技术研究，推动实现多学科交叉前沿领域重大原创性突破，为科技、产业持续发展提供源头创新支撑。

4.探索建立国家科学中心运行管理新机制

成立国家有关部委、上海市政府，以及高校、科研院所和企业等组成的上海张江综合性国家科学中心理事会，下设管理中心，探索实施科研组织新体制，研究设立全国性科学基金会，募集社会资金用于科学研究和技术开发活动。建立和完善重大科技基础设施建设协调推进机制和运行保障机制。建立符合科学规律、自由开放的科学研究制度环境。

（二）建设关键共性技术研发和转化平台

共性技术平台是科技成果转化的重要环节。聚焦国家和上海市经济社会发展重大需求，在信息技术、生命科学、高端装备等领域先行布局一批开放式创新平台，通过政府支持、市场化运作，攻克关键共性技术，支撑战略性新兴产业实现跨越式发展。

1.关键共性技术研发平台

在信息技术领域，提升上海集成电路研发中心能级，打造我国技术最先进、辐射能力最强的世界级集成电路共性技术平台，为自主芯片制造提供技术支撑，为国产设备及材料提供验证环境；建设上海微技术工业研究院，形成全球化的微机电系统（MEMS）及先进传感器技术创新网络，发展特色工艺，突破传感器中枢、融合算法、微能源等共性技术，并在物联网领域探索应用模式创新；建设微电子示范学院和微纳电子混合集成技术研发中心，研究硅集成电路技术与非硅材料的融合，开发新型微纳电子材料和器件共性技术；发展数字电视国家工程研究中心，建成面向全球的数字电视标准制订和共性技术研发的未来媒体网络协同创新中心，探索向整机制造商收取合理费用、促进技术标准持续开发升级的市场化运作模式。推动大数据与社会治理深度融合，不断推进社会治理创新，提升维护公共安全、建设平安中国的能力水平。

在生命科学领域，发挥中科院上海药物研究所、中科院上海生命科学研究院、上海医药工业研究院、复旦大学、上海交通大学等单位的研发优势，建设创新药物综合研发平台，攻克治疗恶性肿瘤、心脑血管疾病、神经精神系统疾病、代谢性疾病、自身免疫性疾病等领域创新药物关键技术；促进上海转化医学研究中心、中科院上海生命科学研究院、国家肝癌科学中心、上海医药临床研究中心、上海市质子重离子医院等单位协作，建设精准医疗研发与示范应用平台。开展转化医学和精准医疗前沿基础研究，建立百万例级人群（跟踪）队列和生物信息数据库。

在高端装备领域，发挥中国航空研究院上海分院及相关工程研究中心等的技术优势，建立面向全国的燃气轮机与航空发动机研发平台，形成重型燃气轮机和民用航空发动机设计、关键系统部件研制、总装集成的能力；建设智能型新能源汽车协同创新中心，提升新能源汽车及动力系统国家工程实验室技术服务能级，打造磁浮交通、轨道交通等领域关键共性技术研发平台。突破智能汽车所需的定位导航、辅助驾驶、语音识别等共性技术，开发新能源汽车整车及动力系统集成与匹配、控制等关键技术；开展大型商用压水堆和第四代核电研发及工程设计研究，开发钍基熔盐堆材料、装备、部件等制造技术，以及仿真装置和实验装置工程设计技术。建设微小卫星创新平台。开展海上小型核能海水淡化和供电平台研究。加强机器人产品整机开发和关键零部件研制，提升机器人检测和评定服务水平，形成机器人整机和关键零部件设计、制造和检测服务能力。建设嵌入式控制系统开发服务平台，提升工业智能控制系统技术水平和开发效率。

在质量技术基础领域，加强以标准、计量、检验检测、认证为主要内容的质量技术基础平台建设，建设技术标准创新基地，推进相关国际标准组织分支机构、国家时间频率中心上海计量分支机构、质量发展相关智库等落地，全力构建具有国际水准的支撑保障体系。

2. 科技成果转化和产业化平台

加快建设国家技术转移东部中心、上海市国际技术进出口促进中心等专业化、市场化技术转移机构，提升上海产业技术研究院、上海紫竹新兴产业技术研究院、中科院上海高等研究院、复旦大学张江研究院、上海交通大学先进产业技术研究院等的技术孵化能力，充分发挥在沪中央部委所属高校和上海市高校作用，推进高校和研究机构技术成果快速转移转化。加强军民融合创新平台建设，支持民用先进技术在国防科技工业领域的应用，推动军用技术成果向民用领域转化和产业化。

（三）实施引领产业发展的重大战略项目和基础工程

在国家战略布局、上海自身有基础有望突破且能填补国内空白的领域，基于"成熟一项、启动一项"原则，充分发挥企业主体作用，以及科研院所、高校和企业结合的作用，实施一批上海市重大战略项目和基础工程，解决国家战略性新兴产业发展中的瓶颈问题。

在信息技术领域，开发中央处理器（CPU）、控制器、图像处理器等高端芯片设计技术。加快实现 12 英寸芯片制造先进工艺水平产品量产，开发集成电路装备和材料，建设国内首条 8 英寸 MEMS 及先进传感器研发线。打造面向第五代移动通信技术（5G）应用的物联网试验网。布局下一代新型显示技术，研制中小尺寸显示产品并实现量产。开发云计算关键技术，开发一批有国际影响力的大数据分析软件产品。

在生物医药领域，开发满足临床治疗需求的原创新药，实现若干个 1.1 类新药上市。以攻克严重危害人类健康的多发病、慢性病以及疑难重病为目标，开展致病机理和预防、诊断、治疗、康复等方面技术的联合攻关，在基因诊断和治疗、肿瘤定向治疗、细胞治疗、再生医疗、个性化药物等领域开展个性化精准治疗示范。开发医学影像诊疗、介入支架等重大医疗器械产品，实现关键核心技术重大突破，推动在国内广泛应用，进一步扩大在国际市场的份额。

在高端装备领域，完成窄体客机发动机验证机研制，开展宽体客机发动机关键技术研究；突破重型燃机关键技术，建设燃气轮机试验电站。突破干支线飞机、机载设备、航空标准件、航空材料等关键制造技术，实现 ARJ21 支线飞机成系列化发展，开展 C919 大型客机试飞验证工作。开展北斗高精度芯片／主板／天线／模块／软件／解决方案的开发，打造北斗卫星同步授时产业。建设高新船舶与深海开发装备协同创新中心，提升深远海海底资源（特别是油气资源）

海洋工程装备的总包建造能力、产品自主研制能力和核心配套能力。

在新能源及智能型新能源汽车领域，加快开发推广智能变电站系统等智能电网设备，研制微型和小型系列化燃气轮机发电机组、储能电池智能模块和大容量储能系统。开发动力电池、电机、电控等核心零部件，研制高性能的新能源汽车整车控制系统产品。

在智能制造领域，开发具有国际先进水平的工业机器人、服务机器人产品，逐步实现高精密减速机、高性能交流伺服电机、高速高性能控制器等核心零部件国产替代。开发三维（3D）打印相关材料和装备技术，推动其与重点制造行业对接应用。

同时，在量子通信、拟态安全、脑科学及人工智能、干细胞与再生医学、国际人类表型组、材料基因组、高端材料、深海科学等方向布局一批重大科学基础工程。

（四）推进建设张江国家自主创新示范区，加快形成大众创业、万众创新的局面

充分发挥张江国家自主创新示范区与自贸试验区的"双自"联动优势，以制度创新和开放创新推动科技创新，打造若干创新要素集聚、创新特色鲜明、创新功能突出、适宜创新创业、具有较强辐射带动力的创新集聚区。实施"互联网＋"行动计划，优化经济发展环境，营造公平参与的民营经济发展环境，推进对内对外开放合作，建设开放共享、融合创新的智慧城市，完善创新创业服务体系，打造开放便捷的众创空间，形成对全社会大众创业、万众创新的有力支撑。

实施"双创"示范基地三年行动计划，结合上海市创业创新优势，打造一批"双创"示范基地，完善创新服务，推动创新成果加快转化为现实生产力，以创新带动创业就业。鼓励发展面向大众、服务中小微企业的低成本、便利化、开放式服务平台，引导各类社会资源支持大众创业。加快发展"互联网＋"创业网络体系，促进创业与创新、创业与就业、线上与线下相结合。

上海系统推进全面创新改革试验，加快建设具有全球影响力的科技创新中心，要聚焦关键核心技术领域，提升我国自主创新特别是原始创新能力，推动经济转型升级，解决经济发展中的"卡脖子"问题；要通过体制机制改革试验，破解制约创新驱动发展的瓶颈问题，激发科技创新内生动力，释放全社会创新创业活力，营造良好的制度政策环境，实现经济增长动力由要素驱动向创新驱动的转换。

四、改革措施

聚焦政府管理体制不适应创新发展需要、市场导向的科技成果产业化机制不顺畅、企业为主体的科技创新投融资体制不完善、国有企事业单位创新成果收益分配和激励机制不合理、集聚国际国内一流创新人才的制度不健全等问题，重点在政府创新管理、科技成果转移转化、收益分配和股权激励、市场化投入、人才引进、开放合作等方面作出新的制度安排，着力在创新体制机制上迈出大步子，打破不合理的束缚，推动以科技创新为核心的全面创新。

（一）建立符合创新规律的政府管理制度

坚持市场导向，以互联网思维创新政府管理和服务模式，减少政府对企业创新活动的行政干预，改革政府创新投入管理方式，充分发挥市场配置资源的决定性作用，加强需求侧政策对创新的引导和支持，释放全社会创新活力和潜能。

1. 最大限度减少政府对企业创新创业活动的干预

对应由市场作主的事项，政府做到少管、不管，最大限度取消企业资质类、项目类等审批审查事项，消除行政审批中部门互为前置的认可程序和条件。完善事中事后监管，以"管"促"放"，深化商事制度、"多规合一"等改革，进一步完善配套监管措施，探索建立符合创新规律的政府管理制度。根据新兴产业特点，完善企业行业归类规则和经营范围的管理方式。对国有企事业单位技术和管理人员参与国际创新合作交流活动，取消因公出境的批次、公示、时限等限制。

调整现有行业管理制度中不适应"互联网＋"等新兴产业特点的市场准入要求，改进对与互联网融合的金融、医疗保健、教育培训等企业的监管，促进产业跨界融合发展。

主动探索药品审评审批管理制度改革，试点开展创新药物临床试验审批制度改革。试点推进药品上市许可和生产许可分离的创新药物上市许可持有人制度。

2. 改革政府扶持创新活动的机制

改革以单向支持为主的政府专项资金支持方式。建立健全符合国际规则的支持采购创新产品和服务的政策体系，完善政府采购促进中小企业创新发展的相关措施，加大对创新产品和服务的采购力度，促进创新产品研发和规模化应用。完善相关管理办法，加强对创新产品研制企业和用户方的双向支持，加大支持力度，拓展支持范围，突破创新产品示范应用瓶颈。

3. 改革科研项目经费管理机制

简化科研项目预算编制，改进科研项目结余资金管理，进一步落实科研项目预算调整审批权下放，适应创新活动资源配置特点；实施科研项目间接费用补偿机制，完善间接费用管理，项目承担单位可以结合一线科研人员实际贡献，公开公正安排绩效支出，充分体现科研人员价值。

完善对基础前沿类科技工作持续稳定的财政支持机制，为科学家静下来潜心研究和自由探索创造条件；对市场需求明确的技术创新活动，通过风险补偿、后补助、创投引导等方式发挥财政资金的杠杆作用，促进科技成果转移转化和资本化、产业化。

4. 建立财政科技投入统筹联动机制

建立科技创新投入决策和协调机制，加强顶层设计和部门间沟通协调。转变政府科技管理职能，逐步实现依托专业机构管理科研项目，政府相关部门的主要职责是制定科技发展战略、规划、政策，做好评估和监管。建立公开统一的科技管理平台，统筹衔接基础研究、应用开发、成果转化、产业发展等各环节工作，优化科技计划（专项、基金等）布局，梳理整合和动态调整现有各类科技计划（专项、基金等）。

5. 建立上海科技创新评价机制

在完善现有科技指标体系基础上，参考和借鉴国际、国内主要科技创新评价指标，建立和发布上海科技创新指数，从科技创新资源、科技创新环境、科技创新投入、科技创新产出、科技创新溢出与驱动等 5 个方面，综合评价上海科技创新总体发展情况。

6. 完善促进创新发展的地方性法规

统筹促进科技创新的地方立法。制修订技术转移等地方性法规。制定促进张江国家自主创新示范区发展的政府规章。在对实施效果进行评估的基础上，及时清理、更新涉及创新的法规、规章和政策文件。对新制订政策是否制约创新进行审查。

（二）构建市场导向的科技成果转移转化机制

建立科技成果转化、技术产权交易、知识产权运用和保护协同的制度，确立企业、高校、科研机构在技术市场中的主体地位，强化市场在创新要素配置中的决定性作用。

1. 下放高校和科研院所科技成果的管理、使用和处置权

由高校和科研院所自主实施科技成果转移转化，主管部门和财政部门不再

审批或备案，成果转化收益全部留归单位，不再上缴国库；探索建立符合科技成果转化规律的市场定价机制，收益分配向发明人和转移转化人员倾斜，充分调动高校、科研院所及科技人员积极性。对于高校、科研院所由财政资金支持形成的、不涉及国家安全的科技成果，明确转化责任和时限，选择转化主体，实施转化。研究完善专利强制许可制度。

2.改革高校和科研院所管理体制

建立现代科研院所分类管理体制，推行章程式管理考核模式。探索理事会制度，推进取消行政级别。推进科研院所编制管理、人员聘用、职称评定等方面创新，探索建立科研事业单位领导人员管理制度。根据科研院所职能定位、特点、收支等情况，对从事基础研究、前沿技术研究和社会公益研究的科研院所，完善财政投入为主、引导社会参与的支持机制，并建立健全稳定支持和竞争性支持相协调的机制，扩大科研院所管理自主权和科研课题选择权，探索体现科研人员劳动价值的收入分配办法。探索建立上海科研院所联盟，统筹配置相关创新资源，组织科研院所开展协同创新。完善高校与企业开展技术开发、技术咨询、技术服务等横向合作项目经费管理制度，鼓励开展产学研合作。

3.实行严格的知识产权保护制度

强化权利人维权机制。建立知识产权侵权查处快速反应机制，完善知识产权行政管理和执法"三合一"机制。强化行政执法与司法衔接，加强知识产权综合行政执法。建立健全知识产权多元化纠纷解决机制。为企业"走出去"提供知识产权侵权预警、海外维权援助等服务。依托上海市公共信用信息服务平台，建立知识产权信用体系，强化对侵犯知识产权等失信行为的联动惩戒。

4.建立知识产权资本化交易制度

简化知识产权质押融资流程，拓展专利保险业务，建立知识产权评估规范。严格按照国家规定，探索开展知识产权证券化业务。

5.探索新型产业技术研发机制

培育新型产业技术研发组织，形成购买服务、后补助、奖励等财政投入与竞争性收入相协调的持续支持机制，采用产业技术创新联盟等市场化机制，探索建立专利导航产业创新发展工作机制，组织推进产学研一体化，在承担政府科技计划、人才引进等方面加大支持力度。

（三）实施激发市场创新动力的收益分配制度

充分发挥利益导向作用，建立尊重知识、尊重创新、让创新主体获益的创新收益分配制度，完善创新业绩考核、长期激励和职务晋升制度，激发市场主体的创新动力。

1. 完善职务发明法定收益分配制度

制定职务发明方面的政府规章，建立职务发明法定收益分配制度。支持国有企业按照国家有关法律法规，制定并实施科技成果收益分配具体实施办法，探索建立健全科技成果、知识产权归属和利益分享机制，鼓励国有企业与职务发明人（团队）事先协商，确定科技成果收益分配的方式、数额和比例，适度提高骨干团队和主要发明人的收益比例。

2. 完善股权激励制度

鼓励符合条件的转制科研院所、高新技术企业和科技服务机构等按照国有科技型企业股权和分红激励相关规定，采取股权出售、股权奖励、股权期权、项目收益分红和岗位分红等多种方式开展股权和分红激励。

3. 完善创新导向的国企经营业绩考核制度

突出创新驱动发展，完善国有企业经营业绩考核办法，建立鼓励创新、宽容失败的考核机制。在国有企业领导人员任期考核中加大科技创新指标权重。对竞争类企业，实施以创新体系建设和重点项目为主要内容的任期创新转型专项评价，评价结果与任期激励挂钩。落实创新投入视同于利润的鼓励政策，对主动承接国家和上海市重大专项、科技计划、战略性新兴产业领域产业化项目，收购创新资源和境外研发中心，服务业企业加快模式创新和业态转型所发生的相关费用，经认定可视同考核利润。

4. 创新国资创投管理机制

允许符合条件的国有创投企业建立跟投机制，并按市场化方式确定考核目标及相应的薪酬水平。探索符合条件的国有创投企业在国有资产评估中使用估值报告，实行事后备案。

5. 实施管理、技术"双通道"的国企晋升制度

改革国有企业技术人员主要依靠职务提升的单一晋升模式，拓宽技术条线晋升渠道，鼓励设立首席研究员、首席科学家等高级技术岗位，给予其与同级别管理岗位相一致的地位和薪酬待遇。

（四）健全企业为主体的创新投入制度

建立有利于激发市场创新投入动力的制度环境，发挥金融财税政策对科技创新投入的放大作用，形成创业投资基金和天使投资人群集聚活跃、科技金融支撑有力、企业投入动力得到充分激发的创新投融资体系。

1. 强化多层次资本市场的支持作用

支持科技创新企业通过发行公司债券融资，支持政府性担保机构为中小科技创新企业发债提供担保或者贴息支持。在上海股权托管交易中心设立科技创

新专门板块，在符合国家规定的前提下，探索相关制度创新，为挂牌企业提供股权融资、股份转让、债券融资等创新服务。

2. 鼓励创业投资基金和天使投资人群发展

对包括创业投资基金和天使投资人在内的上海市各类创业投资主体，上海市以不同方式给予有针对性的支持和引导，有效激发各类创业投资主体对处于种子期、初创期创业企业的投入。

3. 创新和健全科技型中小企业融资服务体系

成立不以盈利为目的的市级信用担保基金，通过融资担保、再担保和股权投资等形式，与上海市现有政府性融资担保机构、商业性融资担保机构合作，为科技型中小企业提供信用增进服务；完善相关考核机制，不进行盈利性指标考核，并设置一定代偿损失容忍度；建立与银行的风险分担机制。

完善上海市科技企业和小型微型企业信贷风险补偿办法，优化补偿比例和门槛设定机制，继续扩大商业银行试点小微企业信贷产品的品种和范围；研究单列商业银行科技支行和科技金融事业部信贷奖励政策，按单户授信一定标准以下、信贷投向对象为科技型小微企业形成的年度信贷余额增量进行专项奖励。

鼓励保险机构通过投资创业投资基金、设立股权投资基金或与国内外基金管理公司合作等方式，服务科技创新企业发展。鼓励在沪保险公司积极推出符合科技创新企业需求的保险产品，针对科技创新企业在产品研发、生产、销售各环节以及数据安全、知识产权保护等方面提供保险保障方案。

（五）建立积极灵活的创新人才发展制度

建设一支富有创新精神、勇于承担风险的创新型人才队伍，充分发挥市场在人才资源配置中的决定性作用，建立健全集聚人才、培养人才的体制机制，创造人尽其才、才尽其用的政策环境。

1. 打造具有国际竞争力的人才引进制度

建立更加便捷、更有针对性、更具吸引力的海内外人才引进制度。开展海外人才永久居留、出入境等便利服务试点。健全国际医疗保险境内使用机制，扩大国际医疗保险定点结算医院范围。开展在沪外国留学生毕业后直接留沪就业试点。在稳定非沪籍高校毕业生直接留沪政策的基础上，进一步完善户籍和居住证积分制度，突出人才业绩、实际贡献、薪酬水平等市场评价标准，加大对企业创新创业人才的倾斜力度。

统筹协调上海市各类人才计划，加大企业高层次人才引进力度，取消海外高层次人才引进的年龄限制，允许符合条件的外籍人士担任国有企业部分高层管理职务。建立更便捷的人才引进和服务体系，将人才工作纳入领导干部考核的核心指标。

推进张江国家自主创新示范区建设国际人才试验区，建设海外人才离岸创业基地；开展将申办亚太经合组织（APEC）商务旅行卡审批权下放园区试点，支持企业主动参与全球人才竞争，集聚海内外优秀人才。

2. 打通科研人才双向流动通道

推进社会保障制度改革，完善社会保险关系转移接续办法，促进科技人才自由流动。改进专家教授薪酬和岗位管理制度；完善科研人员兼职兼薪管理政策，鼓励科研院校人才向企业流动，科研人员可保留人事关系离岗创业，在3—5 年的创业孵化期内返回原单位的，待遇和聘任岗位等级不降低。探索支持高校形成专职科研队伍建设机制。探索建立弹性学制，允许在校学生休学创业。具有硕士学位授予权的高校、科研机构可聘任企业的高层次人才担任研究生导师，促进产学研用各环节之间协同创新。

3. 改革高校人才培养模式

把握"互联网＋""中国制造 2025"背景下全球产业变革和技术融合的大趋势，优化学科设置，在国内率先创设一批前沿交叉型新学科。聚焦微电子、生物医药、高端装备制造、新材料等重点领域，在高校建设若干个标志性学科，试点建立"学科（人才）特区"，力争 2020 年前 20 个左右一级学科点和一批学科方向达到国际一流水平，培育一批在国际上有重要影响力的杰出人才。对标国际先进水平，改革本科教学，建设一批具有国际水平的本科专业。推进部分普通本科高校向应用型高校转型，探索校企联合培养模式，提升高校人才培养对产业实际需求的支撑水平。

4. 完善高校和科研机构考核聘用机制

改革高校和科研机构考核制度，完善人才分类评价体系。对从事基础研究和前沿技术研究的优秀科研人员，弱化中短期目标考核，建立持续稳定的财政支持机制。改革高校和科研机构岗位聘用机制，灵活引进高层次人才及其团队，对高层次人才探索建立协议工资和项目工资等符合人才特点和市场规律、有竞争优势的薪酬制度。支持部分高校推进"长聘教职制度"，实施"非升即走"或"非升即转"的用人机制。

5. 有效配置高校的创新资源

落实高校办学自主权，逐步将市属高校经常性经费比例提高到 70%，实现市属和部属高校的统一。分步推广市属和部属高校综合预算管理制度试点，由高校自主统筹经费使用和分配，让创新主体自主决定科研经费使用、成果转移转化等，更大程度调动科技人员积极性。着力打破创新资源配置的条块分割，赋予高校和科研院所更大自主权，鼓励市属和部属高校协同创新，支持上海市统筹用好各类创新资源。

（六）推动形成跨境融合的开放合作新局面

坚持扩大对内对外开放与全面增强自主创新能力相结合，发挥自贸试验区制度创新优势，营造更加适于创新要素跨境流动的便利环境，集聚全球创新资源，全面提高上海科技创新的国际合作水平。

1.加大对境外创新投资并购的支持力度

探索开展设立境外股权投资企业试点工作，支持上海市企业直接到境外设立基金开展创新投资。鼓励上海市创业投资、股权投资机构加大境外投资并购，支持其与境外知名科技投资机构合作组建国际科技创新基金、并购基金。

探索拓宽上海市产业化专项资金使用范围，允许资金用于支持企业以获取新兴技术、知识产权、研发机构、高端人才和团队为目标的境外投资并购活动，增强创新发展能力。

2.大力吸引境内外创投机构落户上海

进一步扩大上海市外商投资的股权投资企业试点工作范围，吸引具有丰富科技企业投资经验的创业投资基金、股权投资基金参与试点。

积极吸引具有国内外综合优势的基金，在自贸试验区开展境内外双向直接投资。积极创造条件，吸引国有金融机构发起设立的国家海外创新投资基金落户上海。

3.积极发挥外资研发机构溢出效应

大力吸引外资研发中心集聚，鼓励其转型升级成为全球性研发中心和开放式创新平台。鼓励外资研发中心与上海市高校、科研院所、企业，共建实验室和人才培养基地，联合开展产业链核心技术攻关。在确保对等开放、保障安全、利益共享的前提下，支持外资研发中心参与承担政府科技计划，强化相关成果在本地转化的机制。简化研发用途设备和样本样品进出口、研发及管理人员出入境等手续，优化非贸付汇的办理流程。

4.加强国内外创新交流服务平台建设

鼓励国内知名高校、科研机构、企业与上海市相关单位开展科技创新合作，支持本土跨国企业在沪设立和培育全球研发中心和实验室，加强联合攻关，进一步发挥上海市对长江经济带的辐射带动作用。

探索允许国外企业、机构、合伙人或个人参照《民办非企业单位登记管理暂行条例》在自贸试验区内设立提供科技成果转化、科技成果输入或输出以及其他相关科技服务的非企业机构。

鼓励上海市高科技园区创新国际科技合作模式，与重点国家和地区共建合作园、互设分基地、联合成立创业投资基金等，利用两地优势资源孵化创新企业。用好中国（上海）国际技术进出口交易会等国家级科技创新交流平台，吸引全球企业在上海发布最新创新成果。建设国际技术贸易合作平台，发挥上海国际技术进出口促进中心、国家技术转移东部中心、南南全球技术产权交易所等的作用，健全面向国际的科技服务体系，形成国际化的科技创新成果发现、项目储备对接和跟踪服务机制。

（七）授权推进的先行先试改革举措

全面贯彻落实国家关于深化体制机制改革、加快实施创新驱动发展战略的有关要求，加快实施普惠性财税、创新产品采购、成果转化激励等政策，加强知识产权运用和保护，改革行业准入和市场监管、科研院所和高校科研管理等制度，完善产业技术创新、人才发展等机制，推进开放合作创新。在此基础上，结合上海市特点，在研究探索鼓励创新创业的普惠税制、开展投贷联动等金融服务模式创新、改革药品注册和生产管理制度、建立符合科学规律的国家科学中心运行管理制度等 10 个方面进行重点突破和先行先试。

1. 研究探索鼓励创新创业的普惠税制

按照国家税制改革的总体方向与要求，对包括天使投资在内的投向种子期、初创期等创新活动的投资，研究探索相关税收支持政策。（财政部、税务总局）

落实新修订的研发费用加计扣除政策，研究探索鼓励促进研究开发和科研成果转化的便利化措施。（财政部、科技部、税务总局）

2. 探索开展投贷联动等金融服务模式创新

争取新设以服务科技创新为主的民营银行，建立灵活的运作、考核和分配机制，探索与科技创新企业发展需要相适应的银行信贷产品，开展针对科技型中小企业的金融服务创新。选择符合条件的银行业金融机构，探索试点为企业创新活动提供股权和债权相结合的融资服务方式，与创业投资、股权投资机构实现投贷联动。（中国银监会、中国人民银行）

探索设立服务于现代科技类企业的专业证券类机构，为科技企业提供债权融资、股权投资、夹层投资、并购融资等融资服务，在上市培育、并购交易等方面提供专业化服务。（证监会）

支持符合条件的银行业金融机构在沪成立科技企业金融服务事业部，在企业贷款准入标准、信贷审批审查机制、考核激励机制方面建立特别的制度。（中国银监会、中国人民银行）

3. 改革股权托管交易中心市场制度

支持上海股权托管交易中心设立科技创新专门板块。支持上海地区为开展股权众筹融资试点创造条件。（中国证监会）

4. 落实和探索高新技术企业认定政策

落实新修订的高新技术企业认定管理办法，积极探索促进高新技术产业发展的便利化措施。（科技部、财政部、税务总局）

5. 完善股权激励机制

实施股权奖励递延纳税试点政策，对高新技术企业和科技型中小企业转化科技成果给予个人的股权奖励，递延至取得股权分红或转让股权时纳税，并加强和改进相关配套管理措施。（财政部、税务总局、科技部）

6. 探索发展新型产业技术研发组织

从事科技研发的民办非企业单位，登记开办时允许其国有资产份额突破合法总财产的三分之一，发展国有资本和民间资本共同参与的非营利性新型产业技术研发组织。（民政部、科技部）

7. 开展海外人才永久居留便利服务等试点

在上海开展海外人才永久居留、出入境便利服务以及在沪外国留学生毕业后直接留沪就业等政策试点。推进张江国家自主创新示范区建设国际人才试验区，建设海外人才离岸创业基地。（公安部、人力资源社会保障部、国家外专局等）

8. 简化外商投资管理

支持外资创业投资、股权投资机构创新发展，积极探索外资创业投资、股权投资机构投资项目管理新模式。（国家发展改革委、商务部）

9. 改革药品注册和生产管理制度

探索开展药品审评审批制度改革。试点实施上市许可和生产许可分离的药品上市许可持有人制度，允许上市许可持有人委托生产企业生产药品。（食品药品监管总局）

10. 建立符合科学规律的国家科学中心运行管理制度

完善重大科技基础设施运行保障机制。支持国家科学中心发起组织多学科交叉前沿研究计划。探索设立全国性科学基金会，探索实施科研组织新体制，参与承担国家科技计划管理改革任务。建立生命科学研究涉及的动物实验设施建设、临床研究等事项的行政审批绿色通道。（国家发展改革委、科技部、财政部、税务总局、教育部、中科院、民政部、自然科学基金会等）

要强化责任意识，明确年度工作重点，聚焦目标，力争通过 2—3 年的努力，在上述 10 个方面先行先试重点突破，形成一批向全国复制推广的改革经验。同时，上海市要进一步加强政策研究，加快制订新一批改革举措，根据"成熟一项，实施一项"的原则，分批争取国家授权实施。要切实加强组织实施，建立部门协同推进工作机制，落实工作责任，按照方案明确的目标和任务，推动各项改革举措和政策措施加快实施。

关于进一步深化科技体制机制改革增强科技创新中心策源能力的意见

沪委办发〔2019〕78 号

为深入学习贯彻习近平总书记考察上海重要讲话精神，全面落实中央关于科技体制改革的部署要求，增强科技创新的紧迫感和使命感，把科技创新摆到更加重要位置，进一步推动我市科技体制机制改革向纵深发展，加快向具有全球影响力的科技创新中心进军，现就进一步深化科技体制机制改革，增强科技创新中心策源能力提出如下意见。

一、总体要求

（一）指导思想

以习近平新时代中国特色社会主义思想为指导，深入贯彻党的十九大和十九届二中、三中全会精神，紧紧围绕建设具有全球影响力的科技创新中心，对标国际最高标准、最好水平，坚持问题导向、需求导向、效果导向，遵循创新发展规律、科技管理规律和人才成长规律，进一步发挥市场机制作用，着力破除制约创新驱动发展的体制机制瓶颈，完善创新治理体系，优化区域创新生态，激发创新主体活力，增强创新策源能力，使上海努力成为全球学术新思想、科学新发现、技术新发明、产业新方向重要策源地，不断提升城市能级和核心竞争力。

（二）基本原则

——坚持目标引领、双轮驱动。围绕科技创新中心的战略定位和核心目标，统筹科技创新和体制机制创新，着力解决由谁来创新、动力哪里来、成果如何用的问题。

——坚持人才为要、激发活力。立足调动广大科技人员的积极性，以信任为前提、以激励为重点、以诚信为底线，深化"放管服"改革，促进创新价值实现。

——坚持系统推进、重点突破。加强科技体制机制改革的系统设计和分类指导，加强与经济社会领域改革的协同，加大改革重点领域和关键环节的突破力度，提高改革的"含金量"。

——坚持全球视野、扩大开放。面向全球、面向未来，以更加开放的胸怀和前瞻性的视野，积极主动融入全球创新网络，在更广领域、更大范围、更高层次集聚配置创新资源和要素。

（三）总体目标

到 2020 年，上海科技创新中心建设重点领域和关键环节的体制机制改革取得实效，全社会研发经费支出相当于全市生产总值的比例保持在 4% 以上，基础研究经费占全社会研发经费支出比例逐步提高。创新治理能力明显提升，多样性、协同性和包容性的创新生态加快形成，科技创新策源能力全面提升，在全球创新网络中发挥关键节点作用。

到 2035 年，上海建成富有活力的区域创新体系，涌现一批世界级的科研机构、创新平台和创新企业，产出一批具有全球影响力的原创成果，成为全球创新网络的重要枢纽，科技创新中心的核心功能明显增强，为我国建设科技强国和上海建设具有世界影响力的社会主义现代化国际大都市提供强有力的支撑。

二、主要任务

（一）促进各类主体创新发展

根据不同创新主体功能定位和使命要求，加快推进分类管理改革，推动实施章程管理，最大程度激发各类创新主体的动力和活力，构建完善主体多元、开放协同的科研力量布局和研发体系。

1. 深化高校、科研院所和医疗卫生机构科研体制改革

进一步扩大高校、科研院所和医疗卫生机构等研究机构在科研活动中的选人用人、科研立项、成果处置、编制使用、职称评审、薪酬分配、设备采购、建设项目审批等自主权。根据机构功能使命，建立以创新绩效为核心的中长期综合评价与年度抽查评价相结合的评估机制，评估结果作为经费预算、绩效工资、领导干部考核等的重要依据。

优化高校学科布局，完善科研组织模式，健全协同创新与集中攻关机制，增强原始创新能力和服务经济社会发展能力，加快世界一流大学、一流学科建设。加快推进现代科研院所制度建设，优化法人治理结构，调整创新运行机制，建立健全机构资助体系。加强医疗机构临床研究，改革医学科技人才评价机制，将临床试验条件和能力纳入绩效考核，以临床需求为导向促进协同创新，建设临床医学研究中心。

2. 壮大企业技术创新主体

全面推进企业技术创新体系建设，提升企业研发能力和创新管理能力。按照达标即准原则，支持企业建设工程技术研究中心、企业重点实验室、企业技

术中心。落实高新技术企业所得税优惠、研发费用加计扣除等普惠性政策，加大对科技型中小企业的支持力度。扩大"科技创新券""四新券"使用范围。加大对重大创新产品和服务、核心关键技术的政府采购力度，扩大首购、订购等非招标方式的应用，加快推进装备首台套、材料首批次、软件首版次的示范应用，支持医疗创新产品优先进入三级医疗机构使用。市级部门年度采购项目预算总额中，专门面向中小微企业的比例不低于 30%，其中预留给小微企业的比例不低于 60%。改革优化认定工作机制，实施培育工程，加快高新技术企业发展。

营造公平市场环境，完善企业服务机制，大力培育发展民营科技企业，鼓励支持民营科技企业承担政府科研项目和创新平台建设，加大对民营科技企业技术创新人才培养的支持力度。改革完善国有企业创新考核激励制度，对国有企业在技术创新和研发机构、研发与转化功能型平台建设等方面的投入，在经营业绩考核中"视同于利润"，扩大国有科技型企业股权和分红激励政策实施范围。推进国有科技型企业混合所有制改革，支持国有优势龙头企业吸纳民营资本，优化存量资源，建立创新联合体。

3. 培育战略性科技力量

围绕国家和我市重大战略需求，瞄准世界科技前沿领域，以张江综合性国家科学中心为核心载体，积极承担国家实验室等建设任务，加快集聚建设一批世界级创新单元、研究机构和研发平台，打造国家战略科技力量。按照"一所（院）一策"原则，探索试点不定行政级别、不定编制、不受岗位设置和工资总额限制，实行综合预算管理，给予研究机构长期稳定持续支持，赋予研究机构充分自主权，创新运行管理机制，建立具有竞争力的薪酬体系。通过部市共建机制，对中央部门所属在沪科研机构建设世界高水平研究机构给予支持。

4. 发展各具特色的新型研发机构

大力发展新型研发机构，形成各类研究机构优势互补、合作共赢的发展格局。推进研发与转化功能型平台建设，以支撑产业链创新和重大产品研发为目标，按照政府引导与市场化运作相结合的原则，建立"开放竞争、动态调整"的管理机制，实施机构式资助与财政投入退坡机制，建设运行资金使用实行负面清单管理。深化上海产业技术研究院改革发展，协调推进应用技术创新体系建设。深化转制院所改革发展，强化行业共性技术研发与服务功能，引导支持转制类科研院所向科技研发服务集团发展。选择若干应用技术研发类科研事业单位，通过引入社会资本、员工持股等方式，开展混合所有制改革试点。鼓励社会力量兴办新型研发机构，支持运行模式和运行机制创新，对满足条件的新型研发机构，在项目申报、职称评审、人才培养等方面享受科研事业单位同等待遇，按照规定享受后补助、税收激励等普惠性政策支持。对从事战略性前沿技术、颠覆性技术、共性关键技术研发的新型研发机构，可"一事一议"，通过定向委托、择优委托等形式，予以财政支持。

5. 促进各类主体协同创新

引导和支持各类创新主体加强协同创新，积极推进实验室开放、仪器设施共享、研究人员流动，在前沿科技、重大关键核心技术、产业共性技术等方面开展联合攻关，构建信用契约、责任担当、利益共赢等协同机制。发挥产业技术创新联盟在产业技术创新、技术标准制定、产业规划与技术路线图编制、专利共享和成果转化等方面的作用，培育集群竞争优势。发挥科技类社会组织在各类主体协同创新中的协调服务作用。吸引国内各类高水平研究机构和创新型企业来沪设立总部、分支机构和研发中心。统筹配置军民科技资源，建设军民协同创新联盟和载体，完善军民融合创新体系。

（二）激发广大科技创新人才活力

坚持培养和引进并举，改革优化人才培养使用和评价激励机制，让真正具有创新精神和能力的人才名利双收，营造人才近悦远来、各尽其才的发展环境。

6. 优化人才培养机制

坚持青年人才普惠支持与高端人才稳定支持相结合，加强科技人才培养。拓宽我市自然科学基金、哲学社会科学规划项目和各类青年人才计划、博士后计划的资助面，加大资助力度，优化支持方式，加大对青年人才的生活资助力度。完善我市研究生政府奖学金制度。在高水平研究机构建设和高层次人才培养中，试点建立长周期稳定资助机制，自主确定研究课题，自主安排科研经费使用，开展符合科研规律的周期性同行评价，建立与评价结果挂钩的动态管理机制。推广学术助理和财务助理制度，减轻科研人员负担。

7. 吸引海内外人才来沪创新创业

加大重点领域、行业引智力度，积极引进战略科技人才、科技领军人才、青年人才和高水平科技创新团队，为引进人才协调解决工作和生活上的困难。进一步提高我市国际化人才比例，吸引更多海外学者、留学生来沪工作学习，鼓励高校、科研院所、企业聘用外籍人才担任重点实验室、研发中心、二级学院等机构的负责人。支持持有永久居留身份证的外籍人才在沪创新创业，创办科技型企业享受同等国民待遇。允许持有永久居留身份证的外籍人才担任新型研发机构法定代表人，牵头承担政府科研项目。

8. 优化人才评价制度

树立正确的人才使用导向，按照"谁用谁评价、干什么评什么"的原则，以职业属性和岗位要求为基础，推行代表性成果评价制度，对主要从事基础研究、应用研究和技术开发、科技战略研究、哲学与社会科学研究、科技管理服务、技术转移服务、实验技术、临床医学研究的人才实行分类评价。注重个人评价与团队评价相结合，尊重认可团队成员的实际贡献。人才计划项目名称不作为人才称号，清理"唯论文、唯职称、唯学历、唯奖项"问题。在各类评审评价中，对本土培养人才和海外引进人才平等对待，不得设立歧视性指标和门槛。

9. 实施知识价值导向的收入分配机制

以增加知识价值为导向，建立事业单位绩效工资总量正常增长机制，提高科研人员的收入水平。竞争性科研项目中用于科研人员的劳务费用、间接费用中绩效支出，经过技术合同认定登记的技术开发、技术咨询、技术服务等活动的奖酬金提取，职务科技成果转化奖酬支出，均不纳入事业单位绩效工资总量。科研人员经所在单位同意，可到企业及其他科研机构、高校、社会组织等兼职并取得合法报酬，可离岗从事科技成果转化等创新创业活动，兼职或离岗创业收入不受本单位绩效工资总量限制。对按照事业单位人数一定比例确定的高层次人才，单位可自筹经费，自定薪酬，其超过单位核定绩效工资总量的部分，不计入绩效工资总量。对全时全职承担重大战略任务的团队负责人以及引进的高端人才，实行"一项一策"、清单式管理和年薪制，年薪所需经费在项目经费中单独核定。完善国有企业科研人员收入与创新绩效挂钩的奖励制度。

10. 改革完善科技奖励制度

加快推进科技奖励改革，实行提名制。建立定标定额的评审制度，分类制定以科技创新质量、贡献为导向的评价指标体系。根据我市科研投入产出、科技发展水平等实际状况，进一步优化奖励结构。优化市科学技术奖励委员会组成结构，建立专家评审委员会和监督委员会。提升评选活动的国际化程度，将对我市科技创新活动作出贡献的外籍科技工作者纳入授奖范围，邀请高层次外籍专家参与提名和评审。改革优化哲学社会科学和决策咨询奖励制度，突出重大原创理论突破和重要决策咨询贡献。

（三）推动科技成果转移转化

加快推进科技成果管理改革，增强科技成果转移转化主体内生动力，构建完善技术转移服务体系，不断提升科技成果转移转化效率。

11. 改革科技成果权益管理

在不影响国家安全、国家利益和社会公共利益的前提下，探索开展赋予科研人员职务科技成果所有权或长期使用权的改革试点。允许单位和科研人员共有成果所有权，鼓励单位授予科研人员可转让的成果独占许可权。科技成果通过协议定价、在技术交易市场挂牌交易、拍卖等市场化方式确定价格，试点取消职务科技成果资产评估、备案管理程序，建立符合科技成果转化规律的国有技术类无形资产投资监管机制。落实科技成果转化税收支持政策，积极争取扩大股权激励递延纳税政策覆盖面，放宽股权奖励主体、流程的限制。具有独立法人资格的事业单位领导人员作为科技成果主要完成人或对科技成果转化作出重要贡献的，可获得现金、股权或出资比例奖励；对正职领导人员给予股权或出资比例奖励的，需经单位主管部门批准，且任职期间不得进行股权交易。

12.加强高校、科研院所技术转移专业服务机构建设

加强高校、科研院所技术转移体系建设，落实专门机构、专业队伍、工作经费。科技成果转移转化后，可在科技成果转化净收入中提取不低于 10% 的比例，用于机构能力建设和人员奖励。设立技术转移专业岗位，为技术转移人才提供晋升通道。科研人员在科技成果转化中的绩效，可作为其职称（职务）评聘、岗位聘用的重要依据。将科技成果转化绩效作为"双一流"高校、高水平地方高校和科研院所的考核评价，以及应用类科研项目验收评价和后续支持的重要依据。

13.优化创新创业服务

大力发展科技创新服务业。加快技术转移服务机构组织化、专业化、市场化发展，培养职业技术经理人。鼓励和支持高校、科研院所委托第三方服务机构开展技术转移服务。大力发展技术市场，发挥国家技术转移东部中心的平台功能，整合集聚技术资源，完善技术交易制度，将上海技术交易所打造成为枢纽型技术交易市场和国际技术转移网络的关键节点。加快建设创新创业集聚区，统筹盘活闲置土地资源，对国家级孵化器（众创空间）、大学科技园和我市重点扶持的专业化、品牌化、国际化众创空间自用，以及无偿或通过出租等方式提供给在孵对象使用的房产、土地，按照规定免征房产税和城镇土地使用税；对其向在孵对象提供孵化服务取得的收入，按照规定免征增值税。

14.引导全社会投入科技创新

保障财政科技投入，优化科技投入结构，完善基础研究、战略高技术研究、社会公益类研究的支持方式，力求科技创新活动效率最大化，力争在基础研究领域实现大创新、在关键核心技术领域实现大突破。通过政府引导、税收杠杆等方式，引导带动社会资本投入科技创新，激励企业、社会组织等以共建新型研发机构、联合资助、公益捐赠等途径投入基础研究。优化科技金融生态，促进科技金融业务模式创新，进一步推动银行业金融机构设立科技支行，持续探索多种形式的投贷联动、贷款保证保险、专利综合保险、重大技术装备首台套保险、重点新材料首批次应用保险等科技金融创新产品和服务。改革政府引导基金运行机制，

大力发展市场化创业投资基金。鼓励境内外投资机构合作组建创新投资基金，建立全球科技创新资源发现和培育机制。发展多层次资本市场，以在上海证券交易所设立科创板并试点注册制为契机，支持优质科技创新企业上市。

（四）改革优化科研管理

通过科学决策、科学布局、科学管理，优化财政科技投入方向、方式和重点，改革优化科研管理机制，提升管理效率和服务能力，提高科研质量和绩效。

15. 建立科技创新决策咨询机制

完善科技创新决策咨询机制，加强政府与科技界、产业界、金融界及社会各界的沟通，重大科技创新决策要广泛听取各类创新主体和各方面的意见建议。充分发挥科技创新智库对决策的支持作用，通过政府购买服务、定向委托等方式，引导智库参与科技创新决策咨询活动。充分发挥科技社团在推动全社会创新和政府决策中的重要作用，促进政产学研用结合与协同创新。

16. 完善科技计划布局和管理机制

实行科技计划项目指南建议常年公开征集和指南定期发布制度。改革完善市级科技重大专项管理机制，建立对重大原创性、颠覆性、交叉学科创新项目的非常规评审机制和支持机制，建立健全重大关键核心技术攻关项目形成和组织实施机制。委托专业机构管理科研项目，实行项目官员制度。赋予科研人员技术路线决策权，在不改变研究方向和降低考核指标的前提下，允许研究人员中途调整研究方案和技术路线。完善项目验收制度，实行科研项目绩效分类评价，技术验收和财务验收合二为一。建立科研计划绩效评估机制，基于周期性评估结果，对计划进行动态调整。

17. 完善科研项目经费管理

进一步改进和优化科研经费管理。开展科研项目经费预算编制改革试点，简化预算编制要求。市级重大专项等重大科研项目，可按照"一事一议"原则，根据研发活动实际需要编制预算，开支科目不设比例限制。竞争性科研项目直接费用中除新增单价 50 万元以上的设备和劳务费预算总额调增外，预算调整权限全部下放给项目（课题）承担单位。在内控健全、不突破劳务费总量的前提下，承担财政科研项目的单位可自主确定科研项目的劳务费发放标准。高校、科研院所为完成科研任务列支的国际合作与交流费用，不纳入"三公"经费支出统计范围。项目承担单位要简化购买科研仪器设备的采购流程，对科研急需的设备、耗材，可不进行招投标程序，采用特事特办、随到随办的采购机制，缩短采购周期。采购独家代理或生产的仪器设备，可采用单一来源等方式予以确定。采购进口科研仪器设备，由政府采购进口产品审核制改为备案制管理。

以市场委托方式取得的横向委托项目经费，纳入单位财务统一管理，按照委托方要求或合同约定管理使用。强化财政科研经费监督管理，实施科研经费巡查制度，加强风险监管。对科研活动的审计和财务检查要尊重科研规律，减少频次，检查结果通用共享，避免多头检查。

18. 建设科技创新数据资源中心和信息管理平台

建设科技创新数据资源中心，建立涵盖重点领域科学数据、重大科学设施、创新基地、仪器设备、人才、机构等科技创新资源的区域综合型数据中心，打造具有国际影响力的科学数据中心（库）。构建科技计划项目综合管理平台，汇聚项目信息库、评审专家信息库、项目管理信息系统，基于统一平台架构和标准规范，实现管理和服务过程、服务结果可记录、可查询、可追溯、可管理，提升科研管理绩效。开展科技项目、科技成果、科研条件、科技人才、科技报告、科研诚信等数据的采集分析，构建多层次科学数据开放共享和服务保障体系。

（五）融入全球创新网络

营造更加充满生机活力的创新生态，积极组织和参与国内外科技创新活动，成为全球创新网络中的重要成员。

19. 建立多层次多类型国际合作网络

围绕自贸试验区投资贸易便利化改革深化、新片区投资贸易自由化改革试点，在创新要素跨境流动、跨境研发、创新创业资本跨境合作等方面改革创新，开展先行先试。支持本土机构和科学家参与全球科技创新合作，与"一带一路"沿线国家（地区）共建联合实验室和研发基地，鼓励支持企业建立海外研发中心。积极争取国际科技组织或其分支机构落户上海，吸引更多的全球知名高校、科研院所和科技服务机构来沪设立分支机构，提供人员出入境、居留手续、知识产权保护和办公条件等方面的支持。支持海外研发机构和科学家与上海机构联合申报我市科技计划项目。对科研人员（包括"双肩挑"科研人员）因学术交流合作需要临时出国的，在出访次数、团组人数、在外天数和证件管理要求等方面，根据工作需要据实安排。特殊情况下，经所在单位和主管部门批准，科研人员可持普通护照出国。试点优化科研人员出国审批流程，加快办理进度，提高科研人员参与国际合作交流的便利性。

20. 发起或参与国际大科学计划

围绕生命健康、资源环境、物质科学、信息以及多学科交叉领域，积极培育并适时发起、牵头组织或参与国际大科学计划和大科学工程。探索建立国际大科学计划组织运行、实施管理、知识产权管理等新模式、新机制，鼓励高水平研究机构组建成立大科学计划项目实施运营主体。

21. 支持外资机构在沪开展科技创新活动

支持外商投资企业设立实验室、研发中心、创新中心、企业技术中心和博士后科研工作站，鼓励外资研发中心转型升级成为全球性研发中心。对创新资源全球配置方面起关键节点作用的外资全球研发中心和具有独立法人资格的研发中心，给予跨国公司地区总部同等政策支持。支持外资机构参与我市研发公共服务平台、众创空间等建设，支持外商投资企业承担政府科研项目。

22. 加快建设长三角科技创新共同体

加强长三角科技创新战略协同、规划联动、政策互通、成果对接、资源共享、生态共建，实施国家战略科技任务和区域科技创新攻关计划，建设全球技术交易大市场和国际化开放型创新功能平台，升级区域科技资源共享服务平台，实现"科技创新券"区域通用通兑，办好长三角国际创新挑战赛。积极推动长三角与京津冀、粤港澳大湾区等区域的合作。发挥绿色技术银行总部作用，共推绿色技术分类评价标准和应用示范网络。

（六）推进创新文化建设

打造创新文化品牌，加强科研诚信体系，加强知识产权保护，让创新成为价值取向、创新文化成为上海文化品牌的重要内涵。

23. 建设创新文化品牌

发扬海纳百川、追求卓越、开明睿智、大气谦和的城市精神，彰显开放、创新、包容的城市品格，弘扬追求真理、勇攀高峰、批判质疑、严谨求实的科学精神和爱国奉献、潜心研究、淡泊名利、提携后进的科学家精神。加强科学普及，办好上海科技节、科普日等品牌活动，营造懂科学、爱科学、讲科学、用科学的社会风尚。充分发挥中国国际进口博览会、浦江创新论坛、世界人工智能大会、中国上海国际技术交易大会等平台功能和溢出效应。建设全球科技创新产品首发地、新技术与产品展示体验中心。推进创新文化与城市空间功能融合发展，加快张江国家自主创新示范区、张江科学城等科技创新中心重要承载区建设。

24. 加强科研诚信建设

根据自然科学、社会科学领域不同特点和实际情况，建立无禁区、全覆盖、零容忍的诚信管理制度。全面实行科研诚信承诺制，明确承诺事项和违背承诺的后果处理。建立勤勉尽责制度，宽容失败，合理区分改革创新、探索性试验、推动发展中的无意过失行为和明知故犯、失职渎职、谋取私利等违纪违法行为。构建科研诚信信息系统，对接国家科技诚信信息系统，与其他社会领域诚信信息共享，建立联合惩戒制度，对纳入系统的严重失信行为责任主体实行"一票否决"。

25. 加强知识产权保护

按照国际通行规则，充分发挥司法和仲裁作用，建立健全知识产权司法保护、行政执法及纠纷多元解决等机制。探索引入惩罚性赔偿制度，显著提高违法成本。发挥中国（浦东）知识产权保护中心的作用，深化拓展快速审查、快速确权、快速维权功能，进一步缩短国家和我市重点发展领域的专利审查授权周期。改进优化药品医疗器械的审评审批流程和技术审评方式，加强对集成电路布图设计、软件著作权的保护。

三、保障落实

（一）加强组织领导

坚持党对科技创新事业的全面领导，建立健全科技体制改革与创新体系建设领导和推进工作机制，统筹推动各项改革任务有序有效推进。明确责任分工，推动改革落地，各地区、各部门、各单位要根据本意见，抓紧制定细化措施和工作计划，密切协调配合，精心组织实施，确保各项任务落实到位。健全完善部门间政策沟通、调查澄清机制，建立相关部门为科研机构分担责任机制，完善鼓励法人担当负责的考核激励机制，一级对一级负责、一级为一级担当，形成鼓励干事创业、投身改革的氛围。各类创新主体要按照本意见，加强内部管理，完善内控制度，加快推进改革。中央在沪单位可参照本意见执行。

（二）加强法治保障

完善科技创新政策体系，推动地方科技立法工作，制定科技创新中心建设条例，为科技体制改革提供法治保障。

（三）加强考核监督

开展对各地区、各部门、各单位落实科技体制改革措施的跟踪指导、督查考核和审计监督，对落实不力的，加强督查整改。对一些关联度高、探索性强、暂时不具备全面推行条件的改革举措，可结合实际先行试点，并及时总结推广行之有效的做法和经验。

（四）营造良好氛围

加大宣传力度，及时发布改革信息，宣传改革经验，解答改革难题，回应社会关切，营造良好的舆论氛围，最大程度凝聚各方共识。

上海市推进科技创新中心建设条例

（2020年1月20日上海市第十五届人民代表大会第三次会议通过）

第一章 总则

第一条 为了深入实施创新驱动发展战略，加快建设具有全球影响力的科技创新中心，全面提升城市能级和核心竞争力，根据有关法律、行政法规，结合本市实际，制定本条例。

第二条 本市行政区域内推进科技创新中心建设的相关工作，适用本条例。

第三条 本市按照国家战略部署，将上海建设成为创新主体活跃、创新人才集聚、创新能力突出、创新生态优良的综合性、开放型具有全球影响力的科技创新中心，成为科技创新重要策源地、自主创新战略高地和全球创新网络重要枢纽，为我国建设世界科技强国提供重要支撑。

第四条 本市推进科技创新中心建设，应当坚持深化体制机制改革，以制度创新推进保障科技创新；坚持面向科学前沿，提升原始创新能力；坚持需求导向和产业化方向，围绕产业链部署创新链；坚持营造良好的创新生态环境，充分激发全社会创新活力；坚持全球视野，以开放引领创新；坚持科技创新服务民生改善，服务超大城市治理。

第五条 本市建立科技创新中心建设议事协调机制，根据国家战略部署和本市推进科技创新中心建设需要，统筹协调科技创新中心建设的重大问题。

市人民政府应当加强对本市推进科技创新中心建设工作的领导，设立科技创新中心建设推进机构，统筹协调科技创新中心建设的推进工作。

区人民政府应当建立健全相应的综合协调机制，做好本行政区域内相关工作的推进和落实。

第六条 市发展改革部门负责协调推进本市科技创新中心建设的重大体制机制改革、综合政策制定、重大投资以及区域联动等工作。

市科学技术部门负责协调组织本市科学研究、技术创新、科技成果转化与科学技术普及等工作，推进本市创新体系建设和科技体制机制改革。

市教育部门负责指导本市高等院校培养创新人才、提升创新能力，推动高等院校学科建设、科学研究与产业发展联动。

市经济信息化部门负责指导本市产业技术创新，推动新兴产业发展，推进产学研用深度融合。

市商务、财政、人力资源社会保障、规划资源、卫生健康、农业农村、市场监管、金融监管、国有资产监管、司法行政、知识产权等部门在各自职责范围内加强协作配合，共同推进本市科技创新中心建设的相关工作。

第七条　市人民政府组织编制科技创新中心建设规划，并纳入本市国民经济和社会发展规划。科技创新中心建设规划应当明确推进建设的战略部署、阶段目标以及具体的工作措施和责任主体。区人民政府提出本行政区域开展科技创新中心建设相关工作的具体目标和要求，并纳入本区国民经济和社会发展规划。

市人民政府应当加强统筹协调，整体布局重大战略项目、重大基础工程、重大科技基础设施；根据区域定位及其发展优势，完善本市科技创新中心建设的城市空间布局。

第八条　市、区人民政府应当逐年加大财政科技投入，重点支持基础研究、重大共性关键技术研究、社会公益性技术研究、科技成果转化等科技创新活动，优化完善经费投入和使用机制。鼓励社会力量投入科技创新中心建设。

市、区人民政府应当加强财政科技投入的统筹与联动管理，优化整合财政科技投入专项资金，提高资金使用效益。市人民政府应当建设统一的财政科技投入信息管理和信息公开平台，实施科技投入绩效评价，接受公众监督和审计监督。

第九条　本市加强全方位、多层次、宽领域的国际科技创新交流合作，营造有利于创新要素跨境流动的良好环境，积极融入全球科技创新网络。

本市根据长江三角洲区域一体化发展国家战略的要求，建立协调合作机制，构建区域创新共同体；加强与国内其他地区在科技创新领域的广泛合作与协同发展。

第十条　市人民政府应当定期向市人民代表大会或者其常务委员会报告科技创新中心建设工作情况以及阶段目标实现情况。

科技创新中心建设推进机构应当会同相关部门定期发布本市科技创新中心建设情况报告，公布创新主体、创新人才、创新能力、创新生态等方面的情况。

第二章　创新主体建设

第十一条　鼓励企业事业单位、社会组织、个人等各类创新主体积极参与科技创新中心建设，开展创新创业活动。

市、区人民政府及其有关部门应当根据不同创新主体的功能定位提供相应政策支持，依法保护各类创新主体平等获取科技创新资源、公平参与市场竞争。

第十二条　市、区人民政府及其有关部门通过实施高新技术企业培育、提供研发资助，落实研发设备加速折旧、研发费用加计扣除和高新技术企业所得税优惠政策等方式，对企业的科技创新活动给予支持。

本市通过优化企业公共服务平台、安排专项资金、完善政府采购政策等方式，推动开展科技创新的中小企业发展。

市、区人民政府及其有关部门应当建立健全国有企业的科技创新考核评价机制，加大对国有企业负责人科技创新考核的力度。鼓励符合条件的国有科技型企业对重要技术人员和经营管理人员实施股权和分红激励。

第十三条　高等院校、科研院所、医疗卫生机构以及其他从事科研活动的事业单位（以下统称科研事业单位），可以按照国家和本市规定，扩大选人用人、编制使用、职称评审、薪酬分配、机构设置、科研立项、设备采购、成果处置等方面的自主权。

科研事业单位以市场委托方式取得的项目经费，在纳入本单位财务统一管理的前提下，可以按照委托方要求或者合同约定的方式使用。

各区和行业主管部门可以在本区或者本系统统筹使用事业编制，支持科研事业单位引进优秀科技创新人才。

第十四条　本市支持投资主体多元化、运行机制市场化、管理机制现代化的新型研发机构发展。市、区人民政府有关部门对符合条件的新型研发机构，应当创新经费支持和管理方式。

新型研发机构按照有关规定，可以直接申请登记并适当放宽国有资产份额的比例要求；可以在项目申报、职称评审、人才培养等方面适用科研事业单位相关政策；可以通过引入社会资本、员工持股等方式，开展混合所有制改革试点。

第十五条　支持拥有科技创新成果的个人和团队创新创业，推动创新成果转化为产品或者服务。鼓励孵化器、众创空间等各类创新创业载体，为个人和团队提供研发场地、设施以及创业辅导、市场推广等服务。鼓励老旧商业设施、闲置楼宇、存量工业房产转型为创新创业载体。

科研事业单位的专业技术人员经所在单位同意，可以利用与本人从事专业相关的科技创新成果在职创办企业。在职创办企业的具体条件和权利义务，由单位规定或者与专业技术人员约定。

第十六条　市、区人民政府应当积极培育科技服务机构，通过科技创新券等方式引导科技服务机构为各类创新主体服务。

鼓励各类科技服务机构创新服务模式，延伸服务链，为科技创新和产业发展提供研究开发、技术转移、检验检测、认证认可、知识产权、科技咨询等专业化服务。

第十七条　鼓励行业协会、学会等社会组织参与相关规划编制、技术标准制定、科技成果转化、科学普及等活动。

市、区科学技术协会应当在学术交流合作、科学普及、科研人员自律管理、维护科研人员合法权益等方面，发挥积极作用。

第十八条　鼓励各类创新主体加强协同创新，在前沿科技、重大共性关键技术研究等方面开展联合攻关，推动形成优势互补、成果共享、风险共担的合作机制。

发挥各类创新联盟在科学研究、技术创新、技术标准制定、产业规划与技术路线图编制、专利共享和成果转化等方面的作用，培育集群竞争优势。

第三章　创新能力建设

第十九条　本市面向世界科技前沿、面向国家重大需求、面向国民经济主战场，完善科学研究布局，优化科学研究政策导向、发展机制和环境条件，提高科技创新策源能力。

科研事业单位应当加强基础研究和应用基础研究，提升原始创新能力。鼓励企业和社会力量增加基础研究投入。鼓励企业和科研事业单位等共建研发机构和联合实验室，开展面向行业共性问题的应用基础研究。

第二十条　市科学技术、经济信息化等部门开展重点领域的技术创新规划布局，突出共性关键技术、前沿引领技术、现代工程技术、颠覆性技术创新，系统推进本市技术创新工作，建立以企业为主体、市场为导向、产学研用深度融合的技术创新体系。

支持企业根据市场需求制定创新发展规划，自主开展技术、装备和标准的研发应用。

第二十一条　本市建立健全激励创新的项目管理机制。自由探索类研究项目，项目主管部门应当采用开放竞争方式遴选研究人员和团队；目标导向类研究项目，项目主管部门可以采用定向委托方式确定承担主体；可能产生颠覆性创新成果但意见分歧较大的非共识项目，项目主管部门可以采用定向委托的方式予以支持。

财政资金支持的科研项目，项目承担单位应当按照国家和本市有关规定提交科技报告。

第二十二条　本市按照国家战略部署和科技、经济社会发展重大需求，实施重大战略项目、重大基础工程，建设重大科技基础设施，推动在基础研究和关键核心技术领域取得创新突破。

科技创新中心建设推进机构应当会同市发展改革、科学技术等部门，组织制定重大科技基础设施发展规划并推进实施。市发展改革、科学技术部门应当制定相关配套支持方案。市规划资源、住房城乡建设管理、交通、公安等部门应当按照各自职责，保障重大科技基础设施的正常运行。

第二十三条　市科学技术部门应当会同科技创新中心建设推进机构、市发展改革等部门，在基础设施建设、人才引进培养、项目资助以及运行机制创新等方面，对国家实验室的培育、建设和运营予以支持。

市人民政府有关部门应当支持重点实验室、工程（技术）中心建设，建立与其发展特点相适应的遴选机制、评价标准和支持政策。

第二十四条 市科学技术部门根据经济社会发展需要，会同相关部门、地区协同推动研发与转化功能型平台建设，开展产业共性技术研发与转化。

市、区人民政府有关部门应当建立符合平台运行特点的财政投入与考核评价机制，引导功能型平台协同各方资源，吸引社会力量共同投入。

第二十五条 本市通过加强科技成果转化专业服务机构建设、设立科技成果转化专项资金、建立健全符合科技成果转化规律的国有技术类无形资产监管机制等方式，提高科技成果转化效率。

科研事业单位通过协议定价、在技术交易市场挂牌交易、拍卖等方式确定职务科技成果价格的，依法可以免予资产评估及备案；协议定价的，应当在本单位公示科技成果名称和拟交易价格。

在不影响国家安全、国家利益、社会公共利益以及他人合法权益的前提下，科研事业单位可以将其依法取得的职务科技成果的知识产权或者知识产权的长期使用权给予成果完成人；职务科技成果未形成知识产权的，可以决定由成果完成人使用、转让该职务科技成果或者以该职务科技成果作价投资。

第二十六条 市经济信息化部门运用科技创新资源和成果，完善产业布局，促进新兴产业集聚发展。

支持企业建立制造业创新中心、企业技术中心等产业创新平台。鼓励行业领军企业设立测试服务平台、创新应用中心、创新实验室，增强产业创新服务能力。

第二十七条 本市采用政府首购、订购以及政府购买服务等方式促进技术创新产品的规模化应用。

市经济信息化部门编制创新产品推荐目录，会同相关部门实施重大装备首台（套）、材料首批次、软件产品首版次等支持政策。

第二十八条 鼓励各类创新主体通过举办国际科技交流活动、共建联合实验室和研发基地、建立海外研发中心、组织或者参与国际大科学计划和大科学工程等方式参与全球科技创新合作，提高科技创新的国际化水平。

鼓励国际科技组织、跨国企业研发中心，以及全球知名的高校、科研院所和科技服务机构在上海落户或者设立分支机构。海外研发机构和科学家与本市各类创新主体，可以按照规定联合申报本市科技计划项目。

第四章 聚焦张江推进承载区建设

第二十九条 本市推进张江科学城建设成为科学特征明显、科技要素集聚、环境人文生态、充满创新活力、宜居宜业的世界一流科学城。

本市在张江科学城集中布局和规划建设国家重大科技基础设施，引导集聚高水平的高等院校、科研机构和企业研发中心，吸引全球高层次人才创新创业。

市人民政府以及浦东新区人民政府有关部门应当通过"一网通办"、在张江科学城开设服务窗口等方式，提供高效的政务服务。支持在张江科学城开展公共服务类建设项目和相关重大建设项目的投资审批制度改革。依法赋予张江科学城相关管理职权，具体事项范围由市人民政府确定并公布。

第三十条 本市推进张江综合性国家科学中心建设成为国家科技创新体系的重要基础平台，构建协同创新网络，为科技、产业发展提供源头创新支撑。

科技创新中心建设推进机构应当协调推进张江综合性国家科学中心建设，创新管理机制，推动重大科技基础设施建设与多学科交叉前沿研究深度融合。

第三十一条 本市推进张江国家自主创新示范区建设成为高新技术产业和战略性新兴产业集聚发展的示范区域。

设立张江国家自主创新示范区发展专项资金，支持开展体制机制、财税政策、人才政策、科技金融、统计管理、科技成果转化与股权激励等方面的改革创新和先行先试。科技创新中心建设推进机构对张江国家自主创新示范区的建设和发展进行战略规划、统筹协调、政策研究和评估。

支持张江国家自主创新示范区与自贸试验区以及临港新片区联动发展。自贸试验区实施的创新举措，具备条件的在张江国家自主创新示范区推广。

第三十二条 市、区人民政府根据科技创新中心建设规划，结合区域定位和优势，建设创新要素集聚、综合服务功能完善、适宜创新创业、各具特色的科技创新中心重要承载区，并根据科技创新中心建设需要及时调整、扩大重要承载区布局。各区人民政府应当创新政府管理，优化公共服务，推进重要承载区建设。

本市发挥重要承载区、自贸试验区以及临港新片区、长三角生态绿色一体化发展示范区等区域的综合政策优势，增强创新政策叠加辐射效应，推进对内对外开放合作，推进大众创业万众创新，推动全城全域创新。

第三十三条 市、区人民政府应当优先保障科技创新中心建设用地需求，统筹基础设施、公共设施以及其他配套设施的建设与利用，适当安排人才公寓等生活配套用地。

市、区规划资源部门会同相关部门根据科技创新中心建设的需求，建立完善土地混合利用机制；在符合科技创新和产业发展导向、地区规划控制以及环境保护要求，不影响相邻基地合法权益的前提下，可以按照有关规定对土地用途、容积率、建筑高度等实行弹性调整。

第五章　人才环境建设

第三十四条　本市建立健全与科技创新中心建设相匹配的人才培养、引进、使用、评价、激励、流动机制，为各类科技创新人才提供创新创业的条件和平台，营造近悦远来、人尽其才的发展环境。

市、区人力资源社会保障、科学技术、住房城乡建设管理、卫生健康、医疗保障、教育、公安等部门应当按照有关规定，为科技创新人才住房、医疗、子女就学等方面提供便利。

第三十五条　本市优化对各类科技创新人才的培养机制，对创新能力突出、创新成果显著的科技创新人才给予持续稳定支持；完善科技创新人才梯度培养机制，建立健全对青年人才普惠性支持措施，加大对青年创新创业人才选拔资助力度。

鼓励科研事业单位和企业以创新创业为导向，加强人才创新意识和创新能力培养，完善产学研用结合的协同育人机制。

第三十六条　本市强化市场发现、市场认可、市场评价的引才机制，引进各类海内外人才。重点引进科技创新中心紧缺急需的人才，积极引进战略科技人才、科技领军人才和高水平科技创新团队。

市、区人民政府及其有关部门应当完善人才引进政策，通过直接赋予居住证积分标准分值、缩短居住证转办户籍年限、直接落户引进、优化永久居留证申办条件等措施予以支持。

第三十七条　鼓励用人单位按照国家和本市有关规定和自身实际，体现品德、能力、业绩导向的要求，完善人才评价要素和评价标准，推行代表性成果评价。

鼓励用人单位根据基础研究、应用基础研究、技术创新以及科技成果转化等活动的不同特点，建立人才分类评价机制。

第三十八条　鼓励用人单位完善收入分配机制，体现创新贡献的价值导向。科研人员的收入应当与岗位职责、工作业绩、实际贡献紧密联系。

除法律法规另有规定外，财政资金设立的竞争性科研项目的劳务费和绩效支出，经过技术合同认定登记的技术开发、技术咨询、技术服务等活动的奖酬支出，以及职务科技成果转化奖酬支出，可以不纳入当年本单位绩效工资总量。

第三十九条　支持科技创新人才在科研事业单位与企业间合理流动。科研事业单位的科技创新人才可以通过挂职、短期工作、项目合作等方式到企业任职，企业任职经历可以作为晋升专业技术职务的重要条件。有创新实践经验的企业家和企业科研人员可以到科研事业单位兼职。

第六章　金融环境建设

第四十条　本市推进科技创新中心与国际金融中心联动建设，健全科技金融服务体系，完善科技金融生态，推进科技金融创新，优化科技金融产品和服务，发挥金融对科技创新的促进作用。

第四十一条　鼓励商业银行建立专门的组织、风险控制和激励考核体系，设立科技支行等科技金融专营机构，开展信用贷款、知识产权质押贷款、股权质押贷款、履约保证保险贷款等融资业务。

鼓励融资租赁机构开展企业无形资产融资租赁业务。

鼓励保险机构为开展科技创新的企业在产品研发、生产、销售各环节以及数据安全、知识产权保护等方面提供保险保障；依法通过市场化投资方式为科技基础设施建设、企业科技创新活动提供资金支持。

第四十二条　鼓励境内外各类资本和投资机构设立创业投资基金、股权投资基金、并购投资基金、产业投资基金和母基金等专业投资机构，开展创业投资。

创新国有资本参与创业投资的管理制度，推动发展混合所有制创业投资基金，鼓励符合条件的国有创业投资企业建立跟投机制。市国有资产监督管理等部门应当建立健全适应创业投资市场化规律的国有股权管理、考核激励和国有资产评估等制度。

第四十三条　本市配合国家有关部门发展多层次资本市场和金融要素市场，支持符合条件的企业在多层次资本市场开展上市挂牌、发行债券、并购重组、再融资等活动。

本市按照国家统一部署，支持和保障上海证券交易所设立科创板并试点注册制，鼓励符合条件的企业在科创板上市。

本市支持开展科技创新的企业在上海股权托管交易机构挂牌。鼓励专业机构为企业提供改制上市、资产评估、财务顾问、法律咨询等服务。

第四十四条　市、区人民政府及其有关部门应当加强服务平台建设，为中小微企业与金融机构的对接提供服务。

本市设立中小微企业政策性融资担保基金，通过融资担保、再担保等方式，提供信用增进服务，降低中小微企业开展科技创新的融资成本。市、区财政部门应当建立完善补充机制，对中小微企业政策性融资担保基金不进行营利性指标考核，并设置合理的代偿损失率。

本市配合国家有关部门建设动产担保统一登记平台，优化登记流程，简化融资手续，为中小微企业融资提供便捷服务。

第七章　知识产权保护

第四十五条　本市加强知识产权保护体系建设，完善知识产权综合管理体制，促进知识产权与科技创新工作的融合。

市知识产权部门建设知识产权综合服务平台，开展知识产权检索查询、快速授权、快速确权和快速维权等相关服务。

知识产权相关主管部门应当引导创新主体建立和完善知识产权内部管理和保护机制。

第四十六条　市、区人民政府应当对重大产业规划、高技术领域政府投资项目以及其他重大经济活动开展知识产权评议。

知识产权相关主管部门应当会同有关部门发布重点产业领域的知识产权发展态势报告，为相关产业和企业及时提供预警和引导服务。

第四十七条　市、区人民政府及其有关部门应当建立重点行业和领域的知识产权侵权行为快速查处机制，提高行政执法效率。

市商务、知识产权相关主管部门应当会同有关部门建立完善知识产权海外维权援助工作机制，加强对企业海外维权的指导和帮助。

第四十八条　本市加强知识产权司法保护，完善知识产权诉讼案件审理机制，依法实施惩罚性赔偿制度，加大侵权损害赔偿力度。

第四十九条　本市完善知识产权纠纷多元解决机制，充分发挥仲裁、调解、行业自治等纠纷解决途径的作用。

第八章　社会环境建设

第五十条　市、区人民政府及其有关部门和各类社会组织应当通过多种方式，广泛开展社会动员，弘扬科学家精神、企业家精神和工匠精神，宣传科技创新先进事迹，推动创新文化、创新精神、创新价值融入城市精神，营造鼓励创新、宽容失败的社会氛围。

第五十一条　市、区人民政府及其有关部门进行科技创新中心建设重大决策，应当征求相关创新主体、智库以及科技、产业、金融等相关领域的意见。

市、区人民政府及其有关部门应当按照鼓励创新、包容审慎的原则完善新技术、新产业、新业态、新模式的监管措施。制定监管措施时，应当公告相关方案，征求利益相关方和社会公众的意见。

第五十二条　市科学技术部门应当会同相关部门建立公共科技创新资源共享机制，推进重大科技基础设施、大型科学仪器设施以及科技信息、科学数据、科技报告等开放共享。

第五十三条　本市鼓励加大应用场景开放力度，支持在公共安全、公共交通、医疗健康、文化教育、生态环境、综合能源利用等领域应用新技术、新模式、新产品，提升城市治理的科学化、精细化、智能化水平，积极发挥科技创新在经济建设、社会发展、民生改善中的作用。

第五十四条　本市创新科学普及理念和模式，向公众弘扬科学精神、传播科学思想、倡导科学方法、普及科学知识。

鼓励各类创新主体面向公众开放研发机构、生产设施或者展览场所，开展科学普及活动；组织开展青少年科学普及活动，提高青少年创新意识和科学素养。

第五十五条　本市建立健全科技创新守信激励和失信惩戒机制，科研信用信息、知识产权信用信息依法纳入本市公共信用信息服务平台。

对信用良好的创新主体，在科研项目申报和管理等方面依法给予便利。对存在失信行为的创新主体，在政府采购、财政资金支持、融资授信、获得相关奖励等方面依法予以限制。

第五十六条　本市推动构建科技伦理治理体系，建立伦理风险评估和伦理审查机制。

市科学技术、教育、卫生健康、农业农村、经济信息化等部门应当依法组织开展对新兴技术领域技术研发与应用的伦理风险评估，引导和规范新兴技术的研发与应用。

各类创新主体开展涉及生命健康、人工智能等方面研究的，应当按照国家和本市有关规定进行伦理审查。

第五十七条　市、区人民政府对在科技创新中心建设中做出突出贡献的单位和个人，按照有关规定给予表彰和奖励。

鼓励企业、科研事业单位、学术团体、行业协会以及个人等对科技创新给予奖励。

第五十八条　本市有关单位和个人在推进科技创新过程中，作出的决策未能实现预期目标，但符合法律法规以及国家和本市有关规定，且勤勉尽责、未牟取非法利益的，不作负面评价，依法免除相关责任。

本市有关单位和个人承担探索性强、不确定性高的科技计划项目，未能形成预期科技成果，但已严格履行科研项目合同，未违反诚信要求的，不作负面评价，依法免除相关责任。

第九章　附则

第五十九条　本条例自 2020 年 5 月 1 日起施行。

编后记

　　"上海科创中心建设历程研究"始于 2018 年 8 月，上海市科学学研究所组成了所领导领衔、战略规划研究人员和科技志研究人员参加的课题组。课题组及时确定了研究的初步框架、主要内容、时间节点和人员分工，按照人员分工情况分别开展研究工作。在研究过程中，对框架和内容进行动态调整。专门召开记者座谈会，讨论和研究访谈录的安排和方案。2019 年 12 月，形成研究报告初稿，在听取专家意见的基础上，对初稿进行修改和完善。2020 年 9 月，向市方志办提交总报告。2020 年 10 月 16 日，市方志办召开《上海科创中心实录（2014—2020）》结题专家评审会，专家提出多项修改建议。课题组根据专家的建议进行了修改，调整了框架结构，增补了中央决策、顶层设计、组织架构等内容，补充了 2020 年的资料，11 月 20 日提交了修改稿。其后，按照出版社的要求和规范，对修改稿进行了补充和完善，增补了相关图照。2021 年 1 月提交出版社。

　　《上海科创中心实录（2014—2020）》参考了《上海年鉴》《上海科技年鉴》《上海科技进步报告》《上海科创中心指数报告》等书籍，上海科技（网站、微信）、上观新闻等媒体。照片由《上海年鉴》、《上海科技年鉴》、上海科技微信号等提供。

　　"上海科创中心建设历程研究"涉及范围广、综合性强，加之课题组成员水平有限，最后成书的《上海科创中心实录（2014—2020）》肯定存在不足之处，请多批评指正。

课题组 2021 年 5 月

图书在版编目(CIP)数据

上海科创中心实录:2014—2020/上海市地方志办
公室编;张聪慧等著. —上海:上海人民出版社,
2021
ISBN 978 - 7 - 208 - 17079 - 7

Ⅰ.①上… Ⅱ.①上… ②张… Ⅲ.①科技中心-建
设-概况-上海- 2014 - 2020 Ⅳ.①G322.751

中国版本图书馆 CIP 数据核字(2021)第 149854 号

责任编辑　王梦佳
装帧设计　范昊如　夏　雪　等

上海科创中心实录(2014—2020)
上海市地方志办公室 编
张聪慧 等 著

出　　版　上海人民出版社
　　　　　(200001　上海福建中路 193 号)
发　　行　上海人民出版社发行中心
印　　刷　上海商务联西印刷有限公司
开　　本　720×1000　1/16
印　　张　21.5
插　　页　17
字　　数　379,000
版　　次　2021 年 8 月第 1 版
印　　次　2021 年 8 月第 1 次印刷
ISBN 978 - 7 - 208 - 17079 - 7/K · 3079
定　　价　88.00 元